职业教育院校机电类专业系列教材
模具设计与制造专业教学用书

冲压工艺及模具结构

主　编　周松兵
副主编　李　强　杨关全
参　编　柳效文　杨　华
　　　　杨　烨　肖本胜　陈爱群
主　审　韩森和

机 械 工 业 出 版 社

本书是为了适应现代制造业发展对职业技术教育的需要，结合教育部关于培养国家紧缺型技能人才的精神，由机械工业出版社组织编写的数控模具专业系列教材之一。

全书共7单元，主要阐述了冷冲压基本知识、冲裁工艺与模具结构、弯曲工艺与模具结构、拉深工艺与模具结构、级进模、其他冲压工艺与模具结构、冲压模具零件制造与装配等内容。

本书具有以下特色：第一，突出职业教育特色，做到图文直观形象；第二，注重以工作过程为导向，在知识安排上通过实践引入理论知识，做到对学生知识、技能和素质的全面培养；第三，注重培养学生的安全意识、环保意识、节能意识等；第四，吸取相关教材优点，充实新工艺、新技术、新知识等；第五，每单元配备有知识重点及思考题和习题，培养学生观察、分析、探索和应用能力。

本书主要面向职业院校的工科学生，还可以作为机械类、近机类职工培训及技术培训教材，也可作为工程技术人员的自学和参考资料。

图书在版编目（CIP）数据

冲压工艺及模具结构/周松兵主编．—北京：机械工业出版社，2009.5（2025.1重印）

职业教育院校机电类专业系列教材．模具设计与制造专业教学用书

ISBN 978-7-111-27070-6

Ⅰ．冲…　Ⅱ．周…　Ⅲ．①冲压-工艺-高等学校：技术学校-教材②冲模-结构-高等学校：技术学校-教材　Ⅳ．TG38

中国版本图书馆CIP数据核字（2009）第071679号

机械工业出版社（北京市百万庄大街22号　邮政编码100037）
策划编辑：汪光灿　责任编辑：冯　铁　版式设计：霍永明
责任校对：李秋荣　封面设计：王伟光　责任印制：刘　媛
涿州市般润文化传播有限公司印刷
2025年1月第1版第8次印刷
184mm×260mm·20印张·491千字
标准书号：ISBN 978-7-111-27070-6
定价：59.00元

电话服务
客服电话：010-88361066
010-88379833
010-68326294

网络服务
机　工　官　网：www.cmpbook.com
机　工　官　博：weibo.com/cmp1952
金　书　网：www.golden-book.com
机工教育服务网：www.cmpedu.com

职业教育院校机电类专业系列教材

编　委　会

前言

本书是根据教育部颁发的《模具专业教学大纲（试行）》基本要求，结合职业院校数控模具专业课程设置研讨会会议精神编写的。本书内容由冲压工艺基础、冲压成形和模具零件制造与装配三部分组成，主要包括冷冲压基本知识、冲裁工艺与模具结构、弯曲工艺与模具结构、拉深工艺与模具结构、级进模、其他冲压工艺与模具结构、冲压模具零件制造与装配等。

本书在编写过程中，编者走访了许多大型机械制造企业，其中包括东风汽车公司相关专业生产厂家、湖北三环集团、湖北通达集团、湖北先锋模具公司等，收集了大量的生产资料和案例。为适应职业教育教学改革新形势的需要，贯彻以学生为主体、以能力为本位的教学指导思想，突出职业教育特色，在编写本书时主要考虑了下列特点：

（1）淡化理论，突出实用　在教材的内容上，适当加大模具结构与冲压工艺等应用性较强知识的比例，体现中等职业教育学校的培养目标，即注重培养技术文化素质，紧密结合生产实际。

（2）优化组合，突出新颖　在教材的结构上，采用每单元开头有教学重点，然后是典型模具的拆装实训，单元末有思考题与习题，以利于学生学后巩固。同时，课堂教学与实验、实习教学有机结合，使理论与实践紧密结合，注重培养学生的动手能力、分析问题和解决问题的能力。

（3）深入浅出，图文并茂　文字表述通俗易懂，简明扼要；内容由浅入深，循序渐进；图文对照，形象清晰；避开原理、机理分析的繁琐性，突出应用性。这样既有利于教师教学，又有利于学生自学，体现以学生为主体的教育理念。

全书按总课时约100学时编写，具体分配建议如下：

单元	课程内容	学时分配					
		讲课	实验	习题	上机	其他	小计
单元一	冷冲压基本知识	6					6
单元二	冲裁工艺与模具结构	16	16				32
单元三	弯曲工艺与模具结构	8	8				16
单元四	拉深工艺与模具结构	10	8				18
单元五	级进模	4	4				8
单元六	其他冲压工艺与模具结构	6	4				10
单元七	冲压模具零件制造与装配	4	2				6
机动		6	6				12
合　计		60	48				108

本书由周松兵担任主编并负责拟定编写大纲和统稿，李强、杨关全任副主编。武汉职业

技术学院机电工程学院韩森和教授担任主审。

参加本书编写的有：湖北十堰职业技术（集团）学校李强（编写单元一）、襄樊机电工程学校杨关全和陈爱群（编写单元二、单元六）、湖北信息工程学校柳效文（编写单元三）、湖北十堰职业技术（集团）学校周松兵（编写单元四、单元七部分内容）、湖北三环车身有限公司杨烨和肖本胜（编写单元五）、湖北十堰职业技术（集团）学校杨华（编写单元七部分内容）。

本书在编写过程中，得到机械工业出版社、武汉职业技术学院机电工程学院韩森和教授和欧阳德祥副教授、湖北十堰职业技术（集团）学校、襄樊机电工程学校、湖北信息工程学校、湖北三环车身有限公司、万向通达集团雷召新工程师和东风汽车有限公司商用车公司车身分公司侯建飞工程师的大力支持，同时得到许多兄弟院校和社会企业的帮助，并引用了许多同行所编著的教材和著作中的大量资料，在此一并表示衷心感谢！

由于编者水平有限，编写时间短促，书中难免有不妥之处，恳请各位同仁和专家批评指正。

编　者

目录

单元一 冷冲压基本知识

本单元学习目的：

1. 掌握冷冲压的特点及冲压工序的种类。
2. 了解常用冲压材料及冲压设备。
3. 掌握冲压模具常用材料的选用、常用冲压模架的特点及选用。
4. 掌握模具零件常用的加工方法。
5. 熟悉冲压安全操作规程，会分析冲压生产中的事故原因及预防措施。
6. 掌握冲压工艺规程制定的方法，能制定一般冲压件的工艺规程。

第一节　冷冲压概论

冷冲压是指在室温下，利用安装在压力机上的模具对被加工材料施加一定的压力，使之产生分离和塑性变形，从而获得所需形状和尺寸的零件（也称制件）的一种加工方法。因为通常使用的材料为板料，故也常称为板料冲压。

冲压模具是指在冷冲压加工中，将材料（金属或非金属）加工成零件（或半成品）的一种特殊工艺装备，称为冷冲压模具（俗称冷冲模）。

据不完全统计，冲压件在汽车、拖拉机行业中约占60%，在电子工业中约占85%，而在日用五金产品中约占到90%。如一辆新型轿车投产需配套2000副以上各类专用模具；一台冰箱投产需配套350副以上各类专用模具；一台洗衣机投产需配套200副以上各类专用模具。可以这么说，一个国家模具工业发展的水平，能反映出这个国家现代化、工业化发展的程度。

在冲压零件的生产中，合理的冲压成形工艺、先进的模具、高效的冲压设备是必不可少的三要素，如图1-1所示。

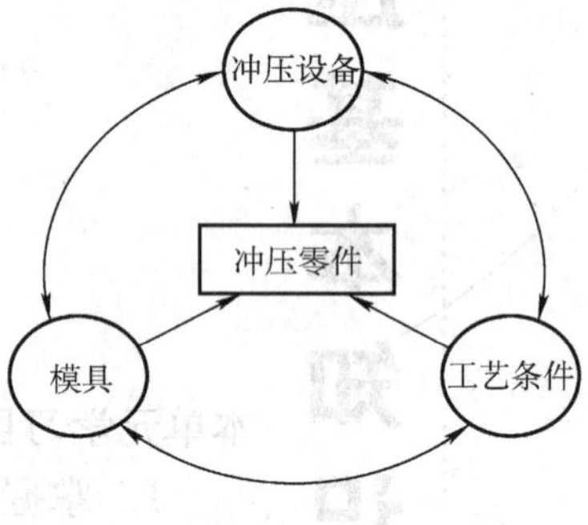

图1-1　冲压零件生产三要素

一、冷冲压变形基本知识

冷冲压成形是金属塑性加工的主要方法之一。冷冲压成形的理论是建立在金属塑性变形理论的基础之上的。因此，要掌握冷冲压成形的加工技术，就必须对金属塑性变形的性质、规律及材料的冲压成形性能等有充分的认识。

1. 金属塑性变形概述

（1）塑性、塑性变形与变形抗力的概念

1）塑性。塑性是指固体材料在外力作用发生永久变形而不破坏其完整性的能力。塑性的好坏用塑性指标来评定。塑性指标以材料开始破坏时的变形量表示，它可借助于各种试验方法测定。

2）塑性变形。塑性变形是指物体在外力作用下产生变形，若外力去除以后，物体并不能完全恢复自己原有形状和尺寸的特性。

3）变形抗力。变形抗力是指在一定的变形条件（加载状况、变形温度及速度）下引起物体塑性变形的单位变形力。变形抗力反映了物体在外力作用下抵抗塑性变形的能力。

（2）塑性变形对金属组织和性能的影响　金属受外力作用产生塑性变形后，不仅其形状和尺寸发生了变化，而且其内部组织和性能也将发生变化，主要包括：形成了纤维组织；形成了亚组织；产生了内应力；产生了加工硬化。

（3）影响金属塑性的因素　影响金属的塑性因素很多，主要有以下几个方面：

1）金属的成分和组织结构。一般来说，组成金属的元素越少、晶粒越细小、组织分布越均匀，则金属的塑性越好。

2）变形时的应力状态。金属变形时，压应力的成分越大，金属越不易被破坏，其塑性也就越好。与此相反，拉应力则易于扩展材料的裂纹与缺陷，所以拉应力的成分越大，越不利于金属可塑性的发挥。

3）变形温度。变形温度对金属的塑性有重大影响。就大多数金属而言，其总的趋势是：

随着温度的升高，塑性增加，变形抗力降低（金属的软化）。

4）变形速度。变形速度是指单位时间内金属变形的变化量。在冲压生产中常以压力机滑块的移动速度来近似反映金属的变形速度。一般情况下，对于小型件的冲压，一般可以不考虑速度因素，只需考虑设备的类型、公称压力和功率等；对于大型复杂件，宜采用低速成形（如采用液压机或低速压力机冲压）。另外，对于加热成形工序，变形速度比较敏感的材料（如不锈钢、耐热合金、钛合金等），也宜低速成形。

5）尺寸因素。同一种材料，在其他条件相同的情况下，尺寸越大，塑性越差。

2. 塑性变形时的应力与应变

在冲压过程中，材料的塑性变形主要是模具对材料施加的外力所引起的内力或内力直接作用的结果。因为一定的力的作用方式和大小都对应着一定的变形，所以为了研究和分析金属材料的变形性质和变形规律，控制变形的发展，就必须了解材料内各点的应力与应变状态以及它们之间的相互关系。

（1）应力与应变状态

1）点的应力状态。在外力的作用下，材料内各质点之间产生的相互作用力称为内力。单位面积上内力的大小称为应力。材料内某一点的应力大小与分布称为该点的应力状态。

可以证明，对任何一种应力状态来说，总存在这样一组坐标系，使得单元体各表面上只有正应力，而没有切应力。这时的三个坐标轴称为主轴，三个坐标轴的方向称为主方向，三个正应力称为主应力，三个主应力的作用面称为主平面。一个应力状态只有一组主应力，而主方向可通过对变形过程的分析近似确定或通过试验确定。用主应力来表示点的应力状态，可以大大简化分析、运算工作。

以主应力表示点的应力状态称为主应力状态，表示主应力个数及其符号的简图称为主应力图。可能出现的主应力图共有九种，其中四种三向主应力图，三种双向主应力图，两种单向主应力图，如图 1-2 所示。

2）点的应变状态。变形体内存在应力必伴随有应变，点的应变状态也是通过单元体的变形来表示的。

与点的应力状态一样，当采用主轴坐标系时，单元体就只有三个主应变分量 ε_1、ε_2 和 ε_3，而没有切应变分量。与应力状态一样，任何一种主应变状态也可分解成以平均主应变 $\varepsilon_m[\varepsilon_m = (\varepsilon_1 + \varepsilon_2 + \varepsilon_3)/3]$ 为应变值的三向等应变状态和以各向主应变与 ε_m 的差值为应变值构成的偏应变状态，如图 1-3 所示。其中三向等应变状态使单元体体积发生微小的变化，偏应变状态使单元体形状发生变化。

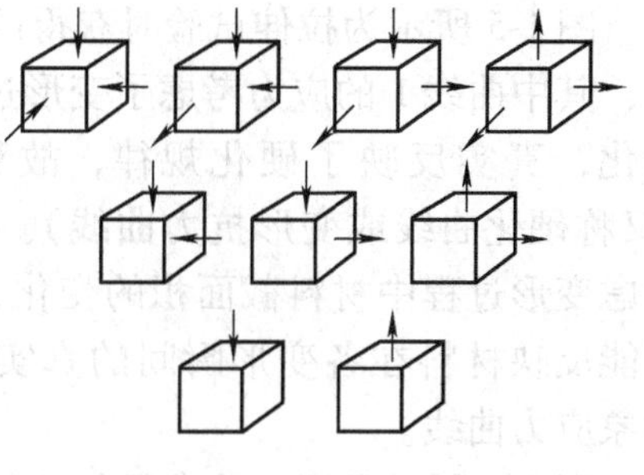
图 1-2　九种主应力图

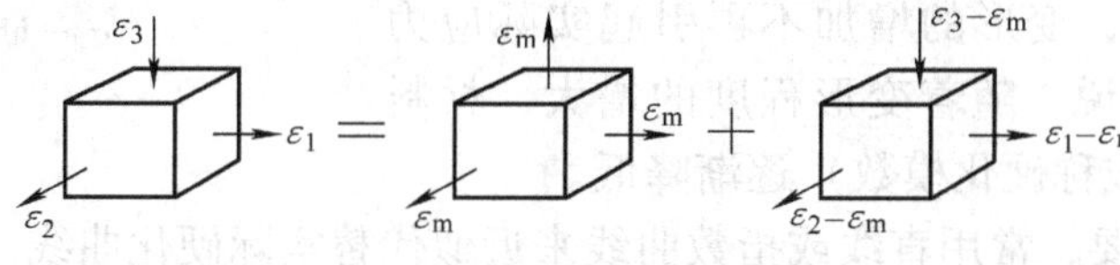

图 1-3　应变状态的分解

根据体积不变定律，可以得出如下结论：塑性变形时，物体只有形状和尺寸发生变化，而体积保持不变；不论应变状态如何，其中必有一个主应变的符号与其他两个主应变的符号相反，这个主应变的绝对值最大，称为最大主应变；当已知两个主应变数值时，便可算出第三个主应变；任何一种物体的塑性变形方式只有三种，与此相应的主应变状态图也只有三种，如图1-4所示。

(2) 塑性条件（屈服条件）

决定受力物体内质点由弹性状态向塑性状态过渡的条件，称为塑性条件或屈服条件。金属由弹性变形过渡到塑性变形，主要取决于在一定变形条件（变形温度与变形速度）下金属的物理力学性质和所处的应力状态。一般来说，在材料性质和变形条件一定的情况下，塑性条件主要决定于物体的应力状态。

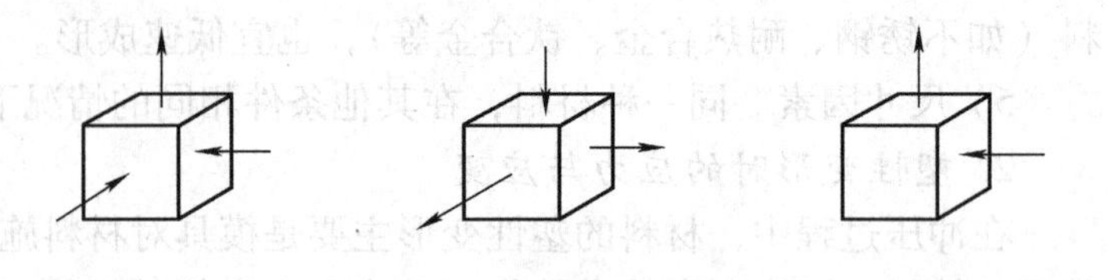

图1-4 三种主应变图

屈雷斯加屈服条件（法国工程师屈雷斯加提出）和密席斯屈服条件（德国力学家密席斯提出）：在一定的变形条件下，无论变形物体所处的应力状态如何，只要其三个主应力的组合满足一定条件，材料便开始屈服。

在单向应力叠加三向等应力状态下，密席斯屈服条件与屈雷斯加屈服条件是一致的；在平面应变状态下，两个屈服条件最大相差15.5%。

3. 加工硬化与硬化曲线

一般常用的金属材料，随着塑性变形程度的增加，其强度、硬度和变形抗力逐渐增加，而塑性和韧性逐渐降低的现象称为加工硬化。材料的硬化规律可以用硬化曲线来表示。硬化曲线实际上就是材料变形时的应力随应变变化的曲线，可以通过拉伸、压缩或胀形试验等多种方法求得。

图1-5所示为拉伸试验时获得的两条应力—应变曲线，其中曲线1的应力考虑了变形过程中材料截面积的变化，真实反映了硬化规律，故称为实际应力曲线（又称硬化曲线或变形抗力曲线）。曲线2的应力没有考虑变形过程中材料截面积的变化，因此应力 F/A_0 并不能反映材料在各变形瞬间的真实应力，所以称之为假象应力曲线。

图1-6所示是用试验求得的几种金属在室温下的硬化曲线。从曲线的变化规律来看，几乎所有的硬化曲线都具有一个共同的特点，即在塑性变形的开始阶段，随着变形程度的增大，实际应力剧烈增加，但当变形程度达到某些值以后，变形的增加不再引起实际应力的显著增加。也就是说，随着变形程度的增大，材料的硬化强度 d_σ/d_ε（或称硬化模数）逐渐降低。

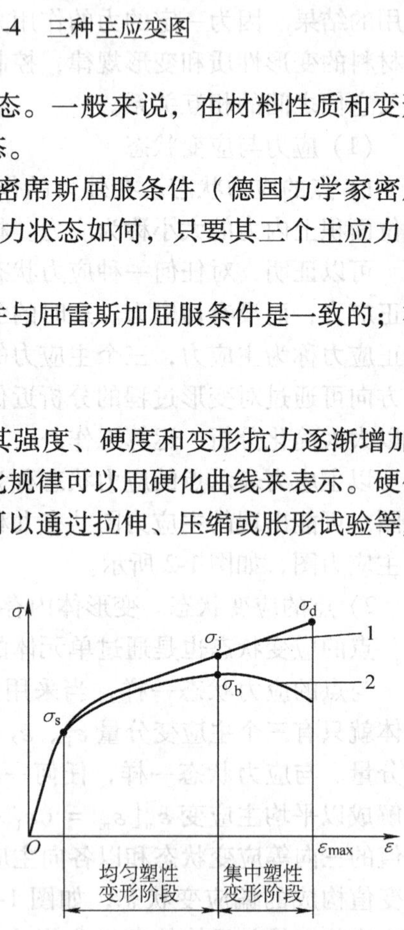

图1-5 金属的应力—应变曲线
1—实际应力曲线 2—假象应力曲线
σ_s—屈服点应力 $\sigma_j(\sigma_b)$—缩颈点应力
σ_d—断裂点应力

为了实用上的需要，常用直线或指数曲线来近似代替实际硬化曲线。用直线代替硬化曲线的实质是：在实际应力—应变所表示的硬化曲线上，于缩颈点处作一切线来近似代替实际

硬化曲线，如图 1-7 所示。该硬化直线的方程式为

$$\sigma = \sigma_0 + D_\varepsilon \tag{1-1}$$

式中　σ_0——近似屈服强度（硬化直线在纵坐标轴上的截距）；

D_ε——硬化模数（硬化直线的斜率）。

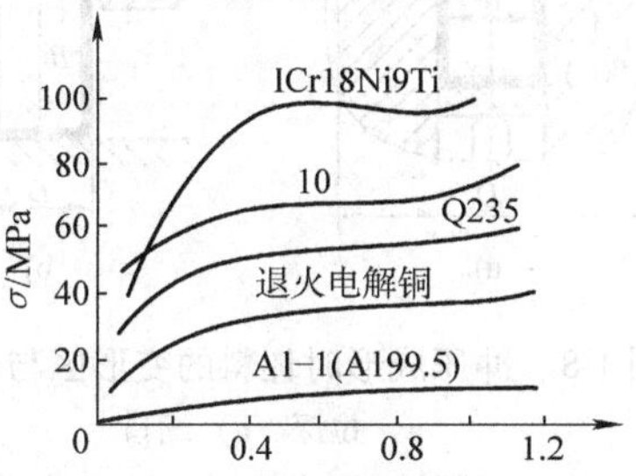

图 1-6　几种金属在室温下的硬化曲线

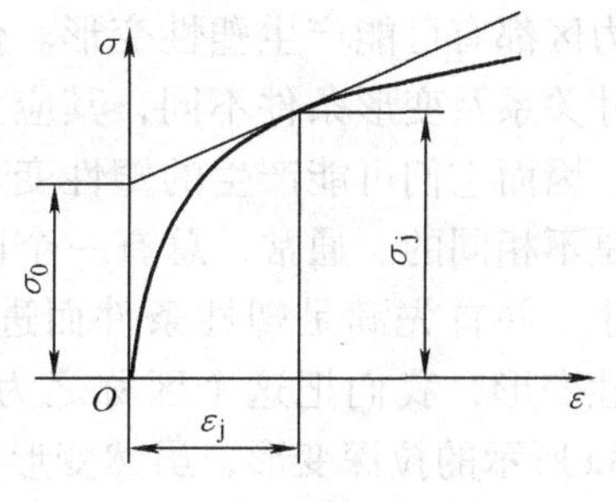

图 1-7　硬化直线

显然，用直线代替硬化曲线是非常近似的，仅在缩颈点附近精确度较高，当变形程度很小或很大时，硬化直线与实际硬化曲线之间有较大的差别。所以在冲压生产中常用指数曲线表示硬化曲线，其方程式为

$$\sigma = A\varepsilon^n \tag{1-2}$$

式中　A——系数；

n——硬化指数。

A 和 n 与材料的种类和性能有关，可通过拉伸试验求得，其值列于表 1-1。指数曲线与材料的实际硬化曲线比较接近。

表 1-1　几种金属材料的 A 与 n 值

材料	A/MPa	n	材料	A/MPa	n
软铜	710～750	0.19～0.22	银	470	0.31
黄铜（w_{Zn}40%）	990	0.46	铜	420～460	0.27～0.34
黄铜（w_{Zn}35%）	760～820	0.39～0.44	硬铝	320～380	0.12～0.13
磷青铜	1100	0.22	铝	160～210	0.25～0.27
磷青铜（低温退火）	890	0.52			

硬化指数 n（又称 n 值）是表明材料塑性变形时硬化性能的重要参数。n 值大时，表示变形过程中材料的变形抗力随变形程度的增加而迅速增大，因而对板料的冲压成形性能及冲压件的质量都有较大的影响。

4. 冲压成形中的变形趋向性及其控制

（1）冲压成形中的各向异性　在冲压成形过程中，坯料的各个部分在同一模具的作用下，却有可能发生不同形式的变形，即具有不同的变形规律，即各向异性。分析研究冲压成形中的各向异性及控制方法，对制定冲压工艺过程、确定工艺参数、设计冲压模具以及分析冲压过程中出现的某些产品质量问题等，都有非常重要的实际意义。

一般情况下，总是可以把冲压过程中的坯料划分成为变形区和传力区。冲压设备施加的变形力通过模具，并进一步通过坯料传力区作用于变形区，使其发生塑性变形。如图 1-8 所

示的拉深和缩口成形中，坯料的 A 区是变形区，B 区是传力区，C 区则是已变形区。

由于变形区发生塑性变形所需的力是由模具通过传力区获得的，而同一坯料上的变形区和传力区都是相毗邻的，在这样同一个内力的作用下，变形区和传力区都有可能产生塑性变形。但由于它们之间的尺寸关系及变形条件不同，其应力应变状态也不相同，因而它们可能产生的塑性变形方式及变形的先后是不相同的。通常，总有一个区需要的变形力比较小，并首先满足塑性条件而进入塑性状态，产生塑性变形，我们把这个区称之为相对的弱区。如图 1-8a 所示的拉深变形，虽然变形区 A 和传力区 B 都受到径向拉应力 σ_r 作用，但 A 区比 B 区还多一个切向压应力 σ_θ 的作用，根据屈雷斯加屈服条件 $\sigma_1-\sigma_3\geqslant\sigma_s$，$A$ 区中 $\sigma_1-\sigma_3=\sigma_\theta+\sigma_r$，$B$ 区中 $\sigma_1-\sigma_3=\sigma_r$，因 $\sigma_\theta+\sigma_r>\sigma_r$，所以在外力 F 的作用下，变形区 A 最先满足屈服条件产生屈服变形，成为相对弱区。

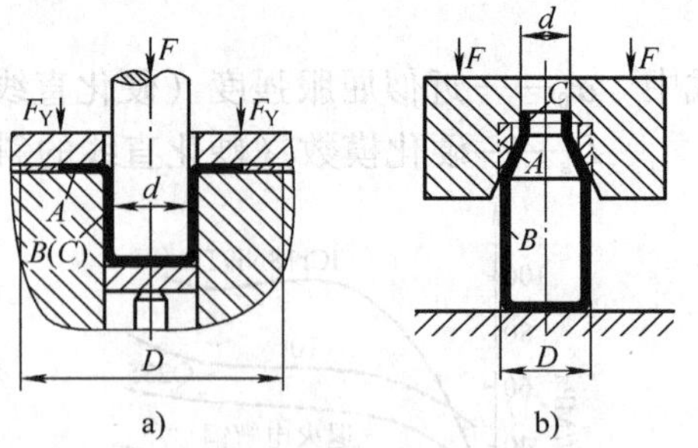

图 1-8　冲压成形时坯料的变形区与传力区
a）拉深　b）缩口
A—变形区　B—传力区　C—已变形区

为了保证冲压过程的顺利进行，必须保证冲压工序中应该变形的部分（变形区）成为弱区，以便将塑性变形局限于变形区的同时，排除传力区产生任何不必要的塑性变形的可能。由此可以得出一个十分重要的结论：在冲压成形过程中，需要最小变形力的区是个相对的弱区，而且弱区必先变形，因此变形区应为弱区。

“弱区必先变形，变形区应为弱区”的结论，在冲压生产中具有很重要的实用意义。很多冲压工艺的极限变形参数的确定、复杂形状件的冲压工艺过程设计等，都是以这个结论作为分析和计算依据的。

（2）控制变形各向异性的措施　在实际生产中，控制坯料变形各向异性的措施主要以下几方面：

1）改变坯料各部分的相对尺寸。实践证明，变形坯料各部分的相对尺寸关系，是决定变形趋向性的最重要因素，因而改变坯料的尺寸关系，是控制坯料变形趋向性的有效方法。如图 1-9 所示，模具对环形坯料进行冲压时，当坯料的外径 D、内径 d_0 及凸模直径 d_p 具有不同的相对关系时，就可能具有三种不同的变形趋向（即拉深、翻孔和胀形），从而形成三种形状完全不同的冲件。

当 D、d_0 都较小，并满足条件 $D/d_T<1.5\sim2$、$d_0/d_p<0.15$ 时，宽度为（$D-d_p$）的环形部分产生塑性变形所需的力最小而成为弱区，因而产生外径收缩的拉深变形，得到拉深件（图 1-9b）；

当 D、d_0 都较大，并满足条件 $D/d_p>2.5$、$d_0/d_p<0.2\sim0.3$ 时，宽度为（d_T-d_0）的内环形部分产生塑性变形所需的力最小而成为弱区，因而产生内孔扩大的翻孔变形，得到翻孔件（图 1-9c）；

当 D 较大、d_0 较小甚至为 0，并满足条件 $D/d_p>2.5$、$d_0/d_p<0.15$ 时，这时坯料外环的拉深变形和内环的翻孔变形阻力都很大，使凸、凹模圆角及附近的金属成为弱区而产生厚度变薄的胀形变形，得到胀形件（图 1-9d）。胀形时，坯料的外径和内孔尺寸都不发生变化或变化很小，成形仅靠坯料的局部变薄来实现。

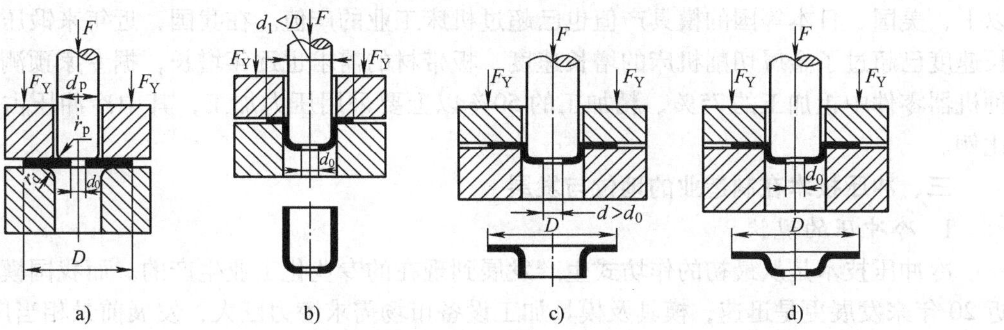

图 1-9　环形坯料的变形趋向

a）变形前的坯料与模具　b）拉深　c）翻孔　d）胀形

2）改变模具工作部分的几何形状和尺寸。这种方法主要是通过改变模具的凸模和凹模圆角半径来控制坯料的变形趋向。如图 1-9a 中，如果增大凸模圆角半径 r_p、减小凹模圆角半径 r_d，可使翻孔变形的阻力减小，拉深变形阻力增大，所以有利于翻孔变形的实现。反之，如果增大凹模圆角半径而减小凸模圆角半径，则有利于拉深变形的实现。

3）改变坯料与模具接触面之间的摩擦阻力。如图 1-9 中，若加大坯料与压料圈及坯料与凹模端面之间的摩擦力（如加大压力 F_Y 或减少润滑），则由于坯料从凹模面上流动的阻力增大，结果不利于实现拉深变形而利于实现翻孔或胀形变形。如果增大坯料与凸模表面间的摩擦力，并通过润滑等方法减小坯料与凹模和压料圈之间的摩擦力，则有利于实现拉深变形。所以，正确选择润滑及润滑部位，也是控制坯料变形趋向的重要方法。

4）改变坯料局部区域的温度。这种方法主要是通过局部加热或局部冷却来降低变形区的变形抗力或提高传力区强度，从而实现对坯料变形趋向的控制。例如，在拉深和缩口时，可采用局部加热坯料变形区的方法，使变形区软化，以利于拉深或缩口变形。又如在不锈钢零件拉深时，可采用局部深冷传力区的方法来增大其承载能力，从而达到增大变形程度的目的。

二、冷冲压的特点及应用

1. 冷冲压的特点

（1）生产率高　冷冲压生产依靠冲模和冲压设备来完成加工，便于实现自动化，生产率高，操作简便。对于普通压力机，每分钟可生产几件到几十件制件，而高速压力机每分钟可生产数百件甚至几千件制件。大批量生产时，成本较低。

（2）制件精度较高　冷冲压生产加工出来的制件尺寸稳定、精度较高、互换性好。

（3）适宜加工形状复杂的零件　金属材料在压力作用下，能获得其他加工方法难以加工或无法加工的、形状复杂的零件。

（4）成本低，力学性能好　冷冲压是一种少无切削的加工方法，可以获得合理的金属流线分布，材料利用率较高，零件强度、刚度好。

2. 冷冲压的应用

由于冷冲压在技术上和经济上的特别之处，因而在现代工业生产中占有重要的地位。在汽车、拖拉机、电器、电子、仪表、国防、航空航天以及日用品生产中随处可见到冷冲压产品。如不锈钢饭盒、搪瓷盆、高压锅、汽车覆盖件、冰箱门板、电子电器上的金属零件、枪炮弹壳等。目前世界各主要工业国，其锻压机床的产量和拥有量都已超过机床总数的 50%

以上，美国、日本等国的模具产值也已超过机床工业的产值。在我国，近年来锻压机床的增长速度已超过了金属切削机床的增长速度，板带材的需求也逐年增长，据专家预测，今后各种机器零件中粗加工的75%、精加工的50%以上要采用压力加工，其中冷冲压占有相当的比例。

三、冲压技术在制造业的地位与发展

1. 冷冲压的现状

冷冲压技术是从最初的作坊式生产发展到现在的专业化工业生产的。而我国模具工业在近20年来发展更是迅速，模具及模具加工设备市场需求潜力巨大，发展前景相当广阔。

随着工业的发展，工业产品的品种、数量越来越多，对产品质量和外观的要求则更是日趋精美。改革开放20多年以来，我国已成为使用各类模具的大国，其中，汽车、摩托车与家电产品生产用的各类模具的年需求量已占全国模具总需求量的60%以上。但是，我国模具生产能力和水平，与国外相比差距尚颇大，造成20世纪90年代模具进口量占全国模具总销售额的1/3以上，达6~10亿美元。

2. 冷冲压的发展

模具技术的发展应该为适应模具产品周期短、精度高、质量好、价格低的要求服务。随着现代科学技术的高速发展，许多新工艺、新技术、新设备、新材料不断出现，促进了冷冲压技术的不断革新和发展。主要表现和发展趋势如下：

（1）全面推广CAD/CAM/CAE技术　模具CAD/CAM/CAE技术是模具设计制造的发展方向。随着计算机软件的发展和进步，普及CAD/CAM/CAE技术的条件已基本成熟，各企业将加大CAD/CAM技术培训和技术服务的力度；进一步扩大CAE技术的应用范围。计算机和网络的发展使CAD/CAM/CAE技术跨地区、跨企业在整个行业中推广成为可能，实现技术资源的重新整合，使虚拟制造成为可能。

（2）模具扫描及数字化系统　高速扫描机和模具扫描系统提供了从模型或实物扫描到加工出期望的模型所需的诸多功能，大大缩短了模具的研制周期。有些快速扫描系统，可快速安装在已有的数控铣床及加工中心上，实现快速数据采集、自动生成各种不同数控系统的加工程序、不同格式的CAD数据，用于模具制造业的“逆向工程”。

（3）模具制造方面　近年来发展的高速铣削加工，大幅度提高了加工效率，并可获得极小的表面粗糙度值。电火花铣削加工技术已成为替代传统的用成形电极加工型腔的新技术，它是由高速旋转的、简单的管状电极作三维或二维轮廓加工（像数控铣一样），因此不再需要制造复杂的成形电极。模具自动加工系统是我国长远发展的目标。模具自动加工系统应有多台机床合理组合；配有随行定位夹具或定位盘；有完整的机具、刀具数控库；有完整的数控柔性同步系统；有质量监测控制系统。

（4）提高模具标准化程度　我国模具标准化程度正在不断提高，估计目前模具标准件使用覆盖率已达到30%左右（国外发达国家一般为80%左右）。

（5）优质材料及先进表面处理技术　选用优质钢材和应用相应的热处理、表面处理技术可以提高模具的寿命。模具热处理的发展方向是采用真空热处理。模具表面处理应发展工艺先进的气相沉积（TiN、TiC等）、等离子喷涂等技术。研究自动化、智能化的研磨与抛光方法替代现有手工操作以提高模具表面质量，是重要的发展趋势。

（6）先进的冲压设备　开发和引进高速压力机和多工位自动压力机、数控压力机，冲压柔性制造系统及各种专用压力机，以满足大批量、高精度生产的需要。

四、冷冲压基本工序分类

冷冲压加工的零件，由于其形状、尺寸、精度要求、生产批量、原材料性能等各不相同，因此生产中所采用的冷冲压工艺方法也是多种多样。冲压加工因制件的形状、尺寸和精度的不同，所采用的工序也不同。根据材料变形特点的不同，可将冷冲压工序分为分离工序和成形工序两类。

1. 分离工序

分离工序是指坯料在冲压力作用下，变形部分的应力达到强度极限以后，使坯料发生断裂而产生分离的加工工序。常见的分离冲压工序分类如表1-2所示。

2. 成形工序

成形工序是指坯料在冲压力作用下，变形部分的应力达到屈服极限，但未达到强度极限，使坯料产生塑性变形，成为具有一定形状、尺寸与精度制件的加工工序。常见的成形冲压工序分类如表1-3所示。

表1-2　常见分离冲压工序分类

名称	工序简图	说　明
切断	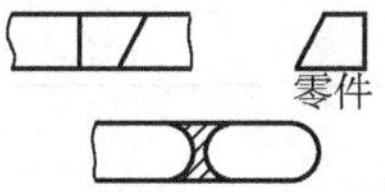	将材料沿敞开的轮廓分离，被分离的材料成为零件或工序件
落料	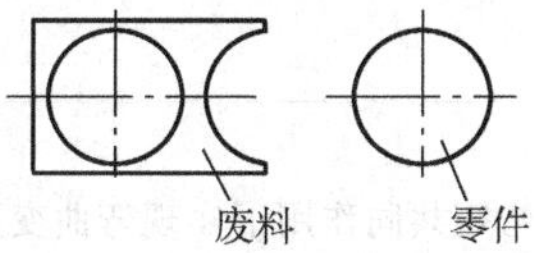	将材料沿封闭的轮廓分离，封闭轮廓线以内的材料成为零件或工序件
冲孔	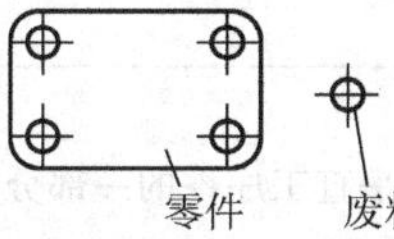	将材料沿封闭的轮廓分离，封闭廓线以外的材料成为零件或工序件
切边	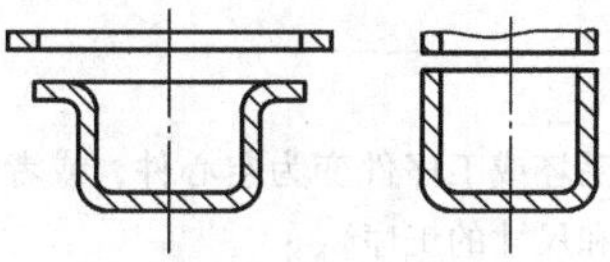	切去成形制件不整齐的边缘材料的工序
切舌	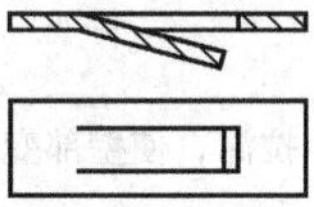	将材料沿敞开轮廓局部而不是完全分离的一种冲压工序
剖切	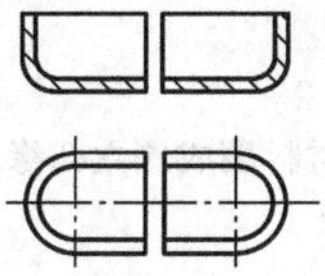	将成形工序件一件分为几件的工序

（续）

名称	工序简图	说　明
整修	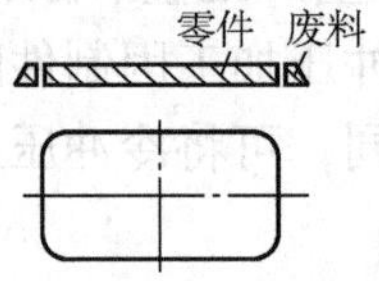	沿外形或内形轮廓切去少量材料，从而降低边缘粗糙度值和提高垂直度要求的一种冲压工序，一般也能同时提高尺寸精度
精冲	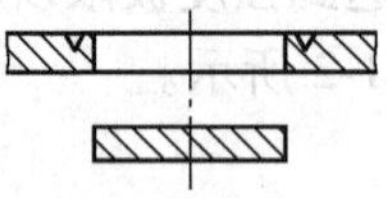	利用带齿压料板的精冲模使冲压件整个断面基本或全部光洁的工序

表1-3　常见成形冲压工序分类

名称	工序简图	说　明
弯曲	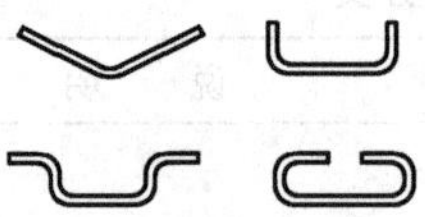	利用压力使材料产生塑性变形，从而获得一定曲率、一定角度形状制件的工序
卷边	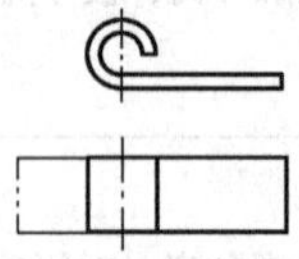	将工序件边缘卷成接近封闭圆形的工序
拉弯	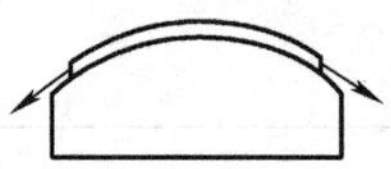	在拉力与弯矩共同作用下实现弯曲变形，使整个横断面全部受拉伸应力作用的工序
扭弯	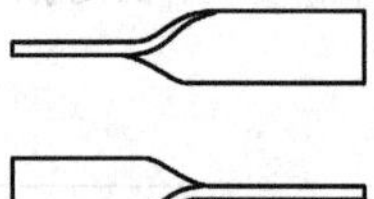	将平直或局部平直工序件的一部分相对另一部分扭转一定角度的工序
拉深	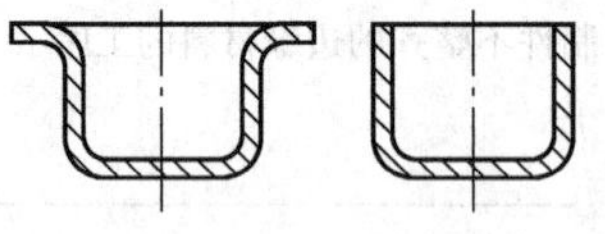	将平板毛坯或工序件变为空心件，或者把空心件进一步改变形状和尺寸的工序
变薄拉深	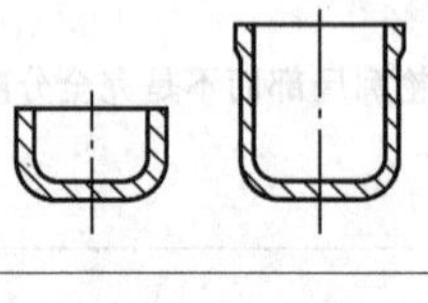	将空心件进一步拉深，使壁部变薄高度增加的工序
翻孔	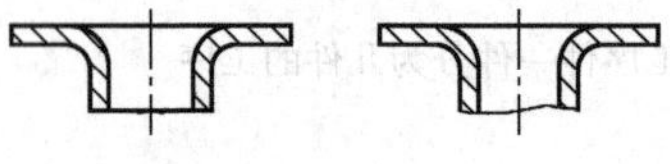	沿内孔周围将材料翻成侧立凸缘的工序

（续）

名称	工序简图	说　明
翻边	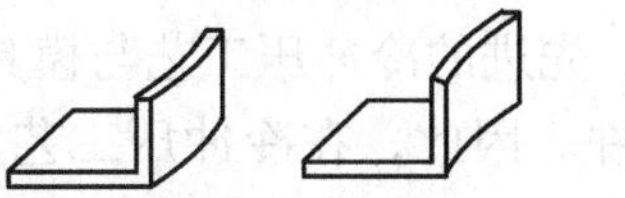	沿曲线将材料翻成侧立短边的工序
卷缘	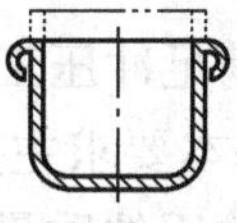	将空心件上口边缘卷成接近封闭圆形的工序
胀形	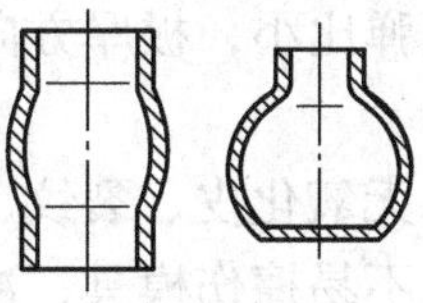	将空心件或管状件沿径向向外扩张的工序
起伏	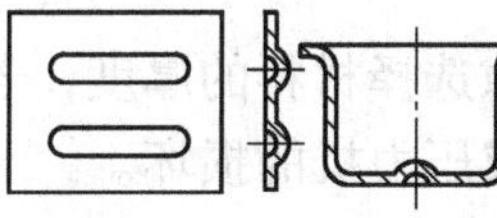	依靠材料的延伸使工序件形成局部凹陷或凸起的工序
扩口	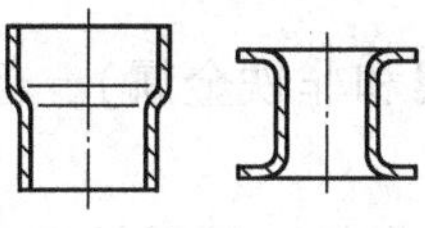	将空心件敞开处向外扩张的工序
缩口	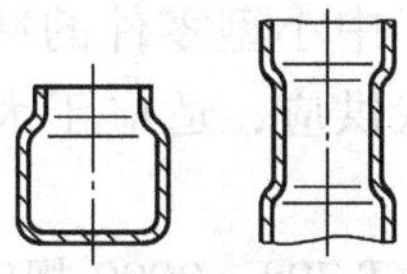	将空心件敞口处加压使其缩小的工序
校平整形	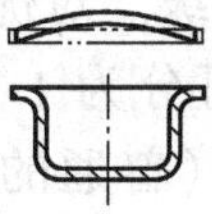	校平是指提高局部或整体平面形零件平直度的加工；整形是依靠材料流动，少量改变工序件形状和尺寸，以保证工件精度的加工
旋压	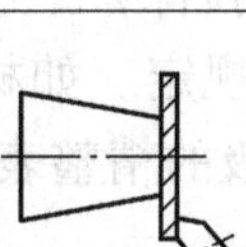	用旋轮使旋转状态下的坯料逐步成形为各种旋转体空心件的工序
冷挤压	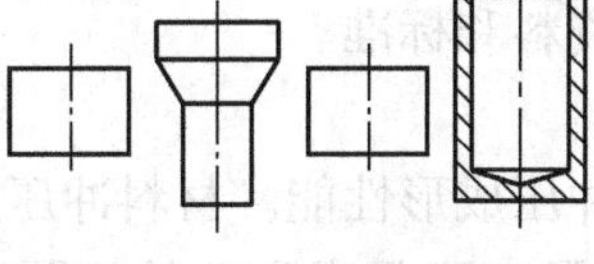	对模腔内的材料施加强大压力，使金属材料从凹模孔内或凸、凹模间隙挤出的工序

第二节 冷冲压材料

冷冲压所用的材料是冷冲压生产的三要素之一。先进的冷冲压工艺与模具技术，只有采用冲压性能良好的材料，才能成形出高质量的冲压件。因此，在冷冲压工艺及模具设计中，懂得合理选用材料，并进一步了解材料的冲压成形性能，是非常必要的。

一、板材的基本性能

冲压所用的材料，不仅要满足冲压件的使用要求，还应满足冲压工艺的要求和后续加工（如切削加工、电镀、焊接等）的要求。冲压工艺对材料的基本要求主要是：

（1）具有良好的冲压成形性能 为了有利于冲压变形和冲压件质量的提高，材料应具有良好的冲压成形性能，即应具有良好的塑性，屈强比和屈弹比小，板厚方向性系数大，板平面方向性系数小。

（2）具有较高的表面质量 材料的表面应光洁平整，无氧化皮、裂纹、锈斑、划伤、分层等缺陷。因为表面质量好的材料，成形时不易破裂，也不易擦伤模具，冲压件的表面质量也好。

（3）材料的厚度公差应符合国家标准 根据模具间隙选择材料的厚度，若材料的厚度公差太大，不仅直接影响冲压件的质量，还可能导致模具或压力机的损坏。

二、冲压常用材料及选用

1. 冲压常用材料

冲压生产中最常用的材料是金属材料（包括黑色金属和非铁金属），但有时也用非金属材料。

冲压用金属材料的供应状态一般是各种规格的板料和带料。板料的尺寸较大，可用于大型零件的冲压，也可将板料按排样尺寸剪裁成条料后用于中小型零件的冲压；带料（又称卷料）有各种规格的宽度，展开长度可达几十米，成卷状供应，适应于大批量生产的自动送料。材料厚度很小时也是做成带料供应。

对于厚度在4mm以下的轧制钢板，根据国家标准GB/T 708—2000规定，钢板厚度的精度分为A（高级精度）、B（较高级精度）、C（普通精度）三级。对优质碳素结构冷轧薄钢板，根据国家标准GB/T710—2003规定，钢板的表面质量可分为Ⅰ（特别高级的精整表面）、Ⅱ（高级的精整表面）、Ⅲ（较高级的精整表面）、Ⅳ（普通的精整表面）四组，每组按拉深级别又分为Z（最深拉深）、S（深拉深）、P（普通拉深）三级。

在冲压工艺资料和图样上，对材料的表示方法有特殊的规定。如材料为08钢、厚度为1.0mm、平面尺寸为1000mm×1500mm、较高级精度、较高级的精整表面、深拉深级的优质碳素结构钢冷轧钢板表示为：

$$\text{钢板}\frac{\text{B}-1.0\times1000\times1500-\text{GB/T 708—2000}}{08-\text{Ⅱ}-\text{S}-\text{GB/T 710—2003}}$$

关于材料的牌号、规格和性能，可查阅有关设计资料和标准。

2. 材料的冲压成形性能

材料对各种冲压成形方法的适应能力称为材料的冲压成形性能。材料冲压成形性能的好坏，是指其冲压成形的难易程度、单个冲压工序的极限变形程度和总的极限变形程度的大小、生产率的高低、得到高质量的冲压件的难易程度、模具损耗的高低、废品率的高低等。由此可见，冲压成形性能是一个综合性的概念，它涉及的因素很多，但就其主要内容来看，有两个方面：一是成形极限，二是成形质量。

（1）成形极限　成形极限是指材料在冲压成形过程中能达到的最大变形程度。

对于不同的冲压工序，成形极限是采用不同的极限变形系数来表示的。冲压变形主要有伸长类变形（如胀形、扩口、圆孔翻孔等）和压缩类变形（如拉深、缩口等）。在伸长类变形中，变形区的拉应力占主导地位，坯料厚度变薄，表面积增大，有产生破裂的可能性；在压缩类变形中，变形区的压应力占主导地位，坯料厚度增厚，表面积减小，有产生失稳起皱的可能性。伸长类变形的极限变形参数主要决定于材料的塑性，压缩类变形的极限变形参数一般受传力区承载能力的限制，有时则受变形区或传力区失稳起皱的限制。

提高伸长类变形的极限变形参数的方法有：提高材料塑性；减少变形的不均匀性；消除变形区的局部硬化或其他引起应力集中而可能导致破坏的各种因素，如去毛刺或坯料退火处理等。

提高压缩类变形的极限变形系数的方法有：提高传力区的承载能力；降低变形区的变形抗力或摩擦阻力；采取压料等措施防止变形区失稳起皱等。

（2）成形质量　成形质量是指材料经冲压成形后所得到的冲压件能够达到的质量指标，包括尺寸精度、厚度变化、表面质量及物理力学性能等。

影响冲压件质量的因素主要有：材料在塑性变形的同时总伴随着弹性变形，当冲压结束载荷卸除以后，由于材料的弹性回复，造成冲压件的形状与尺寸偏离模具工作部分的形状与尺寸，从而影响了冲压件的尺寸和形状精度；材料经过冲压成形以后，一般厚度都会发生变化，有的变厚，有的减薄，厚度变薄后直接影响冲压件的强度和使用，因此对强度有要求时，往往要限制其最大变薄量；材料经过塑性变形以后，除产生加工硬化现象外，还由于变形不均匀，材料内部将产生残余应力，从而引起冲压件尺寸和形状的变化，严重时还会引起冲压件的自行开裂。消除硬化及残余应力的方法是冲压后及时安排热处理退火工序。

3. 板料的冲压成形性能试验和指标

板料的冲压成形性能是通过模拟试验来确定的。板料冲压成形性能的试验方法很多，但概括起来可分为直接试验和间接试验两类。在直接试验中，板料的应力状态和变形情况与实际冲压时基本相同，试验所得结果比较准确。而在间接试验中，板料的受力情况和变形特点都与实际冲压时有一定的差别，所得结果只能在分析的基础上间接地反映板料的冲压成形性能。

（1）间接试验　间接试验有拉伸试验、剪切试验、硬度试验和金相试验等。其中拉伸试验简单易行，不需专用板料试验设备，且试验结果能从不同角度反映板料的冲压性能，所以它是一种很重要的试验方法。

1）强度指标（屈服点和屈强比）。强度指标对冲压成形性能的影响通常用屈服点与抗拉强度的比值（称为屈强比）来表示。一般屈强比越小，则 σ_s 与 σ_b 之间的差值越大，表示材料允许的塑性变形区间越大，成形过程的稳定性越好，破裂的危险性就越小，因而有利于提高极限变形程度，减少工序次数。因此，σ_s/σ_b 越小，材料的冲压成形性能越好。

2）刚度指标（应变硬化指数）。弹性模量 E 越大或屈服点与弹性模量的比值 σ_s/E（称为屈弹比）越小，在成形过程中抗失稳的能力越强，卸载后的回弹量小，有利于提高冲压件的质量。硬化指数大的材料，硬化效应就大，这对于伸长类变形来说是有利的。因为硬化指数值越大，在变形过程中材料局部变形程度的增加会使该处变形抗力增大，这样就可以补偿该处因截面积减小而引起的承载能力的减弱，制止了局部集中变形的进一步发展，具有扩展变形区、使变形均匀化和增大极限变形程度的作用。

3）塑性指标（伸长率）。均匀伸长率是在单向拉伸试验中开始产生局部集中变形（即刚出现缩颈时）的伸长率（即相对应变），它表示板料产生均匀变形或稳定变形的能力。一般情况下，冲压成形都在板料的均匀变形范围内进行，故均匀伸长率对冲压性能有较为直接的意义。

4）各向异性指标（凸耳参数）。凸耳参数的大小反映了在相同受力条件下板料平面方向与厚度方向的变形性能差异，其值越大，说明板平面方向上变形越容易，而厚度方向上变形越难，这对拉深成形是有利的。如在复杂形状的曲面零件拉深成形时，若凸耳参数值大，板料中部在拉应力作用下，厚度方向变形较困难，则变薄量小，而在板平面与拉应力相垂直的方向上的压缩变形比较容易，则板料中部起皱的趋向性降低，因而有利于拉深的顺利进行和冲压件质量的提高。

（2）直接试验　直接试验（又称模拟试验）是直接模拟某一种冲压方式进行的，故试验所得的结果能较为可靠地鉴定板料的冲压成形性能。直接试验的方法很多，下面简要介绍几种常见的直接试验方法，如表1-4所示。

表1-4　几种常见的直接试验方法

序号	名称	目的	图　示	特点及应用
1	弯曲试验	鉴定板料的弯曲性能	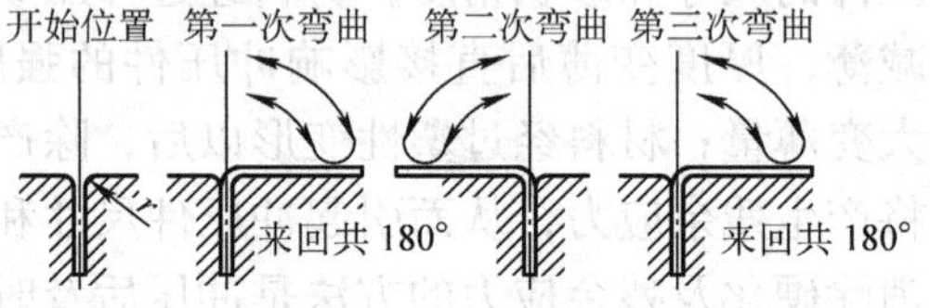	弯曲半径 r 越小，往复弯曲的次数越多，材料的成形性能就越好。这种试验主要用于鉴定厚度在2mm以下的板料
2	杯突试验	鉴定板料胀形成形性能	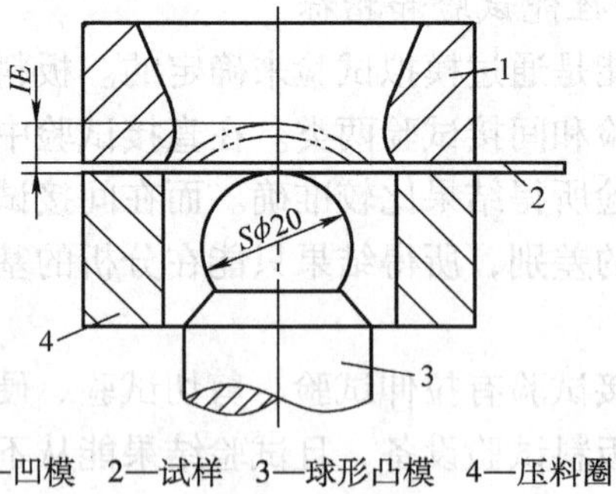 1—凹模　2—试样　3—球形凸模　4—压料圈	杯突值 IE 越大，表示板料的胀形性能越好
3	拉深试验	鉴定板料拉深成形性能	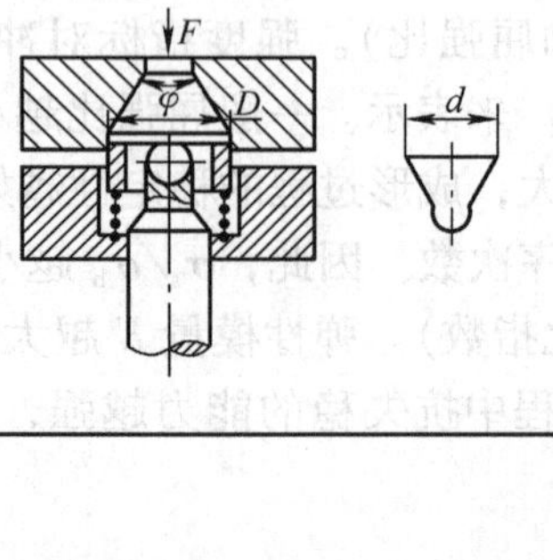	锥杯值 $CCV=(D_{max}+D_{min})/2$ CCV越大，则板料的拉深成形性能越好

4. 冲压材料的合理选用

冲压材料的选用要考虑冲压件的使用要求、冲压工艺要求及经济性等。

（1）根据冲压件的使用要求合理选用冲压材料　所选材料应使冲压件能在机器或部件中正常工作，并具有一定的使用寿命。为此，应根据冲压件的使用条件，使所选材料满足相应强度、刚度、韧性及耐蚀性和耐热性等方面的要求。

（2）根据冲压工艺要求合理选用冲压材料　对于任何一种冲压件，所选的材料应能按照其冲压工艺的要求，稳定地成形出不至于开裂或起皱的合格产品，这是最基本、最重要的选材要求。

（3）根据经济性要求合理选用冲压材料　所选材料应在满足使用性能及冲压工艺要求的前提下，尽量使材料的价格低廉，来源方便，经济性好，以降低冲压件的成本。

三、板料的剪裁及剪裁设备

1. 板料的剪裁

冷冲压所用金属板料通常需要根据排样要求，剪成不同宽度的条料之后，才能送入冲模进行冲压加工。因此，在冲压生产中，需由剪切机将板料或卷料剪切成所需的条料、带料或块料。这一工序称为下料工序。

机械式剪切机实际上是一种特殊的曲柄压力机，如图 1-10 所示。

曲柄压力机的主要工作机构是曲柄滑块机构。滑块呈长而薄的长方形，其上安装有上刀片 1。工作台上安装有下刀片 3，通过曲柄连杆机构带动滑块上、下运动，将放置在上、下刀片间的板料剪切成条料。上、下刀片刃口有的相互平行，称平刃剪床，有的相互偏斜一个角度，称斜刃剪床，如图 1-11 所示。斜刃剪床工作时，因为不是整个刃口同时接触板料，板料分离是逐步完成的，因此，比平刃剪床更省力。但剪切质量不如平刃剪床好。

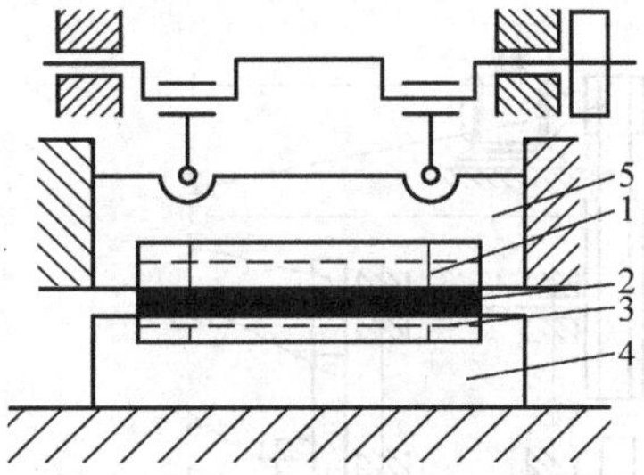

图 1-10　剪床示意图

1—上刀片　2—板料　3—下刀片

4—工作台　5—滑块

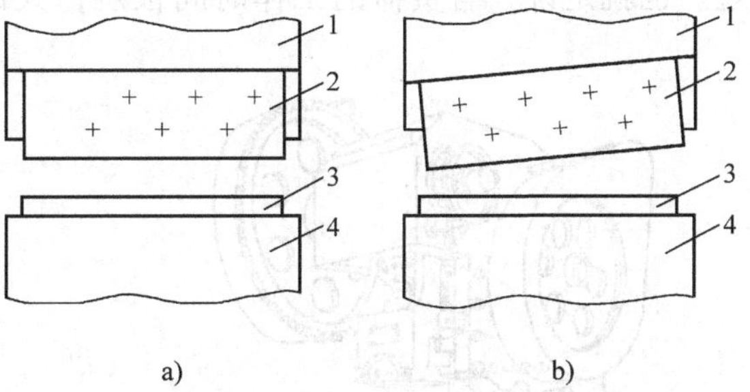

图 1-11　平刃剪床与斜刃剪床原理图

a）平刃剪床　b）斜刃剪床

1—滑块　2—上刀片　3—下刀片　4—工作台

2. 剪床规格型号

国标规定的剪床代号为 Q，其规格大小按剪床能裁剪板料的宽度和厚度来表示，如 Q11—6 ×2500 剪板机，表示可剪板材最大尺寸（厚 × 宽）是 6mm ×2500mm。这是剪板机的主要参数，也是选择剪板机的主要依据。图 1-12 所示为液压剪板机的外形图。

四、常见的冲压设备

常见的冲压设备主要有曲柄压力机、摩擦压力机和油压机。本节以曲柄压力机为例介绍冲压设备的结构、工作原理和选择原则。

1. 压力机的分类与型号规格

常用的冲压设备有机械式压力机(J)、液压机(Y)、剪切机(Q)、弯曲校正机(W)等。

压力机的型号是按照锻压机械的类别、列、组编制而成。如：

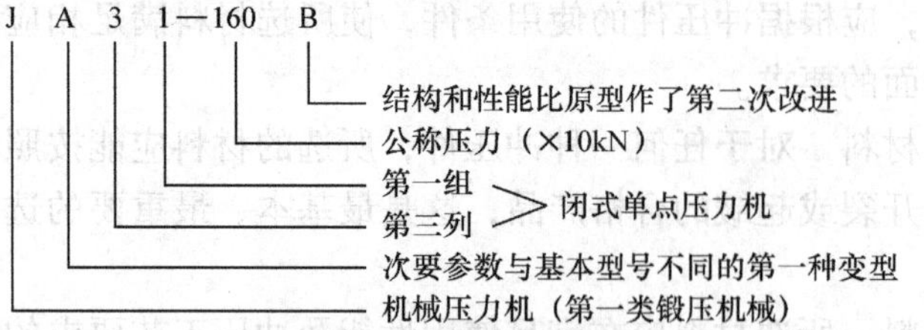

图 1-12　液压剪板机外形图

“—”后面的数字表示压力机的额定压力(常称吨位)，也就是压力机的规格，转化为法定计量单位的“kN”时，应把此数字乘以 10，如 160 表示公称压力 1600kN。

2. 曲柄压力机

曲柄压力机是机械式压力机的一种。它的工作机构是曲柄连杆滑块机构，所以称曲柄压力机。现通过国产 JB23-63 型压力机来说明它的工作原理及结构。

(1) 工作原理　图 1-13 所示为其外形图，图 1-14 所示为运动原理图。

JB23-63 型的工作原理如下：电动机 1 通过 V 带把运动传给大带轮 3，再经小齿轮 4、大齿轮 5 传给曲轴 7。连杆 9 上端装在曲轴上，下端与滑块 10 连接，把曲轴的旋转运动变为滑块的直线往复运动。上模 11 装在滑块上，下模 12 装在工作台的垫板 13 上，因此，当材料放在上下模之间时，即能进行冲裁及其他冲压成形工艺。由于生产工艺的需要，滑块有时运动，有时停止，所以装有离合器 6 与制动器 8，压力机在整个工作周期内进行工艺操作的时间很短。也就是说，有负荷的工作时间很短，大部分时间为无负荷的空闲时间。为了使电

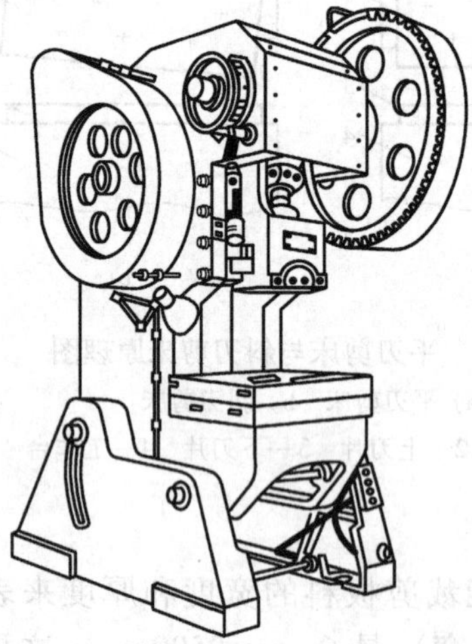

图 1-13　JB23-63 压力机外形图

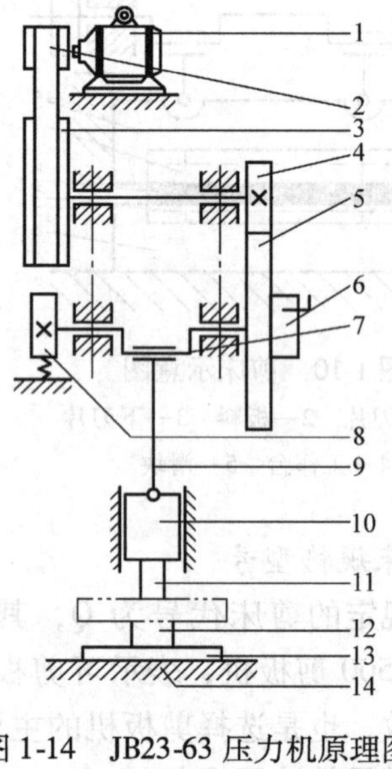

图 1-14　JB23-63 压力机原理图

1—电动机　2—小带轮　3—大带轮　4—小齿轮　5—大齿轮　6—离合器　7—曲轴　8—制动器　9—连杆　10—滑块　11—上模　12—下模　13—垫板　14—工作台

动机的负荷均匀，有效地利用能量，因而装有飞轮。图 1-14 中的大带轮 3 即起飞轮的作用。

（2）组成部分

从上述的工作原理可以看出，曲柄压力机由以下几个部分组成：

1）工作机构。一般为曲柄连杆滑块机构，由曲轴、连杆、滑块等零件组成，如图 1-14 所示。曲柄滑块机构特点：连杆长度可调，以便调节装模高度；在压力机滑块下方装有保险块，可保护压力机不被破坏；在滑块中有夹持模具的装置和顶出工件的装置。

2）传动系统。包括齿轮、带传动等机构。

3）操纵系统。如离合器、制动器。

4）能源系统。如电动机、飞轮。

5）支承部件。如机身。

（3）传动系统和操纵系统

1）传动系统。包括齿轮、带传动等机构，如图 1-15 所示。

2）操纵系统。包括离合器、制动器和电气控制装置等。曲柄压力机常用的离合器有刚性离合器和摩擦离合器两大类；常用的制动器有圆盘式制动器和带式制动器。

（4）能源系统和支承部件　能源系统和支承系统有电动机、飞轮、机身等。

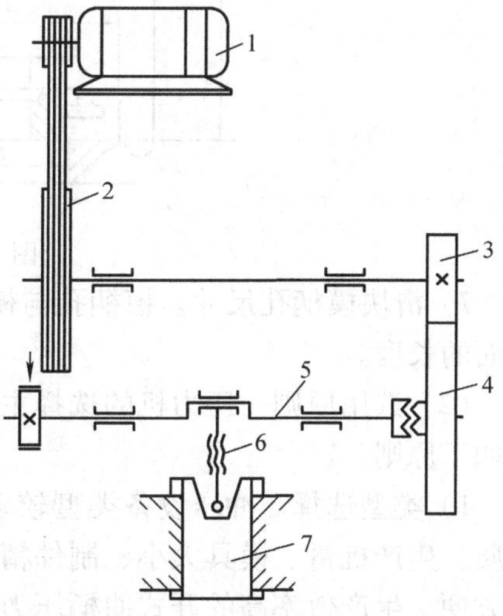

图 1-15　压力机传动系统示意图

1—电动机　2—带轮　3—小齿轮　4—大齿轮　5—曲轴　6—连杆　7—滑块

3. 技术参数与压力机的选择

（1）技术参数

曲柄压力机的技术参数反映了压力机的工艺性能与应用范围，是选用压力机和设计模具的主要依据，如图 1-16 所示，其主要参数如下：

1）公称压力。曲柄压力机的公称压力（或称额定压力、名义压力）是指滑块在离下止点前某一特定距离或曲柄旋转到离下止点前某一特定角度（称为额定压力角）时，滑块上所允许承受的最大作用力。公称压力已系列化，例如 630kN、1000kN、1600kN、2500kN、3150kN、4000kN、6000kN…这个系列是从生产实践中归纳整理后制定的，既能满足生产需要，又不至于使曲柄压力机的规格过多，给制造带来困难。

2）滑块行程。滑块行程是指滑块从上止点到下止点所经过的距离，它的大小随工艺和公称压力的不同而不同。

3）行程次数。行程次数是指滑块每分钟在上止点与下止点之间所往复的次数。它标志着生产率的高低。

4）连杆调节长度。连杆调节长度又称装模高度调节量。曲柄压力机与滑块联接的部分由连杆套和连杆两部分组成。通过改变连杆伸出连杆套的长度来改变压力机的闭合高度，安装不同闭合高度的模具。

5）闭合高度。闭合高度是指滑块在下止点时，滑块下表面到工作台垫板上表面的距离。当装模高度调节装置将滑块调整至最上位置时（即连杆调至最短时），装模高度达到最大值，称为最大装模高度；装模高度调节装置所能调节的距离，称为装模高度调节量 Δ_H。和装模高度并行的标准还有封闭高度。

6）工作台面尺寸。工作台面长、宽尺寸应大于模具下模座尺寸，并每边留出 60～100mm，以便于安装固定模具用的螺栓、垫铁和压板。当制件或废料需下落时，工作台面孔尺寸必须大于下落件的尺寸。对有弹顶装置的模具，工作台面孔尺寸还应大于下弹顶装置的外形尺寸。

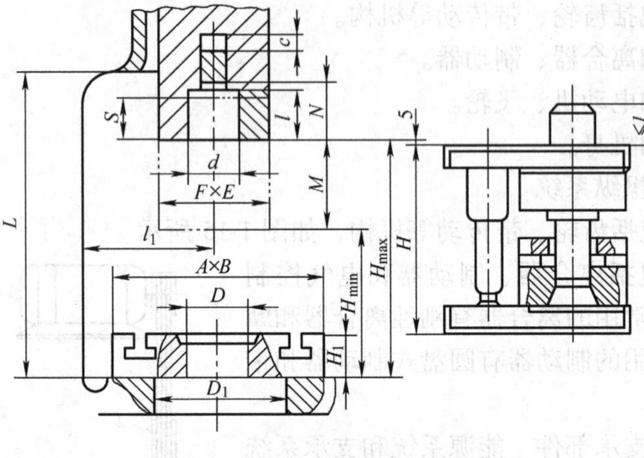

图 1-16　压力机的基本参数

7）滑块模柄孔尺寸。模柄孔与模柄直径要相符，模柄孔的深度应大于模柄伸出上模座顶面的长度。

（2）选用原则　压力机的选择主要包括类型和规格两个方面。确定压力机的规格时要遵循如下原则：

1）类型选择。冲压设备类型较多，其刚度、精度、用途各不相同，应根据冲压工艺的性质、生产批量、模具大小、制件精度等正确选用。一般生产批量较大的中小制件多选用操作方便、生产效率高的开式曲柄压力机。

2）规格选择。曲柄压力机的许用负荷随滑块行程位置的不同而不同，其公称压力一般是在离下止点前一段距离产生。而在一个行程的其他位置，则达不到其公称压力。因此，对工作行程较长的工序，当选择压力机公称压力时，并不仅仅是只要满足工艺力的大小就可以了，必须使工艺力曲线在压力机许用压力曲线以下，如图 1-17 所示。

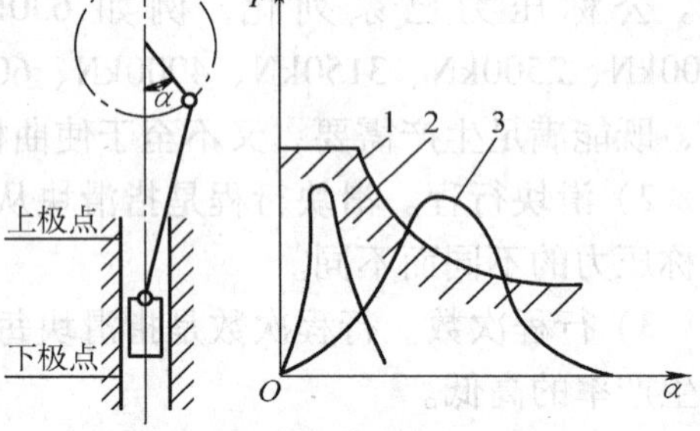

图 1-17　压力机许用压力曲线

1—压力机许用压力曲线　2—冲裁工艺冲裁力实际变化曲线　3—拉深工艺拉深力实际变化曲线

3）滑块行程。压力机滑块行程应满足制件在高度上能获得所需尺寸，并在冲压工序完成后能顺利地从模具上取出来。对于拉深件，则行程应在制件高度两倍以上。

4）行程次数。压力机的行程次数应符合生产率的要求。

5）其他参数。压力机的闭合高度、工作台面尺寸、滑块尺寸、模柄孔尺寸等都要能满足模具的正确安装要求，对于曲柄压力机，模具的

闭合高度与压力机的装模高度之间（图 1-18）要符合下式要求

$$H_{max} - H_1 \geqslant H \geqslant H_{min} - H_1 \quad (1\text{-}3)$$

或

$$H_{max} - H_1 \geqslant H \geqslant H_{max} - M - H_1$$

式中　H——模具的闭合高度（mm）；

H_{max}——压力机的最大闭合高度（mm）；

H_{min}——压力机的最小闭合高度（mm）；

H_1——垫板厚度（mm）；

M——压力机的闭合高度调节量。

工作台尺寸一般应大于模具下模座 60 ~ 100mm（单边），以便于安装。同时垫板孔径应大于制件或废料投影尺寸，以便于漏料。模柄尺寸应与模柄孔尺寸相符。

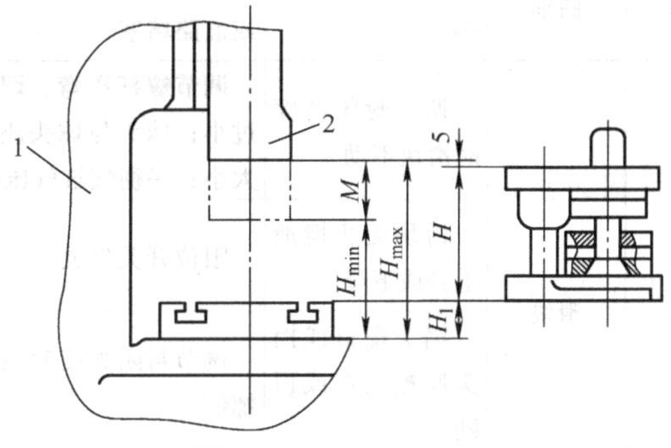

图 1-18　模具闭合高度与装模高度的关系

1—床身　2—滑块

4. *压力机维护、常见故障及排除方法*

压力机在使用过程中由于正常的磨损、使用不当或维护不良，常会出现一些故障，影响正常的工作。更为重要的是可能导致人身和设备安全事故的产生。

（1）压力机的正确使用与维护　正确使用和维护压力机，能延长压力机的使用寿命，充分发挥压力机的效能，确保工作过程中的人身和设备安全。使用和维护压力机应注意以下几点：

1）选用压力机时，应使所选压力机的加工能力（公称压力、许用负荷曲线、电动机额定功率等）对冲压加工留有余地。这对延长压力机及模具寿命、避免压力机出现超负荷而受到破坏都是至关重要的。

2）开机前，应检查压力机的润滑系统是否正常，并将润滑油压送至各润滑点。检查轴瓦间隙和制动器松紧程度是否合适以及运转部位是否没有杂物等。

3）电动机起动后，应观察飞轮的旋转方向是否与规定的方向（箭头标注）一致。确认方向一致后方可接通离合器，否则飞轮反转会损坏离合器零件和操纵机构。

4）空车检查制动器、离合器、操纵机构各部分的动作是否准确、灵活、可靠。

5）模具的安装应准确、牢靠，保证模具间隙均匀，闭合状态良好，冲压过程中不移位。模具安装好以后，先用手动试转压力机，以检验模具的安装位置是否正确，然后再起动电动机。

6）冲压过程中，严禁坯料重叠冲压。要及时清理工作台上的冲压件及废料。清理时要用钩子或刷子等专用工具，严禁徒手直接进入冲压危险区。

7）随时注意压力机工作情况，当发生不正常现象（如滑块自由下落、出现不正常的冲击声及噪声、冲压件质量不合格、冲压件或废料卡在冲模上等）时，应立即停止工作，切断电源，进行检查和处理。

8）工作完毕后，应脱开离合器，然后再切断电源，清除工作台上的杂物，用抹布将压力机和冲模揩拭一遍，并在模具刃口及压力机未涂油漆部分涂上一层防锈油。

(2) 冲压模具的失效形式　主要有磨损失效、变形失效、断裂失效和啃伤失效等几种。

1) 磨损失效。模具在工作中，与成形坯料直接接触，并受到相互作用力，产生一定的相对运动，造成磨损。当磨损使模具的尺寸、精度、表面质量等发生变化而不能冲压出合格的产品时，称为磨损失效。磨损失效是模具的主要失效形式。

按磨损机理，模具磨损可分为磨粒磨损、粘着磨损、疲劳磨损、腐蚀磨损。在模具与坯料相对运动过程中，实际磨损情况非常复杂。工作中可能出现多种磨损形式，它们相互促进，最后以一种磨损形式失效。

2) 变形失效。模具在使用过程中，当工作零件内的应力超过材料本身的屈服强度，便会产生塑形变形。过量的塑形变形将严重影响模具工作零件的几何形状和尺寸而使模具不能再正常使用，这种现象称为变形失效。塑形变形的失效形式有塌陷、镦粗、弯曲等，如图 1-20 所示。

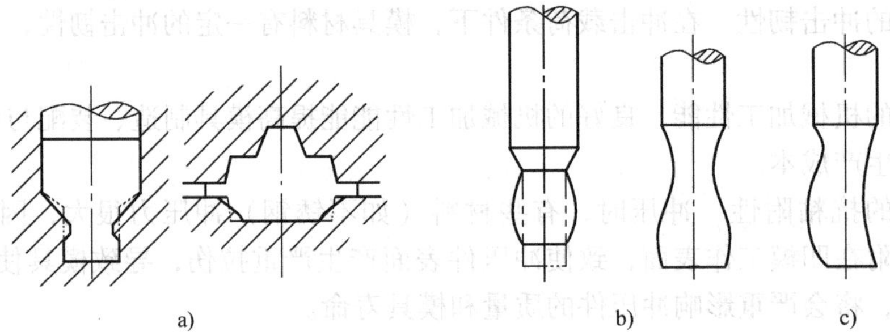

图 1-20　冲模的变形失效

a) 塌陷　b) 镦粗　c) 弯曲

3) 断裂失效。模具出现较大裂纹或分离成几个部分而丧失工作能力，称为断裂失效，如图 1-21 所示。按断裂机理分为早期断裂和疲劳断裂。

4) 啃伤失效。由于模具装配质量差、压力机导向精度低、模具安装调整不当、送料误差等原因，使凸、凹模相互啃刃造成崩裂的现象称为啃伤失效，如图 1-22 所示。

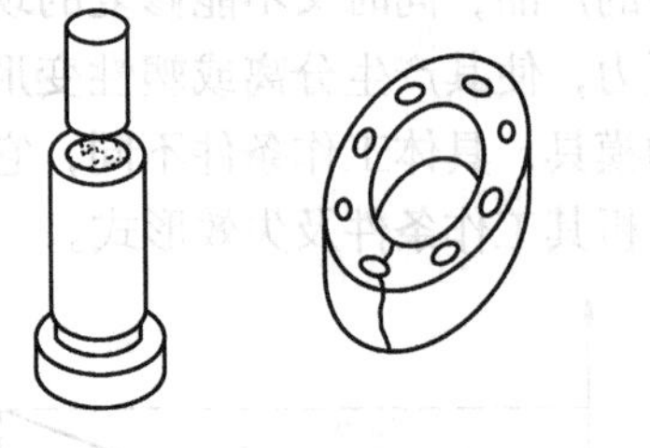

图 1-21　模具的断裂失效

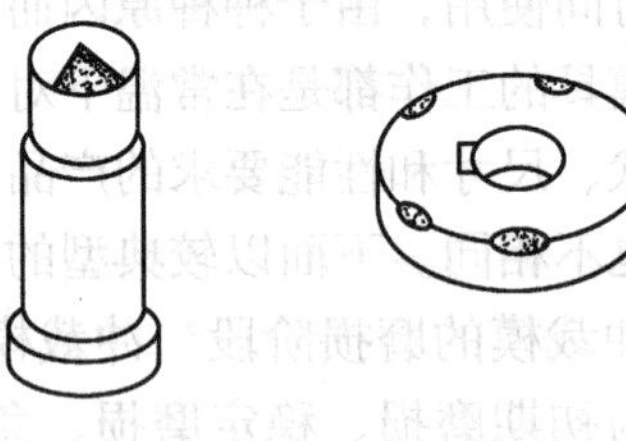

图 1-22　模具的啃伤失效

3. 影响冲压模具寿命的主要因素

(1) 冲压工艺及模具设计对寿命的影响　首先，由于冲压件材料厚度公差较大、材料性能波动、表面质量差等，在生产实际中将造成模具工作零件磨损加剧、崩刃。其次，模具结构设计时，由于整体式模具存在凹凸转角，容易造成应力集中，导致模具在使用过程中出现开裂现象。第三，凸、凹模的形状及圆角的半径大小和凸、凹模的间隙对模具的磨损影响很大。如拉深模过小的凸、凹模圆角半径在拉深过程中将增大坯料流动阻力，增大摩擦力和成形力，使模具磨损或冲压件拉断。最后，某些需要往复送料的排样和过小的搭边值将造成模具的急剧磨损和凸、凹模啃伤。

(2) 模具材料对模具寿命的影响　模具材料对模具寿命影响的因素有：模具材料种类、硬度和冶金质量、化学成分、组织结构等。模具材料的种类对模具寿命的影响很大，采用适当的热处理，则可大大减弱咬合倾向，提高寿命；模具的工作硬度对模具寿命的影响也很大，随着硬度的提高，模具钢的抗压强度、耐磨性和抗咬合能力提高，而韧性、冷热疲劳抗力及可磨削性能下降；模具材料的冶金质量对大、中型截面的模具以及碳和合金元素含量高的模具钢影响较大，具体表现形式有非金属夹杂、碳化物偏析、中心疏松等，尤其是高碳高合金钢，冶金缺陷较多，容易造成模具淬火开裂和模具早期破坏。

(3) 模具的热处理工艺对模具寿命的影响　影响模具的热处理包括：预先热处理、粗加工后的消除应力退火、淬火与回火、磨削后或电加工后消除应力退火等。模具的热处理质量对模具的性能与使用寿命影响很大。实践证明，模具工作零件的淬火变形与开裂，使用过程中的早期断裂等，都与模具的热处理工艺有很大关系。

(4) 模具零件毛坯的锻造和预备热处理对模具寿命的影响　锻造是模具工作零件制造过程中的重要环节。但模具零件毛坯锻造时出现的各种缺陷：塑性低、塑变抗力大、导热性差、锻造温度区间窄、组织缺陷严重、淬透性高、内应力大等，可导致模具产生裂纹，影响模具热处理工艺性及热处理后的强韧性，增加模具早期失效的倾向。锻造后的模具零件毛坯一般需进行预备热处理（退火、正火、调质等），以消除毛坯中的残余内应力和锻造组织的某些缺陷，改善加工工艺性。模具钢经过适当的预备热处理，可使碳化物球化和细化，提高碳化物分布均匀性，经淬火、回火后，可大大提高模具寿命。

(5) 模具加工工艺对模具寿命的影响　模具制造一般要经过切削加工、磨削加工和电火花加工三个阶段。生产中，加工工艺不合理，加工质量（尤其是表面质量）存在问题，都会显著影响模具的耐磨性、断裂抗力、疲劳强度及热疲劳抗力等。如切削加工中若产生加工尺寸超差、尺寸过渡处无圆角连接、表面粗糙度不符合要求等，将严重降低模具的疲劳强度和热疲劳抗力；在磨削过程中，较容易出现磨削烧伤和磨削裂纹的质量问题等，将大大降低模具的疲劳强度和断裂抗力；电火花加工会产生电火花烧伤层，烧伤层拉应力较大，当厚度较大时将出现显微裂纹，从而降低模具的韧性和断裂抗力。

在实际生产中，冲压设备的刚度和精度对模具寿命也有不同程度的影响。

4. 提高模具寿命的主要措施

(1) 选择合理的模具材料　在满足模具零件使用性能、工艺性和经济性的条件下，结合模具的使用特点，考虑冲压零件的生产批量，根据各种材料的硬度、强度、韧性、耐磨性及疲劳强度等性能特点，优选出合适的模具材料，可大大提高模具寿命。

(2) 设计合理的模具结构　模具间隙对模具寿命影响较大，因此设计时应综合考虑具体要求，合理选择模具间隙；模具结构必须具有足够的刚度和可靠的导向，否则不能保证凸、凹模间的动态间隙和工作精度，会出现凸、凹模相互卡死和啃伤现象，影响模具寿命；同时采用组合式凸、凹模，可有效减少应力集中，延缓疲劳裂纹的产生，提高模具的寿命；通过制定合理的冲压加工工艺，设计出经济合理的模具结构，减轻模具的工作载荷。

(3) 制定合理的冲压工艺　合理安排冲压工序，选用冲压成形性能好、厚度均匀、表面质量较高的冲压材料，安排必要的润滑和热处理等辅助工序，可以大大简化模具设计与制造过程，提高模具寿命。

(4) 制定合理的热加工工艺　制定合理的热加工工艺主要包括：对模具冷热加工工序作

适当的调整；根据热处理变形规律调整淬火前的预留加工余量；合理制定热处理的加热速度、加热温度、保温时间、冷却方法、冷却介质、回火温度、回火时间等。这些都可以实现对模具变形的有效控制，从而提高模具寿命。

(5) 模具的正常使用与维护　正确操作、使用与维护模具对模具的寿命影响较大。主要包括：模具正确安装与调整；模具的清洁和合理的润滑；防止误送料、冲叠片；严格控制凸模进入凹模深度，控制校正弯曲等工序上模的下止点位置；及时修复、研光；设置安装块和行程限制器，以便安装、使用和储存等。

此外，改善模具加工工艺，提高冲压设备的刚度和精度，在整个模具设计、制造、使用过程中实行全面质量管理等，都是提高模具寿命的有效措施。

二、冲压模具材料的种类与特性

1. 各种工具钢的分类与特性

冲压模具的材料主要是指工作零件的材料。工作零件的常用材料有各种工具钢、硬质合金、钢结硬质合金、铸铁、铸钢、锌基合金、低熔点合金、铝青铜、聚氨酯、合成树脂等。其中主要材料是各种工具钢，硬质合金一般用于高寿命大批量生产的模具，其他材料主要用于制造大型冲压件的成形模或简易冲模。

冲模用钢按工艺性能和使用性能可分为六组，如表 1-6 所示。同一组内的材料具有共同的特性，在一定条件下可以互相代用。

表 1-6　冷作模具钢分类表

组别	名称	钢号	特点及应用
1	低淬透性冷作模具钢	T7A、T8A、T10A、T12A、8MnSi、Cr2、9Cr2、CrW5	退火后加工性能好，具有一定的韧性和疲劳抗力。但淬透性、回火稳定性和耐磨性较低，承载能力也较低，热处理变形较大。主要用于制造中小批量生产、要求一定抗冲击载荷的冲压模具
2	低变形冷作模具钢	9Mn2V、9Mn2、CrWMn、MnCrWV、9CrWMn、SiMnMo、9SiCr	其特点是淬硬性(61～64HRC)和淬透性较好，淬火开裂、变形倾向小。但回火稳定性、韧性和耐磨性较低。主要用于制造中小批量生产、形状比较复杂的冲压模具
3	微变形冷作模具钢	Cr6WV、Cr12MoV、Cr12、Cr4W2MoV、Cr2Mn2SiWMoV	具有高淬透性、高淬硬性、高耐磨性、微变形、回火稳定性、高的抗压强度。但变形抗力和抗冲击能力有限。主要用于制造生产批量大、载荷较大、耐磨性高、热处理变形小、形状较复杂的冲压模具
4	高强度冷作模具钢	W6Mo5Cr4V2、W12Mo3Cr 4V3N、W18Cr4V	具有高抗压强度、高硬度、高淬透性、高耐磨性和高的热硬性，承载能力强。但价格贵，冷、热加工工艺性差，热处理工艺复杂。适用于制造中厚钢板冲孔凸模，小直径凸模，冲裁弹簧钢、高强度钢板的中小型凸模以及各种高寿命冷冲、剪工具
5	高强韧冷作模具钢	6W6Mo5Cr4V、CG2、65Nb、LD	国内外近年研制开发的一些综合性能优良的新材料，其强度、韧性、耐冲击能力均优于高速钢或高碳高铬钢。但耐磨性较差。在重载冲模中，其使用寿命比高速钢和高碳高铬钢高很多
6	抗冲击冷作模具钢	4CrW2Si、5CrW2Si、6CrW2 Si、60Si2Mn	其特点是具有高韧性、高耐冲击疲劳能力。但抗压和耐磨性不高。主要用于冲、剪工具和大中型冲压模具、精压模具等

2. 硬质合金和钢结硬质合金

硬质合金比模具钢具有更高的硬度、热硬性、耐磨性和抗压强度。但冲击韧性、抗弯强度和可加工性差。用于制造冲压模具的硬质合金是钨钴类。对于冲击力小、要求耐磨的冲压模具，可选用 YG6、YG8 等；对于冲击力大的冲压模具，可选用 YG15、YG20、YG25 等。用于制造冲压模具的钢结硬质合金的牌号、成分及性能如表 1-7 所示。

表 1-7　钢结硬质合金的成分和性能

牌号	硬质相及含量	洛氏硬度(HRC)		抗弯强度 σ_{bb}/MPa	冲击韧度 a_K/(J·cm^{-2})	密度 ρ /(g·cm^{-3})
		加工态	工作态			
TLM(W50)	w_{WC}50%	35~42	66~68	2000	8~10	10.2
DT	w_{WC}40%	32~38	61~64	2500~3600	18~25	9.8
GW50	w_{WC}50%	35~42	66~68	1800	12	10.2
GT40	w_{WC}40%	34~40	63~64	2600	9	9.8
GT33	w_{TiC}33%	38~45	67~69	1400	4	6.5
GT35	w_{TiC}35%	39~46	67~69	1400~1800	6	6.5

注：w_{WC}、w_{TiC}分别为 WC、TiC 的质量分数。

综上所述，比较工具钢、硬质合金与钢结硬质合金的综合力学性能，用硬质合金制造的模具寿命比采用合金工具钢制造的模具寿命高很多。

三、冲模工作零件的材料选用及热处理要求

1. 冲模工作零件材料的选择原则

模具材料的选用，不仅关系到模具的使用寿命，而且也直接影响到模具的制造成本，因此是模具设计中的一项重要工作。在冲压过程中，模具承受冲击负荷且连续工作，使凸、凹模受到强大压力和剧烈摩擦，工作条件极其恶劣。因此选择模具材料应遵循如下原则：

1）根据模具种类及其工作条件，选用材料要满足使用要求，应具有较高的强度、硬度、耐磨性、耐冲击、耐疲劳性等。

2）根据冲压材料和冲压件生产批量选用材料。

3）满足加工要求，应具有良好的加工工艺性能，便于切削加工，淬透性好、热处理变形小。

4）满足经济性要求。

2. 冲模工作零件的材料选用及热处理要求

冲模材料、冲压工序和被冲材料种类也较多，实际的生产条件也不尽相同。因此，要做到合理选用模具材料，提出适当的热处理要求，必须根据模具的工作条件、生产数量、模具材料市场供应情况及各种模具材料的可加工性等进行分析比较。

表 1-8 和表 1-9 所示分别为冲模工作零件的材料选用及热处理要求和冲模一般零件的材料选用及热处理要求，可供设计人员参考选用。

四、冲模模架的选用

常用的标准模架由上、下模座及导柱、导套组成。模架的组成零件已标准化，设计中可直接选用。按导柱在模架中固定位置的不同，国家标准的模架形式如图 1-23 所示。

导柱一般采用两个，大型模具或要求精密的模具可用四个，分别装在四角或对称位置上。当可能产生侧向推力时，要设置止推块，使导柱不受弯曲力。为了防止上模座误转 180°，模架中两个导柱、导套直径是不一样的，一般相差 2~5mm。

表 1-8 冲模工作零件的材料选用及热处理要求

类别	适用范围	推荐使用钢号	热处理工序	洛氏硬度（HRC）	
				凸模	凹模
冲裁模	形状简单的冲压件，料厚 $\delta<3$mm、带凸肩的、快换式结构、形状简单的镶块	T7A，T8A，T10A	淬火	58～62	60～64
	各种易损小冲头，形状复杂冲压件，料厚 $\delta>$ 3mm、复杂形状镶块	9CrSi，CrWMn Cr12MoV	淬火	58～62	60～64
	要求耐磨寿命高的模具	Cr12 MoV	淬火	60～62	62～64
		GCr15（凸模）	淬火	60～62	—
	冲薄材料 $\delta<0.2$mm	T8A	淬火调质	56～60	28～32
	形状复杂或不宜进行一般热处理	7CrSiMnMoV	表面淬火	56～60	56～60
弯曲模	一般弯曲	T8A，T10A	淬火	56～60	56～60
	形状复杂要求高耐磨寿命、特大批量的弯曲	CrWMn，Cr12，Cr12MoV	淬火	60～64	

表 1-9 冲模一般零件的材料选用及热处理要求

零件名称	适用材料	热处理	洛氏硬度（HRC）
上、下模座	HT200、HT250、ZG320—580、Q235、Q275	—	—
模柄	Q235	—	—
导柱导套	20、T10A	渗碳处理后淬火回火	57～62
凸、凹模固定板	Q235、Q275	—	—
承料板	Q235	—	—
卸料板	Q275	—	—
导料板	Q275、45	淬火、回火	43～48（45 钢）
挡料销	45、T7A	淬火、回火	43～48（45 钢）52～56（T7A）
导正销、定位销	T7、T8	淬火、回火	52～56
垫板	45、T8A	淬火、回火	43～48（45 钢）52～56（T7A）
螺钉	45	头部淬火、回火	43～48
销钉	45、T7	淬火、回火	43～48（45 钢）52～54（T7A）
推杆、顶杆	45	淬火、回火	43～48
顶板	45、Q275	—	—
定距、废料侧刃	T8A	淬火、回火	58～62
侧刃挡板	T8A	淬火、回火	54～58
定位板	45、T8	淬火、回火	43～48（45 钢）52～56（T8）
滑块	T8A、T10A	淬火、回火	60～62
弹簧	65Mn、60SiMnA	淬火、回火	40～45

后侧导柱的模架，送料及操作比较方便，但由于导柱装在同一侧，容易偏斜，影响模具寿命。适用于冲制中等复杂程度及精度要求一般的制件，如落料、冲孔、引伸等。

对角导柱、中间导柱及四角导柱模架的共同特点是：导向装置都安装在模具的对称线上，滑动平稳，导向准确可靠，冲压时，可防止偏心力矩而引起的模具的偏斜，有利于延长模具的寿命。但条料宽度受导柱间距离的限制。对角导柱模具常用于级进模，中间导柱及四角导柱模架常用于复合模、压弯模、成型模，冲制较精密的制件。

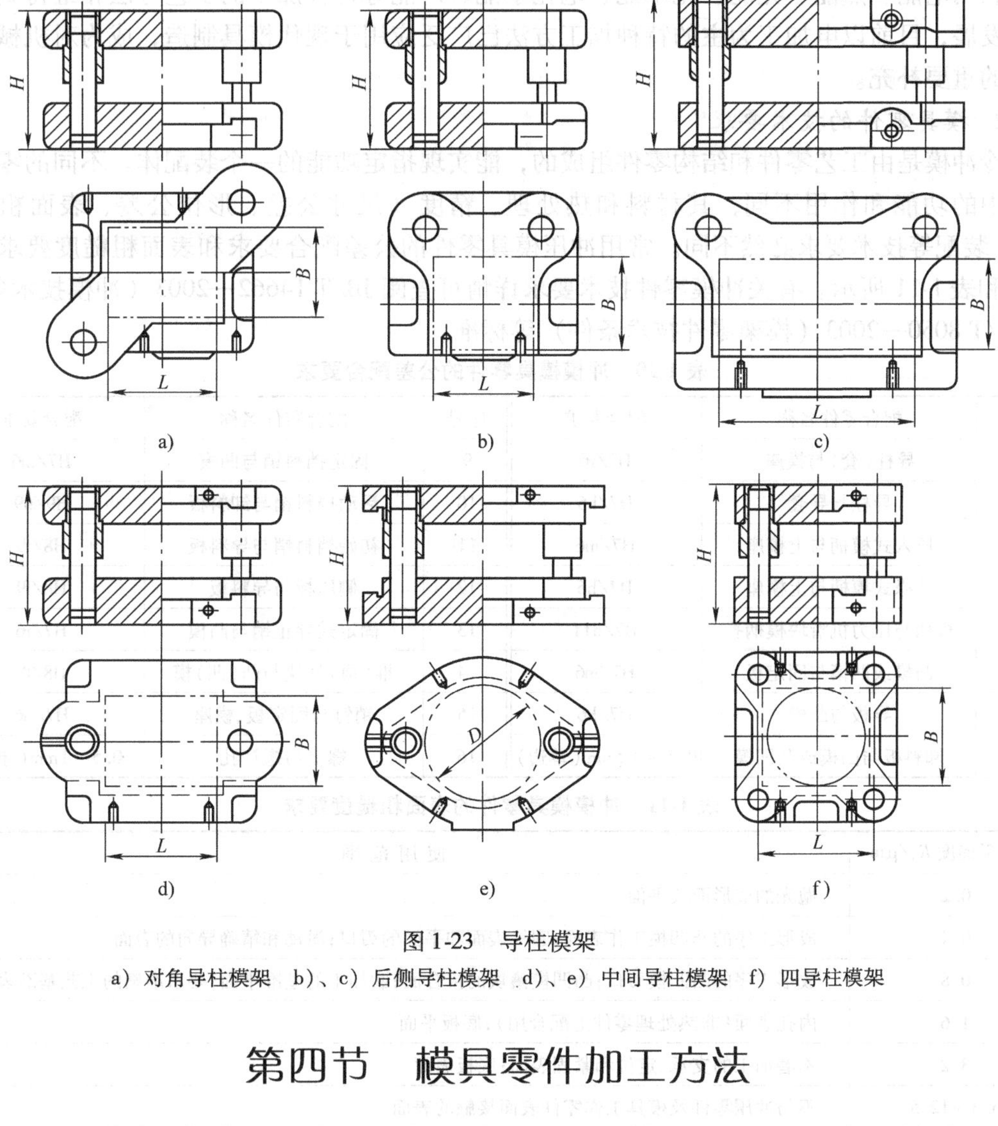

图 1-23　导柱模架

a）对角导柱模架　b）、c）后侧导柱模架　d）、e）中间导柱模架　f）四导柱模架

第四节　模具零件加工方法

一、模具零件制造特点

1. 模具零件的制造特点

通常模具零件的加工精度高，力学性能较好，使用寿命长，因此模具零件在制造过程中的工艺过程较长，工序种类较多，且为单件生产，所以在毛坯的选择、加工工艺路线的制定等都与成批生产有较大的区别。

模具制造中，通常按照零件结构和加工工艺过程的相似性，其加工方法主要有机械加工、特种加工两大类。机械加工方法主要包括各类金属切削机床的切削加工，如采用普通及数控切削机床进行车、铣、刨、镗、钻、磨加工，再配以钳工操作，可实现整套模具的制

常见外圆、平面和孔的加工方案、加工精度和表面粗糙度如表1-15、表1-16、表1-17所示。

表1-15　常见外圆的加工方案、加工精度和表面粗糙度

序号	加工方案	公差等级	表面粗糙度 R_a/μm	适用范围
1	粗车	IT11以下	12.5~50	适用于除淬火钢以外的各种金属
2	粗车—半精车	IT8~10	3.2~6.3	
3	粗车—半精车—精车	IT8~9	1.6~0.8	
4	粗车—半精车—磨削	IT7~8	0.4~0.8	适用于淬火钢和非淬火钢，但不适用于有色金属
5	粗车—半精车—粗磨—精磨	IT6~7	0.1~0.4	
6	粗车—半精车—粗磨—精磨—超精加工	IT5	0.1	
7	粗车—半精车—精车—金刚石车	IT6~7	0.025~0.4	主要加工有色金属
8	粗车—半精车—粗磨—精磨—超精磨	IT6以上	<0.025	高精度的外圆加工
9	粗车—半精车—粗磨—精磨—研磨			

表1-16　常见平面的加工方案、加工精度和表面粗糙度

序号	加工方案	公差等级	表面粗糙度 R_a/μm	适用范围
1	粗车—半精车	IT8~10	3.2~6.3	主要用于端面加工
2	粗车—半精车—精车	IT7~8	1.6~0.8	
3	粗车—半精车—磨削	IT8~9	0.2~0.8	
4	粗刨(铣)—精刨(铣)		1.6~6.3	非淬硬平面
5	粗刨(铣)—精刨(铣)—粗磨—精磨	IT6~7	0.1~0.8	精度要求高的非淬硬平面
6	粗刨(铣)—精刨(铣)—粗磨—精磨	IT5	3.2~6.3	精度要求高的淬硬平面或非淬硬平面
7	粗车—半精车—粗磨—精磨—超精磨	IT6~7	0.02~0.4	

表1-17　常见孔的加工方案、加工精度和表面粗糙度

序号	加工方案	公差等级	表面粗糙度 R_a/μm	适用范围
1	钻	IT11~12	12.5	加工未淬火钢及铸铁，也用于加工有色金属
2	钻—铰	IT9	3.2~1.6	
3	钻铰—精铰	IT7~8	0.8~1.6	
4	钻—扩	IT10~11	6.3~12.5	同上，孔径可大于15~20mm
5	钻—扩—铰	IT8~9	3.2~1.6	
6	钻—扩—粗铰—精铰	IT7	1.6~0.8	
7	粗镗(扩孔)	IT11~12	6.3~12.5	除淬火钢以外的各种材料，毛坯由铸出孔或锻出孔
8	粗镗(扩)—半精镗(扩)	IT8~9	1.6~3.2	
9	粗镗(扩)—半精镗(扩)—精镗(铰)	IT7~8	0.8~1.6	
10	粗镗(扩)—半精镗(扩)—精镗(铰)	IT6~7	0.4~0.8	
11	粗镗(扩)—半精镗磨孔	IT7~8	0.2~0.8	加工淬火钢和未淬火钢，不宜加工有色金属
12	粗镗(扩)—半精镗—精镗—金刚镗	IT6~7	0.1~0.2	

2. 模具零件的电加工

(1) 电火花加工原理、特点及应用　电火花加工是指在一定的介质中，通过工具电极和工件电极之间脉冲放电的电腐蚀作用，对工件进行加工的一种工艺方法。其加工原理、特点及应用如表 1-18 所示。

表 1-18 电火花加工原理、特点及应用

加工原理	当在工件与工具的两电极间加直流电压 100V 左右时，极间某一间隙最小处或绝缘强度最低处介质被击穿，引起电离并产生火花放电，火花后产生的瞬时高温，使工具和工件表面都蚀除掉一小部分金属，各自形成一个小凹坑；然后经过一段时间间隔，排除电蚀产物和介质恢复绝缘，再在两极间加电，如此连续不断地重复放电，工具电极不断地向工件进给，就可将工具的形状复制在工件上，加工出所需要的零件
特点及应用	(1) 可以加工任何硬、脆、韧、软和高熔点的导电材料 (2) 加工时无“切削力”，有利于小孔、薄壁、窄槽以及各种复杂形状的孔、螺旋孔、型腔等零件的加工，也适合于精密微细加工 (3) 对整个工件而言，几乎不受热的影响 (4) 通过调节脉冲参数，可以在一台机床上连续进行粗加工、半精加工和精加工。精加工时精度为 0.01mm，表面粗糙度 R_a 为 0.8μm；精微加工时精度可达 0.002～0.004mm，表面粗糙度 R_a 为 0.1～0.05μm 电火花加工也有一定的局限性。如只能加工导电材料，加工速度较慢，存在电极消耗和最小角度半径有限等

电火花加工质量主要受电极制造精度、脉冲放电参数（电规准）、放电间隙、电极损耗的影响，其中电极的设计与制造是关键。

常用电极材料的种类和性能如表 1-19 所示。

表 1-19 常用电极材料的种类和性能

电极材料	电火花加工性能		机械加工性能	说　明
	加工稳定性	电极损耗		
钢	较差	中等	好	在选择电参数时注意加工的稳定性，尽量采用凸模作电极
铸铁	一般	中等	好	
石墨	一般	较小	一般	机械强度较差，易崩角
黄铜	好	大	一般	电极损耗大
纯铜	好	较小	较差	磨削困难
铜钨合金	好	小	一般	成本高，多用于深孔、直孔等
银钨合金	好	小	一般	成本高，多用于精密及有特殊要求的加工

选择时应根据加工对象、工艺方法和加工设备条件等因素综合考虑，对大中型腔可采用石墨材料电极；中小型腔、窄槽等可采用纯铜电极。

电极必须根据模具结构和精度要求，考虑电极损耗和放电间隙等因素进行设计。电极结构可分为整体式电极、组合式电极和镶拼电极三种，应根据电极大小与复杂程度、电极的结构工艺性等因素进行选择。通常电极加工公差等级可达到 IT7，表面粗糙度可达 R_a1.6μm。

(2) 电火花加工工艺方法分类　电火花加工工艺方法分类如表 1-20 所示。

3. 凸、凹模加工的典型工艺路线

凸、凹模加工的常用工艺路线主要有以下几种形式：

(1) 路线一　下料→锻造→退火→毛坯外形加工（包括外形粗加工、精加工、基面磨削）→划线→刃口轮廓粗加工→刃口轮廓精加工→螺孔、销孔加工→淬火与回火→研磨或抛光。此工艺路线钳工工作量大，技术要求高，适用于形状简单、热处理变形小的零件。

表 1-20　电火花加工工艺方法分类

类别	工艺方法	特　点	用　途
1	穿孔成形加工	工具为成形电极；主要一个进给运动	型腔加工、冲模、挤压模、异形孔
2	电火花线切割加工	工具为线状电极；两个进给运动	冲模、直纹面、窄缝、下料
3	内孔、外圆成形磨	相对旋转运动，径向轴向进给运动	精密小孔、外圆小模数滚刀
4	同步共轭回转加工	均作旋转运动，且纵横进给	精密螺纹、异形齿轮、回转表面
5	高速小孔加工	细管电极旋转，穿孔速度极高	深小孔、喷嘴、穿丝孔
6	表面强化、刻字	工具在工件上振动，并作相对移动	工具刃口强化、刻字

（2）路线二　下料→锻造→退火→毛坯外形加工（包括外形粗加工、精加工、基面磨削）→划线→刃口轮廓粗加工→螺孔、销孔加工→淬火与回火→采用成形磨削进行刃口轮廓精加工→研磨或抛光。此工艺路线能消除热处理变形对模具精度的影响，容易保证凸、凹模的加工精度，可用于热处理变形大的零件。

（3）路线三　下料→锻造→退火→毛坯外形加工→螺孔、销孔、穿丝孔加工→淬火与回火→磨削加工上下面及基准面→线切割加工→钳工修整。此工艺路线主要用于以线切割加工为主要工艺的凸、凹模加工，尤其适用形状复杂、热处理变形大的直通式凸模、凹模零件。

4. 典型模具零件的加工工艺

落料凹模的加工工艺过程如表 1-21 所示。

表 1-21　落料凹模加工工艺过程

序号	工序名称	工 序 内 容	零 件 图
1	备料	毛坯锻成 135mm×100mm×30mm	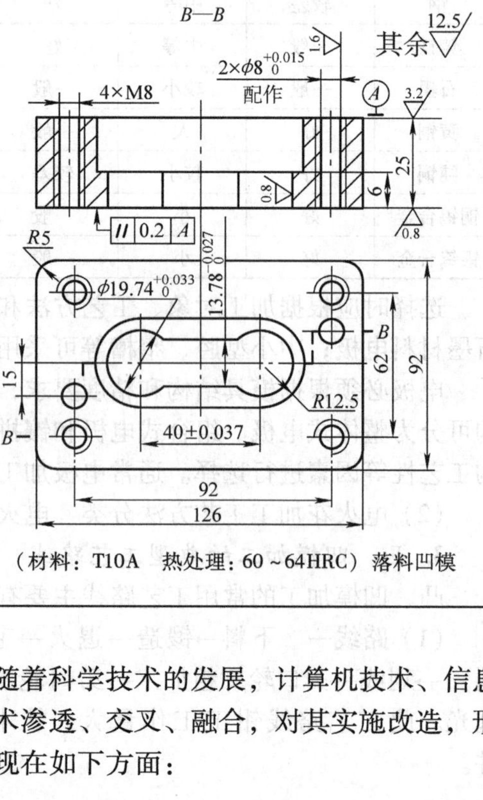 （材料：T10A　热处理：60～64HRC）落料凹模
2	热处理	退火	
3	粗刨或粗铣	加工六面，保证尺寸 126mm×92mm×26mm，互为直角	
4	热处理	调质	
5	磨平面	磨六面，互为直角	
6	划线	画出各孔位置线	
7	铣型孔	达到尺寸要求	
8	加工螺钉孔、销孔及穿丝孔	按位置加工各孔	
9	热处理	淬火达 60～64HRC，回火	
10	磨平面	精磨上、下面至 25mm	
11	线切割	按图切割型孔至要求	
12	钳工精修	精修达到尺寸要求	
13	检验		

三、模具先进制造工艺及设备

模具制造技术现代化是模具工业发展的基础。随着科学技术的发展，计算机技术、信息技术、自动化技术等先进技术正不断向传统制造技术渗透、交叉、融合，对其实施改造，形成先进制造技术。模具先进制造技术的发展主要体现在如下方面：

1. 高速铣削加工

普通铣削加工采用低的进给速度和大的切削参数，而高速铣削加工则采用高的进给速度和小的切削参数。高速铣削加工相对于普通铣削加工具有如下特点：

（1）效率高 高速铣削的主轴转速一般为15000～40000r/min，最高可达100000r/min。在切削钢时，其切削速度约为400m/min，比传统的铣削加工高5～10倍；在加工模具型腔时，与传统的加工方法（传统铣削、电火花成形加工等）相比，其效率提高4～5倍。

（2）精度高 高速铣削加工精度一般为10μm，有的精度还要高。

（3）表面质量高 由于高速铣削时工件温升小（约为3℃），故表面没有变质层及微裂纹，热变形也小。最好的表面粗糙度 R_a 小于1μm，减少了后续磨削及抛光工作量。

（4）可加工高硬材料 可铣削50～54HRC的钢材，铣削的最高硬度可达60HRC。

鉴于高速加工具备上述优点，所以高速加工在模具制造中正得到广泛应用，并逐步替代部分磨削加工和电加工。

2. 电火花铣削加工

电火花铣削加工（又称为电火花创成加工）是电火花加工技术的重大发展，是一种替代传统用成形电极加工模具型腔的新技术。像数控铣削加工一样，电火花铣削加工采用高速旋转的杆状电极对工件进行二维或三维轮廓加工，无需制造复杂、昂贵的成形电极。日本三菱公司最近推出的EDSCAN8E电火花创成加工机床，配置有电极损耗自动补偿系统、CAD/CAM集成系统、在线自动测量系统和动态仿真系统，体现了当今电火花创成加工机床的水平。

3. 慢走丝线切割技术

目前，数控慢走丝线切割技术发展水平已相当高，功能相当完善，自动化程度已达到无人看管运行的程度。最大切割速度已达300mm²/min，加工精度可达到±1.5μm，加工表面粗糙度 R_a0.1～0.2μm。直径0.03～0.1mm细丝线切割技术的开发，可实现凹、凸模的一次切割完成，并可进行0.04mm的窄槽及半径0.02mm内圆角的切割加工。锥度切割技术已能进行30°以上锥度的精密加工。

4. 磨削及抛光加工技术

磨削及抛光加工由于精度高、表面质量好、表面粗糙度值低等特点，在精密模具加工中广泛应用。目前，精密模具制造广泛使用数控成形磨床、数控光学曲线磨床、数控连续轨迹坐标磨床及自动抛光机等先进设备和技术。

5. 数控测量

产品结构的复杂，必然导致模具零件形状的复杂。传统的几何检测手段已无法适应模具的生产。现代模具制造已广泛使用三坐标数控测量机进行模具零件的几何量的测量，模具加工过程的检测手段也取得了很大进展。三坐标数控测量机除了能高精度地测量复杂曲面的数据外，其良好的温度补偿装置、可靠的抗振保护能力、严密的除尘措施以及简便的操作步骤，使得现场自动化检测成为可能。

模具先进制造技术的应用改变了传统制模技术中质量依赖于人为因素而不易控制的状况，使得模具质量依赖于物化因素，整体水平容易控制，模具再现能力强。

第六节 冷冲压工艺规程的制定

冷冲压工艺规程是指用来指导冲压件生产和检验冲压件质量的工艺文件。冷冲压工艺规程包括原材料的准备，获得工件所需的基本冲压工序和其他辅助工序（退火、表面处理）等。制定冷冲压工艺规程就是针对具体的冲压件恰当地选择各工序的性质，正确确定坯料尺寸、工序数目、工序件尺寸，合理安排冲压工序的先后顺序和工序的组合形式，确定最佳的冷冲压工艺方案。

编制工艺规程要根据模具结构特点、关键部位及必要的技术资料，模具零件材料种类，毛坯形状尺寸、毛坯供应状态，零件尺寸形状、精度及粗糙度，热处理要求，生产计划、生产实际条件、生产要求等全面考虑，以确定最佳加工方案，选择零件加工方法，确定加工余量，安排粗、精加工及热处理等工序顺序，确定各工序的加工方法，选用设备、工具及测量方法，确定外协加工和选用模具标准件，计算工时定额，采取工艺措施，保证加工要求。

编制工艺规程的原则是在一定的条件下，以最简便的方法、最快的速度、最少的劳动量和最少的费用，可靠地加工出符合图样各项要求的零件。

一、冲压工艺的原始资料

冲压工艺规程的制定应在收集、调查研究并掌握有关设计的原始资料基础上进行。冲压工艺的原始资料主要包括以下内容：

（1）冲压件的产品图及技术要求　产品图是制定冲压工艺规程的主要依据。产品图应表达完整，尺寸标注合理，符合国家制图标准规定。技术条件应明确、合理。由产品图可对冲压件的结构形状、尺寸大小、精度要求及装配关系、使用性能等有全面的了解，以便制定工艺方案，选择模具类型和确定模具精度。

（2）产品原材料的尺寸规格和性能　原材料的尺寸规格是指坯料形式和下料方式。冲压材料的力学性能、工艺性能及供应状况对确定冲压件变形程度与工序数目、冲压力计算等有着重要的影响。

（3）产品的生产批量　产品的生产批量是制定冲压工艺规程中必须考虑的重要内容，而且直接影响到加工方法的确定和模具类型的选择。

（4）冲压设备条件　工厂现有的冲压设备状况，既是模具设计时选择设备的依据，又直接影响工艺方案的制定。冲压设备的类型、规格、先进与否是确定工序组合程度、选择各工序压力机型号、确定模具类型的主要依据。

（5）模具制造条件及技术水平　工厂现有的模具制造条件及技术水平，对模具工艺及模具设计都有直接的影响。它决定了工厂的制模能力，从而影响工序组合程度、模具结构及加工精度的确定。

（6）其他技术资料　主要包括与冲压有关的各种手册、图册、技术标准等有关的技术参考资料。制定冲压工艺规程时利用这些资料，将有助于设计者分析计算和确定材料及精度等，简化设计过程，缩短设计周期，提高生产效率。

二、冲压件的工艺性分析

冲压件的分析主要包括冲压件的经济性分析和冲压件的工艺性分析两方面。

（1）冲压件的经济性分析　冲压件的经济性分析是指根据产品图，了解冲压件的使用要求及功用，根据冲压件的结构形状特点、尺寸大小、精度要求、生产批量及原材料性能，分析材料的利用情况。冲压件的经济性分析还包括是否简化模具设计与制造，产量与冲压加工特点是否适应，采用冲压加工是否经济。

（2）冲压件的工艺性分析　冲压件的工艺性分析是指根据产品图或样品，对冲压件的形状、尺寸、精度要求、材料性能进行分析，判断是否符合冲压工艺要求，裁定该冲压件加工的难易程度，确定是否需要采取特殊的工艺措施。对于冲压工艺性不好的（如产品图中零件形状过于复杂、尺寸精度和表面质量要求太高、尺寸标注及基准选择不合理以及材料选择不当等），可在保证使用性能的前提下，对冲压件的形状、尺寸、精度要求及原材料作必要的修改。如图1-24所示零件左端$R3$mm在料厚为4mm的条件下是很难冲压出来的，经修改后的零件就比较容易冲压成形。

三、冲压工艺方案确定

工艺方案确定是在对冲压件的工艺性分析之后进行的重要环节。确定工艺方案主要是确定各次冲压加工的工序性质、工序数量、工序顺序、工序的组合方式等。冲压工艺方案的确定要考虑多方面的因素，有时还要进行必要的工艺计算，因此实际生产中通常要提出几种可能的方案，进行分析比较后确定最佳方案。

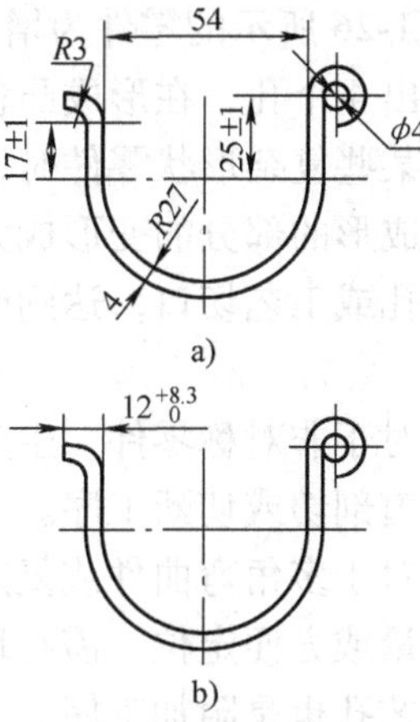

图1-24　冲压零件图

a）原设计　b）修改后

1. 冲压工序性质的确定

工序性质是指冲压件所需的工序种类。如剪裁、落料、冲孔、弯曲、拉深、局部成形等，它们各有其不同的变形性质、特点和用途。实际确定时，要综合考虑冲压件的形状、尺寸和精度要求、冲压变形规律及其他具体要求。

（1）通过零件图可以直接确定工序性质

1）平板件冲压加工时，常采用剪裁、落料、冲孔等冲裁工序。当零件的平面度要求较高时，需增加校平工序；当零件的断面质量和尺寸精度要求较高时，需增加修整工序，或直接用精密冲裁工序加工。

2）弯曲件冲压时，常采用剪裁、落料、弯曲工序。当弯曲件上有孔时，需增加冲孔工序；当弯曲半径小于允许值时，需增加整形工序。

3）拉深件冲压时，常采用剪裁、落料、拉深和切边工序。对于带孔的拉深件，需增加冲孔工序；拉深件径向尺寸精度要求较高或圆角半径小于允许值时，需增加整形工序。

4）胀形件、翻边件、缩口件若一次成形，常采用冲裁或拉深制成坯料后直接采用胀形、翻边（翻孔）、缩口工序成形。

（2）对零件图进行工艺计算、分析，确定工序性质　如图1-25所示的两个形状相似的冲压件，材料均为08钢，料厚1.5mm。翻边高度分别为8.5mm和13.5mm。从表面看，似乎都可采用落料、冲孔、翻孔三道工序或落料冲孔与翻孔两道工序完成。但经过分析计算，图1-25a的翻边系数大于极限翻边系数，可以通过落料、冲孔、翻边三道工序冲压成形；图1-25b的翻边系数接近极限翻边系数，若采用三道工序，很难达到零件要求的尺寸，因而应改为落料、拉深、冲孔、翻边四道工序冲压成形。

（3）适当增加附加工序　为改善冲压变形条件，有利于工序定位，可以增加附加工序。

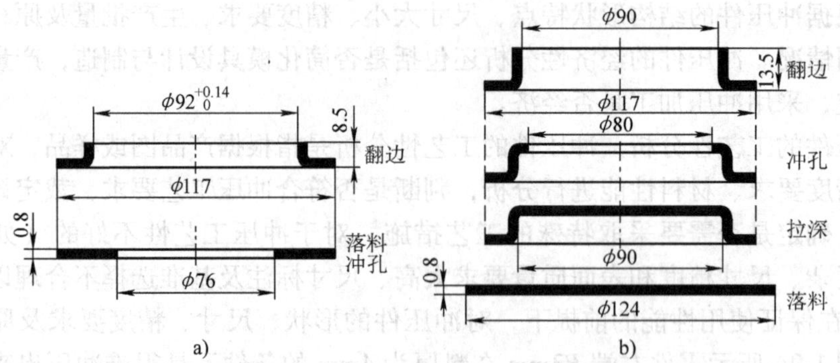

图 1-25　内孔翻边件的工艺过程

如图 1-26 所示的零件为增加其成形高度，在不影响零件使用要求的前提下，可预先在坯料上冲出 4 个孔，在形成凸包时孔径扩大，补偿了外部材料的不足，从而增加了成形高度。在成形某些复杂形状零件时，变形减轻孔能使不易成形的部分或不可能成形的部分的变形成为可能。因此，生产中常采用这类变形减轻孔或工艺切口，达到改善冲压变形条件、提高成形质量的目的。

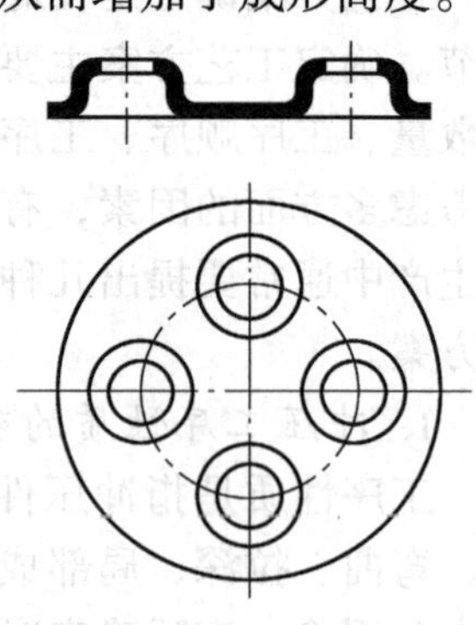

图 1-26　坯料预冲孔

对于非对称零件，生产中常采用成对冲压的方法，成形后增加一道剖切或切断工序。

对于多角弯曲件或复杂形状的拉深、成形件，有时为保证零件质量或方便定位，需在坯料上冲制工艺孔作为定位用，这种冲制工艺孔也是附加工序。

2. 工序数量的确定

工序数量是指同一性质的工序重复进行的次数。工序数量的确定主要取决于零件几何形状复杂程度、尺寸精度要求及材料性能、模具强度、工序性质等。

1）冲裁件的冲压次数主要与零件的几何复杂程度、孔间距、孔的位置和孔的数量有关。简单形状零件，采用一次落料和冲孔工序。形状复杂零件，常将内、外轮廓分成几个部分，一般采用几副模具或级进模分段冲裁，因而工序数量由孔间距、孔的位置和孔的数量多少来决定。

2）弯曲件的弯曲次数一般根据弯曲件结构形状的复杂程度、弯角的数量、弯角的相对弯曲半径及弯曲方向而定。

3）拉深件的拉深次数主要根据零件的形状、尺寸及极限变形程度且经过拉深工艺计算后确定。

4）保证冲压稳定性也是确定工序数量不可忽视的问题。工艺稳定性较差时，冲压加工废品率增高，而且对原材料、设备性能、模具精度、操作水平的要求也会严格些。为此，在保证冲压工艺合理的前提下，应适当增加成形工序的次数（如增加修边工序、预冲工艺孔等），降低变形程度，提高冲压工艺稳定性。

5）确定冲压工序的数量还应考虑生产批量、零件的精度要求、工厂现有的制模条件和冲压设备情况等。

综合考虑上述要求后，确定出既经济又合理的工序数量。

3. 工序顺序的安排

冲压件工序的顺序安排，主要根据其冲压变形性质、零件质量要求，如果工序顺序的变更不影响零件质量，则应根据操作、定位及模具结构等因素确定。

工序顺序的安排可遵循下列原则：

1）带孔的或有缺口的冲裁件。如果选用单工序模冲裁，一般先落料、再冲孔或切口；使用级进模时，则应先冲孔或切口，再落料。若工件上同时存在直径不等的大小两孔，且相距又较近时，则应先冲大孔再冲小孔，避免冲大孔工序对小孔的影响。

2）带孔的弯曲件。若孔位于弯曲变形区以外，可以先冲孔再弯曲；若孔位于弯曲变形区附近或以内，则必须先弯曲再冲孔。有时考虑孔间距受弯曲回弹的影响时，也应先弯曲再冲孔。

3）带孔的拉深件。一般先拉深，再冲孔。但当孔的位置在工件的底部时，且其孔径尺寸精度要求不高时，也可先冲孔再拉深。

4）多角弯曲件。主要从材料变形和材料运动两方面安排弯曲的顺序。一般先弯外角后弯内角，可同时弯曲的弯角数决定于零件的允许变薄量。

5）形状复杂的拉深件。为便于材料的变形流动，应先成形内部形状，再拉深外部形状。

6）所有的孔，只要其形状和尺寸不受后续工序的影响，都应该在平板坯料上冲处。图1-27所示的两个弯曲件，孔的位置离弯曲线较远，弯曲变形不会影响到孔，因而零件上的孔在弯曲前冲出。相反，零件上孔的形状和尺寸受后续工序的影响时，一般要在成形工序后冲出。

7）如果在同一个零件的不同位置冲压，变形区域相互不发生作用时，这时工序顺序的安排要根据模具结构、定位和操作的难易程度确定。

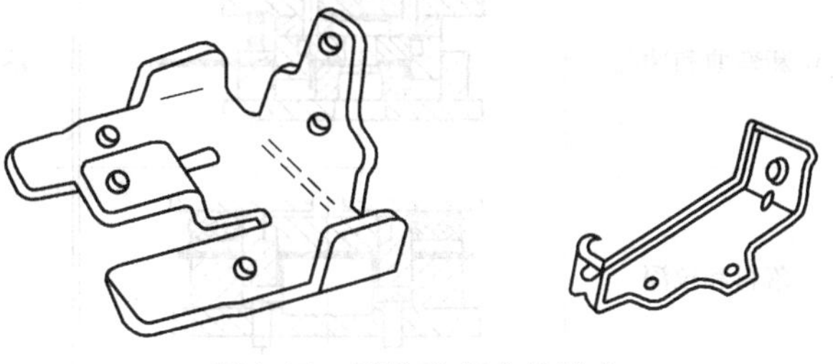

图1-27　零件孔弯曲前冲出

8）附加的整形工序、校平工序，应安排在基本成形之后。

4. 工序的组合

对于多工序加工的冲压件，制定工艺方案时，必须考虑是否采取组合工序。一般来说，厚料、小批量、大尺寸、低精度的零件适合于单工序生产，用单工序模；薄料、大批量、小尺寸、精度不高的零件适合于工序组合，采用级进模；精度高的零件，采用复合模。另外，对于尺寸过大或过小的零件在小批量生产的情况下，也宜将工序组合，采用复合模。工序组合时应注意几个问题：

1）工序组合后应保证冲出形状尺寸及精度均符合要求的产品。如图1-28所示的拉深件，当其底部孔径较大、孔边距筒壁又很近时，若将落料、拉深、冲孔组合为复合工序冲压，将不能保证冲孔的尺寸精度。但当冲孔直径小、孔边距筒壁距离较大时，可将落料、拉深、冲孔组合为复合工序冲压。

2）工序组合后应保证模具有足够的强度。孔边距较小的冲孔落料复合模和浅拉深件的落料拉深复合模，受到凸凹模壁厚的限制；落料、冲孔、翻边的复合模，受到模具强度的限制。

误差，提高零件尺寸精度，又能够保证各个模具上的定位零件一致，简化了模具的设计与制造。

3）基准可靠原则。基准的可靠性是为了保证冲压件质量的稳定性。要做到基准可靠，首先所选择的定位基面，其位置、尺寸及形状都必须有较高精度；其次，该基准面应是在冲压过程中不参与变形和移动的表面。

（2）定位方式的选择　冲压工序基本的定位方式可分为孔定位、平面定位和形体定位三种。

由于零件结构形状的不同，其定位方式也不相同。通常，在选择定位方式时，必须考虑定位的可靠性、方向性及操作的方便与安全性。如图 1-30 所示的零件，若按方案一冲压，即先冲出型孔，然后以型孔定位冲三个小孔，由于涉及定位的方向性，很难把带型孔的工序件套在非圆形的定位销上，操作极不方便，效率低且不安全。若按方案二冲压时，先冲大圆孔，然后以冲出的圆孔定位，再冲三个槽和三个小孔，则无定位的方向性问题，使操作方便，定位可靠且效率高。

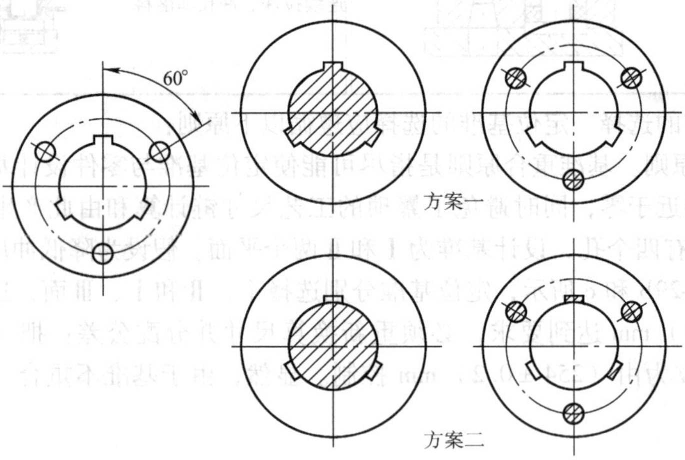

图 1-30　定位方式选择的实例

6. 工艺计算

（1）排样与裁板方案的确定　根据冲压工艺方案，确定冲压件或坯料的排样方案，确定条料宽度和步距，选择板料规格确定裁板方式，计算材料利用率。

（2）冲压工序件的形状和工序尺寸的确定　计算工序件形状与尺寸的确定应遵循下列基本原则：

1）根据极限变形系数确定工序尺寸。不同的冲压成形工序具有不同的变形性质，其极限变形系数也不同。限制极限变形系数的原因有很多，如拉深、胀形、翻边、缩口等，它们的直径、高度、圆角半径等都受到极限变形系数的限制。如图 1-31a 所示的出气阀罩盖，其第一道拉深工序的直径 ϕ22mm 就是根据极限拉深系数计算得出的。

2）工序件的过渡形状应有利于下道工序的冲压成形。如图 1-31c 所示的凹坑直径过小（ϕ5. 8mm），若将第二道拉深工序后的工序件做成平底形状，则凹坑的一次成形是不可能的。现将第二道拉深工序后的工序件做成球状，凹坑就可一次成形。

3）工序件的过渡形状与尺寸应有利于保证冲压件表面的质量。工序间的某些过渡尺寸

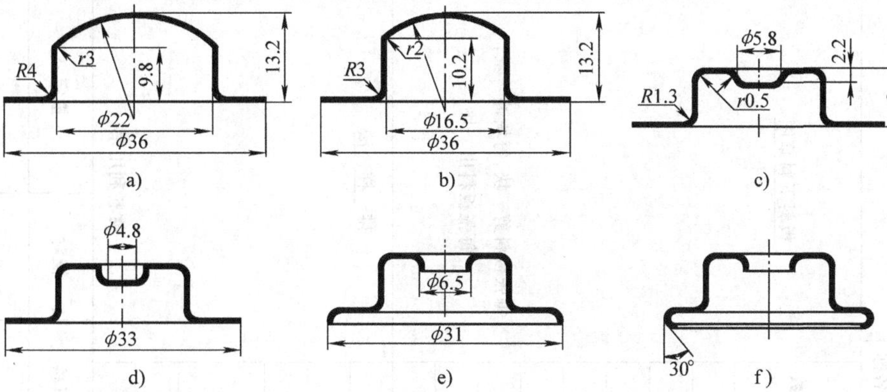

图 1-31　出气阀罩盖的冲压工艺

会影响到冲压件表面的质量。如多次拉深的工序件圆角半径太小，会在零件表面留有圆角处的弯曲与变薄的痕迹。又如拉深锥角大的深锥形零件，若采用阶梯形状过渡，所得锥形件表面留有明显的印痕，尤其当阶梯处的圆角半径较小时，表面质量更差。如采用锥面逐步成形法或锥面一次成形，可获得较好的成形质量。

4）工序件的形状和尺寸应能满足模具强度和定位方便的要求。决定工序件尺寸时，应满足模具强度的要求。如图 1-32 所示的零件，用落料—冲孔、翻边两道工序完成。若冲孔件直径过大时，落料—冲孔复合模的凸凹模壁厚减小，将会影响模具强度。因此，确定工序件形状和尺寸时，应考虑定位的方便。冲压生产中，在满足冲压要求的前提下，确定工序件形状和尺寸时，应优先考虑冲压定位的方便。

四、冲压设备的选择

根据工厂现有设备情况、生产批量、冲压工序性质、冲压件尺寸与精度、冲压加工所需的冲压力、计算变形力以及模具的闭合高度和轮廓尺寸等因素，合理选定冲压设备的类型规格。

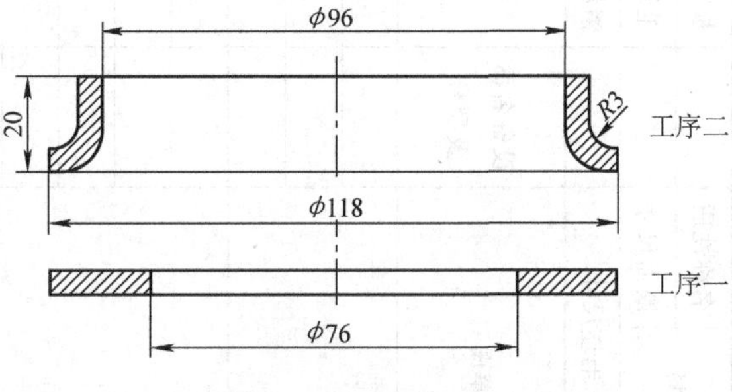

图 1-32　翻边件的冲压过程

冲压设备选择是工艺设计中的一项重要内容，它直接关系到设备的合理使用、安全、产品质量、模具寿命、生产效率及成本等一系列重要问题。设备选择主要包括设备类型和规格两个方面的选择。

设备类型的选择主要取决于冲压的工艺要求和生产批量。在设备类型选定之后，应进一步根据冲压工艺力（包括卸料力、压料力等）、变形功、模具闭合高度和模板平面轮廓尺寸等确定设备规格。设备规格主要是指压力机的公称压力、滑块行程、装模高度、工作台面尺寸及滑块模柄孔尺寸等技术参数。设备规格的选择与模具设计关系密切，必须使所设计的模具与所选设备的规格相适应。

五、冲压工艺文件的编写

冲压工艺文件主要有冲压工艺卡（工艺规程卡）和冲压工序卡，它们综合表达了冲压工艺设计的内容，包括工序序号、工序名称或工序说明、工序草图、模具的结构形式和种类、选定的冲压设备、工序检验要求、工时定额、板料的规格以及毛坯的形状尺寸等，是模

表 1-24　工艺卡格式

（公司名称）	冲压工艺卡	材料	名称性质		板料重量		汽车型号		共　页　　第　页	
			断面尺寸		毛坯重量		每车件数		零件号	
车间		毛坯尺寸			消耗定额		零件净重		零件名称	

工序号	工序草图	设备名称及型号	工装及量具 名称尺寸	工装及量具 图号	产量 / 工时	工人数	
							板料下料草图
							每张板料剪　块，每块冲　块，每张板料出　块
							排　样　法
							材料利用率

图纸更改标记				备注：	更改文件号			批准	会签	审核	校对	拟定
					更改标号							
					签名日期							

具设计的重要依据。

冲压工艺卡表示整个零件冲压工艺过程的相关内容；冲压工序卡表示每一道工序的具体内容。在大批量生产中，需要制定每个零件的冲压工艺卡和工序卡；成批和小批量生产中，一般只制定冲压工艺卡。

工艺卡是生产中的重要技术文件。它不仅是模具设计的重要依据，而且也起着生产的组织管理、调度、各工序间的协调以及工时定额的核算等作用。冲压工艺卡无统一的格式，其主要内容应包括：工序号、工序名称、工序内容、工序草图、工艺装备、设备型号、材料牌号与规格、工时定额等。

工艺卡的具体格式如表1-24所示。

思考题和习题

一、填空

1. 冷冲压是指在室温下，利用安装在压力机上的____________对被冲材料施加一定的压力，使之产生____________，从而获得所需形状和尺寸的零件（也称制件）的一种加工方法。

2. 用于实现冷冲压工艺的一种工艺装备称为____________。

3. 冷冲压工序分为两大类，一类叫____________，一类是____________。

4. 物体在外力作用下会产生变形，若外力去除以后，物体并不能完全恢复自己原有____________的特性，称为____________。

5. 变形温度对金属的塑性有重大影响。就大多数金属而言，其总的趋势是：随着温度的____________，塑性____________，变形抗力____________。

6. 以主应力表示点的应力状态称为____________，表示主应力个数及其符号的简图称为____________，可能出现的主应力图共有____________。

7. 塑性指标伸长率表示板料产生____________的能力。

8. 所谓加工硬化，是指一般常用的金属材料，随着塑性变形程度的____________，其强度、硬度和变形抗力逐渐____________，而塑性和韧性逐渐____________的现象。

9. 成形质量包括____________、____________、____________和____________等。

10. 材料对各种冲压成形方法的适应能力称为材料的____________，它是一个综合性的概念，主要涉及两个方面：一是____________，二是____________。

11. JB23—63表示压力机的标称压力为____________。其工作机构为____________。

12. 冲压生产中，需要将板料剪切成条料，这是由____________来完成的，这一工序在冲压工艺中称为____________。

二、判断（正确的在括号内打√，错误的打×）

1. 主应变状态一共有9种可能的形式。（　　）

2. 材料的成形质量好，其成形性能一定好。（　　）

3. 热处理退火可以消除加工硬化（冷作硬化）。（　　）

4. 屈强比越小，则金属的成形性能越好。（　　）

5. 拉深属于分离工序。（　　）

三、选择

1. 主应力状态中，____________，则金属的塑性越好。

A. 压应力的成分越多，数值越大　　B. 拉应力的成分越多，数值越大。

2. 为有利于冲压变形，冲压材料应具有____________。

A. 良好的冲压性能　　B. 材料厚度符合国家标准规定

四、思考

1. 冷冲压的特点是什么？

2. 冷冲压有哪两大类基本工序？试比较分离工序和成形工序的不同之处。

3. 何谓材料的板平面方向性系数？其大小对材料的冲压成形有哪些方面的影响？

4. 何谓材料的冲压成形性能？冲压成形性能主要包括哪两方面的内容？材料冲压成形性能良好的标志是什么？

5. 冲压对材料有哪些基本要求？如何合理选用冲压材料？

6. 冲压工艺规程制定的内容和步骤是什么？

7. 冲压安全生产事故原因及措施。

五、问答

1. 在冲压工艺资料和图样上，对材料的表示方法有特殊的规定。如在图样上有如下表示

$$钢板\frac{\text{B}-1.0\times1000\times1500-\text{GB/T 708—2000}}{08-\text{Ⅱ}-\text{S}-\text{GB/T 710—2003}}$$

式中的B表示为：

08：

S：

Ⅱ：

1.0×1000×1000：

2. 如图1-33所示的冲压件，请为此冲压件制定冲压工艺规程。

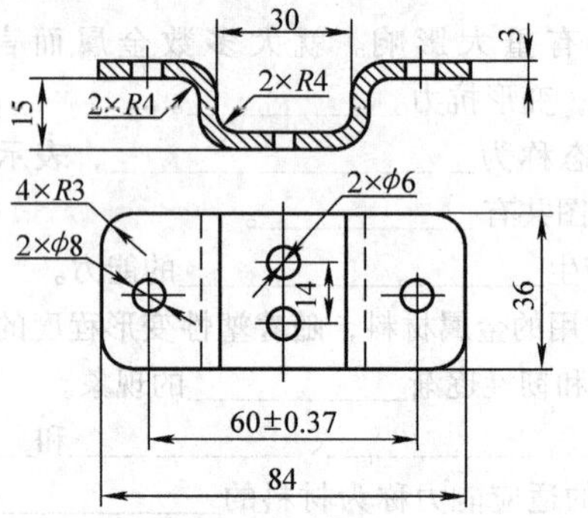

图1-33　问答题2图

单元二 冲裁工艺与模具结构

本单元学习目的：

1. 落料与冲孔，排样方案及排样率，搭边值的选择，冲裁力的计算，压力中心的确定。
2. 模具组成零件设计及选用。
3. 落料模与冲孔模的凸、凹模刃口尺寸计算。
4. 典型冲裁模具的组成、结构特点及其工作过程。
5. 典型冲裁模设计过程。
6. 典型冲裁模具的拆装实训。

实训课题一　落料冲孔复合模的拆装

1. 实训目的

通过对典型冲裁模具的拆卸，增进对模具内部结构的认识，培养动手能力；了解模具零件相互之间的装配形式及配合关系；了解模具拆卸过程及装配复原步骤。

2. 训练要求

对所拆卸模具零件进行测绘，按照规定要求画出相应的零件结构图；对所拆模具零件进行分析，了解模具的工作原理以及各组成零件的作用；简述拆卸过程及有关操作规程；填写好配合关系测量表。

3. 实习课题

模具的拆卸与测绘。

4. 准备工作

1）一副中等复杂程度的冲裁模。

2）内六角扳手、拔销器、铜棒、平行等高垫铁、钳工台、锤子、旋具、盛物容器等拆装工具。

3）游标卡尺、千分尺、钢直尺、塞规、百分表等测量工具。

5. 模具拆卸注意事项

拆卸模具时应注意以下问题：

1）拆卸模具时可以用起重工具将模具的某一部分（如模具的上模部分）托住，另一手用木锤或铜棒轻轻敲击模具的另一部分（如模具的下模部分）的座板，使模具分开。

2）拆卸时不能用很大的力量锤击模具的其他工作面，或使模具左右摆动，从而对模具的精度产生不良的影响。拆卸时应小心，不能碰伤模具工作零件的表面。

3）模具的拆卸顺序一般先拆外部零件，然后再拆主体部件。拆卸部件或组合件时，应按先外后内、从上到下的顺序依次拆卸。拆卸下来的零件应放在指定的容器中，注意防止遗失或生锈。凸模、凹模和型芯等精密模具零件应单独存放，防止碰伤工作部位；拆下的零件应清洗，最好涂上润滑油，防止生锈腐蚀。

4）按照模具的具体结构，决定拆卸程序，否则先后倒置或贪图省事而猛拆猛敲，极易造成零件损伤或变形，严重的将导致模具难以装配复原。

5）容易移位但又没有定位的零件，应作好标记，各零件的安装方向也应辨别清楚，并作好标记。

6）尽量使用专用工具，保证不损伤模具零件，禁止用钢锤直接敲击零件的工作表面。

6. 模具测绘

模具测绘有助于进一步认识模具零件，了解模具相关零件之间的装配关系。模具测绘最终要完成拆卸模具的装配图和重要零件图的绘制。测绘数据及方法会导致测量结果产生相应的误差，因此需要按技术资料上的理论数据进行必要的“圆整”。测绘可参考以下步骤：

1）拆卸模具之前，先画出模具的结构草图，测量总体尺寸。

2）拆卸后对照实物勾画出模具各零件的结构草图。

3）选择基准，确定模具零件的尺寸标注方案。

4）根据标注方案，测量所需尺寸数据，作好记录，查阅有关技术要求，圆整有关尺寸数据。

5）完成装配图和完成重要零件的结构图。

表2-1所示为冲裁模配合零件之间的配合要求。

表2-1　冲裁模零件配合关系测绘表

序号	相关配合零件	配合性质	配合要求	配合尺寸测量值	配合尺寸
1	凸模		凸模实体小于凹模洞口一个间隙		
	凹模				
2	凸模		H7/m6 或 H7/n6		
	凸模固定板				
3	上模座		H7/r6 或 H7/s6		
	模柄				
4	上模座		H7/r6 或 H7/s6		
	导套				
5	下模座		H7/r6 或 H7/s6		
	导柱				
6	导柱		H6/h6 或 H7/h6		
	导套				
7	卸料板		卸料板孔大于凸模实体0.2～0.6mm		
	凸模				
8	销钉		H7/m6 或 H7/n6		
	定位模板				

7. 模具装配

冲裁模的装配，主要是保证凸、凹模的对中，使其间隙均匀。在此基础上选择正确的装配方法和装配顺序。其装配顺序一般是选择上、下模的零件中受到限制较大的主要零件作为装配的基准件先装，并用它来调整另一个零部件的位置。

冲裁模装配的主要工作内容包括：

（1）模具主要零件的装配　如凸、凹模的装配，凸、凹模与固定板的装配，上、下模座的装配。

（2）模具的总装配　在选择好装配的基准件，并安排好上、下模的装配顺序后，进行模具的总装配。装配时应调整好各配合部位的位置和配合状态，严格按照规定的各项技术要求进行装配，以保证装配质量。

（3）模具的检验和调试　对模具的外观质量、各部件的固定连接和活动连接情况以及凸、凹模配合间隙进行检查，检查模具各部分的功能是否满足使用要求。条件具备时也可通过试冲对所装配模具进行调试。

模具的装配复原过程由模具的结构类型决定，一般与模具拆卸的顺序相反：首先装配模具的工作零件，如凸模、凹模或型芯、镶件等，通常先装下模部分比较方便；然后装配推料或卸料零部件；再在各种模板上装入销钉并拧紧螺钉；最后安装其他零部件。

8. 拆装实例

下面以图 2-1 所示倒装式冲孔、落料复合模为例，按照正常生产时模具装配流程，介绍其装配过程。

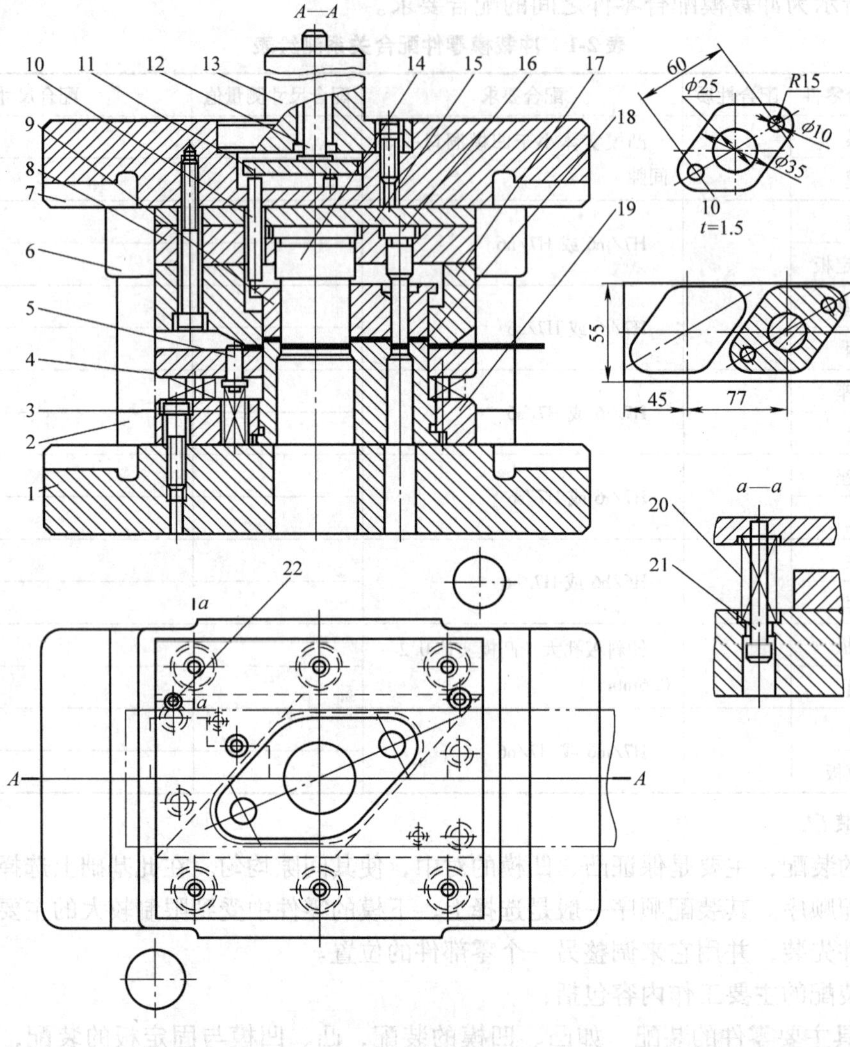

图 2-1　冲孔、落料复合模

1—下模座　2—导柱　3、20—弹簧　4—卸料板　5—活动挡料销　6—导套　7—上模座　8—凸模固定板　9—推件块　10—连接推杆　11—推板　12—打杆　13—模柄　14、16—冲孔凸模　15—垫板　17—落料凹模　18—凸凹模　19—固定板　21—卸料螺钉　22—导料销

（1）装配要求

1）根据模具装配图，分析模具的工作原理、各部位的结构组成以及功用。

2）熟悉各零、部件装配的技术要求和工艺规范，确定装配工艺方案。

3）准备好装配用的工具、量具以及夹具。

4）按图检查零件质量，确定装配基准件。

5）按图逐一控制零、部件的装配过程和装配质量。

（2）装配步骤

1）确定装配基准件。根据模具图样确定装配基准、装配顺序和方法。选定凸凹模为装配基准件。将凸凹模套在固定板上放在模座上，根据拆卸时在零件表面所作的标记，找正定位孔，打入定位销，装入并拧紧联接螺钉。

2）将模柄压入上模座。对于模柄与上模座之间有骑缝销结构的，必须保证骑缝销的对正（一般在拆卸时应在相关零件表面作好标记）。模柄压入后打入骑缝销，防止模柄与上模座之间产生相对转动。

3）将导柱压入下模座。压入前先擦净导柱和下模座的配合表面，涂上一层全损耗系统用油。然后把下模座放在平台上，用铜棒将导柱打入下模座。敲打时，用力要轻而均匀，并且要特别注意放正，随时用90°角尺校正导柱与下模座的垂直度，并调整敲击导柱的位置。当导柱打入1/3后，再用力将其打至下端面距离下模座底面1～2mm即可。

4）将导套压入上模座。装配方法与压入导柱大致相同。由于导套中间有通孔，因此在装配前应在导套上端垫一垫铁，防止其他异物落入。装好后，擦净导套内表面，涂上润滑油，将上、下模套合，用手上、下移动上模座，直到轻快、平稳为止。

5）装配凸模。将凸模压入固定板。

6）装配凹模及其相关组件。根据模具零件表面标记，找正凹模、凸模固定板、垫板及上模座之间的位置，压入定位销，将凹模、推件块、凸模及其固定板、垫板、推板安装在上模座上。

7）安装卸料板及其他部件。

（3）实习记录与成绩评定　实习记录及成绩评定表如表2-2所示，供参考。

表2-2　冲裁模装配实习记录及成绩评定表

序号	项目与技术要求	分数	评定方法	实测记录	得分
1	凸凹模与下模座的装配	8	测量		
2	模柄的装配	8	测量		
3	导柱、导套及模架的装配	12	测试		
4	凸模、凹模与凸凹模的装配	14	测试		
5	总装	30	总体评定		
6	准备工作充分	6	每缺一项扣1分		
7	装配过程安排合理	6	安排不合理每一处扣1分		
8	装配质量符合技术要求	10	发现一处不符合要求扣2分		
9	安全文明生产	6	违者每次扣2分		

冲裁是利用安装在压力机上的模具使材料沿着一定的轮廓形状产生分离的一种冲压工序。从变形的性质来看，冲裁包括落料、冲孔、切断、修边、切舌等工序。冲裁是冷冲压最基本的工序之一，它既可直接冲出成品零件，也可以为弯曲、拉深和挤压等其他工序准备坯料，还可以对已成形的工件进行再加工（如切边、切舌、冲孔等），因此冲裁在冲压车间所占的比例很大。根据冲裁变形机理的不同，冲裁也可以分为普通冲裁和精密冲裁两大类。普通冲裁是以凸、凹模刃口之间产生剪裂缝的形式实现板料分离，而精密冲裁则是以变形的形式实现板料的分离。

冲裁所使用的模具称为冲裁模。冲裁模在冷冲压模具中所占比例很大。掌握冲裁模的结构和设计技能，不但应用广泛，而且能够为学习其他工序所使用的模具打下基础。

第一节　冲裁变形过程与冲裁件质量分析

一、落料与冲孔概述

1. 落料

冲压时材料沿封闭曲线相互分离，封闭曲线以内的部分作为冲裁件时称为落料。落料工序中使用的模具称为落料模。落料得到的零件称为落料件。

2. 冲孔

冲压时材料沿封闭曲线相互分离，封闭曲线以外的部分作为冲裁件时称为冲孔。冲孔工序中使用的模具称为冲孔模。冲孔得到的零件称为冲孔件。

图 2-2 所示的垫圈零件即由落料和冲孔两道工序完成。

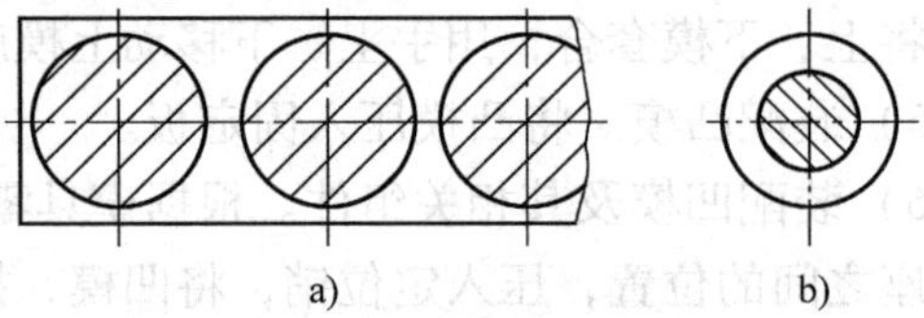

图 2-2　垫圈零件的落料与冲孔

a）落料　b）冲孔

二、冲裁变形过程

为了方便理解冲裁变形过程中不同阶段的变形特征，可以将图 2-3 所示冲裁变形过程分为弹性变形、塑性变形、断裂分离等三个阶段。

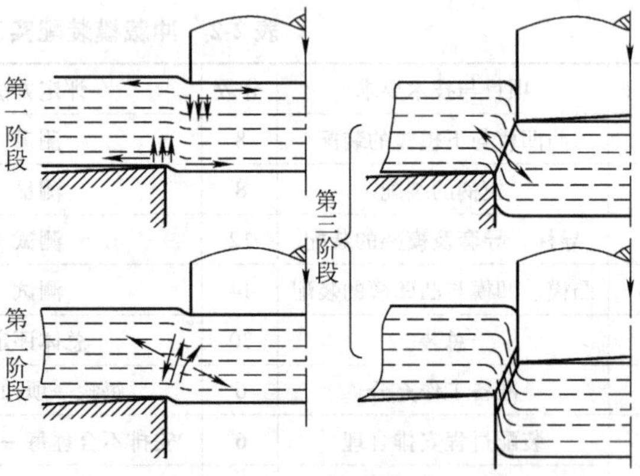

图 2-3　冲裁变形过程

1. 弹性变形阶段

在冲压材料与凸模接触以后的初始阶段，材料在凸模的压力作用下，发生弹性压缩与弯曲变形，并略微挤入凹模上端洞口，覆盖于凹模上的材料开始上翘。位于凸模与凹模对应区段材料的内应力还未达到屈服点，此时如果凸模卸压，材料即恢复原状。

2. 塑性变形阶段

凸模继续加压，当变形区域材料的内应力状态达到屈服点时，凸、凹模刃口之间的材料开始发生塑性变形。随着凸模挤入材料的深度增加，材料挤入凹模洞口的量也在增加，并且随着塑性变形程度的增加，变形区材料的硬化加剧。在逐渐增加的拉伸力的作用下，最后在凸模和凹模刃口处材料出现微裂纹，至此塑性变形阶段结束。

3. 断裂分离阶段

随着凸模的继续压入，凸、凹模刃口之间变形区材料已产生的上下部裂纹不断扩大，并向材料内部延伸。如果凸、凹模间隙合理，上下裂纹相遇并且重合，此时材料完全断裂分离。当凸模继续下行时，材料被冲落的部分将挤入凹模洞口。

从图 2-4 所示的冲裁力—凸模行程曲线也可以明显看出冲裁变形过程的三个阶段。图中 *OA* 段是冲裁的弹性变形阶段；*AB* 段是塑性变形阶段，*B* 点为冲裁力的最大值，在此点材料开始剪裂；BC 段为微裂纹扩展直至材料分离的断裂阶段。CD 段主要是用于克服摩擦力将冲件推出凹模孔口时所需的力。

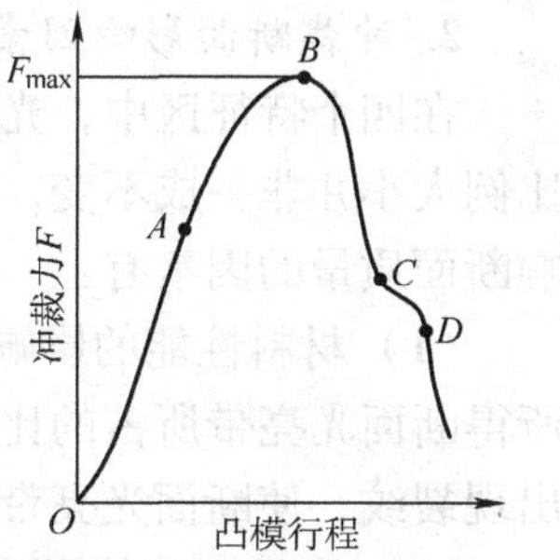

图 2-4　冲裁力曲线

总之，每种材料冲裁时都要经过弹性变形、塑性变形、断裂分离三个阶段，只是被冲压材料的性质不同，三种变形所占的比例也各不相同。

三、冲裁断面分析

1. 冲裁断面组成

实践表明，由于冲裁变形的特点，冲裁件的断面明显地分成四个特征区，即圆角带 a、光亮带 b、断裂带 c 与毛刺区 d，如图 2-5 所示。各特征区的特点为：

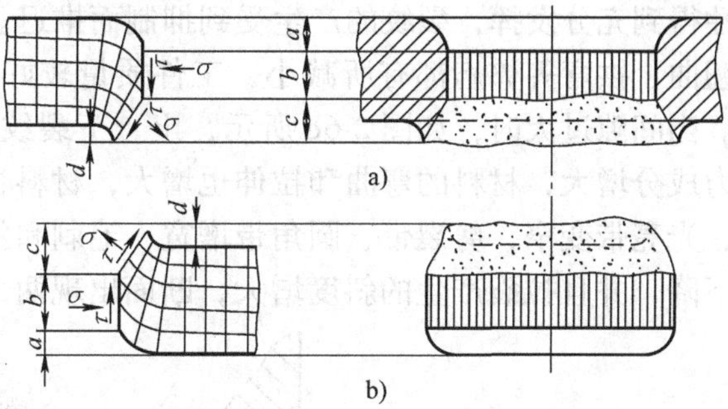

图 2-5　冲裁区应力、变形和冲裁件断面

a）冲孔件　b）落料件

（1）圆角带 a　该区域的形成是当凸模刃口压入材料时，刃口附近的材料产生弯曲和伸长变形，材料被拉入间隙的结果。

（2）光亮带 b　该区域发生在塑性变形阶段。当刃口切入材料后，材料与凸、凹模切刃的侧表面挤压而形成了光亮垂直的断面。光亮带通常占全断面厚度的 1/2～1/3。

（3）断裂带 c　该区域是在断裂阶段形成。凸、凹模刃口附近的材料微裂纹在拉应力作用下不断扩展而形成撕裂面，其断面粗糙，具有金属本色，且略带有斜度。

（4）毛刺区 d　毛刺的形成是由于在塑性变形阶段后期，凸模和凹模的刃口切入被加工板料一定深度时，刃口正面材料被压缩，在模具侧面距刃尖不远的地方的材料，在拉应力作用下裂纹加长，材料断裂而产生毛刺。裂纹的产生点和刃口尖的距离成为毛刺的高度。在普通冲裁中，毛刺是不可避免的。普通冲裁允许的毛刺高度如表 2-3 所示。若产品要求不允许存在微小毛刺，则应该在冲裁后增加去除毛刺的辅助工序。

表 2-3　任意冲件允许的毛刺高度　（μm）

冲件材料厚度 t/mm	材料抗拉强度 σ_b/（$N \cdot mm^{-2}$）											
	<250			250～400			400～630			>630 及硅钢		
	Ⅰ	Ⅱ	Ⅲ	Ⅰ	Ⅱ	Ⅲ	Ⅰ	Ⅱ	Ⅲ	Ⅰ	Ⅱ	Ⅲ
≤0.35	100	70	50	70	50	40	50	40	30	30	20	20
0.4～0.6	150	110	80	100	70	50	70	50	40	40	30	20
0.65～0.95	230	170	120	170	130	90	100	70	50	50	40	30
1～1.5	340	250	170	240	180	120	150	110	70	80	60	40
1.6～2.4	500	370	250	350	260	180	220	160	110	120	90	60
2.5～3.8	720	540	360	500	370	250	400	300	200	180	130	90
4～6	1200	900	600	730	540	360	450	330	220	260	190	130
6.5～10	1900	1420	950	1000	750	500	650	480	320	350	260	170

2. 冲裁断面影响因素

在四个特征区中，光亮带越宽，断面质量越好。但四个特征区域的大小和断面上所占的比例大小并非一成不变，而是随着材料性能、模具间隙、刃口状态等条件的不同而变化。影响断面质量的因素有：

（1）材料性能的影响　材料塑性好，冲裁时裂纹出现得较迟，材料被剪切的深度较大，所得断面光亮带所占的比例就大，圆角也大。而塑性差的材料容易拉断，材料被剪切不久就出现裂纹，使断面光亮带所占的比例小，圆角小，大部分是粗糙的断裂面。

（2）模具间隙的影响　当间隙过小时，如图 2-6a 所示，上、下裂纹互不重合。两裂纹之间的材料，随着冲裁的进行将被第二次剪切，在断面上形成第二光亮带，该光亮带中部有残留的断裂带（夹层）。小间隙会使应力状态中的拉应力成分减小，挤压作用增大，使材料塑性得到充分发挥，裂纹的产生受到抑制而推迟。所以，光亮带宽度增加，圆角、毛刺、斜度翘曲、拱弯等弊病都有所减小，工件质量较好。但断面的质量也有缺陷，像中部的夹层等。当间隙过大时，如图 2-6c 所示，上、下裂纹仍然不重合。因变形材料应力状态中的拉应力成分增大，材料的弯曲和拉伸也增大，材料容易产生微裂纹，使塑性变形较早结束。所以，光亮带变窄，剪裂带、圆角带增宽，毛刺和斜度较大，拱弯、翘曲现象显著，冲裁件质量下降，并且拉裂产生的斜度增大，断面出现两个斜度，断面质量也就不理想。

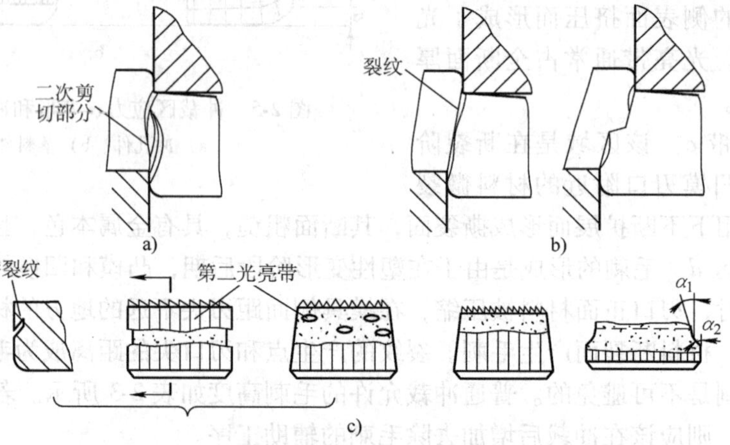

图 2-6　间隙对剪切裂纹与断面质量的影响

a）间隙过小　b）间隙合理　c）间隙过大

当间隙合适时，如图 2-6b 所示，上、下裂纹能汇合成条线。尽管断面有斜度，但零件比较平直，圆角、毛刺斜度均不大，有较好的综合断面质量。当模具间隙不均匀时，冲裁件会出现部分间隙过大、部分间隙过小的断面情况。这对冲裁件断面质量也是有影响的，因此要求模具制造和安装时必须保持间隙均匀。

（3）模具刃口状态对断面质量的影响　刃口状态对冲裁过程中的应力状态有较大影响。当模具刃口磨损成圆角时，挤压作用增大，则冲裁件圆角和光亮带增大。当模具刃口变钝后，即使间隙选择合理，在冲裁件上将产生较大毛刺。凸模钝时，落料件产生毛刺；凹模钝时，冲孔件产生毛刺。

以上叙述表明，冲裁件的断面不很整齐，仅短短的一段光亮带是圆柱体。如果不考虑弹性变形的影响，那么板料孔的光亮柱体部分尺寸，近似等于凸模尺寸；落料件的光亮柱体部分尺寸，近似等于凹模尺寸。即落料件尺寸等于凹模尺寸，冲孔件尺寸等于凸模尺寸。该结论是计算凸模和凹模刃口尺寸的主要依据。

四、冲裁件质量及其影响因素

冲裁件质量包括断面状况、尺寸精度和形状误差等。其具体要求为：冲裁件断面状况尽可能垂直、光洁、毛刺小。冲裁件尺寸精度应该保证在图样规定的公差范围之内；冲裁件外形应该满足图样要求；表面尽可能平直，避免拱弯产生。

1. 冲裁件断面质量及其影响因素

观察与分析断面质量是判断冲裁过程是否合理、冲模的工作情况是否正常的主要手段。影响冲裁件断面质量的因素有：材料性能、间隙大小及均匀性、刃口锋利程度、模具精度以及模具结构形式等。

2. 冲裁件尺寸精度及其影响因素

冲裁件的尺寸精度，是指冲裁件的实际尺寸与图样所示基本尺寸之差。差值越小，精度越高。这个差值包括两方面的偏差：一是冲裁件相对于凸模或凹模尺寸的偏差，二是模具本身的制造偏差。冲裁件的尺寸精度与许多因素有关。如冲模的制造精度、材料性质、冲裁间隙等。其中被冲压材料的影响因素前面已经叙述，下面主要介绍冲裁模制造精度和冲裁间隙的影响。

（1）冲裁模的制造精度　冲裁模的制造精度对冲裁件尺寸精度有直接影响。冲裁模的制造精度愈高，冲裁件的精度亦愈高，它们之间的关系如表2-4所示。

表2-4　冲裁模制造精度与冲压件尺寸精度之间的关系

冲裁模制造精度	冲裁件精度											
	材料厚度 t/mm											
	0.5	0.8	1.0	1.5	2	3	4	5	6	8	10	12
IT6 ~ IT7	IT8	IT8	IT9	IT10	IT10	—	—	—	—	—	—	—
IT7 ~ IT8	—	IT9	IT10	IT10	IT12	IT12	IT12	—	—	—	—	—
IT9	—	—	—	IT12	IT12	IT12	IT12	IT12	IT12	IT14	IT14	IT14

当冲裁模具有合理间隙与锋利刃口时，模具制造精度与冲裁件精度有直接关系。需要指出的是，冲模的精度与冲模结构、加工、装配等多方面因素有关。

（2）冲裁间隙对冲裁件尺寸精度的影响　如图2-7所示，当冲裁间隙较小时，由于材料受凸、凹模挤压力大，在冲裁完成后，材料的弹性恢复使落料件尺寸增大，冲孔孔径变小；当凸、凹模间隙较大时，材料所受拉伸作用增大，冲裁结束后，因材料的弹性恢复使冲裁件尺寸向实体方向收缩，落料件尺寸小于凹模尺寸，冲孔孔径大于凸模直径。尺寸变化量的大小与材料性质、厚度、轧制方向等因素有关。

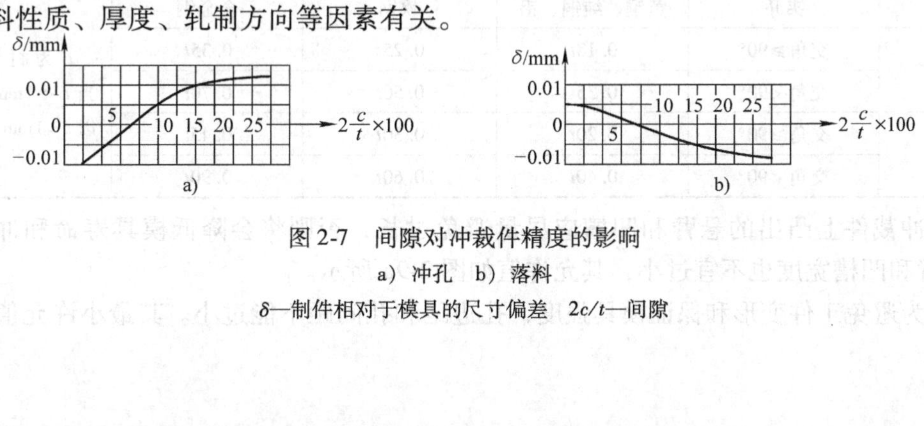

图2-7　间隙对冲裁件精度的影响

a）冲孔　b）落料

δ—制件相对于模具的尺寸偏差　$2c/t$—间隙

3. 冲裁件形状误差及其影响因素

冲裁件的形状误差是指翘曲、扭曲、变形等缺陷。

1）翘曲。冲裁件呈曲面不平现象称之为翘曲。翘曲是由于间隙过大、弯矩增大、变形拉伸和弯曲成分增多而造成的。另外，材料的各向异性和卷料未矫正也会产生翘曲。

2）扭曲。冲裁件呈扭歪现象称之为扭曲。扭曲是由于材料的不平、间隙不均匀、凹模后角对材料摩擦不均匀等造成的。

3）变形。冲裁件的变形是由于坯料的边缘冲孔或孔距太小等原因致使胀形而产生的。

综上所述，用普通冲裁方法所能得到的冲裁件，其尺寸精度与断面质量都不太高。金属冲裁件所能达到的经济精度为 IT14 ~ IT10，要求高时可达到 IT10 ~ IT8 级。厚料比薄料更差。若要进一步提高冲裁件的质量要求，则可以在冲裁后增加整修工序或采用精密冲裁法。

第二节　冲裁件的工艺性

冲裁件的工艺性是指冲裁件对冲压工艺的适应性，即冲裁件的结构、形状、尺寸及公差等技术要求是否符合冲裁加工的工艺要求，反映了零件在冲压加工中的难易程度。工艺性是否合理，对冲裁件的质量、模具寿命和生产率都有很大的影响。良好的冲压工艺性能应保证材料消耗少、工序数目少、模具结构简单并且使用寿命长、产品质量稳定、操作简单等。

冲裁件的工艺性主要包括冲裁件的结构工艺性、精度与表面粗糙度、尺寸标注和材料等四个方面。

一、冲裁件的结构工艺性

1. 冲裁件的结构工艺性概述

冲裁件的结构工艺性是指冲裁件的结构与冲裁规律的符合程度，即冲裁件的结构对冲裁模的结构、板材的变形及加工精度的影响。

2. 冲裁件结构工艺性的具体要求

1）冲裁件的形状应力求简单、规则，有利于材料的合理利用，以便节约材料，减少工序数目，提高模具寿命，降低冲裁件成本。

2）冲裁件内形及外形的转角处要尽量避免尖角，应以圆弧过渡，如图 2-8 所示，以便于模具加工，减少热处理开裂，减少冲裁时尖角处的崩刃和过快磨损。表 2-5 所示为冲裁件最小圆角半径。

表 2-5　冲裁件最小圆角半径　(mm)

工序	夹角	黄铜、纯铜、铝	软钢	合金钢	
落料	交角≥90°	0.18t	0.25t	0.35t	t 为材料厚度。当 t < 1mm 时，均以 t = 1mm 计算
	交角 <90°	0.35t	0.50t	0.70t	
冲孔	交角≥90°	0.20t	0.30t	0.45t	
	交角 <90°	0.40t	0.60t	0.90t	

3）冲裁件上凸出的悬臂和凹槽应尽量避免过长，否则将会降低模具寿命和冲裁件质量。悬臂和凹槽宽度也不宜过小，其允许值如图 2-9a 所示。

4）为避免工件变形和保证模具强度，孔边距和孔间距不能过小。其最小许允值如图 2-

9a 所示。

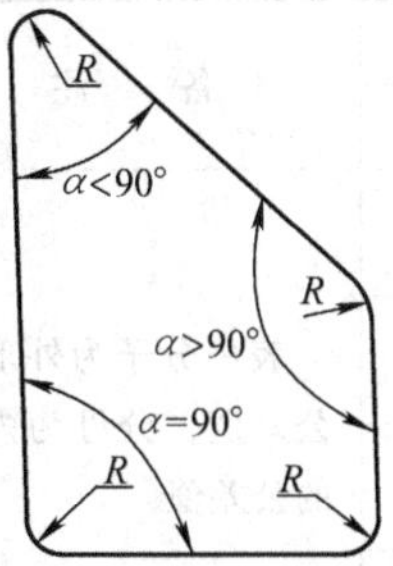

图 2-8　冲裁件的圆角

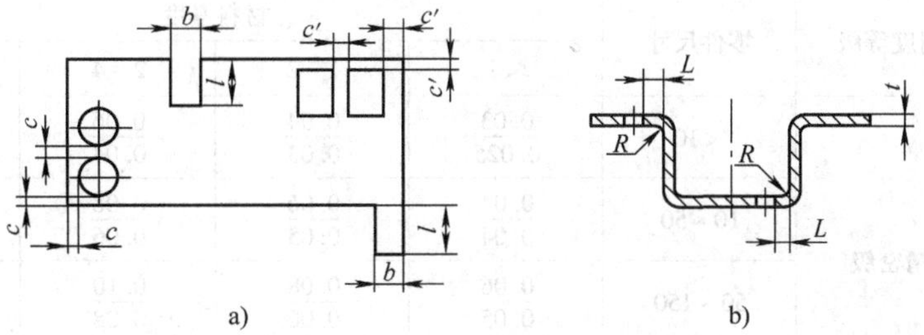

图 2-9　冲裁件的结构工艺

a) $b_{min}=1.5t$　$c\geqslant(1\sim1.5)t$　$l_{max}=5b$　$c'\geqslant(1\sim1.5)t$　b) $L\geqslant R+0.5t$

5）在弯曲件或拉深件上冲孔时，孔边与直壁之间应保持一定距离，以免冲孔时凸模受水平推力而折断，如图 2-9b 所示。

6）冲裁件的孔径因受冲孔凸模强度和刚度的限制，不宜太小，否则容易折断和压弯。冲孔最小尺寸取决于材料的力学性能、凸模强度和模具结构等。用无导向凸模和有导向凸模所能冲制的孔的最小尺寸可参考表 2-6。

表 2-6　不同材料的冲孔最小尺寸 d　　（mm）

制件材料	钢	铜、铝	
无导向凸模最小尺寸	$d\geqslant(1.0\sim1.5)t$	$d\geqslant(0.8\sim0.9)t$	t—冲裁件材料厚度
有导向凸模最小尺寸	$d\geqslant0.5t$	$d\geqslant(0.3\sim0.35)t$	

二、冲裁件的尺寸精度和表面粗糙度

冲裁件的精度一般可分为精密级与经济级两类。精密级是指冲压工艺技术上所允许的精度，而经济级则是指可以用比较经济的手段达到的精度。为降低冲压成本，获得最佳的技术经济效果，在不影响冲裁件使用要求的前提下，应尽可能采用经济精度。

1. 冲裁件的经济公差等级不高于 IT11 级

一般要求落料件公差等级最好低于 IT10 级，冲孔件最好低于 IT9 级。如果工件要求的公差等级高于 IT9 级，则冲裁件冲裁后一般需要经过整修或采用精密冲裁。

2. 冲裁件的表面粗糙度的影响

冲裁件的表面粗糙度与材料塑性、材料厚度、冲裁模间隙、刃口锐钝以及冲模结构等有关。当冲裁厚度为 2mm 以下的金属板料时，其表面粗糙度 R_a 一般可达 12.5～3.2μm。

冲裁件外形与内孔尺寸公差如表 2-7 所示。冲裁件孔距公差如表 2-8 所示。

表 2-7　冲裁件外形与内孔尺寸公差　　（mm）

精度等级	零件尺寸	材料厚度				备　注
		<1	1～2	2～4	4～6	
经济级	<10	$\frac{0.12}{0.08}$	$\frac{0.18}{0.10}$	$\frac{0.24}{0.12}$	$\frac{0.30}{0.15}$	表中分子为外形的公差值，分母为内孔的公差值
	10～50	$\frac{0.16}{0.10}$	$\frac{0.22}{0.12}$	$\frac{0.28}{0.15}$	$\frac{0.35}{0.20}$	
	50～150	$\frac{0.22}{0.12}$	$\frac{0.30}{0.16}$	$\frac{0.40}{0.20}$	$\frac{0.50}{0.25}$	
	150～300	0.30	0.50	0.70	1.00	

（续）

精度等级	零件尺寸	材料厚度				备　注
		<1	1~2	2~4	4~6	
精密级	<10	0.03/0.025	0.04/0.03	0.06/0.04	0.10/0.06	表中分子为外形的公差值，分母为内孔的公差值
	10~50	0.04/0.04	0.06/0.05	0.08/0.06	0.12/0.10	
	50~150	0.06/0.05	0.08/0.06	0.10/0.08	0.15/0.12	
	150~300	0.10	0.12	0.15	0.20	

表 2-8　孔中心距公差　（mm）

精度等级	孔距尺寸	材料厚度			
		<1	1~2	2~4	4~6
经济级	<50	±0.1	±0.12	±0.15	±0.20
	50~150	±0.15	±0.20	±0.25	±0.30
	150~300	±0.20	±0.30	±0.35	±0.40
精密级	<50	±0.01	±0.02	±0.03	±0.04
	50~150	±0.02	±0.03	±0.04	±0.05
	150~300	±0.04	±0.05	±0.06	±0.08

三、冲裁件尺寸标注

冲裁件的尺寸基准应尽可能和制模时的定位基准重合，以避免产生基准不重合误差。孔位尺寸基准应尽量选择在冲裁过程中始终不参加变形的面或线上，尽量不要与参加变形的部位联系起来。如图 2-10a 所示为不合理的原设计尺寸的标注，尺寸 L_1、L_2 由于考虑到模具的磨损而相应给以较宽的公差造成孔心距的不稳定，孔中心距公差会随着模具磨损而增大。改用图 2-10b 的标注，两孔的孔心距才不受模具磨损的影响，比较合理。

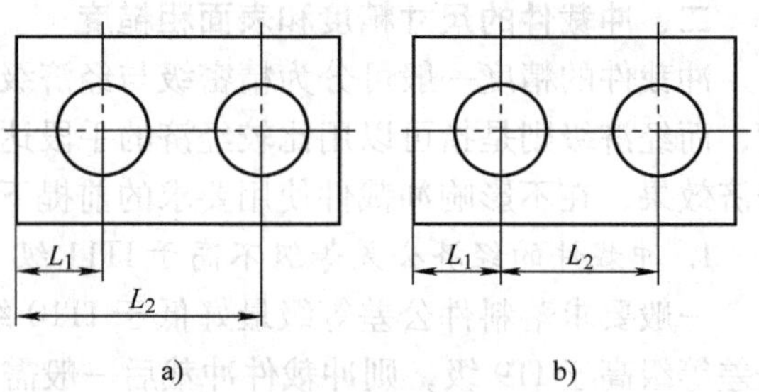

图 2-10　冲裁件的尺寸标注

此外，冲裁件的尺寸标注及基准的选择与模具的设计密切相关，应尽可能使设计基准与工艺基准一致，以减少误差。

四、冲裁件的材料

冲裁件所用的材料，不仅要满足产品使用性能的技术要求，还应满足冲裁工艺对材料的基本要求。冲裁工艺对材料的基本要求在单元一已有介绍。此外，材料的品种与厚度应尽量采用国家标准，同时尽可能采取“廉价代贵重，薄料代厚料，黑色代非铁”等措施，以降低冲裁件的成本。

最后必须指出，当冲裁件的结构、尺寸、精度等要求与冲裁工艺性发生矛盾时，应与产品设计人员协商研究，作出合理的修改，力求做到既能满足使用要求，又能便于冲裁加工，以获得良好的技术经济效果。

第三节　排样与搭边

排样是指冲裁件在条料、带料上的布置方法。排样是否合理，将直接影响到材料利用率、冲件质量、生产效率、冲模结构与寿命等。因此排样是冲压工艺中一项重要的技术性较强的工作。

搭边是排样时冲裁件之间以及冲裁件与条料侧边之间留下的工艺废料。搭边的作用，一是补偿定位误差和剪板误差，确保冲出合格零件；二是增加条料刚度，方便条料送进，提高劳动生产率。同时，搭边还可以避免冲裁时条料边缘的毛刺被拉入模具间隙，从而提高模具寿命。

一、材料的合理利用

1. 材料利用率

冲裁件的实际面积与所用板料面积的百分比叫材料利用率，它是衡量合理利用材料的经济性指标。一个步距内的材料利用率（图2-11）可用下式表示

$$\eta=\frac{A}{BS}\times 100\% \tag{2-1}$$

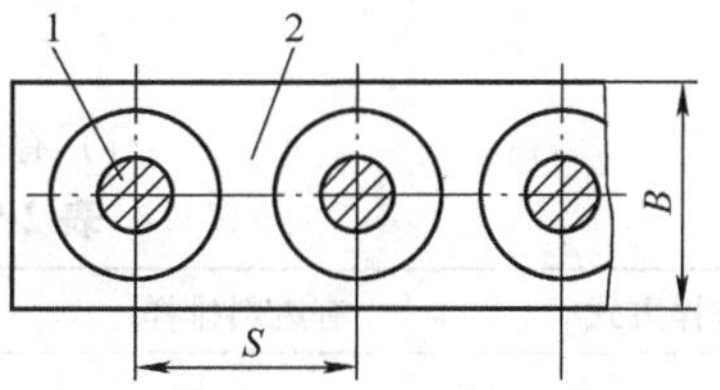

图2-11　废料分类
1—结构废料　2—工艺废料

式中　η——材料利用率；
A——一个冲裁件的实际面积（mm^2）；
S——相邻两个制件对应点的距离（mm）；
B——条料宽度（mm）。

考虑到料头、料尾和边余料的材料消耗，总的材料利用率 $\eta_{总}$（图2-12）为

$$\eta_{总}=\frac{nA}{LB}\times 100\% \tag{2-2}$$

式中　A——一个冲裁件的实际面积（mm^2）；
L——板料（或带料）长度（mm）；
n——一张板料（或条料、带料）上冲裁件的总数目；
B——条料（或带料）宽度（mm）。

$\eta_{总}$ 值越大，材料的利用率就越高。在冲裁件的成本中，材料费用一般占60%以上，可见材料利用率是一项很重要的经济指标。

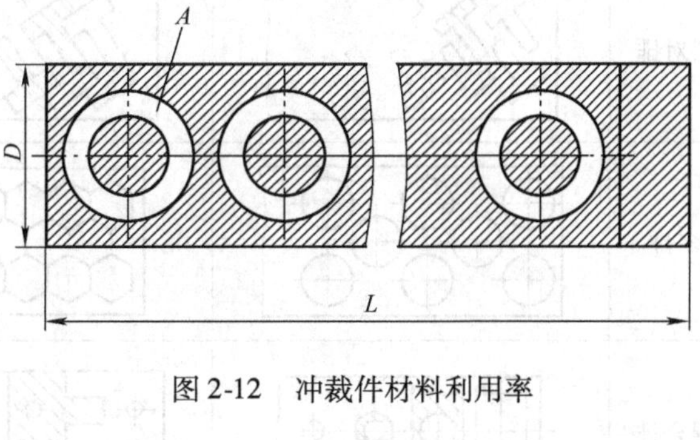

图2-12　冲裁件材料利用率

2. 提高材料利用率的方法

冲裁所产生的废料可分为两类（图2-11）：一类是结构废料，是由冲裁件的形状特点产生的；另一类是由于冲裁件之间和冲裁件与条料侧边之间的搭边，以及料头、料尾和边余料而产生的废料，称为工艺废料。

要提高材料利用率，主要应从减少工艺废料着手。减少工艺废料的有力措施是：设计合理的排样方案，选择合适的板料规格和合理的裁板法（减少料头、料尾和周边余料），或利用废料生产小零件等。

二、排样方法

根据材料经济利用程度，排样方法可分为有废料、少废料和无废料排样三种，如图 2-13 所示。根据制件在条料上的布置形式，排样又可分为直排、斜排、对排、混合排、多排等，如表 2-9 所示。

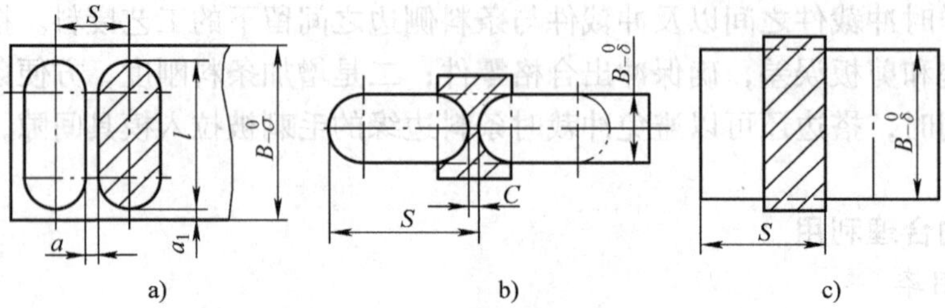

图 2-13　排样方法

a）有废料排样　b）少废料排样　c）无废料排样

表 2-9　有废料排样和少、无废料排样形式

排样方式	有废料排样	少、无废料排样	应用及特点
直排	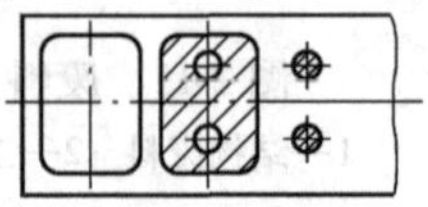	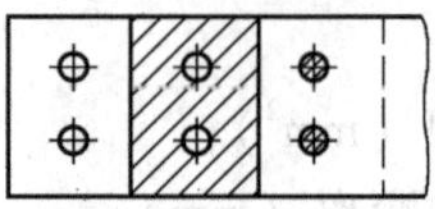	用于简单的矩形、方形
斜排	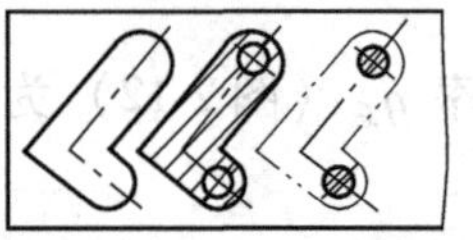	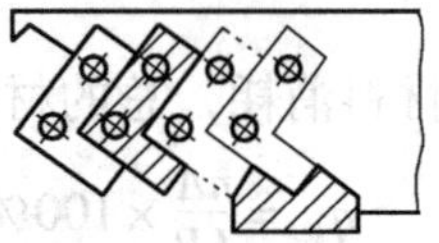	用于椭圆形、十字形、T 形、L 形或 S 形。材料利用率比直排高，但受形状限制，应用范围有限
直对排	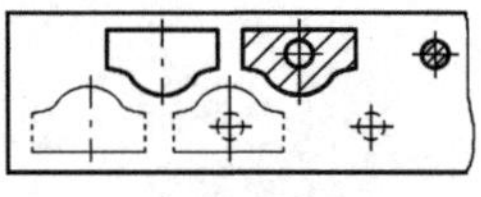	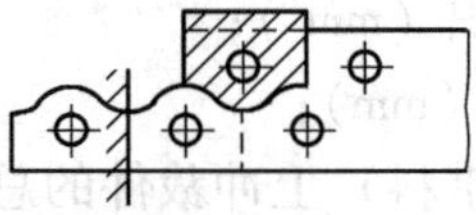	用于梯形、三角形、半圆形、山字形。直对排一般需将板料掉头往返冲裁，有时甚至要翻转材料往返冲，工人劳动强度大
斜对排	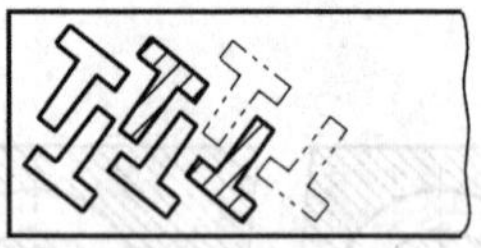	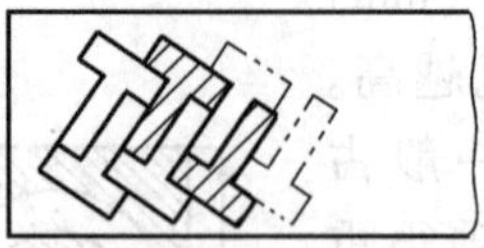	多用于 T 形冲件，材料利用率比直对排高。但也存在直对排同样的问题
多排	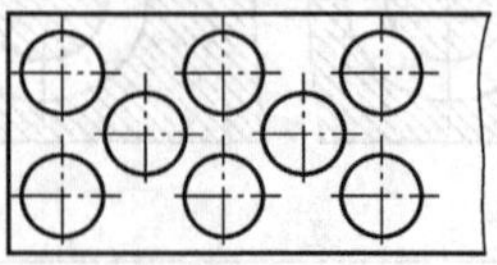	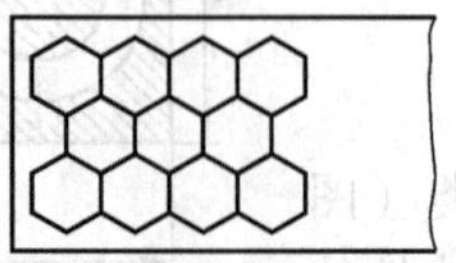	用于大批量生产中尺寸不大的圆形、正多边形。材料利用率随行数的增加而大大提高。但会使模具结构更复杂
混合排	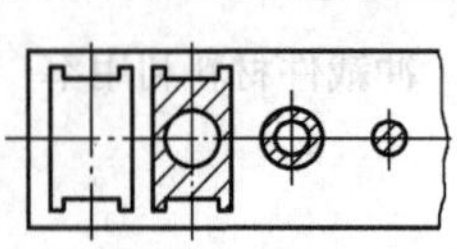	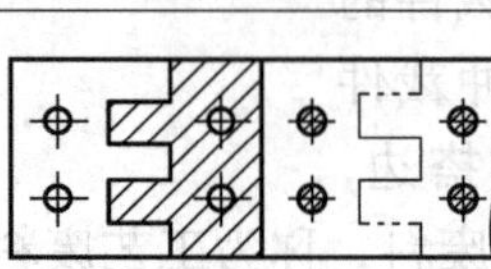	用于材料及厚度都相同的两种或两种以上的制件。混合排样只有采用不同零件同时落料，将不同制件的模具复合在一副模具上

（1）有废料排样法　如图 2-13a 所示，沿制件的全部外形轮廓冲裁，在制件之间及制件与条料侧边之间，都有工艺余料（即搭边）存在。因留有搭边，所以制件质量和模具寿命较高，但材料利用率降低。

（2）少废料排样法　如图 2-13b 所示，沿制件的部分外形轮廓切断或冲裁，只在制件之间（或制件与条料侧边之间）留有搭边，材料利用率较之有废料排样法有所提高。

（3）无废料排样法　无废料排样法就是无工艺搭边的排样，制件直接由切断条料获得。图 2-13c 所示为步距为两倍制件宽度的一模两件的无废料排样。

对于形状复杂的冲裁件，可以借助计算机作出各种不同的排样方法，经过分析和计算，最终决定出合理的排样方案。

在冲压生产实际中，由于零件的形状、尺寸、精度要求、批量大小和原材料供应等方面的不同，不可能提供一种固定不变的合理排样方案。但在决定排样方案时，应遵循如下原则：保证在最低的材料消耗和最高的劳动生产率的条件下得到符合技术要求的零件，同时要考虑方便生产操作、冲模结构简单、寿命长以及车间生产条件和原材料供应情况等，从各方面权衡利弊，选择出较为合理的排样方案。

三、搭边的确定

1. 搭边值

搭边值对冲裁过程及冲裁件质量有很大的影响，因此一定要合理确定搭边数值。搭边过大，材料利用率低；搭边过小时，搭边的强度和刚度不够，冲裁时容易翘曲或被拉断，不仅会增大冲裁件毛刺，有时甚至单边拉入模具间隙，造成冲裁力不均，损坏模具刃口。根据生产的统计，正常搭边比无搭边冲裁时的模具寿命高 50% 以上。搭边值通常由经验确定。表 2-10 所列搭边值为普通冲裁时的经验数据之一。

表 2-10　搭边最小值　（mm）

材料厚度	圆件及 $r>2t$ 的工件		矩形工件边长 $L<50$mm		矩形工件边长 $L>50$mm 或圆件及 $r<2t$ 的工件	
	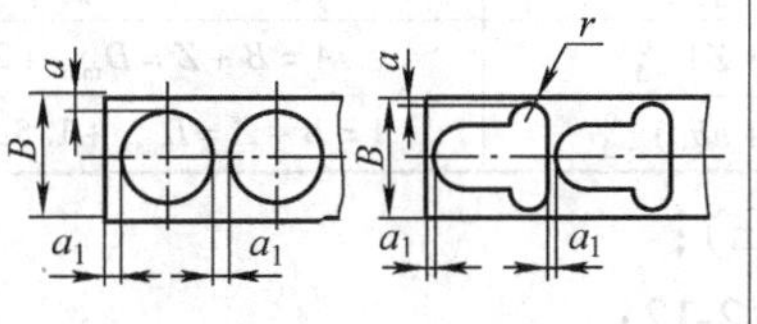		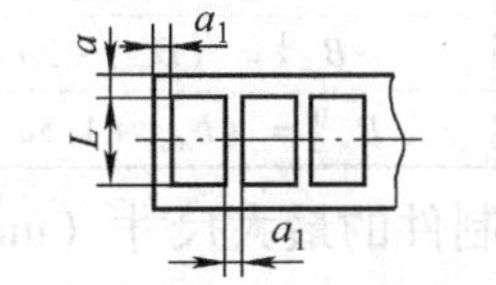		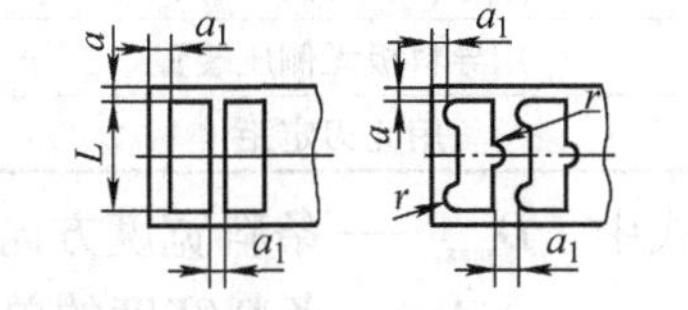	
	工件间 a_1	沿边 a	工件间 a_1	沿边 a	工件间 a_1	沿边 a
<0.25	1.8	2.0	2.2	2.5	2.8	3.0
0.25～0.5	1.2	1.5	1.8	2.0	2.2	2.5
0.5～0.8	1.0	1.2	1.5	1.8	1.8	2.0
0.8～1.2	0.8	1.0	1.2	1.5	1.5	1.8
1.2～1.6	1.0	1.2	1.5	1.8	1.8	2.0
1.6～2.0	1.2	1.5	1.8	2.0	2.0	2.2
2.0～2.5	1.5	1.8	2.0	2.2	2.2	2.5
2.5～3.0	1.8	2.2	2.2	2.5	2.5	2.8
3.0～3.5	2.2	2.5	2.5	2.8	2.8	3.2
3.5～4.0	2.5	2.8	2.5	3.2	3.2	3.5
4.0～5.0	3.0	3.5	3.5	4.0	4.0	4.5
5.0～12	0.6t	0.7t	0.7t	0.8t	0.8t	0.9t

2. 搭边值的影响因素

搭边的大小主要取决于：

1）材料的力学性能。硬材料的搭边值可小一些；软材料、脆性材料的搭边值要大一些。

2）材料厚度。材料越厚，搭边值也越大。

3）冲裁件的形状与尺寸。零件外形越复杂，圆角半径越小，搭边值取大些。

4）送料及挡料方式。用手工送料、有侧压装置、用侧刃定距的搭边值可以小一些。

5）卸料方式。弹性卸料比刚性卸料的搭边小一些。

四、条料宽度的确定

当排样方式确定以后，就可以计算出条料的宽度和导料板的间距。进距是每次将条料送入模具进行冲裁的距离。进距与排样方式有关，是决定挡料销位置的依据。条料宽度的确定与模具的结构有关。确定的原则是：最小条料宽度要保证冲裁时工件周边有足够的搭边值；最大条料宽度能在冲裁时顺利地在导料板之间送进条料，并有一定的间隙。根据冲模有无侧压装置，条料宽度尺寸的计算方法是不同的。其计算式如图 2-14 和表 2-11 所示。

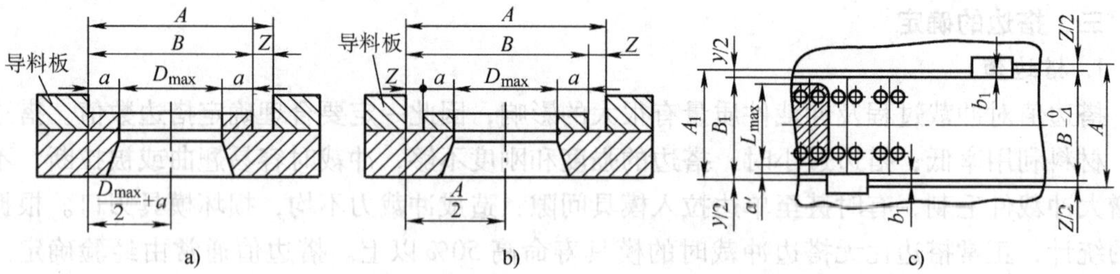

图 2-14　条料宽度及导料板间距的确定

a）有侧压　b）无侧压　c）有侧刃

表 2-11　条料宽度 *B* 及导料板间距 *A* 计算公式

模具结构	条料宽度 B/mm	侧面导板距离 A/mm
用导料板有侧压装置	$B_{-\Delta}^{\ 0}=(D_{max}+2a)_{-\Delta}^{\ 0}$	$A=B+Z=D_{max}+2a+Z$
用导料板无侧压装置	$B_{-\Delta}^{\ 0}=(D_{max}+2a+Z)_{-\Delta}^{\ 0}$	$A=B+Z=D_{max}+2a+2Z$
用侧刃定距	$B_{-\Delta}^{\ 0}=(L_{max}+1.5a+nb_1)_{-\Delta}^{\ 0}$	$A=B+Z=L_{max}+1.5a+nb_1+Z$

式中　D_{max}——条料宽度方向制件的最大尺寸（mm）；

Δ——条料宽度的单向偏差（mm），见表 2-12；

b_1——侧刃冲切的料边宽度（mm），见表 2-13；

n——侧刃数；

a——侧搭边值（mm），可参考表 2-14；

Z——冲切前的条料与导料板间的间隙（mm），见表 2-15；

y——冲切前的条料与导料板间的间隙（mm），见表 2-13。

表 2-12　条料宽度偏差 Δ　（mm）

条料宽度 B/mm	材料厚度 t/mm				
	约 0.5	0.5～1	1～2	2～3	3～5
约 20	0.05	0.08	0.10		

（续）

条料宽度 B/mm	材料厚度 t/mm				
	约0.5	0.5~1	1~2	2~3	3~5
20~30	0.08	0.10	0.15		
30~50	0.10	0.15	0.20		
约50		0.4	0.5	0.7	0.9
50~100		0.5	0.6	0.8	1.0
100~150		0.6	0.7	0.9	1.1
150~200		0.7	0.8	1.0	1.2
200~300		0.8	0.9	1.1	1.3

表 2-13　b_1、y 值　（mm）

材料厚度	b_1		y
	金属材料	非金属材料	
约1.5	1~1.5	1.5~2	0.10
>1.5~2.5	2.0	3	0.15
>2.5~3	2.5	4	0.20

表 2-14　搭边数值　（mm）

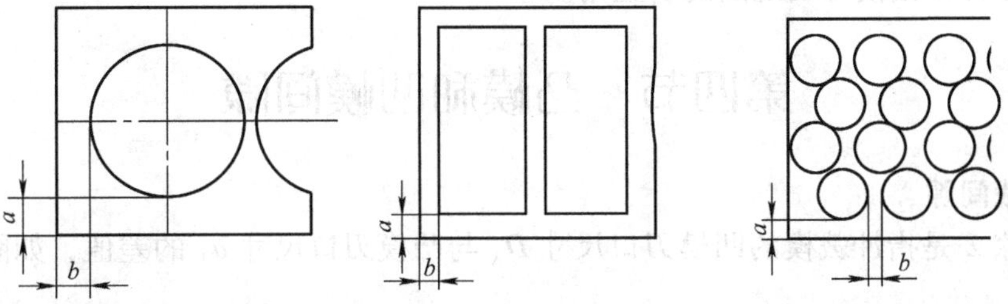

材料厚度 t/mm	手工送料						自动送料	
	圆形件或圆角 r>2t 的工件		矩形件（边长 l≤50mm）		矩形件（边长 l>50mm）			
	a	b	a	b	a	b	a	b
约1	1.5	1.5	1.5	2	3	2		
大于1~2	2	1.5	2	2.5	3.5	2.5	3	2
大于2~3	2.5	2	2.5	3	4	3.5		
大于3~4	3	2.5	3	3.5	5	4	4	3
大于4~5	4	3	4	4	6	5	5	4
大于5~6	5	4	5	5	7	6	6	5
大于6~7	6	5	6	6	8	7	7	6
8以上	7	6	7	7	9	8	8	7

表 2-15　导料板与条料之间的最小间隙 Z_{min}　　(mm)

材料厚度 t/mm	无侧压装置			有侧压装置	
	条料宽度 B/mm			条料宽度 B/mm	
	100 以下	100～200	200～300	100 以下	100 以上
约 1	0.5	0.5	1	5	8
1～5	0.5	1	1	5	8

五、排样图

条料宽度确定之后，就可以选择板料规格，并确定裁板方式。板料一般为长方形，故裁板方式有纵裁和横裁两种。由于纵裁裁板次数少，冲压时条料调换次数少，操作方便，故尽可能选择纵裁。当板料横裁的利用率高于纵裁、纵裁条料太长太重不易操作、纵裁时金属纤维方向不符合成形要求时，可考虑用横裁。

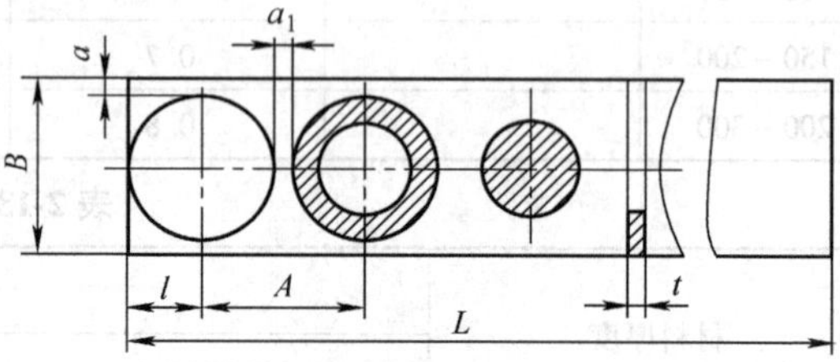

图 2-15　排样图

当条料长度确定后，就可以绘出排样图，如图 2-15 所示。一张完整的排样图应标注条料宽度尺寸 B、条料长度 L、板料厚度 t、步距 A、工件间搭边 a_1 和侧搭边 a。在排样图中习惯以剖面线表示冲压位置。

排样图是排样设计的最终表达形式。它是编制冲压工艺与设计模具的重要工艺文件，通常将排样图绘在冲裁模总装配图的右上角。

第四节　凸模和凹模间隙

一、冲裁间隙

冲裁间隙 Z 是指冲裁模的凹模刃口尺寸 D_A 与凸模刃口尺寸 d_T 的差值，如图 2-16 所示，即

$$Z = D_A - d_T \tag{2-3}$$

式中　D_A——凹模刃口尺寸（mm）；

d_T——凸模刃口尺寸（mm）。

Z 表示双面间隙，单面间隙用 $Z/2$ 表示，如无特殊说明，冲裁间隙就是指双面间隙。Z 值可为正值，也可为负值，但在普通冲裁中，均为正值。

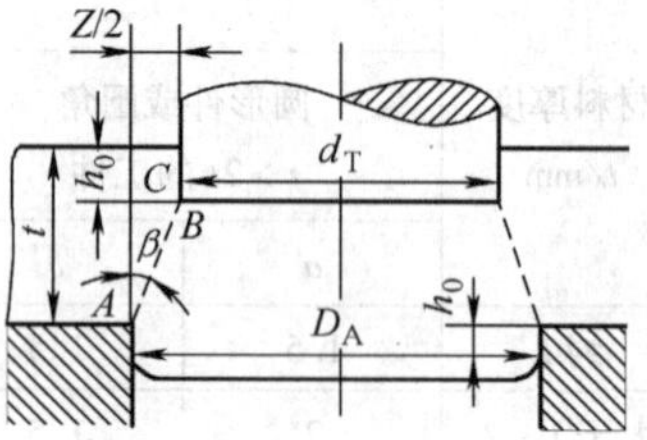

图 2-16　冲裁合理间隙确定

二、冲裁间隙对冲裁工艺的影响

间隙对冲裁件质量、冲裁力和模具寿命均有很大影响，是冲裁工艺与冲裁模设计中一个非常重要的工艺参数。冲裁间隙对冲裁工艺的影响主要有：

1. 间隙对冲裁件质量的影响

间隙是影响冲裁件质量的主要因素之一，详细分析见第 2.1 节。

2. 间隙对冲裁力的影响

随着间隙的增大，材料所受的拉应力增大，材料容易断裂分离，冲裁力减小但并不显

著。当单边间隙为材料厚度的5%～20%时，冲裁力的降低不超过5%～10%。间隙对卸料力、推件力的影响比较显著。间隙增大后，从凸模上卸料和从凹模里推出零件都省力；当单边间隙达到材料厚度的15%～25%时，卸料力几乎为零。但间隙继续增大时，因为毛刺增大，又将引起卸料力、顶件力的迅速增大。

3. 间隙对模具寿命的影响

模具寿命受各种因素的综合影响，其中间隙是影响模具寿命各种因素中最主要的因素之一。冲裁过程中，凸模与被冲的孔之间、凹模与落料件之间均有摩擦，而且间隙越小，模具作用的压应力越大，摩擦也越严重，所以过小的间隙对模具寿命极为不利。而较大的间隙可使凸模侧面及材料间的摩擦减小，并减缓因受制造和装配精度限制而出现间隙不均匀的不利影响，从而提高模具寿命。

三、冲裁间隙值的确定

由以上分析可见，间隙对冲裁件质量、冲裁力、模具寿命等都有很大的影响。但很难找到一个能同时满足冲裁件质量最佳、冲模寿命最长、冲裁力最小等各方面要求的间隙值。因此，在冲压实际生产中，主要根据冲裁件断面质量、尺寸精度和模具寿命这三个因素综合考虑，给间隙规定一个范围值。只要间隙在这个范围内，就能得到质量合格的冲裁件和较长的模具寿命。这个间隙范围就称为合理间隙，这个范围的最小值称为最小合理间隙（Z_{min}），最大值称为最大合理间隙（Z_{max}）。考虑到在生产过程中的磨损使间隙变大，故设计与制造新模具时应采用最小合理间隙（Z_{min}）。确定合理间隙值有理论法和经验确定法两种。

1. 理论确定法

理论确定法主要是根据凸、凹模刃口产生的裂纹相互重合的原则进行计算的。图2-16所示为冲裁过程中开始产生裂纹的瞬时状态，根据图中几何关系，可求得合理间隙Z为

$$Z=2(t-h_0)\tan\beta=2t(1-h_0/t)\tan\beta \tag{2-4}$$

式中　t——材料厚度（mm）；

h_0——产生裂纹时凸模压入材料的深度（mm）；

β——裂纹与垂线方向的夹角（°）。

由式（2-4）可看出，合理间隙Z与材料厚度t、凸模相对挤入材料深度h_0/t、裂纹角β有关，而h_0/t与材料塑性相关，β与冲裁件断面质量相关。因此，影响间隙值的主要因素是冲裁件材料性质、材料厚度和冲裁件断面的质量。材料厚度越大，塑性越低的硬脆材料，断面质量要求低，则所需间隙Z值就越大；反之则相反。由于理论计算法在生产中使用不方便，故目前广泛采用的是经验确定法。

2. 经验确定法

根据研究与实际生产经验，间隙值可按要求分类查表确定。对于尺寸精度、断面质量要求高的冲裁件，应选用较小间隙值，这时冲裁力与模具寿命作为次要因素考虑。对于尺寸精度和断面质量要求不高的冲裁件，在满足冲裁件要求的前提下，应以降低冲裁力、提高模具寿命为主，选用较大的双面间隙值。具体确定方法可参阅有关模具设计手册，也可按表2-16所示的经验公式计算确定。

从以上分析可知，合理冲裁间隙值有一个相当大的变动范围，约为（5%～25%）t。取较小的间隙值有利于提高冲裁件的质量，取较大的间隙值有利于提高模具的寿命。因此，在满足冲裁件质量要求的前提下，应采用较大间隙。

表 2-16　冲裁模双面间隙值 Z　(mm)

材料厚度 t/mm	双面间隙 Z	
	软材料	硬材料
<1mm	(6%~8%) t	(8%~10%) t
1~3mm	(10%~16%) t	(12%~16%) t
3~5mm	(16%~20%) t	(10%~26%) t

第五节　冲裁凸模与凹模刃口尺寸的确定

凸模和凹模的刃口尺寸及公差，直接影响冲裁件的尺寸大小。模具的合理间隙值由凸、凹模刃口尺寸及其公差来保证。因此，正确确定凸、凹模刃口尺寸和公差，是冲裁模设计中的一项重要工作。

一、刃口尺寸计算的基本原则

1. 刃口尺寸计算的基本原则

冲裁变形过程中，冲裁件的断面有圆角、光面、毛面和毛刺四个部分。而在冲裁件的测量与使用中，都是以光面的尺寸为基准的。根据观察与分析，落料件的尺寸接近于凹模尺寸，而冲孔件的尺寸接近于凸模尺寸。故计算凸模与凹模刃口尺寸时，应按落料与冲孔两种情况分别进行，其计算原则如下：

1）落料时，以凹模尺寸为基准，即先确定凹模尺寸。考虑到凹模尺寸在使用过程中因磨损而增大，故落料件的基本尺寸应取工件尺寸公差范围内的较小尺寸，而落料凸模的基本尺寸，则按凹模基本尺寸减最小初始间隙。

2）冲孔时，以凸模尺寸为基准，即先确定凸模尺寸。考虑到凸模尺寸在使用过程中因磨损而减小，故冲孔件的基本尺寸应取工件尺寸公差范围内的较大尺寸，而冲孔凹模的基本尺寸，则按凸模基本尺寸加最小初始间隙。

2. 刃口尺寸计算的基本要求

(1) 凸模与凹模刃口的制造公差，应根据工件的精度要求而定，一般取比工件精度高2~3级。考虑到凹模比凸模加工稍难，因而凹模比凸模的精度低一级。

(2) 考虑到冲裁过程中凸、凹模要与冲裁零件或废料发生摩擦，使凸模和凹模刃口尺寸越磨越大，会引起冲裁件对应的尺寸发生变化。如果基准模的刃口尺寸磨损后引起工件对应的尺寸变大，则基准模具刃口基本尺寸应取接近或等于工件的最小极限尺寸；如果基准模的刃口尺寸磨损后引起工件对应的尺寸变小，则基准模具刃口基本尺寸应取接近或等于工件孔的最大极限尺寸。这样，当凸、凹模磨损到一定程度时，仍能冲出合格的零件。模具磨损预留量与工件制造精度有关，用 X_Δ 表示，其中 Δ 为工件的公差值，X 为磨损系数，其值在0.5~1之间，可查表2-17；也可根据工件制造精度选取：工件精度IT10以上，$X=1$；工件精度IT11~IT13，$X=0.75$；工件精度IT14，$X=0.5$。

(3) 冲裁间隙一般选用最小合理间隙值（Z_{min}）。

(4) 选择模具刃口制造公差时，要考虑工件精度与模具精度的关系，既要保证工件的精度要求，又要保证有合理的间隙值。一般冲模精度较工件精度高2~4级。对于形状简单的圆形、方形刃口，其制造偏差值可按 IT6 ~ IT7 级来选取；也可根据相关手册选取。对于形状复杂的刃口，其制造偏差可按工件相应部位公差值的 1/4 来选取；对于刃口尺寸磨损后无变化的制造偏差值，可取工件相应部位公差值的 1/8 并冠以（±）。

表 2-17　磨损系数 X

材料厚度 t/mm	非圆形			圆形	
	1	0.75	0.5	0.75	0.5
	工件公差 Δ/mm				
>1	<0.16	0.17 ~ 0.35	≥0.36	<0.16	≥0.16
1 ~ 2	<0.20	0.21 ~ 0.41	≥0.42	<0.20	≥0.20
2 ~ 4	<0.24	0.25 ~ 0.49	≥0.50	<0.24	≥0.24
>4	<0.30	0.31 ~ 0.59	≥0.60	<0.30	≥0.30

（5）工件尺寸公差与冲模刃口尺寸的制造偏差原则上都应按“入体”原则标注为单向公差。所谓“入体”原则，是指标注工件尺寸公差时应向材料实体方向单向标注。但对于刃口尺寸磨损后对应工件尺寸无变化的尺寸，一般应标注双向偏差。

二、凸模、凹模刃口尺寸的计算方法

由于模具加工方法不同，凸模与凹模刃口部分尺寸的计算公式与制造公差的标注也不同。刃口尺寸的计算方法可分为两类。

1. 凸模与凹模分开加工

分开加工是指凸模和凹模分别按图样要求加工至尺寸。设计时，需在图样上分别标注凸模和凹模的刃口尺寸及制造公差。冲模刃口尺寸及公差与工件尺寸及公差的分布情况如图 2-17 所示。

为了保证初始间隙值小于最大合理间 Z_{max}，分开加工时必须满足下列条件

$$|\delta_A| + |\delta_T| \leqslant Z_{max} - Z_{min} \tag{2-5}$$

或取

$$\delta_T = 0.4(Z_{max} - Z_{min}) \tag{2-6}$$

$$\delta_A = 0.6(Z_{max} - Z_{min}) \tag{2-7}$$

即新制造的模具应该是 $|\delta_A| + |\delta_T| + Z_{min} \leqslant Z_{max}$，否则制造的模具间隙超过允许变动范围 $Z_{min} \sim Z_{max}$。

下面对单一尺寸落料和冲孔两种情况分别进行讨论。

（1）落料　设工件的尺寸为 $D_{-\Delta}^{\ 0}$（尺寸标注为其他形式时，必须先转换），根据计算原则，落料时以凹模为设计基准。首先确定凹模尺寸，使凹模的基本尺寸接近或等于工件轮廓的最小极限尺寸（凹模刃口尺寸磨损后工件尺寸变大）；将凹模尺寸减小最小合理间隙值即得到凸模尺寸。即

$$D_A = (D_{max} - x\Delta)_{\ 0}^{+\delta_A} \tag{2-8}$$

$$D_T = (D_A - Z_{min})_{-\delta_T}^{\ 0} = (D_{max} - x\Delta - Z_{min})_{-\delta_T}^{\ 0} \tag{2-9}$$

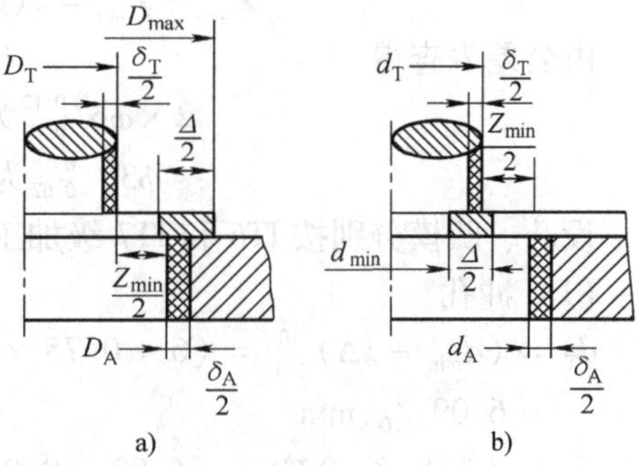

图 2-17　冲模刃口尺寸及公差与工件尺寸及公差的分布

a）落料　b）冲孔

（2）冲孔　设冲孔尺寸为 $d^{+\Delta}_{0}$（尺寸标注为其他形式时，必须先转换），根据计算原则，冲孔时以凸模为设计基准。首先确定凸模尺寸，使凸模的基本尺寸接近或等于工件孔的最大极限尺寸（凸模刃口尺寸磨损后工件尺寸变小）；将凸模尺寸增大最小合理间隙值即得到凸模尺寸。即

$$d_T = (d_{min} + x\Delta)^{\ 0}_{-\delta_T} \tag{2-10}$$

$$d_A = (d_T + Z_{min})^{+\delta_A}_{\ 0} = (d_{min} + x\Delta + Z_{min})^{+\delta_A}_{\ 0} \tag{2-11}$$

（3）孔中心距　孔中心距属于磨损后工件尺寸基本不变的尺寸。在同一工步中，在工件上冲出孔距为 $L \pm \Delta$ 时，其凹模型孔中心距为

$$L_d = L \pm \frac{1}{8}\Delta \tag{2-12}$$

式中　D_A——落料凹模基本尺寸（mm）；
D_T——落料凸模基本尺寸（mm）；
D_{max}——落料件最大极限尺寸（mm）；
d_T——冲孔凸模基本尺寸（mm）；
d_A——冲孔凹模基本尺寸（mm）；
d_{min}——冲孔件孔的最小极限尺寸（mm）；
L_d——凹模孔距基本尺寸（mm）；
L——工件孔距尺寸（mm）；
Δ——冲件公差，（mm）；
Z_{min}——凸、凹模最小初始双面间隙（mm）；
δ_T——凸模下偏差（mm），可按 IT6 选用；
δ_A——凹模上偏差（mm），可按 IT7 选用；
X——磨损系数。

例 2-1　如图 2-18 所示零件，其材料为 Q235，料厚 $t = 0.5$mm。试求凸、凹模刃口尺寸及公差。

解：由图可知，该零件属于无特殊要求的一般冲孔、落料。$\phi 36^{\ 0}_{-0.62}$ 由落料获得，$2 \times \phi 6^{+0.12}_{\ 0}$ 及 18 ± 0.09 由冲孔同时获得。查表可知，$Z_{min} = 0.04$mm，$Z_{max} = 0.06$mm，则

$$Z_{max} - Z_{min} = (0.06 - 0.04)\ \text{mm} = 0.02\text{mm}$$

由公差表查得

$$2 \times \phi 6^{+0.12}_{\ 0} \text{为 IT12 级，取 } x = 0.75;$$

$$\phi 36^{\ 0}_{-0.62} \text{为 IT14 级，取 } x = 0.5。$$

设凸、凹模分别按 IT6 和 IT7 级加工制造。

（1）冲孔

$$d_T = (d_{min} + x\Delta)^{\ 0}_{-\delta_T} = (6 + 0.75 \times 0.12)^{\ 0}_{-0.008}\text{mm}$$
$$= 6.09^{\ 0}_{-0.008}\text{mm}$$

$$d_A = (d_T + Z_{min})^{+\delta_A}_{\ 0} = (6.09 + 0.04)^{+0.012}_{\ 0}\text{mm}$$
$$= 6.13^{+0.013}_{\ 0}\text{mm}$$

校核：$|\delta_A| + |\delta_T| \leqslant Z_{max} - Z_{min}$

0.008mm + 0.012mm ≤ 0.06mm − 0.04mm 得 0.02mm =

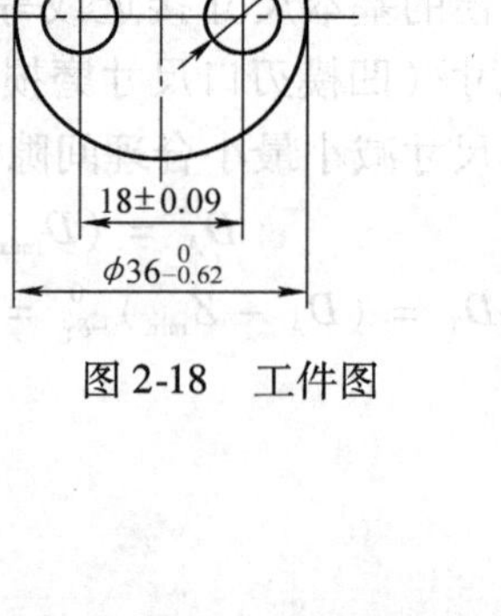

图 2-18　工件图

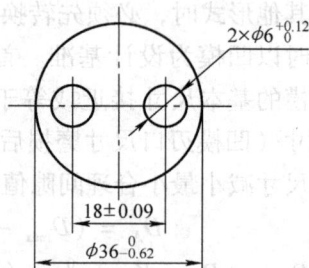

0.02mm（满足间隙公差条件）

孔距尺寸　$L_d = L \pm 0.125\Delta = 18\text{mm} \pm 0.125 \times 0.18\text{mm}$

$= 18\text{mm} \pm 0.023\text{mm}$

（2）落料

$D_A = (D_{max} - x\Delta)^{+\delta_A}_{0} = (36 - 0.5 \times 0.62)^{+0.025}_{0}\text{mm} = 35.69^{+0.025}_{0}\text{mm}$

$D_T = (D_A - Z_{min})^{0}_{-\delta_T} = (35.69 - 0.04)^{0}_{-0.016}\text{mm} = 35.65^{0}_{-0.016}\text{mm}$

校核：$0.016\text{mm} + 0.025\text{mm} = 0.04\text{mm} > 0.02\text{mm}$

由此可知，只有缩小δ_T、δ_A——提高制造精度，才能保证间隙在合理范围内，此时可取：

$$\delta_T = 0.4 \times 0.02\text{mm} = 0.008\text{mm}$$

$$\delta_A = 0.6 \times 0.02\text{mm} = 0.012\text{mm}$$

故　　$D_A = 35.69^{+0.012}_{0}\text{mm}$、$D_T = 35.65^{0}_{-0.008}\text{mm}$。

2. 凸模和凹模配合制加工

采用凸、凹模分开加工法时，为了保证凸、凹模间一定的间隙值，必须严格限制冲模制造公差，往往造成冲模制造困难，甚至无法制造。对于冲制薄材料（因Z_{max}与Z_{min}的差值很小）的冲模、冲制复杂形状工件的冲模，或单件生产的冲模，常常采用凸模与凹模配合加工方法。

配合制加工就是先按设计尺寸制出一个基准件模（凸模或凹模），然后根据基准模的实际尺寸再按最小合理间隙配制另一件。这种加工方法的特点是模具的间隙由配制保证，与模具制造精度无关，这样可放大基准模的制造公差，一般可取$\delta = \Delta/4$，使制造容易。设计时，基准模的刃口尺寸及制造公差应详细标注，而配作件上只标注公称尺寸，不注公差，但在图样技术要求上注明："凸（凹）模刃口按凹（凸）模实际刃口尺寸配制，保证最小双面合理间隙值Z_{min}"。

采用配合加工，计算凸模或凹模刃口尺寸，首先是根据凸模或凹模磨损后轮廓变化情况，正确判断出模具刃口各个尺寸在磨损过程中是变大、变小还是不变这三种情况，然后分别按不同的公式计算。

第一类尺寸A——凸模或凹模磨损后会增大的尺寸

落料凹模或冲孔凸模磨损后将会增大的尺寸，相当于简单形状的落料凹模尺寸，所以它的基本尺寸及制造公差的确定方法与式（2-13）相同，即

$$A_j = (A_{max} - x\Delta)^{+\frac{1}{4}\Delta}_{0} \qquad (2\text{-}13)$$

第二类尺寸B——凸模或凹模磨损后会减小的尺寸

冲孔凸模或落料凹模磨损后将会减小的尺寸，相当于简单形状的冲孔凸模尺寸，所以它的基本尺寸及制造公差的确定方法与式（2-14）相同，即

$$B_j = (B_{min} + x\Delta)^{0}_{-\frac{1}{4}\Delta} \qquad (2\text{-}14)$$

第三类尺寸C——凸模或凹模磨损后基本不变的尺寸

凸模或凹模在磨损后基本不变的尺寸，不必考虑磨损的影响，相当于简单形状的孔心距尺寸，所以它的基本尺寸及制造公差的确定方法与式（2-15）相同，即

$$C_j = (C_{min} + \frac{1}{2}\Delta) \pm \frac{1}{8}\Delta \qquad (2\text{-}15)$$

式中　A_j、B_j、C_j——基准模基本尺寸；

A_{max}、B_{min}、C_{min}——工件极限尺寸；

Δ——工件公差。

例 2-2　计算图 2-19 所示（$a=80_{-0.42}^{\ 0}$mm，$b=40_{-0.34}^{\ 0}$mm，$c=35_{-0.34}^{\ 0}$mm，$d=22\pm0.14$mm，$e=15_{-0.12}^{\ 0}$mm，厚度 $t=1$mm，材料为 10 钢）冲裁件的凸、凹模刃口尺寸及制造公差。

解：该冲裁件属落料件，选凹模为设计基准件，只需计算落料凹模刃口尺寸及制造公差，凸模刃口尺寸由凹模的实际尺寸按间隙要求配作。其中尺寸的 a、b、c 对于凹模来说则是第一类尺寸；尺寸 d 对于凸模来说属于第一类尺寸，对于凹模来说属于第二类尺寸；尺寸 e 对于凹模来说属于第三类尺寸。

由模具设计手册查得，$Z_{min}=0.10$mm，$Z_{max}=0.14$mm。由表 2-17 查得：对于尺寸为 80mm，选 $X=0.5$；尺寸为 15mm，选 $X=1$；其余尺寸均选 $X=0.75$。落料凹模的基本尺寸计算如下

$$a_凹=(80-0.5\times0.42)_{\ 0}^{+0.25\times0.42}\text{mm}=79.79_{\ 0}^{+0.105}\text{mm}$$

$$b_凹=(40-0.75\times0.34)_{\ 0}^{+0.25\times0.34}\text{mm}=39.75_{\ 0}^{+0.85}\text{mm}$$

$$c_凹=(35-0.75\times0.34)_{\ 0}^{+0.25\times0.34}\text{mm}=34.75_{\ 0}^{+0.85}\text{mm}$$

$$d_凹=(22-0.14+0.75\times0.28)_{-0.25\times0.28}^{\ 0}\text{mm}=22.07_{-0.07}^{\ 0}\text{mm}$$

$$e_凹=(15-0.12+0.5\times0.12)\ \pm1/8\times0.12\text{mm}=14.94\pm0.015\text{mm}$$

落料凸模的基本尺寸与凹模相同，分别是 79.79mm、39.75mm、34.75mm、22.07mm、14.94mm，而不必标注公差，但要在技术条件中注明：凸模刃口尺寸与落料凹模刃口实际尺寸配制，保证间隙在 0.1～0.14mm 之间。落料凸、凹模尺寸如图 2-20 所示。

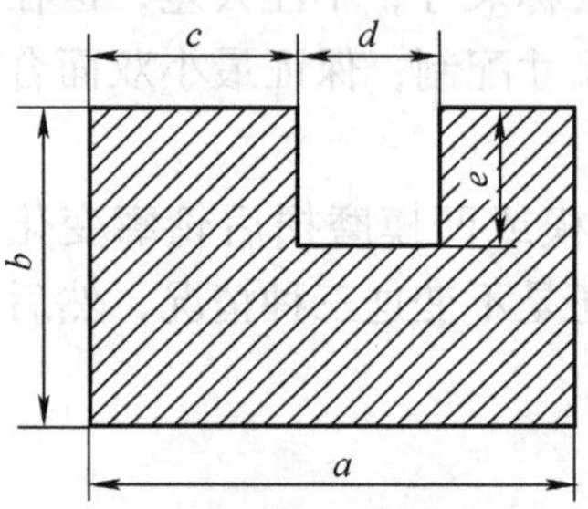

图 2-19　复杂形状冲裁件

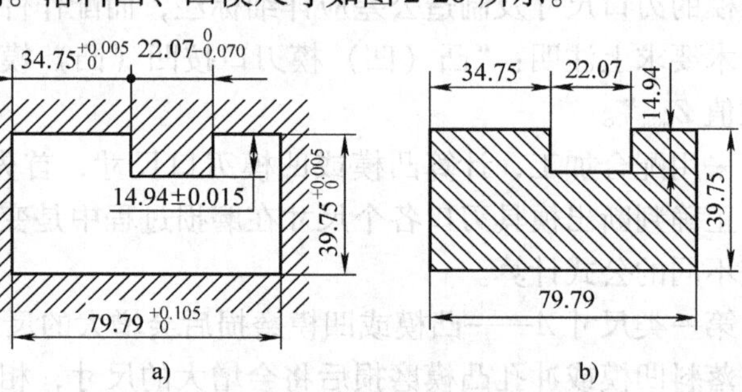

图 2-20　落料凸、凹模尺寸

a）落料凹模尺寸　b）落料凸模尺寸

第六节　冲裁力和压力中心

一、冲裁力的计算

冲裁过程中凸模对板料施加的压力叫冲裁力，它是随凸模进入材料的深度（凸模行程）而变化的，如图 2-4 所示。通常说的冲裁力是指冲裁力的最大值，它是选用压力机和设计模具的重要参数之一。

采用普通平刃口模具冲裁时，其冲裁力 F 一般按下式计算，即

$$F=KtL\tau_b \tag{2-16}$$

式中　F——冲裁力（N）；

L——冲裁周边长度（mm）；

t——材料厚度（mm）；

τ_b——材料抗剪强度（MPa）；

K——系数。

系数 K 是考虑到实际生产中，模具间隙值的波动和不均匀、刃口的磨损、板料力学性能和厚度波动等因素的影响而给出的修正系数。一般取 $K=1.3$。

为计算简便，也可按下式估算冲裁力

$$F=tL\sigma_b \tag{2-17}$$

式中　σ_b——材料的抗拉强度（MPa）。

二、辅助力的计算

在冲裁过程中，除了冲裁力之外，还需要外力将工件或废料从凸模上或凹模中退出，此力称为辅助力。它不参与冲裁工件，但是在冲裁工艺中是必需的。它包括卸料力、推件力、顶件力。在冲裁结束时，由于材料的弹性回复（包括径向弹性回复和弹性翘曲的回复）及摩擦的存在，将使冲落部分的材料梗塞在凹模内，而冲裁剩下的材料则紧箍在凸模上。为使冲裁工作继续进行，必须将箍在凸模上的料卸下，将卡在凹模内的料推出。从凸模上卸下箍着的料所需要的力称卸料力；将梗塞在凹模内的料顺冲裁方向推出所需要的力称推件力；逆冲裁方向将料从凹模内顶出所需要的力称顶件力，如图 2-21 所示。

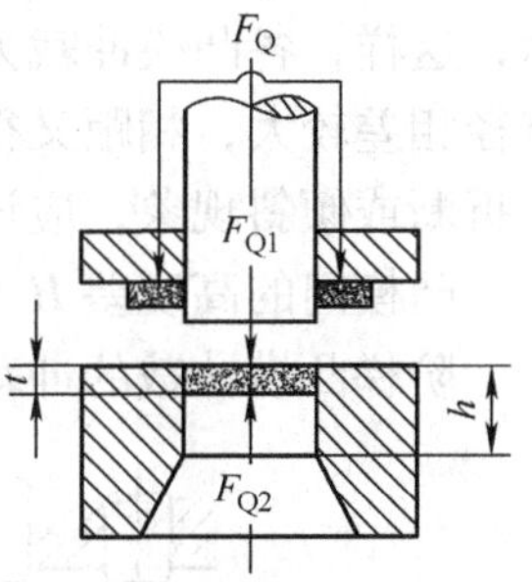

图 2-21　辅助力示意图

辅助力是由压力机和模具卸料装置或顶件装置传递的，所以在选择设备的公称压力或设计冲模时，应分别予以考虑。影响辅助力的因素较多，主要有材料的力学性能、材料的厚度、模具间隙、凹模洞口的结构、搭边大小、润滑情况、制件的形状和尺寸等。一般来说，要准确地计算辅助力是困难的，生产中常用下列经验公式计算：

卸料力：
$$F_Q=KF \tag{2-18}$$

推料力：
$$F_{Q1}=nK_1F \tag{2-19}$$

顶件力：
$$F_{Q2}=K_2F \tag{2-20}$$

式中　F——冲裁力（N）；

K——卸料力系数，其值为 0.02～0.06（薄料取大值，厚料取小值）；

K_1——推料力系数，其值为 0.03～0.07（薄料取大值，厚料取小值）；

K_2——顶件力系数，其值为 0.04～0.08（薄料取大值，厚料取小值）；

n——堵塞在凹模内的制件或废料数量

$$n=h/t$$

式中　h——直刃口部分的高度（mm）；

t——材料厚度（mm）。

卸料力和顶件力还是设计卸料装置和弹顶装置中弹性元件的依据。

三、压力机公称压力的选取

冲裁时，压力机的公称压力必须大于或等于冲裁各工艺力的总和 F_z。

采用弹压卸料装置和下出件的模具时

$$F_z = F + F_Q + F_{Q1} \tag{2-21}$$

采用弹压卸料装置和上出件的模具时

$$F_z = F + F_Q + F_{Q2} \tag{2-22}$$

采用刚性卸料装置和下出件模具时

$$F_z = F + F_{Q1} \tag{2-23}$$

四、降低冲裁力的措施

为实现小设备冲裁大工件，或使冲裁过程平稳以减少压力机振动，常用下列方法来降低冲裁力：

1. 阶梯凸模冲裁

在多凸模的冲模中，将凸模设计成不同长度，使工作端面呈阶梯式布置，如图 2-22a 所示，这样，各凸模冲裁力的最大峰值不同时出现，从而达到降低冲裁力的目的。在几个凸模直径相差较大，相距又很近的情况下，为能避免小直径凸模由于承受材料流动的侧压力而产生折断或倾斜现象，应该采用阶梯布置，即将小凸模做短一些。

凸模间的高度差 H 与板料厚度 t 有关，即：$t<3\text{mm}$ 时，$H=t$；$t>3\text{mm}$ 时，$H=0.5t$。

阶梯凸模冲裁的冲裁力，一般只按产生最大冲裁力的那一个阶梯进行计算。

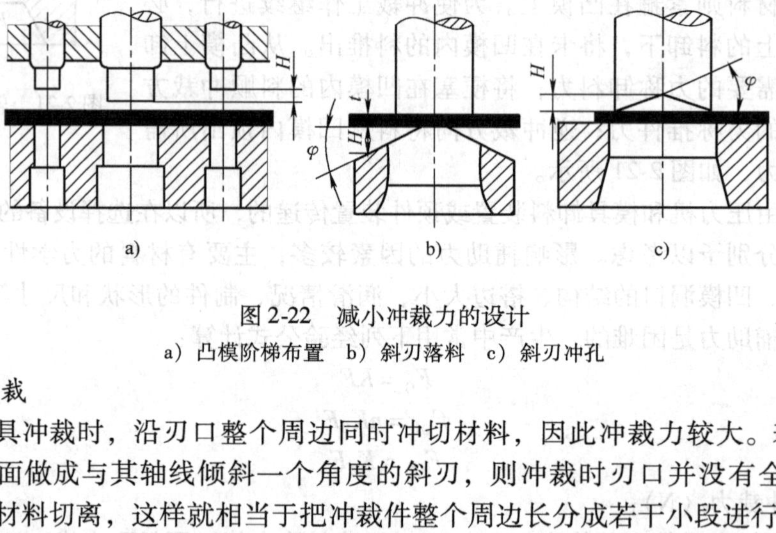

图 2-22　减小冲裁力的设计
a）凸模阶梯布置　b）斜刃落料　c）斜刃冲孔

2. 斜刃冲裁

平刃口模具冲裁时，沿刃口整个周边同时冲切材料，因此冲裁力较大。若将凸模（或凹模）刃口平面做成与其轴线倾斜一个角度的斜刃，则冲裁时刃口并没有全部同时切入，而是逐步地将材料切离，这样就相当于把冲裁件整个周边长分成若干小段进行剪切分离，因而能显著降低冲裁力。

斜刃冲裁时，会使板料产生弯曲。因此斜刃配置的原则是：必须保证工件平整，只允许废料发生弯曲变形。一般落料时凸模应为平刃，将凹模做成斜刃，如图 2-22b 所示。冲孔时则凹模应为平刃，凸模为斜刃，如图 2-22c 所示。斜刃还应当对称布置，以免冲裁时模具承受单向侧压力而发生偏移，啃伤刃口。

斜刃冲模虽然具有降低冲裁力、冲裁过程平稳的优点，但模具制造复杂，刃口易磨损，修磨困难，冲裁件不够平整，而且不适于冲裁外形复杂的冲裁件，一般只用于大型冲裁件或厚板的冲裁。

最后应当指出，采用斜刃冲裁或阶梯凸模冲裁时，虽然降低了冲裁力，但凸模进入凹模较深，冲裁行程增加，因此这些模具省力而不省功。

3. 加热冲裁（俗称红冲）

金属在常温时其抗剪强度是一定的。但是，当金属材料加热到一定的温度之后，其抗剪强度将显著降低。但加热冲裁易破坏工件表面质量，同时会产生热变形，精度低，因此应用比较少。

五、模具压力中心的确定

模具压力中心是指冲压时各冲压力合力的作用点位置。为了确保压力机和模具正常工作，应使冲模的压力中心与压力机滑块的中心重合。否则，会使冲模和压力机滑块产生偏心载荷，使滑块和导轨间产生过大的磨损，模具导向零件加速磨损，降低模具和压力机的使用寿命。

1. 简单几何图形压力中心的位置

1）对称冲压件的压力中心，位于冲压件轮廓图形的几何中心上。

2）冲裁直线段时，其压力中心位于直线段的中心。

3）冲裁圆弧线段时，其压力中心的位置，如图 2-23 按下式计算

$$y = 180R\sin\alpha/\pi\alpha = Rs/b \qquad (2\text{-}24)$$

式中 b——弧长。

其他符号意义见图 2-23。

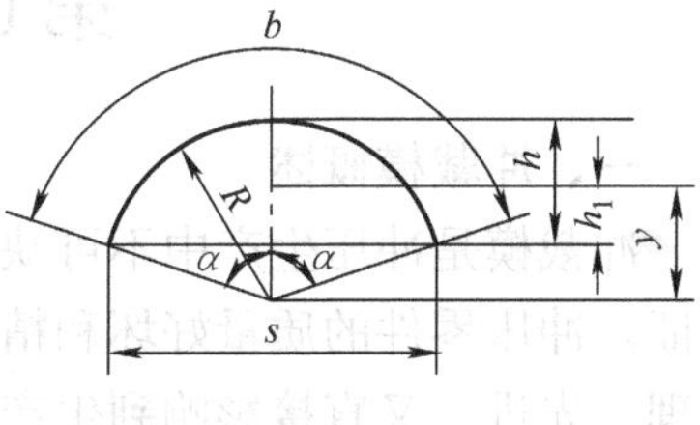

图 2-23 圆弧压力中心

2. 确定复杂形状零件模具、多凸模模具压力中心

形状复杂零件的压力中心（图 2-24）、多凸模冲模的压力中心（图 2-25）可用解析计算法求出冲模压力中心。解析法的计算依据是：合力对某轴之力矩等于各分力对同轴力矩之代数和，则可得压力中心坐标（x_0，y_0）计算公式为

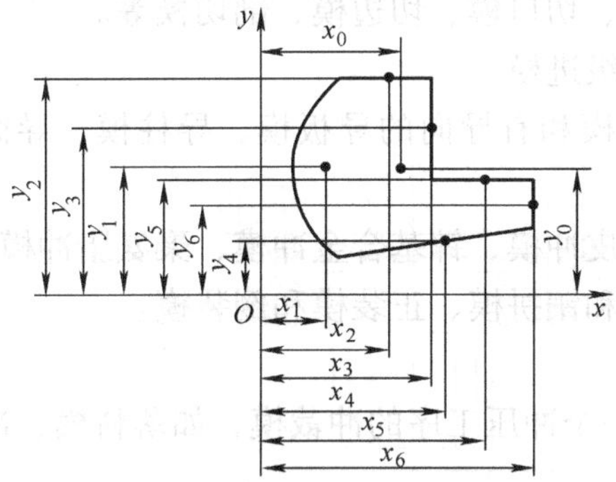

图 2-24 复杂零件压力中心

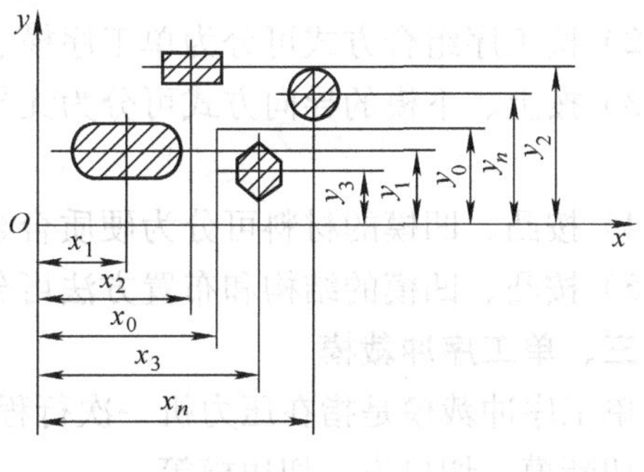

图 2-25 多凸模压力中心

$$x_0 = \frac{F_1x_1 + F_2x_2 + \cdots + F_nx_n}{F_1 + F_2 + \cdots + F_n} = \frac{\sum_{i=1}^{n} F_ix_i}{\sum_{i=1}^{n} F_i} \qquad (2\text{-}25)$$

$$y_0 = \frac{L_1y_1 + L_2y_2 + \cdots + L_ny_n}{L_1 + L_2 + \cdots + L_n} = \frac{\sum_{i=1}^{n} L_iy_i}{\sum_{i=1}^{n} L_i} \qquad (2\text{-}26)$$

这种冲模的主要特征是凸、凹模的正确配合是依靠导板导向。为了保证导向精度和导板的使用寿命，工作过程不允许凸模离开导板。为此，要求压力机行程较小。根据这个要求，选用行程较小且可调节的曲轴压力机较合适。

（3）导柱式单工序落料模　图2-28所示为导柱式落料模。

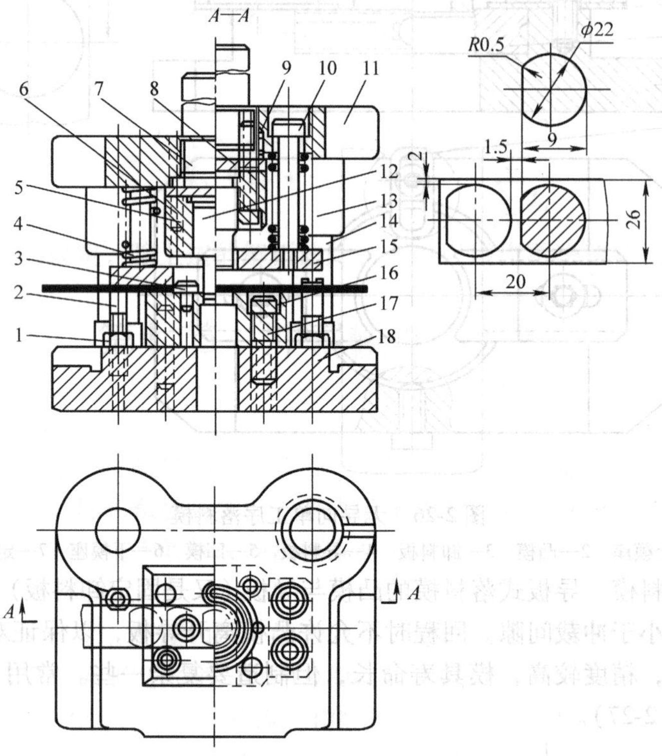

图2-28　导柱式单工序落料模

1—螺母　2—导料螺钉　3—挡料销　4—弹簧　5—凸模固定板　6—销钉　7—模柄　8—垫板　9—止动销　10—卸料螺钉　11—上模座　12—凸模　13—导套　14—导柱　15—卸料板　16—凹模　17—内六角螺钉　18—下模座

这种冲模的上、下模正确位置是利用导柱14和导套13的导向来保证的。凸、凹模在进行冲裁之前，导柱已经进入导套，从而保证了在冲裁过程中凸模12和凹模16之间间隙的均匀性。上、下模座和导套、导柱装配组成的部件为模架。凹模16用内六角螺钉和销钉与下模座18紧固并定位。凸模12用凸模固定板5、螺钉、销钉与上模座紧固并定位，凸模背面垫上垫板8。压入式模柄7装入上模座并以止动销9防止其转动。条料沿导料螺钉2送至挡料销3定位后进行落料。箍在凸模上的边料靠弹压卸料装置进行卸料。弹压卸料装置由卸料板15、卸料螺钉10和弹簧4组成。在凸、凹模进行冲裁工作之前，由于弹簧力的作用，卸料板先压住条料，上模继续下压时进行冲裁分离，此时弹簧被压缩（如图2-28左半边所示）。上模回程时，弹簧恢复，推动卸料板把箍在凸模上的边料卸下。

导柱式冲裁模的导向比导板模的可靠，精度高，寿命长，使用安装方便。但轮廓尺寸较大，模具较重，制造工艺复杂，成本较高。它广泛用于生产批量大、精度要求高的冲裁件。

2. 冲孔模

冲孔模的结构与一般落料模相似，但其加工的对象是已经落料或其他冲压加工后的半成品，故冲孔模要解决半成品在模具上如何定位、如何使半成品放进模具以及冲好后取出既方便又安全；而小孔冲模必须考虑凸模的强度和刚度，以及快速更换凸模的结构；成形零件上侧壁孔冲压时，必须考虑凸模水平运动方向的转换机构等。

(1) 导柱式冲孔模　图 2-29 所示为单工序导柱式倒装冲孔模。

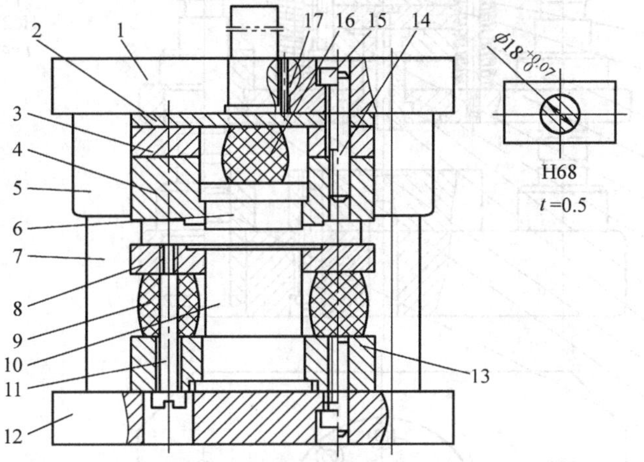

图 2-29　单工序导柱式冲孔模

1—上模座　2—垫板　3—支撑块　4—凹模　5—导套　6—顶块　7—导柱　8—卸料板　9、16—橡胶　10—凸模　11—卸料螺钉　12—下模座　13—凸模固定板　14—圆柱销　15—内六角螺钉　17—止动销

该模具结构及特点为：凹模 4 在上模，凸模 1 在下模，在凸、凹模进行冲裁工作之前，由于橡胶 9、16 弹力的作用，卸料板与凹模先压住条料，上模继续下压时进行冲裁分离，此时橡胶被压缩。上模回程时，橡胶 9 推动卸料板把箍在凸模上的工件卸下，顶块 6 在橡胶 16 弹力作用下，将凹模 4 中的废料顶出。由于工件材料厚度较薄，故该模具上、下采用弹性卸料装置，除卸料作用外，该装置还可保证冲孔零件的平整，提高零件的质量。

(2) 小孔冲模　当冲裁孔的直径小于或等于冲裁材料厚度时，此孔则称为小孔（深孔）。图 2-30 所示为一副全长导向结构的小孔冲模。该小孔模具与一般冲孔模的区别是：凸模在工作行程中除了进入被冲材料内的工作部分外，其余部分均在不间断的导向作用下工作，因而大大提高了凸模的稳定性和强度。

该模具的结构特点是：

1）导向精度高。这副模具的导柱不但在上、下模座之间进行导向，而且对卸料板也导向。在冲压过程中，导柱装在上模座上，在工作行程中上模座、导柱、弹压卸料板一同运动，严格地保持与上、下模座平行装配的卸料板中的凸模护套精确地与凸模滑配，当凸模受侧向力时，卸料板通过凸模护套承受侧向力，保护凸模不致发生弯曲。为了提高导向精度，排除压力机导轨的干扰，这副模具采用了浮动模柄的结构。但必须保证在冲压过程中导柱始终不脱离导套。

2）凸模全长导向。该模具采用凸模全长导向结构。冲裁时，凸模 7 由凸模护套 9 全长导向，伸出护套后，即冲出一个孔。

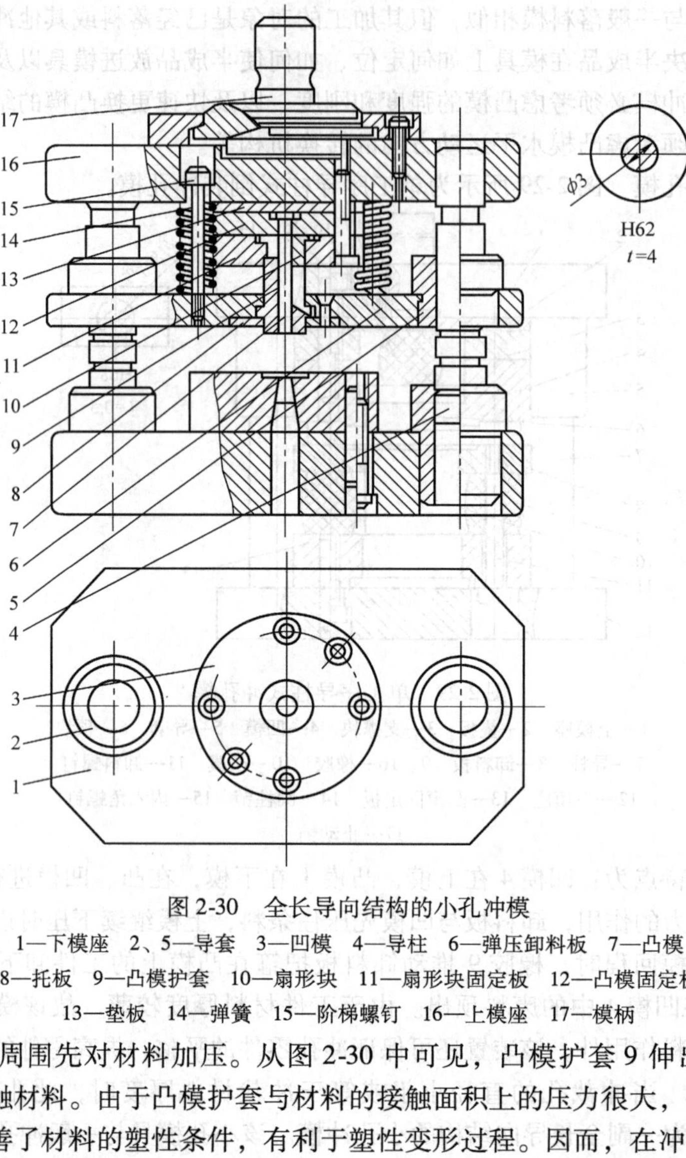

图 2-30 全长导向结构的小孔冲模

1—下模座 2、5—导套 3—凹模 4—导柱 6—弹压卸料板 7—凸模 8—托板 9—凸模护套 10—扇形块 11—扇形块固定板 12—凸模固定板 13—垫板 14—弹簧 15—阶梯螺钉 16—上模座 17—模柄

3）在所冲孔周围先对材料加压。从图 2-30 中可见，凸模护套 9 伸出于卸料板，冲压时，卸料板不接触材料。由于凸模护套与材料的接触面积上的压力很大，使其产生了立体的压应力状态，改善了材料的塑性条件，有利于塑性变形过程。因而，在冲制的孔径小于材料厚度时，仍能获得断面光洁的孔。

四、级进模

级进模（也称连续模）是指压力机在一次行程中，依次在模具几个不同的位置上同时完成多道冲压工序的冲模。整个制件的成形是在级进过程中逐步完成的。级进成形是属工序集中的工艺方法，可使切边、切口、切槽、冲孔、塑性成形、落料等多种工序在一副模具上完成。由于级进模工位数较多，因而用级进模冲制零件，必须解决条料或带料的准确定位问题，才能保证冲压件的质量。根据定距方式不同，级进模有两种基本结构类型：用导正销定距的级进模与用侧刃定距的级进模。

1. 导正销定距的级进冲裁模

图 2-31 所示为用导正销定距的冲孔落料级进模。上、下模用导板导向。冲孔凸模 3 与落料凸模 4 之间的距离就是送料步距 A。材料送进时由固定挡料销 6 进行初定位，由两个装

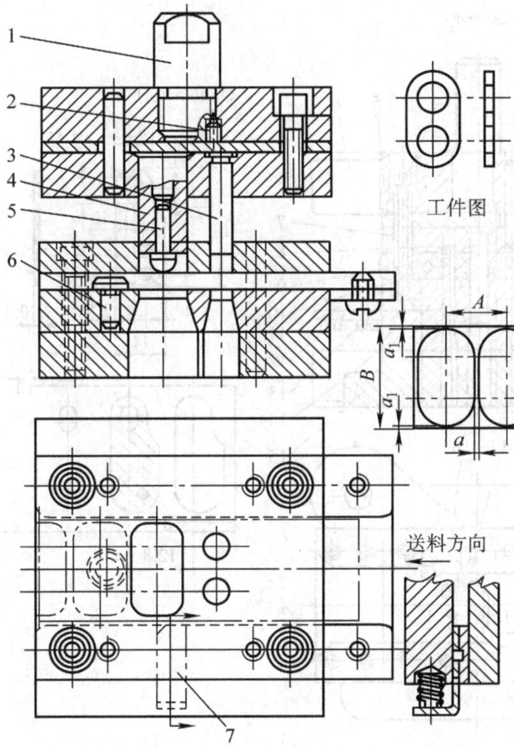

图 2-31　用导正销定距的冲孔落料级进模
1—模柄　2—螺钉　3—冲孔凸模　4—落料凸模
5—导正销　6—固定挡料销　7—始用挡料销

在落料凸模上的导正销 5 进行精定位。导正销与落料凸模的配合为 H7/r6，其连接应保证在修磨凸模时的装拆方便。导正销头部的形状应有利于在导正时插入已冲的孔，它与孔的配合应略有间隙。为了保证首件的正确定距，在带导正销的级进模中，常采用始用挡料装置。它安装在导板下的导料板中间。在条料冲制首件时，用手推始用挡料销 7，使它从导料板中伸出来抵住条料的前端，即可冲制第一件上的两个孔。以后各次冲裁由固定挡料销 6 控制送料步距作初定位。

用导正销定距结构简单。当两定位孔间距较大时，定位也较精确。但是它的使用受到一定的限制。当冲压太薄（一般为 $t<0.3$mm、孔径小于 1.5mm）的板料或较软的材料时，导正时孔边可能有变形，因而不宜采用。

2. 侧刃定距的级进模

图 2-32 所示为双侧刃定距的冲孔落料级进模。它以侧刃 16 代替了始用挡料销、挡料销和导正销控制条料送进距离（进距或俗称步距）。侧刃是特殊功用的凸模，其作用是在压力机每次冲压行程中，沿条料边缘切下一块长度等于步距的料边。沿送料方向上，在侧刃前后，由于两导料板间距不同，前宽后窄形成一个凸肩，所以条料上只有切去料边的部分方能通过，通过的距离即等于步距。为了减少料尾损耗，尤其是工位较多的级进模，可采用两个侧刃前后对角排列。

五、复合模

复合模是一种多工序的冲模。它是在压力机的一次工作行程中，在模具同一部位同时完

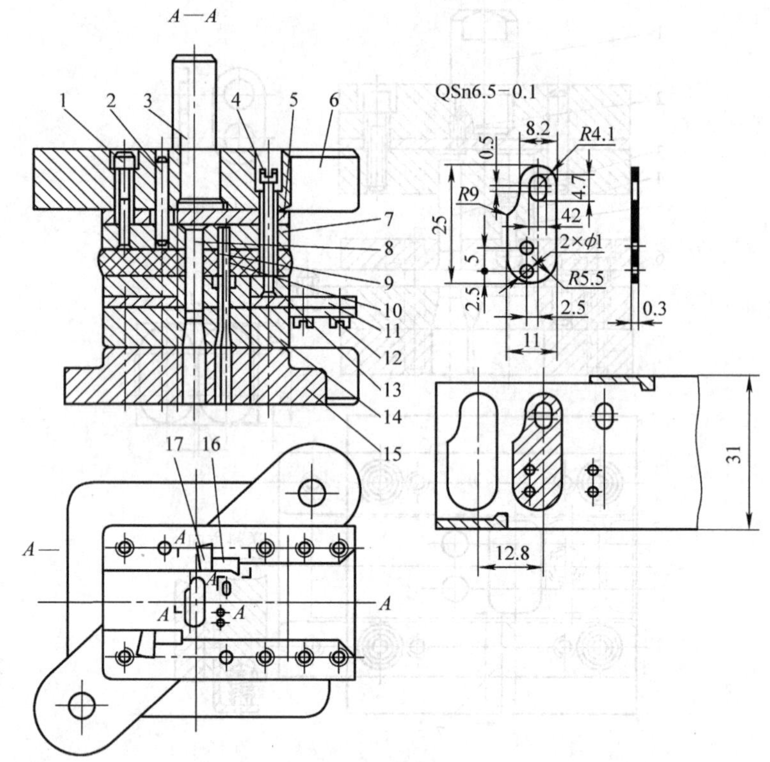

图 2-32　双侧刃定距的冲孔落料级进模

1—内六角螺钉　2—销钉　3—模柄　4—卸料螺钉　5—垫板　6—上模座　7—凸模固定板
8、9、10—凸模　11—导料板　12—承料板　13—卸料板　14—凹模　15—下模座　16—侧刃　17—侧刃挡块

成数道分离工序的模具。复合模的设计难点是如何在同一工作位置上合理地布置好几对凸、凹模。它在结构上的主要特征是有一个既是落料凸模又是冲孔凹模的凸凹模，如图 2-33 所示。按照复合模工作零件的安装位置不同，分为正装式复合模和倒装式复合模两种。

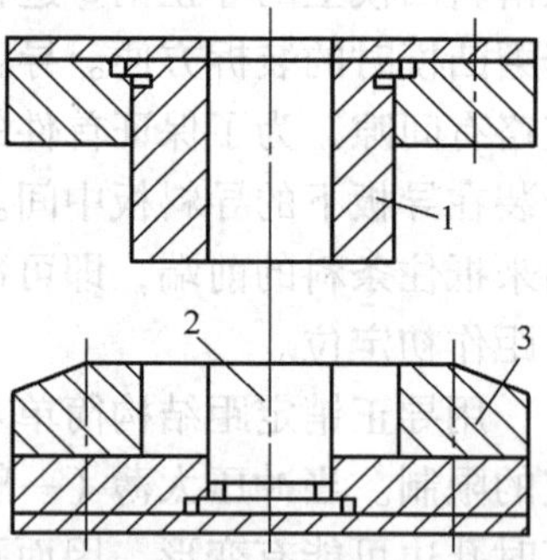

图 2-33　复合模的基本结构

1—凸凹模　2—冲孔凸模　3—落料凹模

1. 正装式复合模（又称顺装式复合模）

图 2-34 所示为正装式落料冲孔复合模。该模具中凸凹模 4 在上模，落料凹模 7 和冲孔凸模 9 在下模。正装式复合模工作时，板料以导料销 18 和挡料销 19 定位。上模下压，凸凹模外形和凹模 7 进行落料，落下料卡在凹模中，同时冲孔凸模与凸凹模内孔进行冲孔，冲孔废料卡在凸凹模孔内。卡在凹模中的冲件由顶件装置顶出凹模面。顶件装置由带肩顶杆 13 和顶件块 8 及装在下模座底下的弹顶器组成（图中未画出）。卡在凸凹模内的冲孔废料由推件装置推出。推件装置由打杆 15 和推杆 5 组成。当上模上行至上止点时，把废料推出。边料由弹压卸料装置卸下。

从正装复合模工作过程可以看出，正装式复合模工作时，板料是在压紧的状态下分离，冲出的冲件平直度较高，因此正装复合模较适用于冲制材质较软或板料较薄的工件，同时冲裁件平直度要求较高。还可以冲制孔边距离较小的冲裁件（凸凹模孔内不积存废

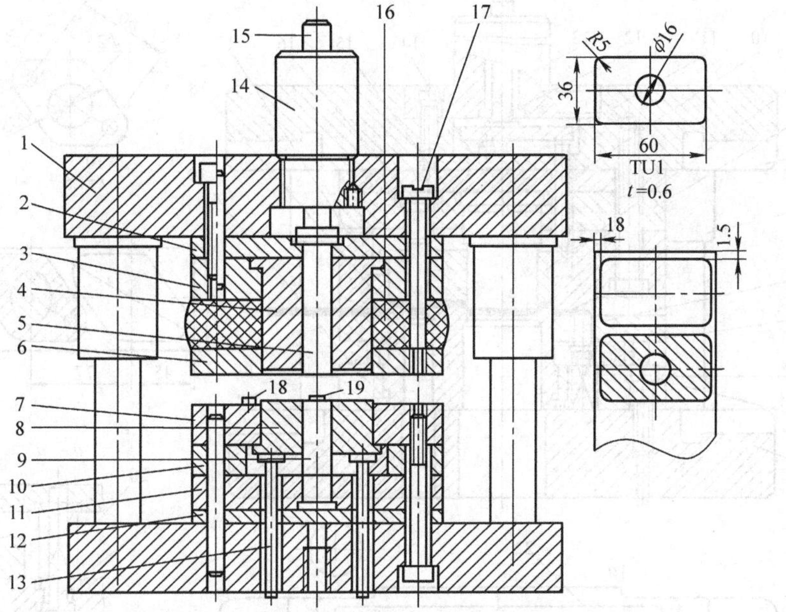

图 2-34　正装落料-冲孔模结构

1—模架　2、12—垫板　3—凸凹模固定板　4—凸凹模　5—推杆　6—卸料板　7—落料凹模　8—顶件块　9—凸模　10—垫板　11—凸模固定板　13—顶杆　14—模柄　15—打杆　16—橡胶　17—卸料螺钉　18—导料销　19—挡料销

料，胀力小，不易破裂）。但由于弹顶器和弹压卸料装置的作用，分离后的冲件容易被嵌入边料中影响操作，冲孔废料落在下模工作面上，清除废料麻烦，尤其孔较多时，从而影响了生产率。

2. 倒装式复合模

图 2-35 所示为倒装式复合模结构。该模具中凸凹模 18 装在下模，落料凹模 17 和冲孔凸模 14、16 装在上模。倒装式复合模通常采用刚性推件装置把卡在凹模中的冲件推下。刚性推件装置由打杆 12、推板 11、连接推杆 10 和推件块 9 组成。冲孔废料直接由冲孔凸模从凸凹模内孔推下，无顶件装置，结构简单，操作方便。但如果采用直刃壁凹模洞口，凸凹模内有积存废料，胀力较大，当凸凹模壁厚较小时，可能导致凸凹模破裂。板料的定位靠导料销 22 和弹簧弹顶的活动挡料销 5 来完成。非工作行程时，挡料销 5 由弹簧 3 顶起，可供定位；工作时，挡料销被压下，上端面与板料相平。由于采用弹簧弹顶挡料装置，所以在凹模上不必钻相应的让位孔。但这种挡料装置的工作可靠性较差。

采用刚性推件的倒装式复合模，板料不是处在被压紧的状态下冲裁，因而平直度不高。这种结构适用于冲裁较硬的或厚度大于 0. 3mm 的板料。倒装式不宜冲制孔边距离较小的冲裁件。但倒装式复合模结构简单，又可以直接利用压力机的打杆装置进行推件，卸件可靠，便于操作，故应用十分广泛。

复合模的特点是生产率高，冲裁件的内孔与外缘的相对位置精度高。但复合模结构复杂，制造精度要求高，成本高。复合模主要用于生产批量大、精度要求高的冲裁件。

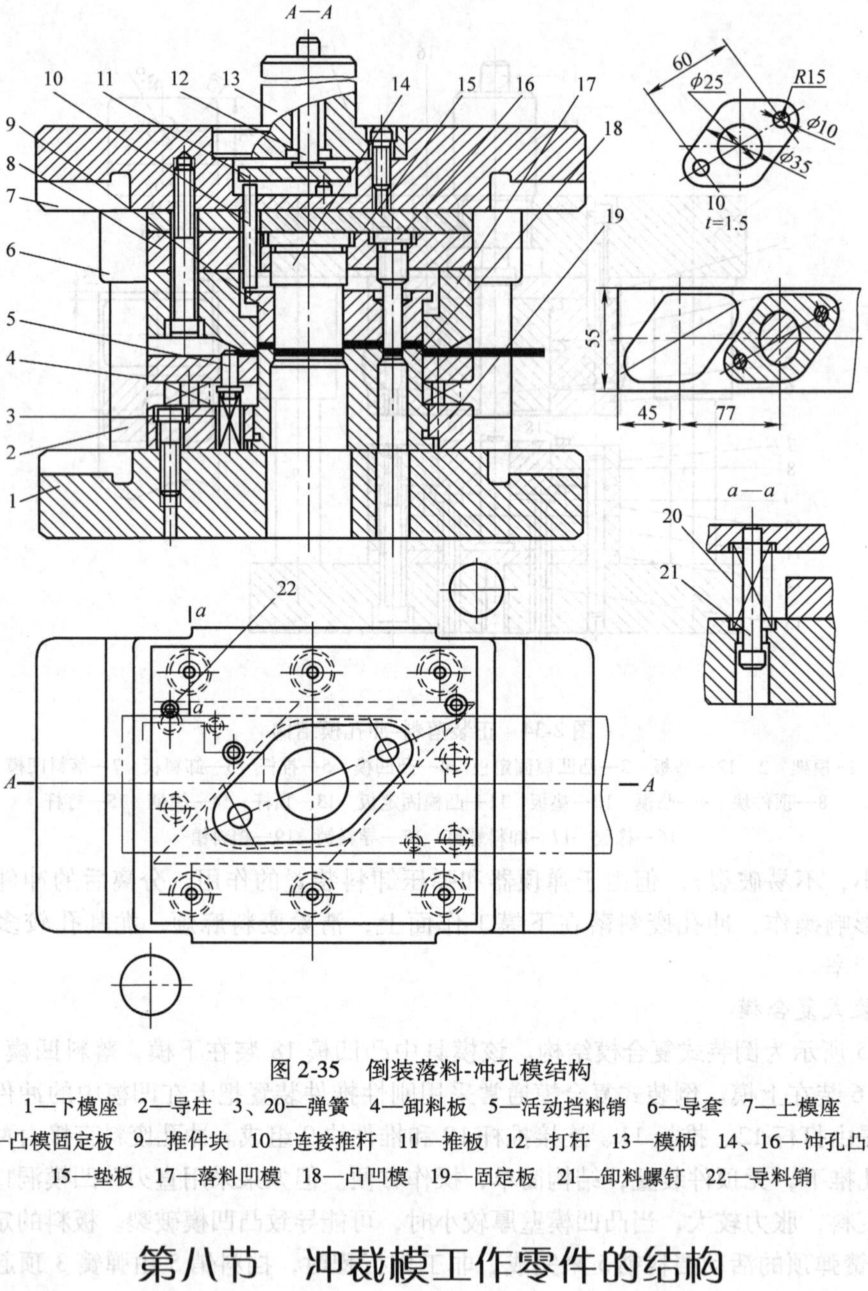

图 2-35　倒装落料-冲孔模结构

1—下模座　2—导柱　3、20—弹簧　4—卸料板　5—活动挡料销　6—导套　7—上模座
8—凸模固定板　9—推件块　10—连接推杆　11—推板　12—打杆　13—模柄　14、16—冲孔凸模
15—垫板　17—落料凹模　18—凸凹模　19—固定板　21—卸料螺钉　22—导料销

第八节　冲裁模工作零件的结构

一、模具零件的分类

尽管冲裁模的结构形式及复杂程度不同，组成模具的零件有多有少，但冲裁模的主要零部件仍相同。按模具零件的不同作用，可将其分为工艺零件和结构零件两大类。工艺零件是在完成冲压工序时，与材料或制件直接发生接触的零件；结构零件是在模具的制造和使用中起装配、安装、定位作用的零件，以及制造和使用中起导向作用的零件。

冷冲压模具零件的详细分类如图 2-36 所示。

二、凸模与凸模组件的结构设计

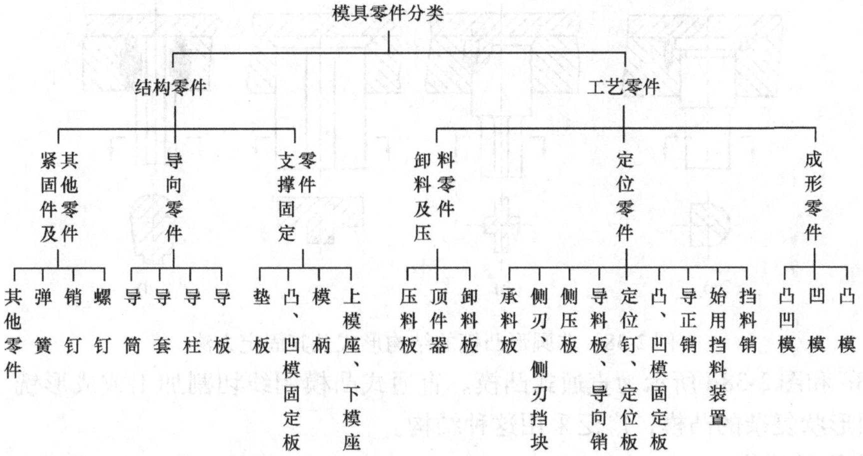

图 2-36　冷冲压模具零件的详细分类

1. 凸模的结构形式及其固定方法

凸模结构形式由冲件的形状、尺寸，冲模的加工工艺以及装配工艺等实际条件决定的。其结构形式有：整体式、镶拼式、阶梯式、直通式和带护套式等；其截面形状有圆形和非圆形。凸模的固定方法有台肩固定、铆接固定、直接用螺钉和销钉固定、粘结剂浇注法固定等。

（1）圆形凸模的结构形式及其固定方法　圆形凸模常用的结构形式及其固定方法如图 2-37 所示。

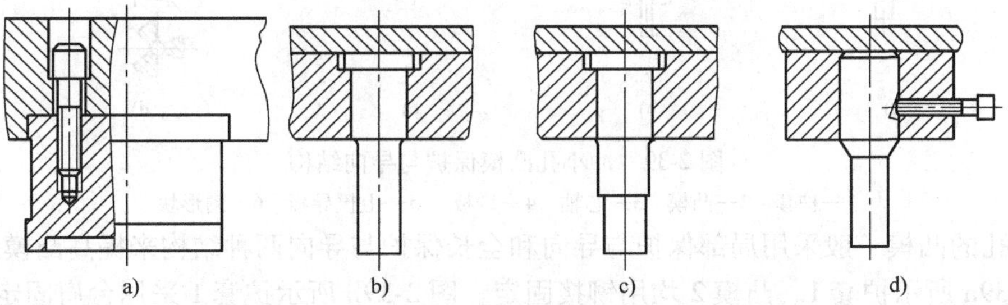

图 2-37　圆形凸模的结构形式及其固定方法

图 2-37a 所示为用于平面尺寸大于 ϕ80mm 的凸模，可以直接用销钉和螺栓固定。

当凸模直径小于 ϕ80mm 时，可采用台阶式凸模。台阶式凸模强度刚性较好，装配修磨方便，其工作部分的尺寸由计算而得；与凸模固定板配合部分按过渡配合（H7/m6 或 H7/n6）制造；最大直径的作用是形成台肩，以便固定，保证工作时凸模不被拉出。

图 2-37b 所示为用于较大直径的凸模，图 2-37c 所示为用于较小直径的凸模，它们适用于冲裁力和卸料力大的场合。图 2-37d 所示为快换式小凸模，维修更换方便。

（2）非圆形凸模的结构形式及其固定方法　实际生产中广泛应用着非圆形凸模，如图 2-38 所示。

图 2-38a 和图 2-38b 所示为台阶式非圆形凸模的结构。凡是截面为非圆形的凸模，如果采用台阶式结构，其固定部分应尽量简化成简单形状的圆形几何截面。图 2-38a 为台肩固定；图 2-38b 为铆接固定。这两种固定方法应用较广泛。但不论哪一种固定方法，只要工作部分截面是非圆形的，而固定部分是圆形的，都必须在固定端接缝处加防转销。以铆接法固定时，铆接部位的硬度较工作部分要低。

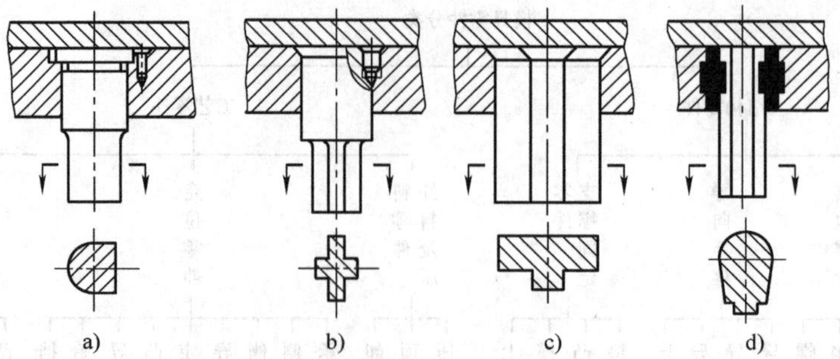

图 2-38　非圆形凸模的结构形式及其固定方法

图 2-38c 和图 2-38d 所示为直通式凸模。直通式凸模用线切割加工或成形铣、成形磨削加工。截面形状复杂的凸模，广泛采用这种结构。

2. 小孔凸模结构

冲小孔的凸模其强度和刚度较差，容易弯曲或折断，所以必须对冲小孔凸模加保护与导向措施，提高它的强度和刚度，从而提高其使用寿命，如图 2-39 所示。

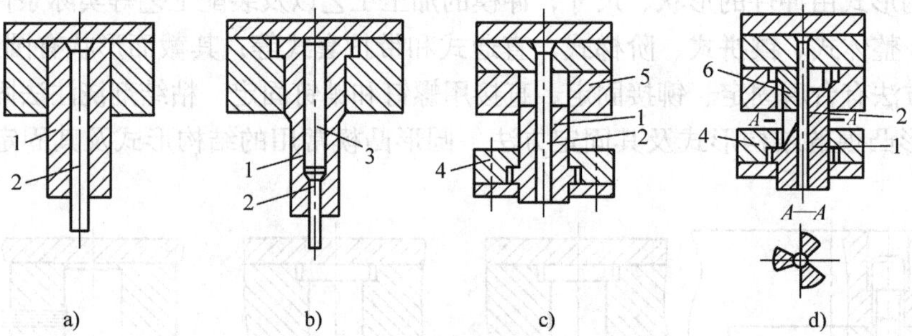

图 2-39　冲小孔凸模保护与导向结构

1—护套　2—凸模　3—芯轴　4—导板　5—上模导板　6—扇形块

冲小孔的凸模一般采用局部保护与导向和全长保护与导向两种结构来提高凸模强度和刚性。图 2-39a 所示护套 1、凸模 2 均用铆接固定。图 2-39b 所示护套 1 采用台肩固定，凸模 2 很短，上端有一个锥形台，以防卸料时拔出凸模，冲裁时，凸模依靠芯轴 3 受压力。图 2-39c 所示护套 1 固定在导板（或卸料板）4 上，护套 1 与上模导板 5 呈 H7/h6 配合，凸模 2 与护套 1 呈 H8/h8 配合。工作时，护套 1 始终在上模导板 5 内滑动而不脱离（起小导柱作用，以防卸料板在水平方向摆动）。当上模下降时，卸料弹簧压缩，凸模从护套中伸出冲孔。此结构有效地避免了卸料板的摆动和凸模工作端的弯曲，可冲厚度大于直径两倍的小孔。图 2-39d 所示是一种比较完善的凸模护套，三个等分扇形块 6 固定在固定板中，具有三个等分扇形槽的护套 1 固定在导板 4 中，可在固定扇形块 6 内滑动，因此可使凸模在任意位置均处于三向导向与保护之中。但其结构比较复杂，制造比较困难。采用图 2-39c、d 两种结构时应注意两点：第一，上模处于上止点位置时，护套 1 的上端不能离开上模的导向元件（如上模导板 5、扇形块 6），其最小重叠部分长度不小于 3 ~ 5mm。第二，上模处于下止点位置时，护套 1 的上端不能受到碰撞。

3. 凸模长度的确定

凸模长度尺寸应根据模具的具体结构，并考虑修磨、固定板与卸料板之间的安全距离、装配等的需要来确定，如图 2-40 所示。

当采用固定卸料板和导料板时，如图2-40a所示，其凸模长度按下式计算

$$L = h_1 + h_2 + h_3 + h \tag{2-29}$$

当采用弹压卸料板时，如图2-40b所示，其凸模长度按下式计算

$$L = h_1 + h_2 + t + h \tag{2-30}$$

式中　h_1——凸模固定板的厚度（mm）；

h_2——卸料板的厚度（mm）；

h_3——导料板的厚度（mm）；

t——材料厚度（mm）；

h——附加长度（mm），包括凸模的修磨量，凸模进入凹模的深度及凸模固定板与卸料板间的安全距离，一般为15~20mm。

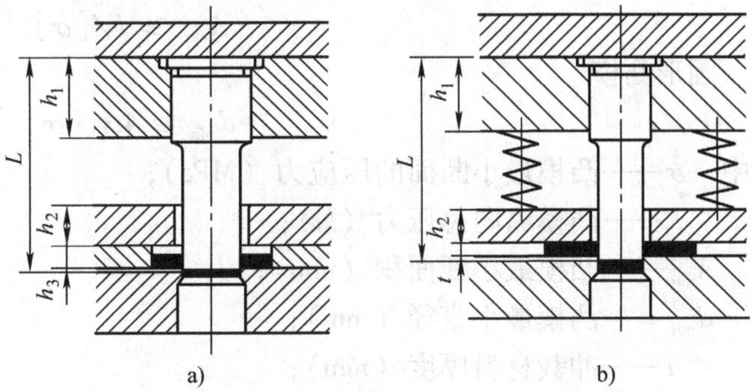

图2-40　凸模长度尺寸
a）采用固定卸料板和导料板　b）采用弹压卸料板

4. 凸模技术要求

（1）凸模材料　模具刃口要求有较高的耐磨性，并能承受冲裁时的冲击力。因此凸模材料应有高的硬度与适当的韧性。形状简单且模具寿命要求不高的凸模可选用T8A、T10A等材料；形状复杂且模具有较高寿命要求的凸模应选Cr12、Cr12MoV、CrWMn等制造，热处理后达到58~62HRC；要求高寿命、高耐磨性的凸模，可选硬质合金材料。

（2）凸模的图样技术规范　凸模的图样技术规范如图2-41所示。

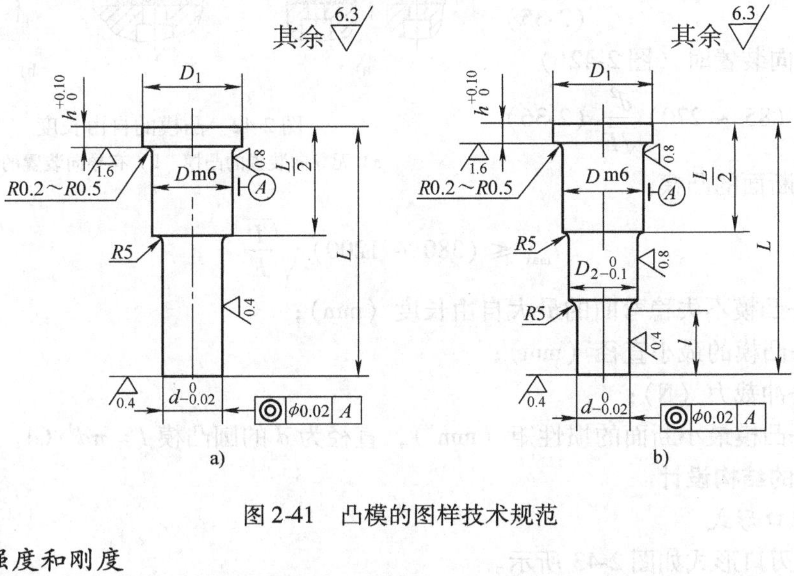

图2-41　凸模的图样技术规范

5. 凸模强度和刚度

在一般情况下，凸模的强度和刚度是足够的，无须进行强度校核。但对特别细长的凸模或凸模的截面尺寸很小而冲裁的板料较厚时，则必须进行承压能力和抗纵弯曲能力的校核。其目的是检查凸模的危险断面尺寸和自由长度是否满足要求，以防凸模纵向失稳和折断。

凸模承载能力校核凸模最小断面承受的压应力σ，必须小于凸模材料强度允许的压力$[\sigma]$。即

$$\sigma = F/A_{\min} \leqslant [\sigma] \tag{2-31}$$

非圆凸模

$$A_{\min} \geqslant F/[\sigma] \tag{2-32}$$

圆形凸模

$$d_{\min} \geqslant 4t\tau_b[\sigma] \tag{2-33}$$

式中　σ——凸模最小断面的压应力（MPa）；

F——凸模纵向总压力（N）；

$A_{\min}$——凸模最小断面积（mm）；

$d_{\min}$——凸模最小直径（mm）；

t——冲裁材料厚度（mm）；

τ_b——冲裁材料抗剪强度（MPa）；

$[\sigma]$——凸模材料的许用压应力（MPa）。

凸模抗弯能力校核、凸模冲裁时稳定性校验采用杆件受轴向压力的欧拉公式。根据模具结构的特点，可分为无导向装置和有导向装置的凸模（图2-42）进行校验。

凸模无导向装置时（图2-42a）

$$l_{\max} \leqslant (30 \sim 90)\frac{d^2}{\sqrt{F}} \tag{2-34}$$

对于其他各种断面的凸模

$$l_{\max} \leqslant (135 \sim 425)\sqrt{\frac{I}{F}} \tag{2-35}$$

凸模有导向装置时（图2-42b）

$$l_{\max} \leqslant (85 \sim 270)\frac{d^2}{\sqrt{F}} \tag{2-36}$$

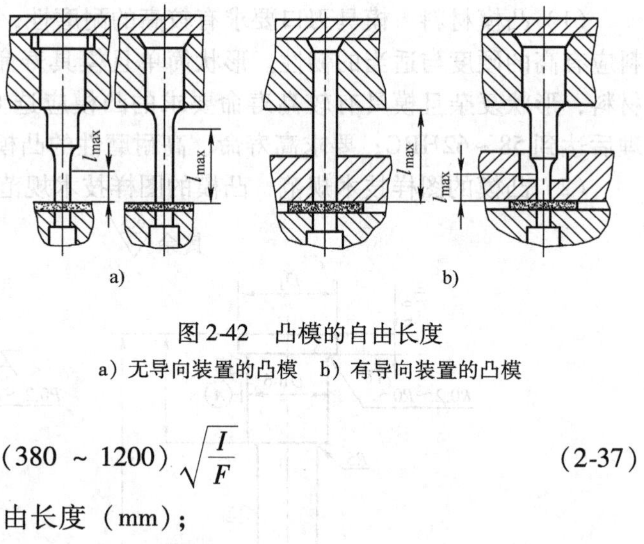

图2-42　凸模的自由长度

a）无导向装置的凸模　b）有导向装置的凸模

对于其他各种断面的凸模：

$$l_{\max} \leqslant (380 \sim 1200)\sqrt{\frac{I}{F}} \tag{2-37}$$

式中　$l_{\max}$——凸模不失稳弯曲的最大自由长度（mm）；

d——凸模的最小直径（mm）；

F——冲裁力（N）；

I——凸模最小断面的惯性矩（mm^4），直径为 d 的圆凸模 $I = \pi d^4/64$。

三、凹模的结构设计

1. 凹模刃口形式

常用凹模刃口形式如图2-43所示。

其中图2-43a、b、c所示为直筒式刃口凹模。其特点是制造方便，刃口强度高，刃磨后工作部分尺寸不变。广泛用于冲裁公差要求较小、形状复杂的精密制件。但因废料（或制件）的聚集而增大了推件力和凹模的涨裂力，给凸、凹模的强度都带来了不利的影响。一般复合模和上出件的冲裁模用图2-43a、c所示的刃口形式，下出件的冲裁模用图2-43b、a所示的刃口形式。图2-43d、e所示为锥筒式刃口，在凹模内不聚集材料，侧壁磨损小。但

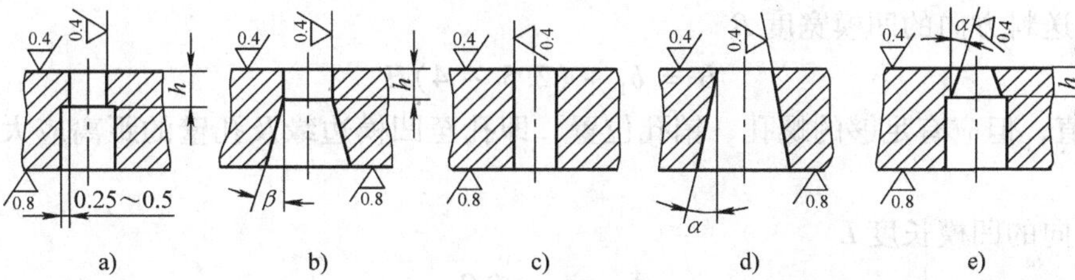

图 2-43　凹模刃口形式

刃口强度差，刃磨后刃口径向尺寸略有增大（如 $\alpha=30'$时，刃磨 0.1mm，其尺寸增大 0.0017mm）。

凹模锥角 α、后角 β 和洞口高度 h 均随制件材料厚度的增加而增大，一般取 $\alpha=15'\sim30'$、$\beta=2°\sim3°$、$h=4\sim10$mm。

2. 凹模外形结构及其固定方法

凹模的外形与工件外形类似，有圆形和矩形。其固定方式如图 2-44 所示。

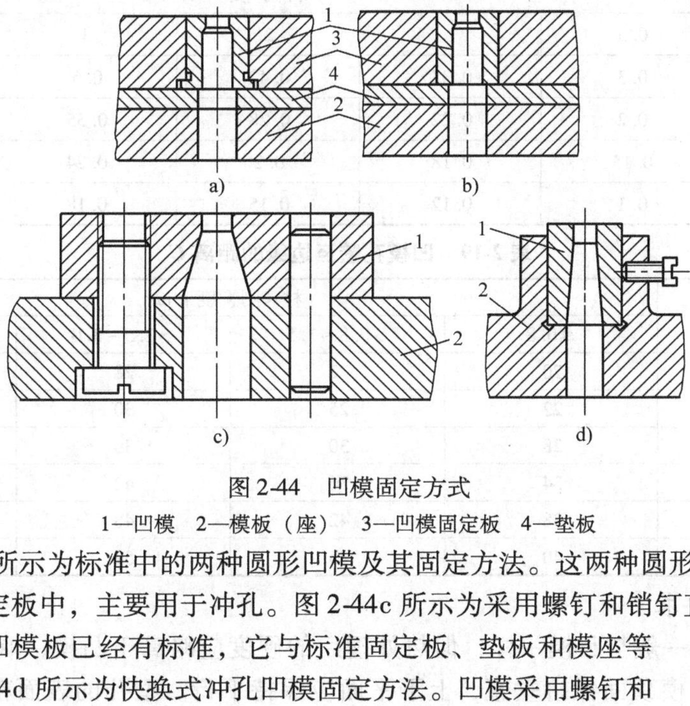

图 2-44　凹模固定方式

1—凹模　2—模板（座）　3—凹模固定板　4—垫板

图 2-44a、b 所示为标准中的两种圆形凹模及其固定方法。这两种圆形凹模尺寸都不大，直接装在凹模固定板中，主要用于冲孔。图 2-44c 所示为采用螺钉和销钉直接固定在支承件上的凹模，这种凹模板已经有标准，它与标准固定板、垫板和模座等配合使用。图 2-44d 所示为快换式冲孔凹模固定方法。凹模采用螺钉和销钉定位固定时，要保证螺钉（或沉孔）间、螺孔与销孔间及螺孔、销孔与凹模刃壁间的距离不能太近，否则会影响模具寿命。

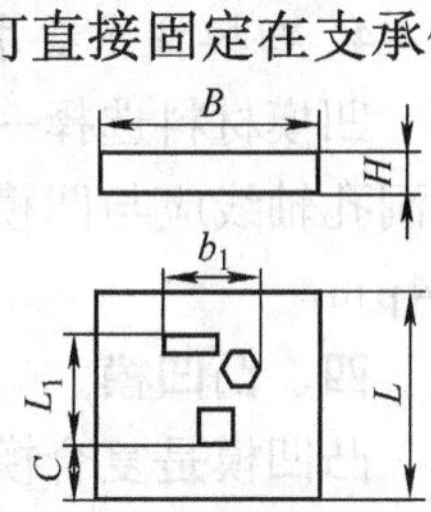

图 2-45　凹模外形尺寸

3. 凹模的外形尺寸

冲裁时凹模承受冲裁力和侧向挤压力的作用。由于凹模结构形式和固定方法不同，受力情况又比较复杂，目前还不能用理论方法确定凹模的轮廓尺寸。在生产中，通常根据冲裁的板料厚度和冲件的轮廓尺寸，或凹模孔口刃壁间距离，按经验公式来确定，如图 2-45 所示。

凹模厚度 H

$$H = Kb_1(\geqslant 15\text{mm}) \tag{2-38}$$

垂直于送料方向的凹模宽度 B

$$B = b_1 + (2.5 \sim 4)H \tag{2-39}$$

（窄料取小值，但应有足够的螺孔、销孔位置，即孔至凹模边缘及孔壁的距离应大于孔径的 1.5 倍）

送料方向的凹模长度 L

$$L = L_1 + 2C \tag{2-40}$$

式中　b_1——垂直于送料方向的凹模孔壁间最大距离（mm）；

K——系数，考虑板料厚度的影响，查表 2-18；

L_1——送料方向的凹模孔壁间最大距离（mm）；

C——送料方向的凹模孔壁与凹模边缘的最小距离（mm），查表 2-19。

计算出凹模外形尺寸的长和宽后，可在冷冲模国家标准手册中选取标准凹模板。

表 2-18　系数 *K* 值　（mm）

b	材料厚度 t/mm				
	0.5	1	2	3	>3
≤50	0.3	0.35	0.42	0.5	0.6
50 ~ 100	0.2	0.22	0.28	0.35	0.42
100 ~ 200	0.15	0.18	0.2	0.24	0.3
>200	0.1	0.12	0.15	0.18	0.22

表 2-19　凹模孔壁至边缘的距离 *C*　（mm）

L_1	材料厚度 t/mm			
	≤0.8	>0.8 ~ 1.5	>1.5 ~ 3.0	>3.0 ~ 6.0
≤40	20	22	28	32
>40 ~ 50	22	25	30	35
>50 ~ 70	28	30	36	40
>70 ~ 90	34	36	42	46
>90 ~ 120	38	42	48	52
>120 ~ 150	40	45	52	55

4. 凹模技术要求

凹模材料选择一般与凸模一样，但热处理后的硬度应略高于凸模，取 60 ~ 64HRC。凹模洞孔轴线应与凹模顶面保持垂直，上下平面应保持平行。型孔的表面粗糙度 R_a = 0.8 ~ 0.4μm。

四、凸凹模

凸凹模是复合模中同时具有落料凸模和冲孔凹模作用的工作零件。它的内外缘均为刃口，内外缘之间的壁厚取决于冲裁件的尺寸。从强度方面考虑，其壁厚应受最小值限制。凸凹模的最小壁厚与模具结构有关：当模具为正装结构时，内孔不积存废料，胀力小，最小壁厚可以取小值；当模具为倒装结构时，若内孔为直筒形刃口形式，且采用下出料方式，则内孔积存废料，胀力大，最小壁厚可以取大值。

凸凹模的最小壁厚值，目前一般按经验数据确定。倒装复合模的凸凹模最小壁厚如表 2-20 所示。

表 2-20　凸凹模最小壁厚　(mm)

简　图	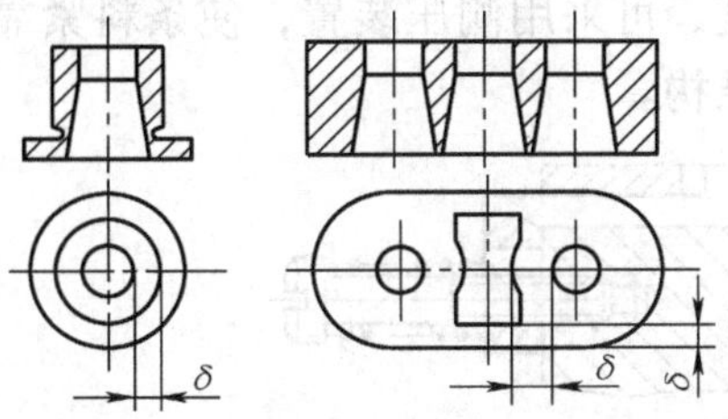									
材料厚度 t	0.4	0.6	0.8	1.0	1.2	1.4	1.6	1.8	2.0	2.2	2.5
最小壁厚 δ	1.4	1.8	2.3	2.7	3.2	3.6	4.0	4.4	4.9	5.2	5.8
材料厚度 t	2.8	3.0	3.2	3.5	3.8	4.0	4.2	4.4	4.6	4.8	5.0
最小壁厚 δ	6.4	6.7	7.1	7.6	8.1	8.5	8.8	9.1	9.4	9.7	10

注：正装复合模的凸凹模最小壁厚可比倒装模小些。

第九节　定位零件的结构

冲模的定位零件是用来保证条料的正确送进及在模具中的正确位置。条料在模具送料平面中必须有两个方向的限位：一是在与条料方向垂直的方向上的限位，保证条料沿正确的方向送进，称为送进导向；二是在送料方向上的限位，控制条料一次送进的距离（步距），称为送料步距。

对于块料或工序件的定位，基本上也是在两个方向上的限位，只是定位零件的结构形式与条料定位零件的结构形式有所不同而已，应根据坯料形式、模具结构、冲件精度和生产率的要求等选择定位方式及定位零件。

一、送料方向的定位零件

常用的送进导向的定位零件有导料销、导料板、侧压板等。导料销或导料板是对条料或带料侧向进行导向的定位零件，以免送偏。其中导料销一般设两个，并在位于条料的同侧。导料销可设在凹模面上（多为固定式的），如图 2-34 所示；也可以设在弹压卸料板上（多为活动式的），如图 2-35 所示。固定式和活动式的导料销可选用标准结构。导料销导向定位多用于单工序模和复合模中。

具有导料板（或卸料板）的单工序模或级进模，常采用这种送料导向结构。导料板一般设在条料两侧，其结构有两种：一种是标准结构，如图 2-46a 所示，它与卸料板（或导板）分开制造；另一种是与卸料板制成整体的结构，如图 2-46b 所示。为使条料顺利通过，两导料板间距离应等于条料宽度加上一个间隙值（见排样及条料宽度计算）。导料板的厚度 H 取决于导

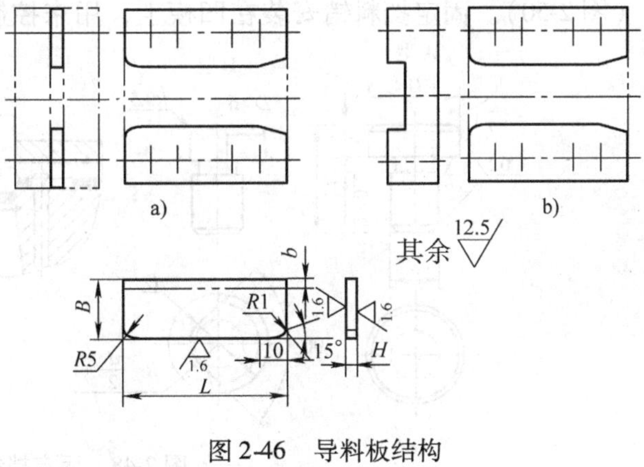

图 2-46　导料板结构

料方式和板料厚度。

为了保证送料精度，可采用侧压装置，使条料紧靠导料板的一侧送进。图 2-47 所示为几种常用的侧压装置结构。

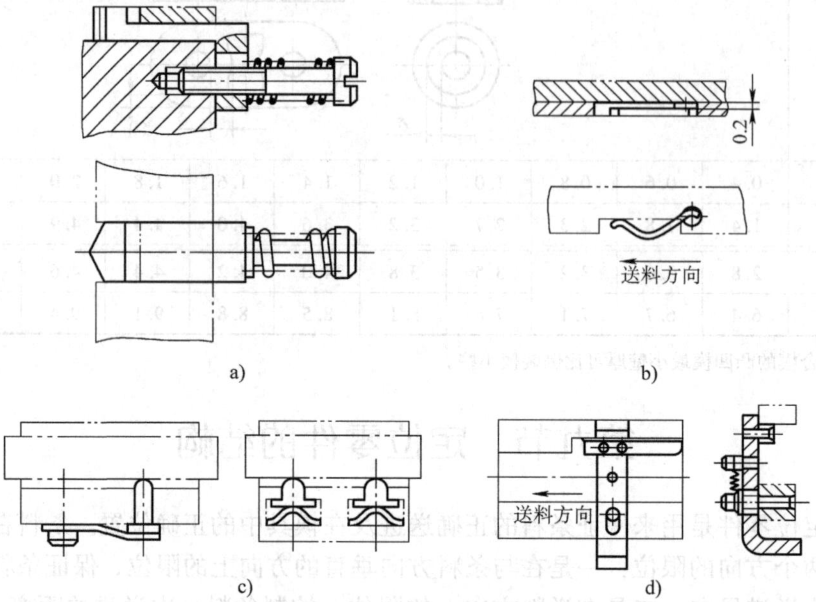

图 2-47　侧压装置

a）弹簧式侧压装置　b）簧片式侧压装置　c）簧片压块式侧压装置　d）板式侧压装置

图 2-47a 所示为弹簧式侧压装置，其侧压力较大，宜用于较厚板料的冲裁模。图 2-47b 所示为簧片式侧压装置，侧压力较小，宜用于板料厚度为 0.3～1mm 的薄板冲裁模。图 2-47c 所示为簧片压块式侧压装置，其应用场合与图 2-47b 相似；图 2-47d 所示为板式侧压装置，侧压力大且均匀，一般装在模具进料一端，适用于侧刃定距的级进模中。在一副模具中，侧压装置的数量和位置视实际需要而定。

二、送料步距的定位零件

属于送料步距的定位零件有挡料销、导正销、侧刃等。

常见的挡料销有三种形式：固定挡料销（图 2-48）、活动挡料销（图 2-49）和始用挡料销（图 2-50）。固定挡料销安装在凹模上，用来控制条料的进距。其结构简单，制造容易，

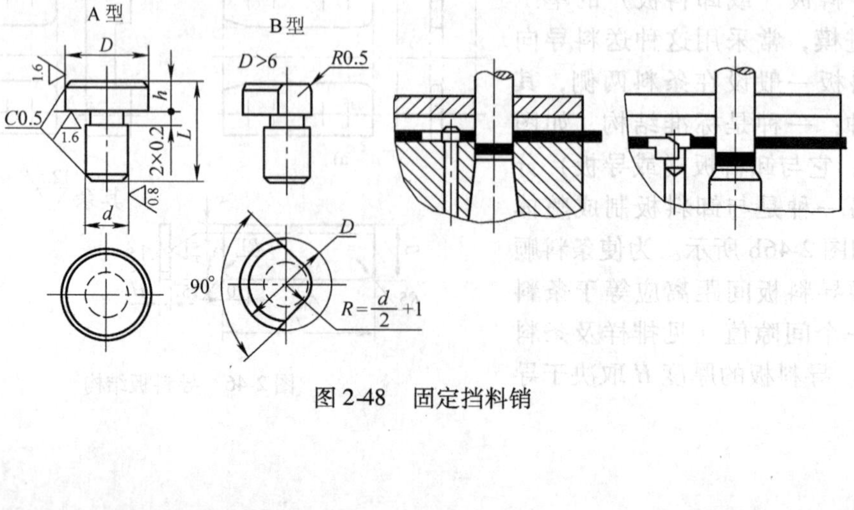

图 2-48　固定挡料销

广泛用于冲制中、小型冲裁件的挡料定距；固定挡料销的销孔离凹模刃壁较近，加之由于安装在凹模上，因而安装孔可造成凹模强度的削弱。常用的有圆形和钩形挡料销。活动挡料销常用于倒装复合模中。始用挡料销用于级进模中作开始定位用。

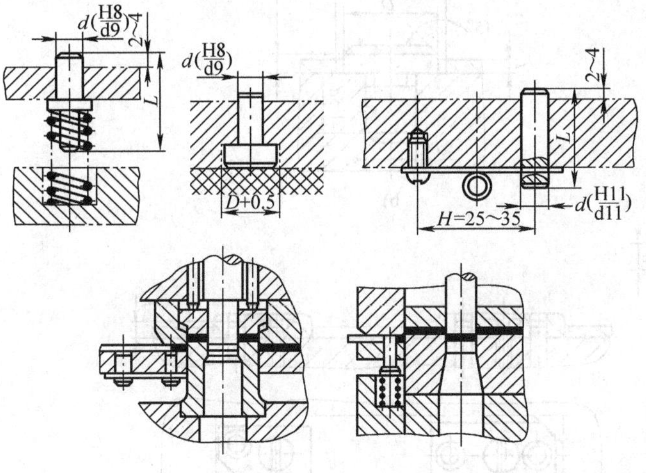

图 2-49 活动挡料销

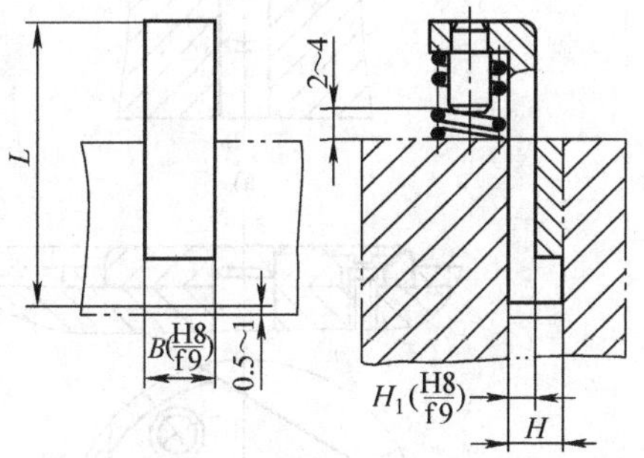

图 2-50 始用挡料销

在级进模中，为了限定条料送进距离而在条料侧边冲切出一定尺寸缺口的凸模，称为侧刃。它定距精度高而且可靠。一般用于薄料、定距精度和生产效率要求高的场合。导正销通常与挡料销配合使用在级进模中，以减小定位误差，保证孔与外形的相对位置尺寸要求。具体结构设计详见单元五。

三、毛坯定位零件

属于块料或工序件的定位零件有定位销、定位板，其作用是保证前后工序相对位置精度

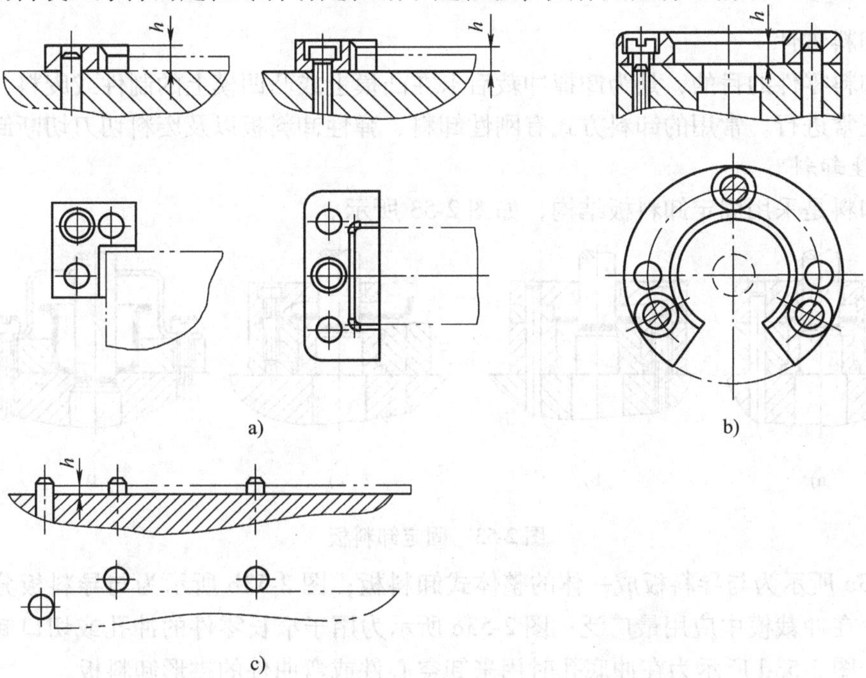

图 2-51 外轮廓定位用定位板和定位销

或保证工件内孔与外轮廓的位置精度的要求。其定位方式有两种：外缘定位和内孔定位。图 2-51 所示为毛坯外轮廓定位，图 2-52 所示为毛坯内孔定位。

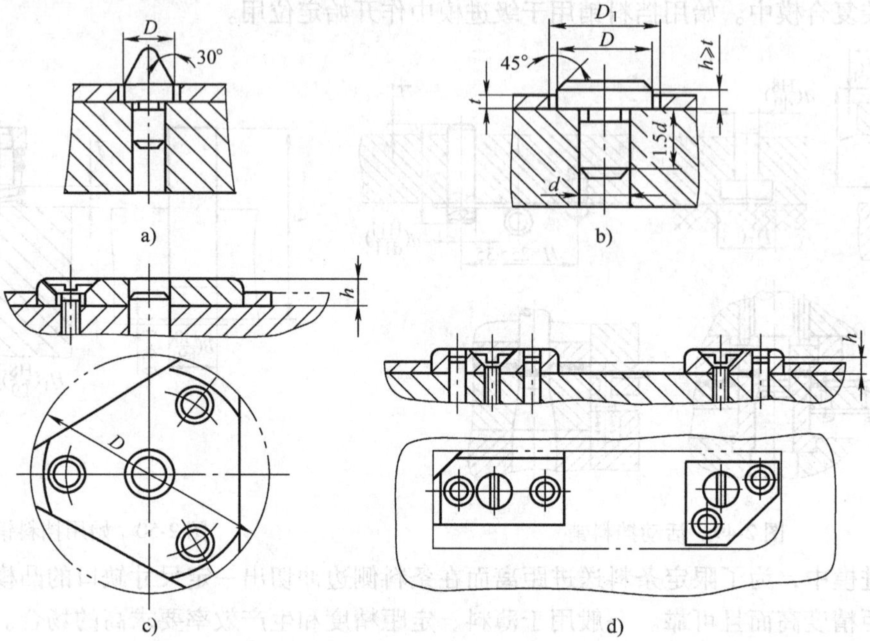

图 2-52　孔定位用定位销和定位板

第十节　退料零件的结构

一、卸料零件

设计卸料零件的目的，是为卸掉冲裁后卡在凸模上或凸凹模上的制件或废料，以保证下次冲压能正常进行。常用的卸料方式有刚性卸料、弹性卸料板以及废料切刀切断卸料。

1. 刚性卸料

刚性卸料是采用固定卸料板结构，如图 2-53 所示。

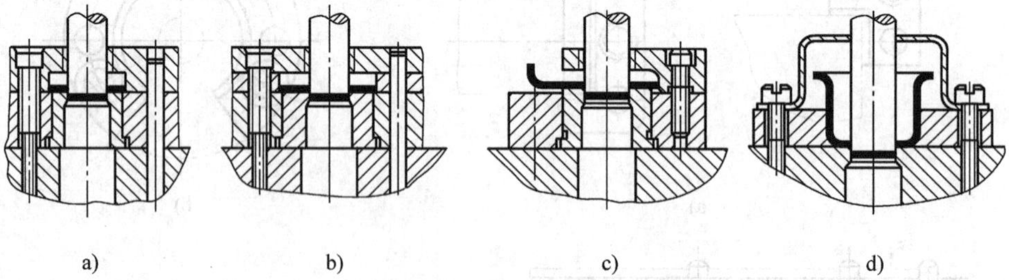

图 2-53　固定卸料板

图 2-53a 所示为与导料板成一体的整体式卸料板；图 2-53b 所示为与导料板分开的组合式卸料板，在冲裁模中应用最广泛；图 2-53c 所示为用于窄长零件的冲孔或切口卸件的悬臂式卸料板；图 2-53d 所示为在冲底孔时用来卸空心件或弯曲件的拱形卸料板。

当卸料板只起卸料作用时，与凸模的间隙随材料厚度的增加而增大，单边间隙取（0. 2

~0.5）t。当固定卸料板还要起到对凸模的导向作用时，卸料板与凸模的配合间隙应小于冲裁间隙。此时要求凸模卸料时不能完全脱离卸料板。固定卸料板的卸料力大，卸料可靠。因此，当冲裁板料较厚（大于0.5mm）、卸料力较大、平直度要求不很高的冲裁件时，一般采用固定卸料装置。

2. 弹压卸料板

弹压卸料板具有卸料和压料的双重作用，主要用在冲裁料厚在1.5mm以下的板料。由于弹压卸料板兼有压料作用，因而冲裁件比较平整。弹压卸料板与弹性元件（弹簧或橡胶）、卸料螺钉组成弹压卸料装置，如图2-54所示。卸料板与凸模之间的单边间隙选择（0.1~0.2）t，若弹压卸料板还要起对凸模导向作用时，二者的配合间隙应小于冲裁间隙。弹性元件的选择，应满足卸料力和冲模结构的要求。

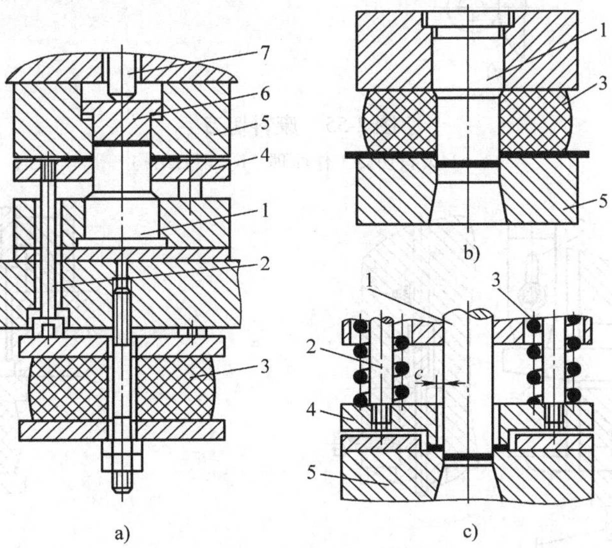

图2-54　弹性卸料装置

a) 具有弹性卸料装置的冲孔模　b）采用橡胶的弹性卸料装置　c）采用弹簧的弹性卸料装置

1—凸模　2—卸料螺钉　3—弹性元件　4—卸料板　5—凹模　6—推件块　7—推杆

3. 废料切刀

对于落料或成形件的切边，如果冲件尺寸大，卸料力大，则往往采用废料切刀代替卸料板，将废料切开而卸料，如图2-55所示。

当凹模向下切边时，同时把已切下的废料压向废料切刀上，从而将其切开。对于冲裁形状简单的冲裁模，一般设两个废料切刀；冲件形状复杂的冲裁模，可以用弹压卸料加废料切刀进行卸料。

二、推件、顶件装置

推件和顶件的目的都是为从凹模中卸下冲件或废料。向下推出的机构称为推件，一般装在上模内；推件力是由压力机的横梁（图2-56），通过推杆将推件力传递到推件板（块）上，从而将制件（或废料）推出凹模。推板的形状和推杆的布置应根据被推材料的尺寸和形状来确定。

如图2-57所示为弹性顶件装置。向上顶出的机构称为顶件，一般装在下模内。其基本组成有顶杆、顶件块和装在下模底下的弹顶器。弹顶器可以做成通用的，其弹性元件是弹簧

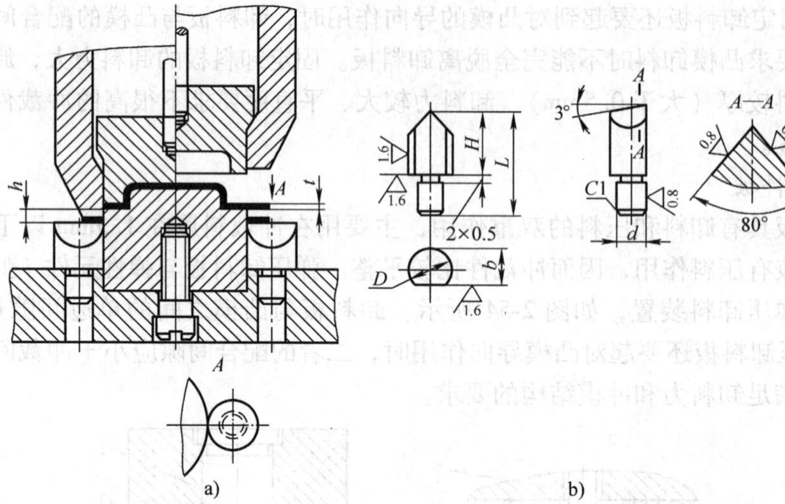

图 2-55　废料切刀

a) 废料切刀工作原理　b) 切刀结构

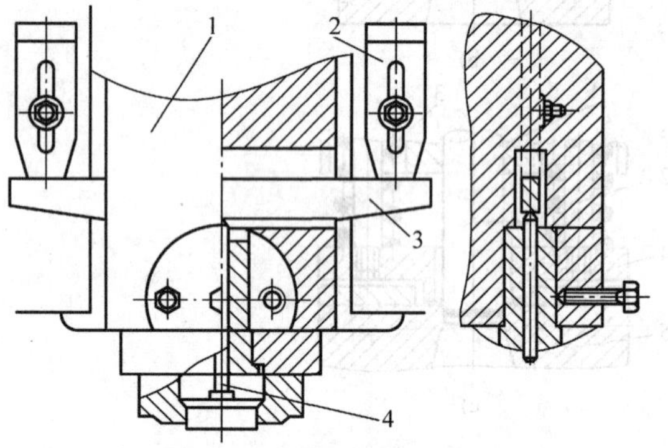

图 2-56　推件装置工作原理

1—滑块　2—挡铁　3—横梁　4—推杆

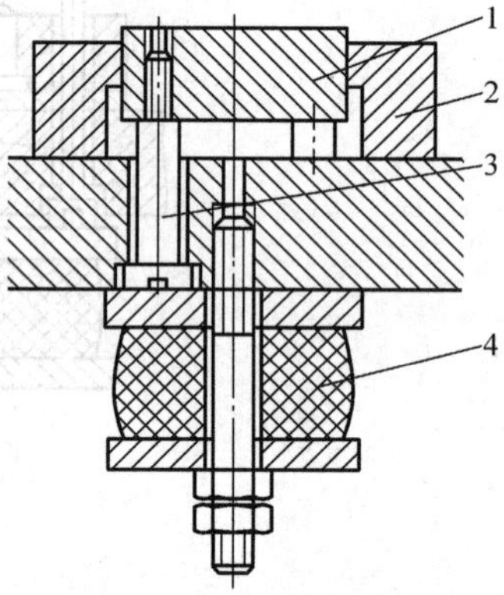

图 2-57　弹性顶件装置

1—顶件块　2—托板　3—顶杆　4—橡胶

或橡胶。这种结构的顶件力容易调节，工作可靠，冲件平直度较高。

如图 2-58 所示为刚性推件装置，主要由推件块、推杆、推板、连接推杆和打杆（图 2-58a）组成。当打杆下方区域无凸模时，可以由打杆直接推动推件块（图 2-58b）。

三、弹簧和橡胶的选用

弹簧和橡胶是模具中广泛应用的弹性元件，主要为弹性卸料、压料及顶件装置提供作用力和行程。

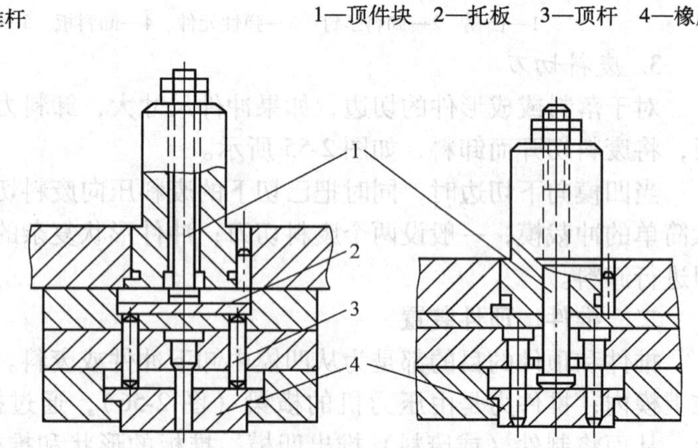

图 2-58　刚性推件装置

1—打杆　2—推板　3—连接推杆　4—推件块

1. 弹簧的选用

在模具中应用最多的弹簧是圆

柱螺旋压缩弹簧、矩形螺旋压缩弹簧和碟形弹簧三种。其选择原则为：

1）所选弹簧必须满足预压力 F_0 的要求

$$F_0 \geqslant F_x/n \tag{2-41}$$

式中 F_0——弹簧预压力（N）；

F_x——卸料力（N）；

n——弹簧数量。

2）所选弹簧必须满足最大许可压缩量 ΔH_2 的要求

$$\Delta H_2 \geqslant \Delta H \tag{2-42}$$

$$\Delta H_2 = \Delta H_0 + \Delta H' + \Delta H'' \tag{2-43}$$

式中 ΔH_2——弹簧最大许可压缩量（mm）；

ΔH_0——弹簧预压缩量（mm）；

ΔH——弹簧实际压缩量（mm）；

$\Delta H'$——卸料板的工作行程（mm），一般取 $\Delta H' = t+1$，t 为板料厚度；

$\Delta H''$——凸模刃磨量和调整量，一般取 5～10mm。

3）所选弹簧必须满足模具结构空间的要求。

弹簧选择步骤为：

1）根据卸料力和弹簧安装空间大小，初定弹簧数量 n、每个弹簧的预压力 F_0 及最大许可压缩量 ΔH_2。

2）根据预压力 F_0 和模具结构预选弹簧规格，选择时应使弹簧的最大工作负荷 $F_2 > F_0$。

3）根据预计算预选的弹簧在预压力 F_0 作用下的预压缩量 ΔH_0

$$\Delta H_0 = \frac{F_0}{F_2}\Delta H_2 \tag{2-44}$$

4）校核弹簧最大许可压缩量是否大于实际工作总压缩量，即 $\Delta H_2 > \Delta H_0 + \Delta H' + \Delta H''$，否则重选。

2. 橡胶的选用

橡胶允许承受的负荷较大，且安装调整方便，是冲模中常用的弹性元件。卸料和顶出装置选用较硬的橡胶，拉深压边时则选用较软的橡胶。模具上安装橡胶的块数、大小一般凭经验。在模具装配、试模时可根据试模情况增减橡胶。聚氨脂橡胶的总压缩量一般取≤35%；对于冲裁模，其预压缩量一般取 10%～15%。

第十一节 模架零件

一、模架

国家冷冲模相关标准规定，导柱式模架是由上模座、下模座、导柱、导套组成。模架是整副模具的骨架，模具的全部零件都固定在它的上面，并承受冲压过程的全部载荷。模架及其组成零件已经标准化，并对其规定了一定的技术条件。导柱模架的的选择参考前述单元一有关内容。

二、模座

模座一般分为上、下模座。上模座和下模座分别与冲压设备的滑块和工作台固定。上、下模间的精确位置，由导柱、导套的导向来实现。在选用和设计时应注意如下几点：

1）尽量选用标准模架。标准模架的形式和规格决定了上、下模座的形式和规格。如果需要自行设计模座，则圆形模座的直径应比凹模板直径大 30 ~ 70mm；矩形模座的长度应比凹模板长度大 40 ~ 70mm，其宽度可以略大或等于凹模板的宽度。模座的厚度可参照标准模座确定，一般为凹模板厚度的 1.0 ~ 1.5 倍，以保证有足够的强度和刚度。

2）所选用或设计的模座必须与所选压力机的工作台和滑块的有关尺寸相适应，并进行必要的校核。比如，下模座的最小轮廓尺寸，应比压力机工作台上漏料孔的尺寸每边至少要大 40 ~ 50mm。

3）模座材料一般选用 HT200、HT250，也可选用 Q235、Q255 结构钢，对于大型精密模具的模座，则选用 ZG270—500、ZG310—570。

三、导柱和导套

导向零件是用来保证上模相对于下模的正确运动的。对生产批量较大、零件公差要求较高、寿命要求较长的模具，一般都采用导柱、导套导向装置。

导柱和导套结构都已标准化，设计时可查阅相关手册。在选用导柱、导套时，当模具处在实际闭合高度状态下，其尺寸应符合图 2-59 要求。按导柱、导套导向方式的不同，导向又分为滑动导向（图 2-59）和滚动导向（图 2-60）。导柱导套的配合精度，根据冲裁模的精度、模具寿命、间隙大小来选用。当冲裁的板料较薄，而模具精度、寿命都有较高要求时，选 H6/h5 配合的Ⅰ级精度模架，板厚较大时可选用Ⅱ级精度的模架（H7/h6 配合）。对于冲薄料的无间隙冲模、高速精密级进模、精冲模、硬质合金冲模等要求导向精度高的模具，可选择图 2-60 所示滚动导向的导向结构。

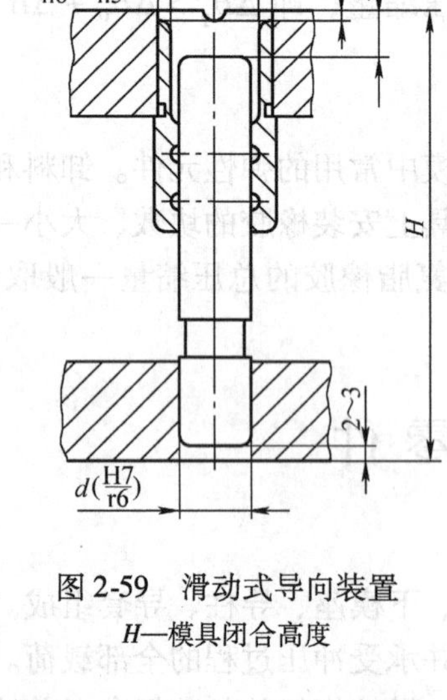

图 2-59 滑动式导向装置

H—模具闭合高度

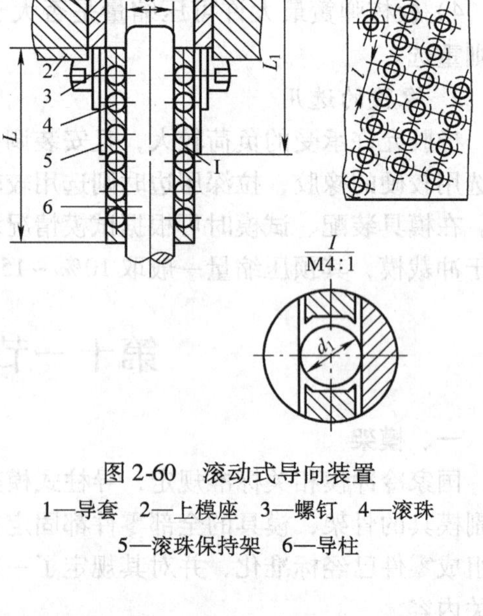

图 2-60 滚动式导向装置

1—导套 2—上模座 3—螺钉 4—滚珠 5—滚珠保持架 6—导柱

四、模柄

中、小型模具一般是通过模柄将上模固定在压力机滑块上。模柄是作为上模与压力机滑块连接的零件，对它的基本要求是：一要与压力机滑块上的模柄孔正确配合，安装可靠；二要与上模正确而可靠连接。标准的模柄结构形式如图 2-61 所示。

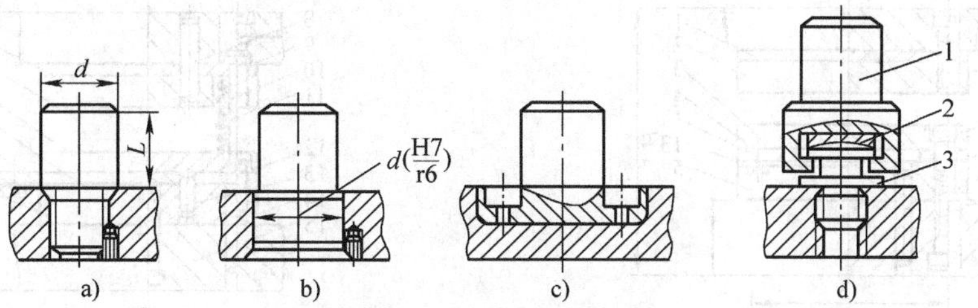

图 2-61　模柄的结构形式

1—模柄　2—垫块　3—接头

第十二节　冲裁模具他组成零件

一、垫板

垫板的作用是用来承受凸模的压力，防止模座被凸模头部压陷，从而影响凸模的正常工作。可以按照下式校核是否需要采用垫板

$$P = \frac{F}{A} \tag{2-45}$$

式中　P——凸模头部端面对模座的单位面积压力（MPa）；

F——凸模承受的力（N）；

A——凸模头部端面支撑面积（mm^2）。

如果凸模头部端面上的单位面积压力 P 大于模座材料的许用压应力时，需要在凸模头部支撑面上加上一块硬度较高的垫板；否则可以不加垫板。模座材料的许用压应力如表 2-21 所示。

表 2-21　模座材料的许用压应力

模座材料	［δ_b］/MPa
HT250	90～140
ZG310～570	110～150

二、凸模固定板

凸模固定板的作用是将凸模（或凸凹模）连接固定在正确的位置上。标准凸模固定板分为圆形、矩形及单凸模固定板等多种形式。选用时，根据凸模固定和紧固件合理布置的需要来确定其轮廓尺寸，其厚度一般为凹模厚度的 60%～80%。固定板与凸模采用过渡配合（H7/n6 或 H7/m6），压装后将凸模端面与固定板一起磨平。对于弹压导板等模具，浮动凸模与固定板采用间隙配合。

第十三节　冷冲模的组合结构

为了方便模具的专业化生产，国家规定了冷冲模的标准组合结构。图 2-62 至图 2-65 所示为冷冲模典型组合结构示例。每种组合结构的零件数量、规格及其规定方法等都已经标准化，设计时根据凹模周界的大小进行选用，并对闭合高度等参数作必要的校核。

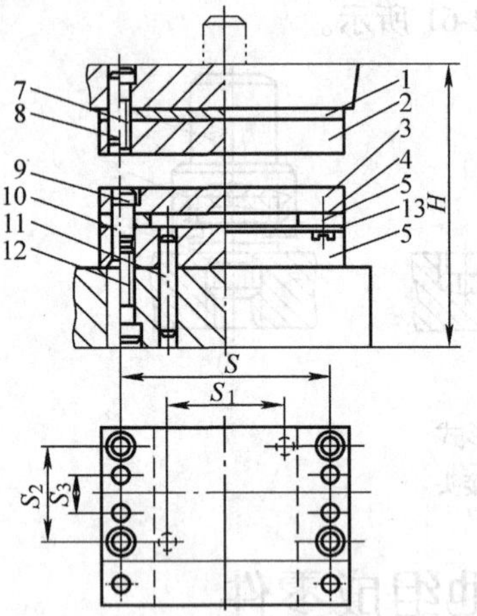

图 2-62　固定卸料之纵向送料典型组合

1—垫板　2—固定板　3—卸料板　4—导料板　5—凹模　6—承料板　7、9、12、13—螺钉　8、10、11—圆柱销

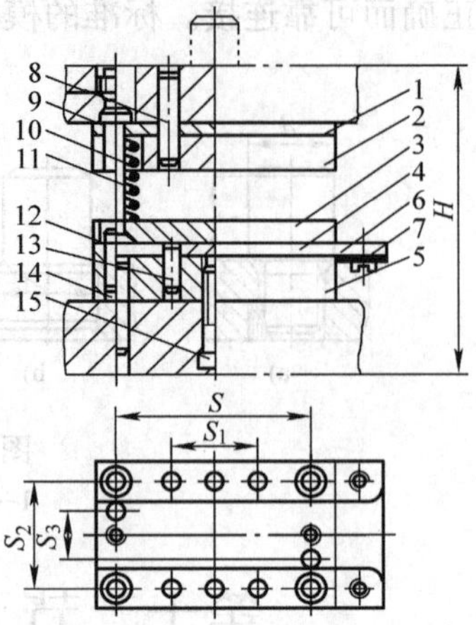

图 2-63　弹压卸料之横向送料典型组合

1—垫板　2—固定板　3—卸料板　4—导料板　5—凹模　6—承料板　7、9、12、15—螺钉　8、13、14—圆柱销　10—卸料螺钉　11—弹簧

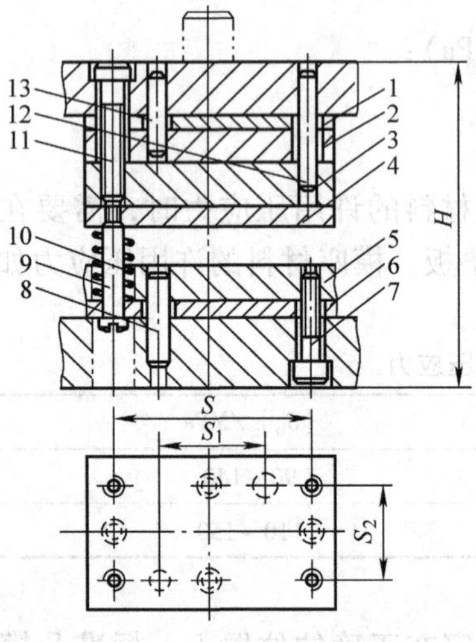

图 2-64　复合模之矩形厚凹模典型组合

1、6—垫板　2、5—固定板　3—凹模　4—卸料板　7、11—螺钉　8、12、13—圆柱销　9—卸料螺钉　10—弹簧

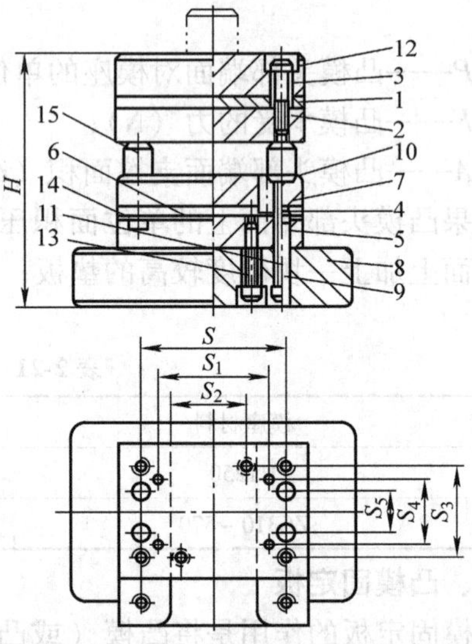

图 2-65　导板模之纵向送料典型组合

1—垫板　2—固定板　3—上模座　4—导料板　5—凹模　6—承料板　7—导板　8—下模座　9、10—圆柱销　11、12、13—螺钉　14—定位销　15—限位柱

第十四节　冲裁模具设计一般步骤

冲裁模具设计一般步骤为：

1）冲裁件工艺性分析。

2）确定冲裁工艺方案。

3）选择模具的结构形式。

4）进行必要的工艺计算。

5）选择与确定模具的主要零部件的结构与尺寸。

6）选择压力机的型号或验算已选的压力机。

7）绘制模具总装图及零件图。

以上是设计冲裁模时的大致工作过程，反映了在设计时所应考虑的主要问题及所包含的工作内容。

一、冲裁件的工艺性分析

冲裁件工艺性分析的主要内容是：冲裁件的精度等级是否在冲裁工艺所能达到的范围内；冲裁件的形状是否符合冲裁工艺要求；冲裁件尺寸是否超过了凸模、凹模结构的限制。如果冲裁件的工艺性差，则对冲裁模结构设计产生很大的影响。

二、冲裁工艺方案的确定

确定冲裁工艺方案就是确定冲压件的工艺路线，主要包括冲压工序数、工序组合和顺序等。确定工序的主要原则：

(1) 质量原则　用复合模冲出的工件精度高于连续模，而连续模又高于单工序模。因此，对于精度较高的冲裁件宜用复合工序进行冲裁。

(2) 经济性原则　在保证质量的前提下，应尽可能降低成本，提高经济效益。所以，对于中批量的冲裁件，应尽可能采用单工序模，而在试制与小批量生产时应尽可能采用简易冲裁模。

(3) 安全性原则　工人操作是否方便、安全是确定工艺方案时要考虑的一个重要因素。

三、选择模具的结构形式

冲裁方案确定之后，选定模具类型（单工序模、复合模、级进模等），就可确定模具的各个部分的具体结构，包括模架及导向方式、毛坯定位方式以及卸料、压料、出件方式等。在进行模具结构设计时，还应考虑模具维修、保养和吊装的方便，同时要在各个细小的环节尽可能考虑到操作者的安全等。

四、进行必要的工艺计算

冲裁的工艺计算，主要包括以下几个方面：

1）排样设计与计算。主要包括：选择排样方法、确定搭边值、计算送料步距与条料宽度、计算材料利用率、画出排样图等。

2）计算冲压力，包括冲裁力、卸料力、推件力、顶件力等。初步选取压力机的吨位。

3）计算模具压力中心。

4）计算凸、凹模工作部分尺寸并确定其制造公差。

5）弹性元件的选取与计算。

6）必要时，对模具的主要零件进行强度验算。

五、模具的主要零部件设计

模具主要零件的结构设计，就是确定工作零件、定位零件、卸料和出件零件、导向零件以及连接与固定零件的结构形式和固定方法。设计时，要考虑到零部件的加工工艺性和装配工艺性。

六、校核模具闭合高度及压力机有关参数

冲裁模总体结构尺寸必须与所选用的压力机相适应，即模具的总体平面尺寸应该与压力机工作台或垫板尺寸和滑块下平面尺寸相适应；模具的封闭（闭合）高度应与压力机的装模高度或封闭高度相适应（图2-66）。根据式（1-1）校核模具闭合高度与压力机的装模高度是否相适应。

模具的其他外形结构尺寸必须与压力机相适应。如模具外形轮廓平面尺寸与压力机的滑块底面尺寸与工作台面尺寸，模具的模柄与滑块的模柄孔的尺寸，模具下模座下弹顶装置的平面尺寸与压力机工作台面孔的尺寸等都应适应，才能使模具正确地安装和正常使用。

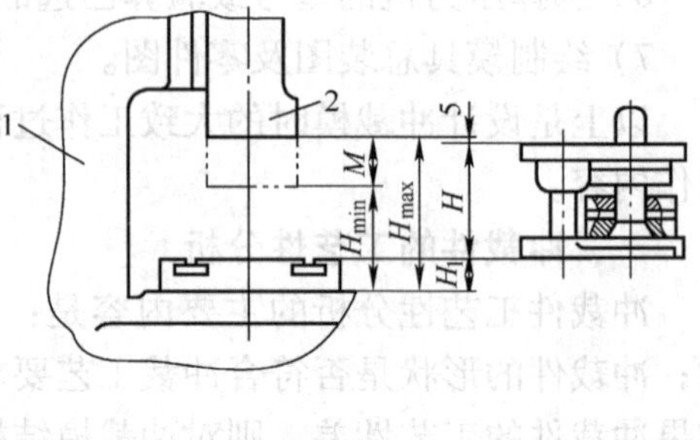

图2-66　模具闭合高度与装模高度的关系

1—床身　2—滑块

七、绘制模具总装图和零件图

在模具的总体结构及其相应的零部件结构形式确定后，便可绘制模具总装图和零件图。总装图和零件图均应严格按照制图标准绘制。考虑到模具图的特点，允许采用一些常用的习惯画法。

1. 绘制模具总装图

模具总装图是拆绘模具零件图和装配模具的依据，应清楚表达各零件之间的装配关系以及固定连接方式。模具总装图的一般布置情况如图2-67所示。

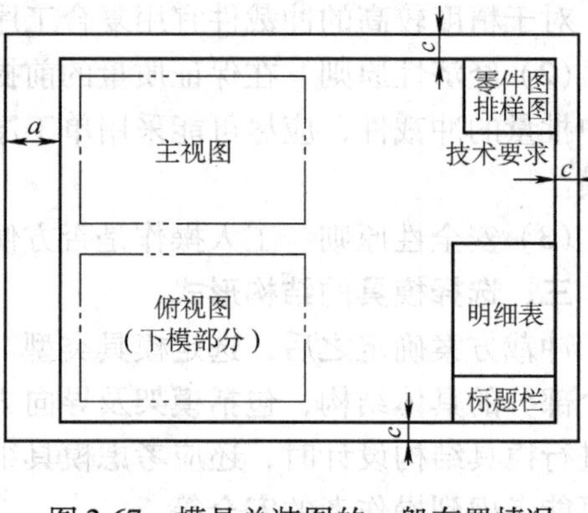

图2-67　模具总装图的一般布置情况

（1）主视图　主视图是模具总装图的主体部分，一般应画上、下模剖视图，上、下模一般画成闭合状态。模具处于闭合状态时，可以直观地反映出模具工作原理，对确定模具零件的相关尺寸及选用压力机的装模高度都极为方便。主视图中应标注闭合高度尺寸。主视图中条料和工件剖切面最好涂黑，以使图面更显清晰。

（2）俯视图　俯视图一般仅反映模具下模的结构，即俯视图是将上模去除后得到的图。

2. 绘制模具零件图

模具零件图是模具加工的重要依据，应符合如下要求：

1）要完整、准确、清晰地将零件结构表达清楚。

2）尺寸标注要齐全、合理，符合国家标准的规定。

3）设计基准选择应尽可能考虑制造的要求。制造公差、形位公差、表面粗糙度选用要适当，既要满足模具加工质量要求，又要考虑尽量降低制模成本。

4）注明所用材料牌号、热处理要求以及其他技术要求。

模具总装图中的非标准零件，均需分别画出零件图。一般的工作顺序也是先画工作零件图，再依次画其他各部分的零件图。有些标准零件需要补充加工（例如上、下标准模座上的螺孔、销孔等）时，也需画出零件图，但在此情况下，通常仅画出加工部位，而非加工

部位的形状和尺寸则可省去不画，只需在图中注明标准件代号与规格即可。

第十五节　精冲简介

精密冲裁属于无屑冲压技术，是在普通冲压技术基础上发展起来的一种精密冲裁方法，简称精冲。它能在一次冲压行程中获得比普通冲裁零件尺寸精度高、冲裁面光洁、翘曲小且互换性好的优质精冲零件，并以较低的成本达到产品质量的改善。用普通冲裁所得到的工件，剪切面上有塌角、断裂面和毛刺，还带有明显的锥度，同时制件尺寸精度较低，一般为IT10～IT11，在通常情况下，已能满足零件的技术要求。当要求冲裁件的剪切面作为工作表面或配合表面时，采用一般冲裁工艺不能满足零件的技术要求，这时，必须采用提高冲裁件质量和精度的精密冲裁方法。

一、精冲的工作原理及过程

1. 精冲工作原理

图2-68a所示为用精冲工艺进行落料的原理图。其工作部分是由凸模1、凹模5、齿圈压板2与顶板4所组成，其特点是：

1）采用带齿圈的压板起强烈的压边作用，形成三向压应力状态，增加变形区及其邻域的静水压。

2）凹模（或凸模）刃尖处制造出0.02～0.2mm的小圆角，抑制剪裂纹的发生，限制断裂面的形成，有利工件断面的挤光作用 。

3）采用较小的间隙，甚至为零间隙，使变形区的拉应力尽量小，压应力增大。

4）施加较大的反顶力 ，减小材料的弯曲，同时起到增加压应力的作用。

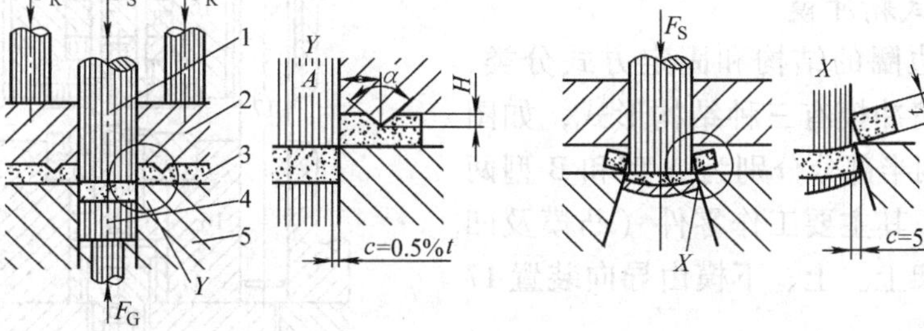

图2-68　精冲方法

a）带齿圈压板精冲　b）普通冲裁

1—凸模　2—齿圈压板　3—冲裁件　4—顶板　5—凹模

在上述工艺条件下进行冲裁时，其尺寸精度可达IT8～IT9，表面粗糙度 R_a 值为0.4～0.8μm，断面垂直度可达89°30′或更佳。这与普通冲载相比（图2-68b），差别很大。

2. 精冲过程

精冲过程是塑性—剪切过程，是在专用（三动）压力机上，借助于特殊结构的精冲模，并伴之适宜的精冲材料和润滑剂而进行的。冲裁过程中（图2-69），在凸凹模3接触材料5之前，通过压力 p_R 使V形齿圈压板1将材料压紧在凹模2上，从而在V形齿的内面产生横向侧压力，以阻止材料在剪切区内撕裂和金属的横向流动。在冲裁凸模压入材料的同时，利用顶件板 4 的反压力 p_G，将材料压紧，并在压紧状态中，在冲裁力 p_S 作用下进行冲裁。剪切区内的金属处于三向压应力状态，从而提高了材料的塑性。此时，材料就沿着凹模的刃边形状，呈纯剪切的形式冲裁零件。

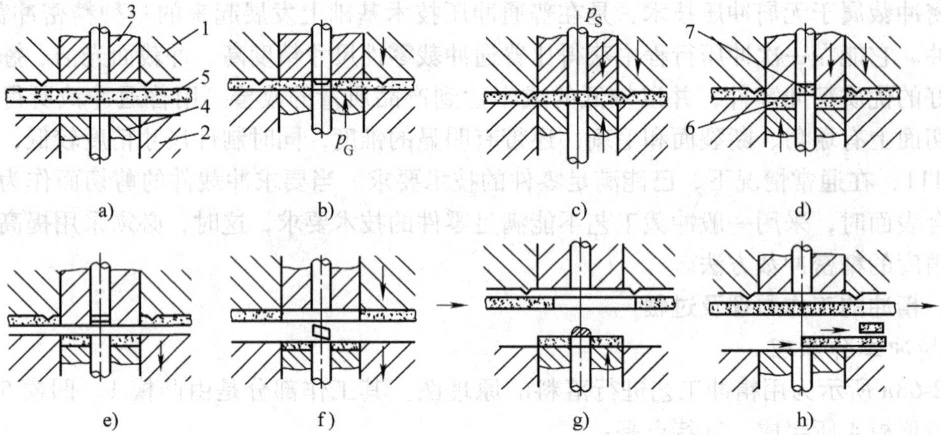

图 2-69　精冲过程

a）模具初始位置　b）齿圈压入　c）冲裁　d）冲裁过程结束　e）模具开启

f）卸出冲孔废料　g）顶出零件及卸出带料　h）排出零件和废料，向前送料

1—齿圈压板　2—凹模（落料）　3—凸凹模　4—顶件板　5—材料　6—零件　7—冲孔废料

二、精冲模结构

精冲模结构常用有两种类型：活动凸模式精冲模与固定凸模式精冲模。

1. 活动凸模式精冲模

按凹模和压边圈的结构和固定方式分类，活动凸模式复合精冲模有三种结构形式，如图 2-70 所示。左右两半部分分别为 A 型和 B 型两种模具结构形式，其主要工作零件（凸模及凹模等）均装在模架上。上、下模由导向装置 17 导向。

（1）A 型结构　凹模 2 用螺钉和销子紧固在上模座 16 内。顶件板 3 装在凹模 2 内，除起压料和顶件作用外，还作为冲孔凸模 5 的导向。冲孔凸模板 10 承受冲孔凸模 5 的回程压力，并支承凹模 2。垫板 8 和支承环 9 共同支承冲孔凸模 5 和凹模 2。作用在顶件板 3 上的反压力来自机床，经传力杆 11 和传力杆 7 传到顶件板 3 上。压边圈 4 用螺钉和销子紧固在下模座 16 内，除对材料施加压力外，还起冲裁凸模 1 的导向作用，从而保证了冲裁凸模 1 和凹模 2 的

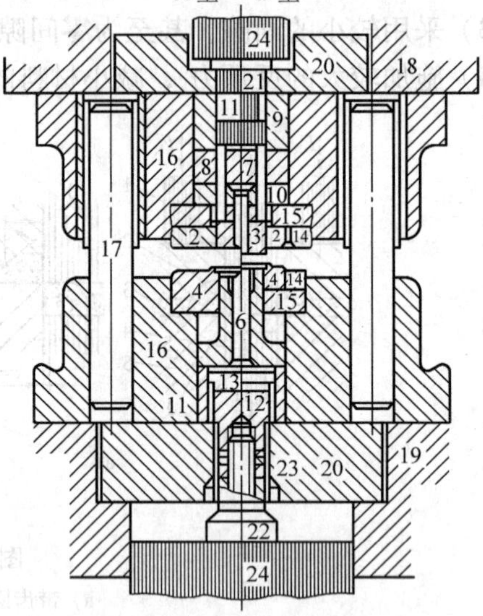

图 2-70　活动凸模式精冲模

1—凸模　2—凹模　3—顶件板　4—压边圈　5—冲孔凸模　6—顶杆　7、11—传力杆　8、15—垫板　9—支承环　10—冲孔凸模板　12—凸模座　13—推板　14—座圈　16—模座　17—导向装置　18—压床上工作台　19—压床下工作台　20—标准结合环　21、22—顶柱　23—定位板　24—液压活塞

位置精度。冲裁凸模1同时也装在下模座16内，并用螺钉和销子与凸模座12相连。凸模座12内装有支承顶杆6的推板13和传力杆11。凸模座带有紧固螺纹，承受冲裁凸模1的回程压力。作用在压边圈4的压力来自机床，经下模座16传到压边圈4上，并以同样的压力经传力杆11和推板13作用在顶杆6上。

（2）B型结构　与A型结构的差别在于凹模和齿圈压板都是镶拼结构。它们的使用范围是：当零件的线性尺寸在95mm以下时，可采用整体式模具；当零件的线性尺寸在75mm以下时，可采用镶拼式模具。这种模具的优点是：维修简单，安装方便，适于冲裁力不大的中小零件。缺点是：在冲内孔多的零件时，凸模1的支承推板13强度不够。

2. 固定凸模式精冲模

图2-71所示为固定凸模式精冲模。

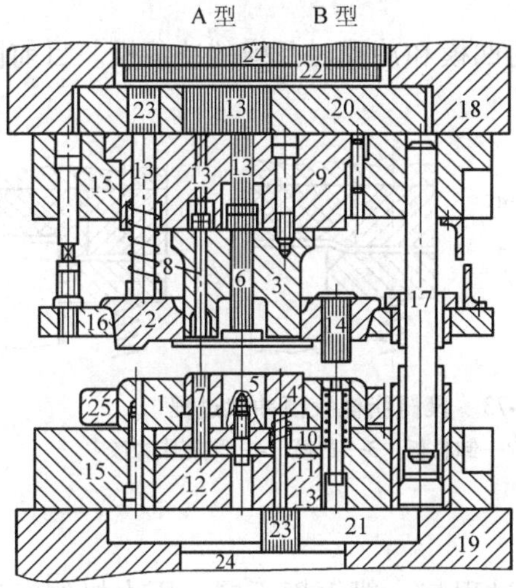

图2-71　固定凸模式复合精冲模

1—凹模　2—压边圈　3—凸模　4—顶件板　5、7—冲孔凸模　6、8—顶杆　9—垫座　10—凸模座板　11—垫板　12—下垫板　13—传力杆　14—闭锁销　15—模座　16—支板　17—导向件　18—压床上工作台　19—压床下工作台　20—专用上结合环　21—专用下结合环　22—压板　23—支承销　24—液压活塞　25—缩紧环

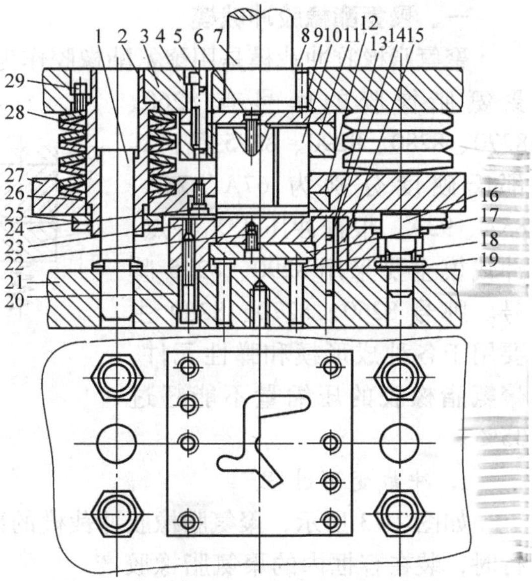

图2-72　简易精冲落料模

1—导柱　2—导套　3—上托　4、6、20、22、24、29—螺钉　5、8、14—销钉　7—模柄　9—垫板　10—凸模　11—凸模固定板　12—齿圈压板　13—销钉套　15—凹模　16—限位螺柱　17—固定板　18—顶杆　19、25—螺母　21—底座　23—推件板　26—垫片　27—卸料板　28—碟簧

模具的主要工作零件（凸模及凹模等）均装在模座15上，上、下模由导向装置17导向。

（1）A型结构　落料凸模3装在垫座9上，并用螺钉和销子紧固。压边圈2用外锥面装入支板16内，并用螺钉紧固。通过上部的传力杆13将压力传递在压边圈2和顶杆6上。下模图的右部所示的整体凹模1装在下模座15上，并用螺钉和销子紧固。顶件板4装在凹模1内，顶件板4还作为冲孔凸模5的导向。机床的反压力由下部的传力杆13传递。凸模座板10承受冲孔凸模5的回程压力，并作用于下垫板12上。在冲裁过程中，由闭锁销14对凹模1定心，从而保证凸模3和凹模1的位置精度。这种模具结构的优点是结构稳定，凸模的支承好。缺点是制造和调整麻烦，且需专用的结合环。

(2) B型结构　与A型结构的差别在于B型结构的凹模1如下模左部所示，凹模1上加了缩紧环25。

3. 简易精冲模

它是利用碟簧在机械作用下变形时产生的轴向压缩力，对冲裁过程产生齿圈压力和顶件力。碟簧的尺寸和形状应以所需的顶件力和齿圈压力按有关标准选用或自行设计。模具结构形式如图2-72所示。

第十六节　其他冲裁模简介

一、聚氨酯橡胶冲裁模

聚氨脂橡胶冲裁模是用聚氨酯橡胶作为落料时的凹模和冲孔时凸模的冲裁模。目前国产聚氨脂橡胶的牌号有8260、8270、8280、8290、8295等，其邵氏硬度分别为67A、75A、85A、93A。根据冲压工艺特点，冲裁模主要采用8290、8295牌号。牌号8260、8270、8280主要用于各种成形模和弹性元件，聚氨脂橡胶的压缩量不能超过35%。

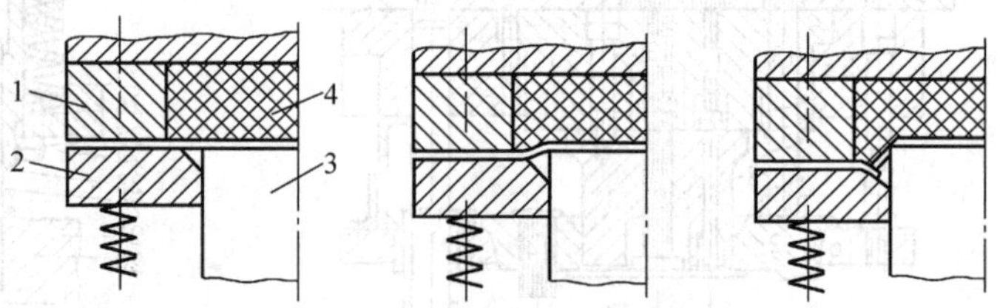

图2-73　聚氨脂橡胶模冲裁过程

1—容框　2—卸料板　3—凸模　4—聚氨脂橡胶

1. 冲裁变形过程

如图2-73所示，聚氨脂橡胶冲裁模的冲裁变形过程与一般钢模不同。压力机的滑块下行时，装在容框内的聚氨脂橡胶产生弹性变形，以较高的压力迫使被冲材料沿钢质凸模刃口发生弯曲、拉伸等复杂应力与应变，直到材料断裂为止。在冲裁过程中，橡胶始终把材料压在钢模上，因此冲件平整。又因为橡胶紧贴钢模刃口流动，为无间隙冲裁，所以冲件基本无毛刺。根据聚氨脂橡胶冲裁的特点，冲裁搭边值应比钢模冲裁时大；冲孔孔径不能太小，否则所需橡胶的单位面积压力太大，冲裁困难。

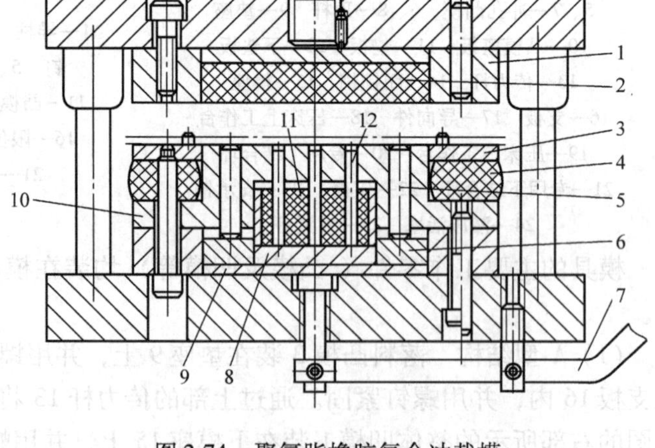

图2-74　聚氨脂橡胶复合冲裁模

1—容框　2—聚氨脂橡胶　3—卸料板　4—卸料橡胶　5—顶杆　6、8—限位器　7—顶出机构　9—顶板　10—钢质凸凹模

2. 结构特征

以图2-74所示一副上装式聚氨脂橡胶复合模为例，说明该类模具

的主要特征及设计时应该注意的问题。

1）模具总体结构与一般复合模相似。件10为钢质凸凹模，件2聚氨脂橡胶代替落料凹模。橡胶容框1的内形与钢质凸凹模10刃口轮廓相似，但每边比凸模大0.5～1.5mm。顶杆5可以控制橡胶的冲压深度，改变应力分布，增大刃口处的剪切力，提高冲裁件的质量和橡胶的使用寿命，如图2-75所示。顶杆（推杆、顶件块）和卸料板3是聚氨脂橡胶冲裁模的重要零件。顶杆工作部分的形式根据冲孔直径d的大小分为三种形式，如图2-76所示。

当$d>5$mm时，选用A型；当2.5mm$\leqslant d \leqslant$5 mm时，选用B型；当$d<2.5$mm时，选用C型。

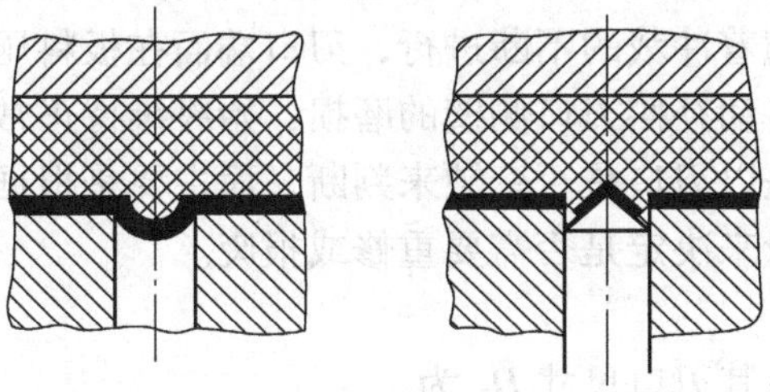

图2-75　顶杆对冲裁的影响

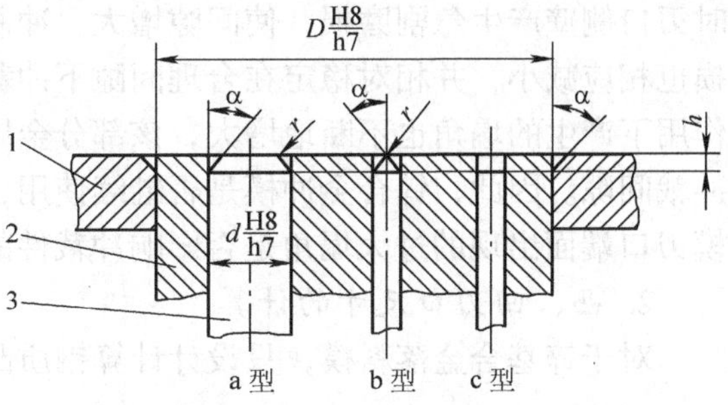

图2-76　顶杆和卸料板的几何参数
1—卸料板　2—凸凹模　3—顶杆

2）钢质凸模或凹模刃口尺寸与普通冲裁模不同。落料件外形尺寸取决于钢凸模刃口尺寸，冲孔孔径取决于钢凹模刃口尺寸。冲裁后落料件外形尺寸比钢凸模稍大，冲孔孔径比相应的钢凹模直径稍小。设计时可按下式计算：

落料　$$D_T = (D_{max} - x\Delta)^{0}_{-\delta_T} \tag{2-46}$$

冲孔　$$d_A = (d_{min} + x\Delta)^{+\delta_A}_{0} \tag{2-47}$$

式中　D_T——钢凸模刃口尺寸（mm）；

d_A——钢凹模刃口尺寸（mm）；

Δ——冲裁件公差；

δ_T——钢凸模制造公差；

δ_A——钢凹模制造公差；

x——系数，一般取0.5～0.7。

3）聚氨脂橡胶冲裁模一般适用于冲裁厚度小于0.3mm、制造批量不大的零件，材料的厚度超过0.3mm时，冲裁的效果差一些。

二、锌基合金冲裁模

用锌基合金制成凸模或凹模的模具称为锌基合金模具。锌基合金是以锌为基础，加上少量的铝、铜、镁和其他微量元素组成的合金。该合金具有良好的铸造性和切削加工性，并且可以重熔后再次使用。

1. 锌基合金模具的冲裁机理

对于落料模，凹模用锌合金制造，凸模用模具钢制造；而对于冲孔模，凸模用锌合金制造，凹模则用模具钢制造。这种一软一硬的冲裁机理与一般钢模冲裁不同。普通冲裁时材料从凸、凹模刃口处产生双向裂纹后扩展相遇而分离。锌合金模具冲裁则是单向裂纹扩展分离的过程。如锌合金落料模冲裁时，较软的锌合金凹模刃口会形成小的圆角，锋利的钢凸模刃口处材料的应力集中值大于凹模刃口处的应力集中值，因此冲裁裂纹首先在钢凸模刃口处产生，并单方向快速扩展到锌合金凹模刃口附近的侧壁，与刚由锌合金凹模刃口处产生的裂纹相遇而使材料分离，完成冲裁。

锌合金模具冲裁时凸、凹模之间的间隙不是在模具加工时得到的，而是在冲裁时自动调整形成的。比如落料模，锌合金凹模利用钢质凸模浇铸而成，凸、凹模之间的间隙近似为零。初始冲裁时，质软的凹模因受侧壁挤压而产生径向变形，使凸、凹模之间形成间隙，同时刃口侧壁产生急剧磨损，使间隙增大。冲制一定数量的零件后，便达到合理间隙。此时磨损也相应减小，并相对稳定在合理间隙下冲裁。随着冲裁的不断进行，刃口端面在板料压力作用下产生的塌角也不断地增大，该部分金属便自动补偿刃口侧壁的磨损，始终维持正常的冲裁间隙。因此，锌合金冲模是否继续使用，不是以刃口是否变钝来判断，而主要是根据凹模刃口端面出现的过大塌角是否影响冲裁件的质量来决定是否需要重修或报废。

2. 凸、凹刃口尺寸的计算

对于锌基合金落料模，只设计计算钢质凸模，其刃口尺寸 D_T 为

$$D_T = (D_{max} - Z_{min} - x\Delta)_{-\delta_T}^{0} \qquad (2\text{-}48)$$

对于锌基合金冲孔模，只设计计算钢质凹模，其刃口尺寸 d_A 为

$$d_A = (d_{min} + Z_{min} + x\Delta)_{0}^{+\delta_A} \qquad (2\text{-}49)$$

式中　D_{max}——落料件最大极限尺寸（mm）；

d_{min}——冲孔件最小极限尺寸（mm）；

Z_{min}——最小双边合理间隙，可按钢冲模间隙选取；

Δ——制造公差；

x——系数，零件精度 IT11 ~ IT13 时，$x = 0.75$；零件精度为 IT14 级以下时，$x = 0.5$；

δ_T——钢凸模制造公差，可按 IT6 级选取；

δ_A——钢凹模制造公差，可按 IT7 级选取。

3. 锌基合金模具的制造方法

下面以落料模为例，介绍锌合金凹模的制造方法。一般有铸造法、铸造挤切法、镶拼法。

（1）铸造法　如图 2-77 所示，在下模座排料孔中填满干砂 6，放上排料孔型芯 3，在下模座安放用 2 ~4mm 厚的钢板做成的模框 4，在模框外侧四周填上湿砂 5 并压紧，防止合金泄漏流出。将凸模连同上模座一起压在排料孔型芯上（凸模预热至 180 ~ 200℃），将熔化的锌合金浇注于模框内（浇注温度 420 ~450℃），并轻轻搅动合金熔液，直至预定浇注高度。合金完全凝固后温度约为 150 ~250℃ 时拔出凸模。这时可以用水对锌合金急剧冷却，以提高其力学性能。最后对锌合金表面进行切削加工，以及加工

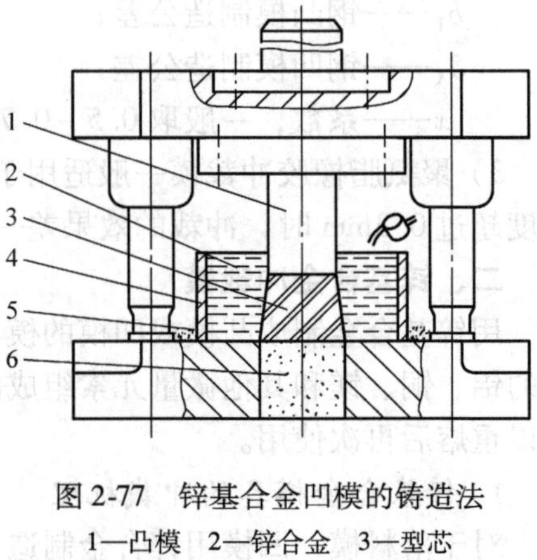

图 2-77　锌基合金凹模的铸造法

1—凸模　2—锌合金　3—型芯　4—模框　5—湿沙　6—干沙

螺纹孔、销钉孔。安装好凹模、卸料板等即可使用。对于质量在 20～30kg 以上的模具，为预防模架变形，可在模架外平板上浇注。

（2）铸造挤切法　铸造挤切法是先铸造成实心模块，沿钢凸模刃口轮廓划线或压印，按线周边 0.2～0.3mm 的余量进行机械切削加工，最后用钢凸模对正挤切成形。该法适用于具有尖角和形状复杂的零件。因为锌合金自然收缩圆角 $R\approx1$mm，采用铸造的方法很难充满型腔。

（3）镶拼法　镶拼法适用于大型冲裁模具。先用锌合金浇注成镶拼模块，采用机械加工的方法进行粗加工，然后拼块组合，用螺钉、销钉紧固，再用钢凸模挤切成形。

三、硬质合金冲裁模

硬质合金冲裁模是指用硬质合金来制造凸模、凹模或凸凹模的冲裁模具。硬质合金具有较高的硬度和耐磨性，因此硬质合金模具寿命比一般钢质模具的寿命高几倍至几十倍。常用的硬质合金牌号有 YG15、YG20、YG25 等。

1. 硬质合金冲裁模示例

图 2-78 所示为一副冲制垫圈的硬质合金级进冲裁模。该副模具采用整体硬质合金凸模

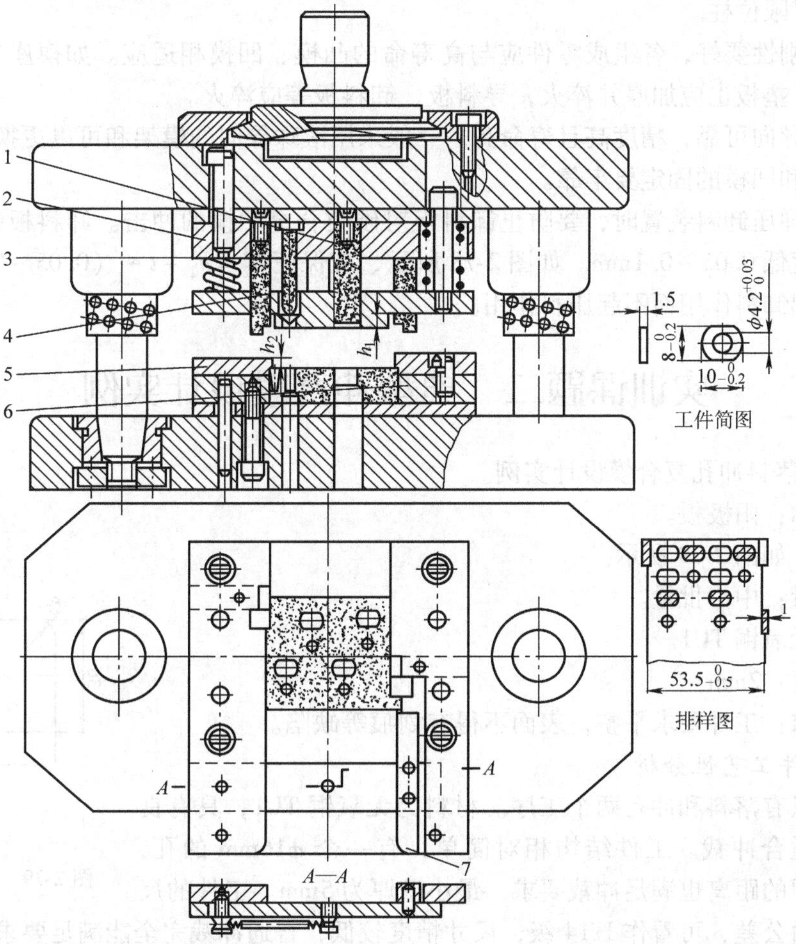

图 2-78　冲制垫圈的硬质合金级进冲裁模

1—落料凸模　2、6—固定板　3—冲孔凸模　4—侧刃　5—导料板　7—侧压装置

和凹模结构，落料凸模1及侧刃4压入固定板2后，再用螺钉吊装固定。冲孔凸模3具有台肩，直接压入固定板内。凹模压入固定板6后，再用导料板5将其压紧在垫板上。

从排样图可以看出，模具采用了交错的双侧刃定距，第一步冲两个孔，第二步落两个料，第三步再冲两个孔，第四步再落两个料，以后每次行程可以得到四个工件。采用平列的排样方法，可以避免凸模的单边冲裁。为消除送料误差，保证条料紧靠左边导料板5正确送料，将板式侧压装置7安装在送料的进口处，其侧压力较大并且均匀，使用可靠。

模架采用了带浮动模柄的滚珠导柱、导套。导柱采用带锥度的镶套结构，使上、下模的导向稳定可靠，其磨损后可以更换。

2. 硬质合金冲裁模特点及设计应注意的问题

1）硬质合金承受弯曲载荷的能力差，排样时应尽量避免凸模和凹模单边受力。

2）搭边比一般冲裁大，并且要大于料厚，防止冲裁时因搭边过小被挤入凹模而损坏模具。

3）冲裁间隙可以适当放大，以减小凸模和凹模刃口碰撞而损坏。如冲硅钢板时，Z可取（12%～15%）t。凸模进入凹模的深度应尽量浅，一般控制在0.1mm左右。为此，可以在模具上设置限位柱。

4）模架刚性要好，各组成零件应与高寿命的凸模、凹模相适应。如模座应加厚，采用中碳钢制造，垫板也应加厚并淬火，导料板、卸料板等应淬火。

5）模架导向可靠，精度高且寿命高。一般采用滚珠导向的模架和可以更换的导柱。

6）凸模和凹模的固定要牢靠。

7）采用弹压卸料装置时，要防止卸料板对硬质合金凹模的冲击。卸料板的凸台高度要比导料板高度低0.05～0.1mm。如图2-78所示，应保证$h_2=h_1+t+(0.05\sim0.1)$ mm。此时，卸料板起卸料作用而不起压料作用。

实训课题二　典型冲裁模设计实例

例2-3　落料冲孔复合模设计实例。

冲件名称：阳极板。

零件图：如图2-79所示。

生产批量：中小批量。

材料：无氧铜TU1。

材料厚度：2mm

技术要求：工件要求平整，表面不得有划痕等缺陷。

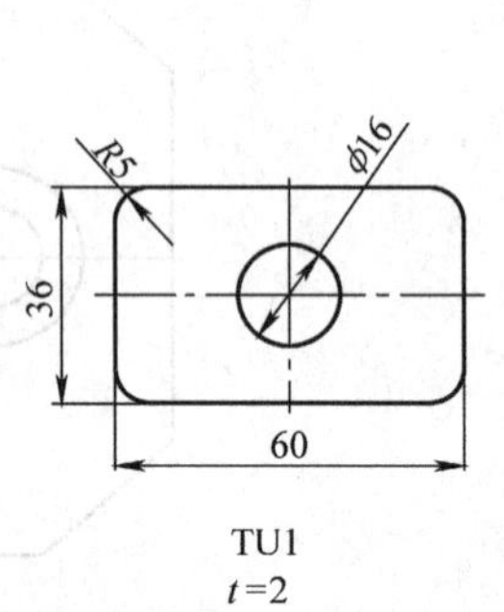

图2-79　阳极板简图

1. 冲压件工艺性分析

此工件只有落料和冲孔两个工序。材料为无氧铜TU1，具有良好的塑性，适合冲裁。工件结构相对简单，有一个ϕ16mm的孔，孔与边缘之间的距离也满足冲裁要求，最小壁厚为5mm。工件的尺寸全部为自由公差，可看作IT14级，尺寸精度较低，普通冲裁完全能满足要求。

2. 冲压工艺方案的确定

由于该工件包括落料、冲孔两个基本工序，因此可有以下三种工艺方案：

方案一：先落料，后冲孔。采用单工序模生产。

方案二：落料—冲孔正装复合冲压。采用复合模生产。

方案三：冲孔—落料级进冲压。采用级进模生产。

方案一模具结构简单，但需两道工序两副模具，生产成本高，生产效率可以满足中小批量生产要求，但此工件材料较软，厚度小，落料后冲孔时操作不方便。方案二只需一副模具，工件的精度及生产效率都较高，保证工件的平整要求。工件最小壁厚5mm，大于凸凹模许用最小壁厚1.8mm。冲压后成品件留在模具上，在清理模具上的物料时会影响冲压速度，操作不方便。方案三也只需一副模具，生产效率高，操作方便，工件精度也能满足要求，但此工件生产量为中小批量，采用级进冲压则模具制造及维护成本太高。通过对上述三种方案的分析比较，该件的冲压生产采用方案二为最佳。

3. 主要设计计算

（1）排样方式的确定及其计算　设计落料冲孔复合模，首先要设计条料排样图。根据工件的特点，采用如图2-80所示的排样方法，搭边值取1.8mm和2mm，无侧压装置时条料宽度B为

$$B = [D + 2(a + \delta + c)]_{-\delta}$$
$$= [60 + 2(2 + 0.5 + 0.2)]_{-0.5}\text{mm}$$
$$= 65.4_{-0.5}\text{mm}$$

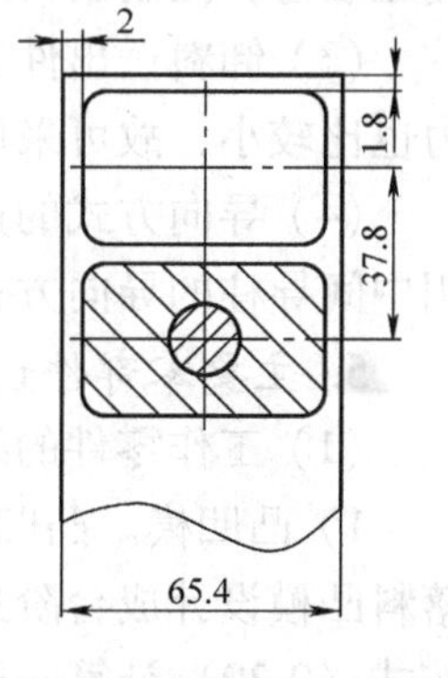

图2-80　阳极板排样图

步距A为37.8 mm，查板材标准，选1000mm×1000mm的铜板。一个步距的材料利用率为78.4%。一张铜板能生产390个零件，总材料利用率为75%。

（2）冲压力的计算　该模具采用正装复合模，拟选择弹性卸料、上出件。冲压力的相关计算如下

冲裁力F　$F = tL\sigma_b = 2 \times [(60 + 36) \times 2 + 3.14 \times 16] \times 294\text{kN} = 142.4\text{kN}$

卸料力$F_Q = KF = 0.05 \times 142.4\text{kN} = 7.12\text{kN}$

顶件力$F_{Q2} = K_2F = 0.05 \times 142.4\text{kN} = 7.12\text{kN}$

根据计算结果，冲压设备拟选用J23-25A。

（3）压力中心的确定　该零件为规则对称几何体，压力中心在几何中心。

（4）工作零件刃口尺寸计算　在确定工作零件刃口尺寸计算方法之前，首先要考虑工作零件的加工方法及模具装配方法。结合模具结构及工件生产批量，适宜采用配合加工落料凸模、凹模、凸凹模及固定板、卸料板，使制造成本降低，装配工作简化。因此工作零件刃口尺寸计算就按配合加工的方法来计算，具体计算如下

未注公差按IT14级，查公差表得工件尺寸及公差：$36_{-0.62}^{0}$mm、$60_{-0.74}^{0}$mm、$R5_{-0.30}^{0}$mm、$\phi16_{0}^{+0.43}$mm。

查表2-16得，$Z_{min}=0.12$mm，$Z_{max}=0.16$mm，由表2-17查得：所有尺寸均选$x=0.5$。

落料凹模的基本尺寸：

$36_{-0.62}^{0}$对应凹模尺寸为$(36-0.5\times0.61)_{0}^{+(0.25\times0.61)}\text{mm}=35.7_{0}^{+0.15}\text{mm}$

$60_{-0.74}^{0}$对应凹模尺寸为$(60-0.5\times0.74)_{0}^{+(0.25\times0.74)}\text{mm}=59.6_{0}^{+0.185}\text{mm}$

$R5_{-0.30}^{0}$对应凹模尺寸为$(R5-0.5\times0.30)_{0}^{+(0.25\times0.3)}\text{mm}=R4.75_{0}^{+0.075}\text{mm}$

落料凸模的基本尺寸与凹模相同，同时在技术条件中注明：凸模刃口尺寸与落料凹模刃口实际尺寸配制，保证间隙在 0.12 ~0.16mm 之间。

冲孔凸模的基本尺寸：$\phi16^{+0.43}_{0}$ mm 对应凸模尺寸为 $(\phi16+0.5\times0.43)^{0}_{-0.25\times0.43}$ mm = $\phi16.2^{0}_{-0.11}$ mm。

冲孔凹模的基本尺寸与凸模相同，同时在技术条件中注明：凹模刃口尺寸与冲孔凸模刃口实际尺寸配制，保证间隙在 0.12 ~0.16mm 之间。

4. 模具总体设计

（1）模具类型的选择　由冲压工艺分析可知，采用正装复合模。

（2）定位方式的选择　因为该模具采用的是条料，控制条料的送进方向采用导料销，无侧压装置；控制条料的进给步距采用挡料销。

（3）卸料、出件方式的选择　因为工件料厚为 2mm 的无氧铜板，材料相对较软，卸料力也比较小，故可采用弹性卸料。采用正装复合模，必须采用上出件。

（4）导向方式的选择　为了提高模具使用寿命和工件质量，方便安装调整，该级进模采用中间导柱的导向方式。

5. 主要零部件设计

（1）工作零件的结构设计

1）凸凹模。凸凹模外形按凸模设计，内孔按凹模设计，结合工件外形并考虑加工，将落料凸模设计成台阶式，最后采用工具磨床精加工，冲孔凹模设计成台阶孔形式，其总长 L 按式（2-30）计算。即

$$L=(20+10+2+24)\text{mm}=56\text{mm}$$

具体结构如图 2-81a 所示。

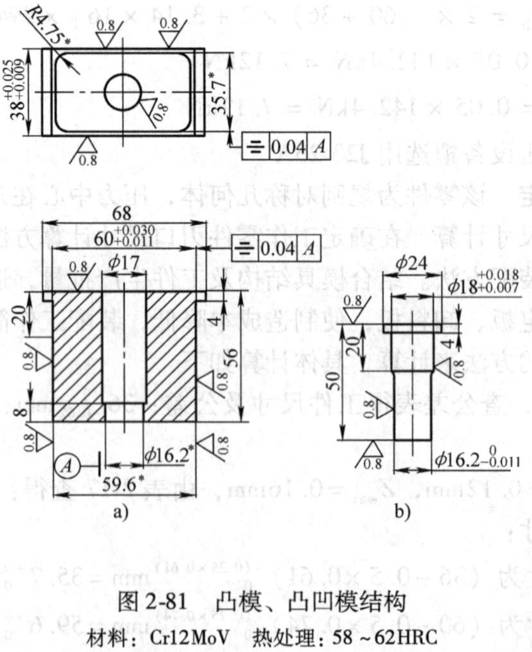

图 2-81　凸模、凸凹模结构

材料：Cr12MoV　热处理：58 ~62HRC

注：有＊尺寸与凹模对应尺寸配制，保证间隙在 0.12 ~0.16mm

2）冲孔凸模。因为所冲的孔为圆形，而且都不属于需要特别保护的小凸模，所以冲孔凸模采用台阶式，既加工简单，又便于装配与更换。冲 ϕ16mm 孔的凸模结构如图 2-81b 所示。

3）凹模。采用整体凹模，均采用线切割机床加工，安排凹模在模架上的位置时，将凹模心与模柄中心重合。其轮廓尺寸可按公式(2-38)、式(2-39)、式(2-40）计算。

凹模厚度 $H = kb = 0.28 \times 60\text{mm} \approx 17\text{mm}$（查表2-18 得 $k = 0.28$），取凹模厚度 $H = 20\text{mm}$。

凹模宽度 $B = b_1 +（2.5 \sim 4）H = 60 + 2.9 \times 20\text{mm} = 118\text{mm}$

凹模长度 $L = L_1 + 2C = 36 + 2 \times 28 = 92\text{mm}$（送料方向，查表2-19 得 $C = 28\text{mm}$）。

凹模轮廓尺寸为 120mm × 100mm × 20mm，结构如图 2-82 所示。

（2）卸料、顶料部件的设计

1）卸料板的设计。卸料板的周界尺寸与凹模的周界尺寸相同，厚度为 10mm。卸料板采用 45 钢制造，淬火硬度为 40 ~ 45HRC。

2）卸料螺钉的选用。卸料板上设置 4 个卸料螺钉，公称直径为 8mm，螺纹部分为 M6 × 10mm。卸料螺钉尾部应留有足够的行程空间。卸料螺钉拧紧后，应使卸料板超出凸模端面 1mm，有误差时通过在 螺钉与卸料板之间安装垫片来调整。

3）顶件块的设计。正装复合模工件一般采用上出料，为节约材料，通常在凹模下加一垫块，以增加顶件块的行程。顶件块与弹顶器用顶杆相连。

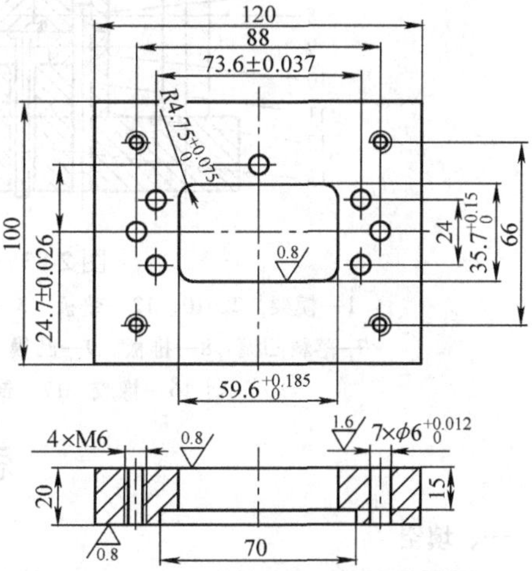

图 2-82　凹模结构

材料：Cr12 MoV　热处理：60 ~ 62HRC

（3）模架及其他零部件设计　该模具采用中间导柱模架，这种模架的导柱在模具中间位置，冲压时可防止由于偏心力矩而引起的模具歪斜。以凹模周界尺寸为依据，选择模架规格。

导柱 d/mm × L/mm 分别为 ϕ28 × 160，ϕ32 × 160；导套 d/mm × L/mm × D/mm 分别为 ϕ28 × 115 × 42，ϕ32 × 115 × 45。上模座厚度 $H_{上模}$ 取 25mm，上、下模垫板厚度 $H_{垫}$ 取 5mm，上、下固定板厚度 $H_{固}$ 取 20mm，下垫块厚度 10，下模座厚度 $H_{下模}$ 取 30mm，那么该模具的闭合高度为

$$H_{闭} = (25 + 5 + 5 + 56 + 20 + 20 + 30 + 20 - 2)\text{mm} = 179\text{mm}$$

凸模冲裁后进入凹模的深度 2mm。

可见该模具闭合高度小于所选压力机 J23-25A 的最大装模高度（270mm），可以使用。如果模具闭合高度大于所选压力机 J23-25A 的最大装模高度，则应修改模具设计或另选压力机。

6. 模具总装图

通过以上设计，可得到如图 2-83 所示的模具总装图。模具上模部分主要由上模板、垫板、凸凹模、凸模固定板及卸料板等组成。卸料方式采用弹性卸料，以橡胶为弹性元件。下模部分由下模座、凹模、凸模及固定板、导料销等组成。冲孔废料由上模打杆从凸凹模打出，成品件由下模中顶料块从凹模中顶出。

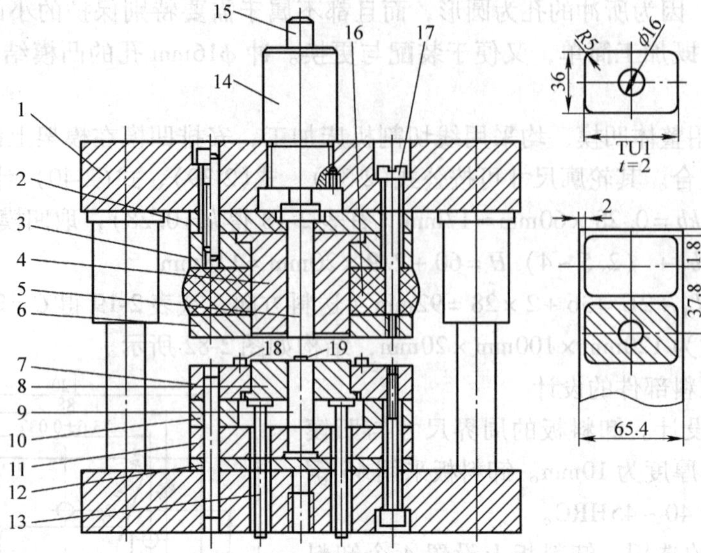

图 2-83　阳极板落料-冲孔模结构

1—模架　2、10、12—垫板　3—凸凹模固定板　4—凸凹模　5—推杆　6—卸料板　7—落料凹模　8—推板　9—凸模　11—凸模固定板　13—顶杆　14—模柄　15—打杆　16—橡胶　17—卸料螺钉　18—导料销　19—挡料销

思考题和习题

一、填空

1. 圆形垫圈的内孔属于__________，外形属于__________。
2. 冲裁断面分为四个区域：分别是________、________、________、________。
3. 冲裁过程可分为________、________、________三个变形阶段。
4. 工作零件刃口尺寸的确定冲孔以________为计算基准，落料以________为计算基准。
5. 冲裁件的经济冲裁精度为________。
6. 凸凹模在下模部分的叫________，凸凹模在上模部分的叫________。
7. 正装复合模与倒装复合模的最大区别是________________复合模多一套打件装置。
8. 弹性卸料装置除了起卸料作用外，还起________作用，它一般用于________的情况。
9. 侧刃常用于____________中，起____________作用。
10. 冲压力合力的作用点称为____________，设计模具时，要使____________与模柄中心重合。

二、判断（正确的在括号内打✓，错误的打×）

1. 落料件比冲孔件精度高一级。（　）
2. 在其他条件相同的情况下，H62 比 08 钢的搭边值小一些。（　）
3. 在复合模中，凸凹模的断面形状与工件完全一致。（　）
4. 复合模所获得的零件精度比级进模低。（　）
5. 直对排比斜对排的材料利用率高。（　）

三、选择

1. 在压力机的每次行程中，在________，同时完成两道或两道以上________的冲模叫级进模。

A. 同一副模具的不同位置　B. 同一副模具的相同位置。　C. 不同工序　D. 相同工序

2. 精密冲裁的条件是________。

A. 工作零件带有小圆角，极小的间隙，带齿压料板，强力顶件

B. 工作零件为锋利的刃口，负间隙，带齿压料板，强力顶件

3. 冲裁模导向件的间隙应该________凸凹模的间隙。

A. 大于　B. 小于　C. 等于　D. 小于等于

4. 凸模比凹模的制造精度要________，热处理硬度要求________。

A. 高一级　B. 低一级　C. 不同　D. 相同

5. 硬材料比软材料的搭边值________，精度高的制件搭边值和精度低的制件________。

A. 小　B. 大　C. 不同　D. 相同

四、问答题

1. 何谓冲裁变形过程的三个阶段？裂纹在哪个阶段产生？首先在什么位置产生？

2. 冲裁件质量包括哪些方面？冲裁件的断面分成哪四个特征区？影响冲裁件断面质量的因素有哪些？某冲裁件毛刺偏长，试分析原因并确定解决措施。

3. 影响冲裁件尺寸精度、形状误差的因素有哪些？

4. 如何确定合理的冲裁间隙值？冲裁间隙对冲件质量及模具寿命有何影响？

5. 简述凸、凹模刃口尺寸计算原则及计算方法。

6. 凸、凹模分别加工时，其刃口尺寸计算应注意什么？凸、凹模配合加工时，其刃口尺寸计算应注意什么？

7. 什么是搭边？有何作用？影响搭边值的因素有哪些？提高材料利用率的方法有哪些？

8. 一张完整的排样图应表达哪些信息？

9. 冲裁件的工艺性是指什么？审查冲裁件工艺性的目的是什么？

10. 正装复合模与倒装复合模有何区别？

11. 试比较单工序冲裁模、级进模、复合模的特点。

12. 简述凸模常见的结构形式及其固定方法。凸模及凹模零件的设计分别包含哪些内容？

13. 对冲小孔凸模一般采取哪些措施以提高其强度和刚度？

14. 对条料、块料或工序件的限位内容是什么？分别由哪些零件实现？

15. 简述挡料销的形式以及始用挡料装置的工作过程。

16. 什么情况下一般采用固定卸料装置？

17. 简述弹压卸料装置的工作原理与作用。

18. 怎样确定弹压卸料板与凸模的单边间隙？

19. 试述刚性推件装置的工作原理。

20. 如图 2-84 所示的连接板冲裁件，材料为 10 钢，厚度为 2mm。该零件年产量 20 万件，冲压设备初选为 250kN 开式压力机，试制定冲压工艺方案。计算采用分开制造法时凸、凹模的刃口尺寸及偏差。

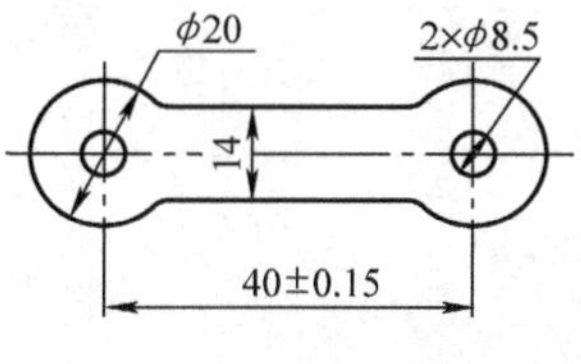

图 2-84　问答题 20 图
材料 10　料厚 2mm

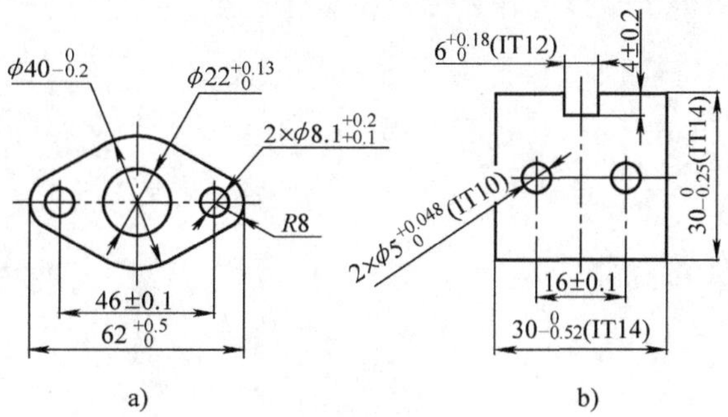

图 2-85　问答题 22 图
材料 10　料厚 2mm

21. 绘制如图 2-84 所示连接板零件落料冲孔复合模的总装配图，确定所选用模架的型号和规格。

22. 计算如图 2-84 所示零件落料冲孔复合模的冲裁力、推件力、卸料力以及选用压力机的吨位；计算压力中心。

23. 按分开加工法制造，计算图 2-85a 所示零件凸、凹模的刃口尺寸及偏差；按配合加工法制造，计算图 2-85b 所示零件凸、凹模的刃口尺寸及偏差。

24. 绘制如图 2-85a 所示零件的合理排样图，计算有侧压装置的条料宽度和材料利用率。

五、根据图 2-86 所示零件，完成以下内容：

1. 工作零件刃口尺寸。
2. 画出其级进模排样图并计算出一块板料的材料利用率。
3. 计算冲裁力，选择压力机。
4. 绘出模具结构草图及工作零件图。

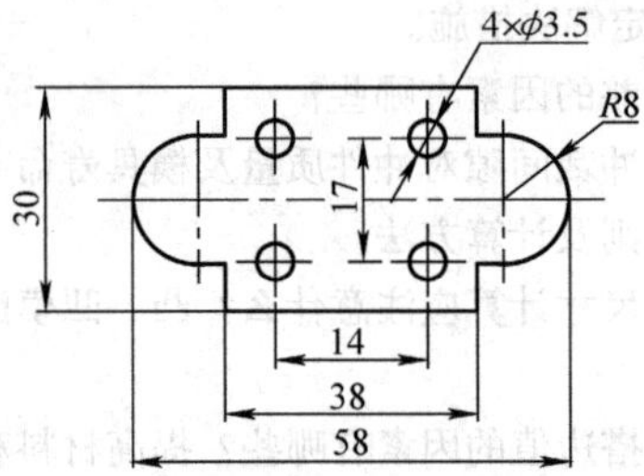

图 2-86　托板

材料：08F　厚度：2mm　生产纲领：大批量

单元三

弯曲工艺与模具结构

本单元学习目的：

1. 熟悉弯曲的概念及应用，掌握弯曲件的工艺性分析，掌握弯曲件毛坯长度计算，熟悉弯曲力计算。
2. 了解影响回弹的因素与减少回弹的措施，避免产生弯曲缺陷。
3. 了解弯曲的工艺安排原则，合理选用工艺方案，提高设备利用率和生产率。
4. 掌握凸、凹模间隙计算及工作尺寸设计计算。
5. 掌握凸、凹模圆角半径和凹模深度计算，合理选择工作零件的结构。
6. 掌握典型弯曲模的工作原理和结构组成，了解弯曲模其他零件的设计、结构与选用。
7. 了解弯曲件质量分析，提高分析弯曲件质量的能力。
8. 掌握弯曲模设计、拆装的基本步骤。

实训课题三　弯曲模的拆装

1. 实训目的

通过对典型弯曲模具的拆装，增进对模具内部结构的认识，培养实践动手能力；了解模具零件相互之间的装配形式以及配合关系；了解模具拆卸过程以及装配复原步骤。

2. 训练要求

测绘所拆模具零件，按照规定要求画出相应零件的结构图；分析所拆模具零件，了解模具的工作原理以及各组成零件的作用；简述拆卸过程及有关操作规程；填写好配合关系测量表。

3. 实习课题

模具的拆卸与测绘。

4. 准备工作

1）一副中等复杂程度的弯曲模。

2）拆装工具，包括内六角扳手、拔销器、铜棒、平行等高垫铁、钳工台、锤子、旋具、盛物容器等。

3）测量工具，包括游标卡尺、千分尺、钢直尺、塞尺、百分表等。

5. 模具拆卸注意事项

拆卸模具时应注意以下问题：

1）拆卸模具时可以用起重工具将模具的某一部分（如模具的上模部分）托住，另一手用木锤或铜棒轻轻地敲击模具的另一部分（如模具的下模部分）的座板，使模具分开。拆卸时不能用很大的力量锤击模具的其他工作面，或使模具左右摆动，从而对模具的精度产生不良的影响。拆卸时应小心，不能碰伤模具工作零件的表面。拆卸下来的零件应放在指定的容器中，注意防止遗失或生锈。

2）按照模具的具体结构决定拆卸程序，否则先后倒置或贪图省事而猛拆猛敲，极易造成零件损伤或变形，严重的将导致模具难以装配复原；模具的拆卸顺序一般先拆外部零件，然后再拆主体部件。拆卸部件或组合件时，应按先外后内、从上到下的顺序依次拆卸。

3）容易移位但又没有定位的零件，应做好标记，各零件的安装方向也应辨别清楚，并做好标记。

4）凸模、凹模和型芯等精密模具零件应单独存放，防止碰伤工作部位；拆下零件应清洗，最好涂上润滑油，防止生锈腐蚀。

6. 模具测绘

模具测绘有助于进一步认识模具零件，了解模具相关零件之间的装配关系。模具测绘最终要完成拆卸模具的装配图和重要零件图的绘制。测绘数据及方法会导致测量结果产生相应的误差，因此需要按技术资料上的理论数据进行必要的“圆整”。测绘可参考以下步骤：

1）拆卸模具之前，先画出模具的结构草图，测量总体尺寸。

2）拆卸后对照实物徒手画出模具各零件的结构草图。

3）选择基准，确定模具零件的尺寸标注方案。

4）根据标注方案，测量所需尺寸数据，做好记录，查阅有关技术要求，圆整有关尺寸数据。

5）完成装配图和重要零件结构图的绘制。

表3-1所示为弯曲模配合零件之间的配合要求，测绘者可以根据测绘实感及实测数据进行填写，为完成装配图作准备。表中空行供记录未列出的模具装配零件的测绘数据用。

表3-1　级进弯曲模零件配合关系测绘表

序号	相关配合零件	配合性质	配合要求	配合尺寸测量值	配合尺寸
1	凸模		凸模实体小于凹模洞口一个间隙		
	凹模				
2	凸模		H7/m6 或 H7/n6		
	凸模固定板				
3	导柱		H6/h6 或 H7/h6		
	导套				
4	卸料板		卸料板孔大于凸模实体0.2~0.6mm		
	凸模				
5	销钉		H7/m6 或 H7/n6		
	定位模板				
⋮					

7. 模具装配

弯曲模的装配，主要是保证凸、凹模的对中，使其间隙均匀。在此基础上，选择正确的装配方法和装配顺序。其装配顺序一般是选择上、下模中主要零件位置要求大的零件，作为装配的基准件先装配，并用它来调整另一个零部件的位置。

弯曲模装配的主要工作内容包括：

（1）对模具主要零件的装配　凸、凹模的装配，凸、凹模与固定板的装配，上、下模座的装配。

（2）模具的总装配　选择好装配的基准件，并安排好上、下模的装配顺序，然后进行模具的总装配。装配时应调整好各配合部位的位置和配合状态，严格按照规定的各项技术要求进行装配，以保证装配质量。

（3）模具的检验和调试　对模具的外观质量、各部件的固定连接和活动连接情况以及凸、凹模配合间隙进行检查，检查模具各部分的功能是否满足使用要求。条件具备时可通过试冲对所装配模具进行调试。

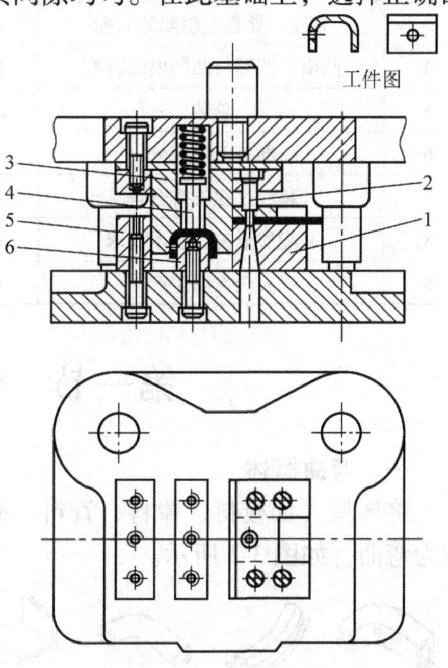

图3-1　级进弯曲模
1—冲孔凹模　2—冲孔凸模　3—凸凹模
4—顶件销　5—挡块　6—弯曲凸模

8. 拆装实例

以图3-1所示级进弯曲模为例，按照正常生产时模具装配流程，介绍其装配过程。

（1）装配要求

1）根据模具装配图，分析模具的工作原理、各部位的结构组成以及功用。

2）逐步熟悉各零、部件装配的技术要求和工艺规范，确定装配工艺方案。

3）准备好装配用的工具、量具以及夹具。

4）按图检查零件质量，确定装配基准件。

5）按图逐一控制零、部件的装配过程和装配质量。

（2）装配步骤

1）确定装配基准件。

2）将模柄压入上模座。

3）将导柱压入下模座。

4）将导套压入上模座。

5）装配凸模。

6）装配凹模及其相关组件。

7）安装卸料板及其他部件。

（3）实习记录及成绩评定　实习记录及成绩评定如表3-2所示，仅供参考。

表3-2　弯曲模装配实习记录及成绩评定表

项次	项目与技术要求	分数	评定方法	实测记录	得分
1	凸凹模与下模座的装配	8	测量		
2	模柄的装配	8	测量		
3	导柱、导套及模架的装配	12	测试		
4	凸模、凹模与凸凹模的装配	14	测试		
5	总装	30	总体评定		
6	准备工作充分	6	每缺一项扣1分		
7	装配过程安排合理	6	安排不合理每一处扣1分		
8	装配质量符合技术要求	10	发现一处不符合要求扣2分		
9	安全文明生产	6	违者每次扣2分		

第一节　弯曲变形特点及分析

一、弯曲概述

将坯料（如板料、棒料、管料、型材）弯曲成具有一定形状和尺寸制件的冷冲压工序称为弯曲，如图3-2所示。

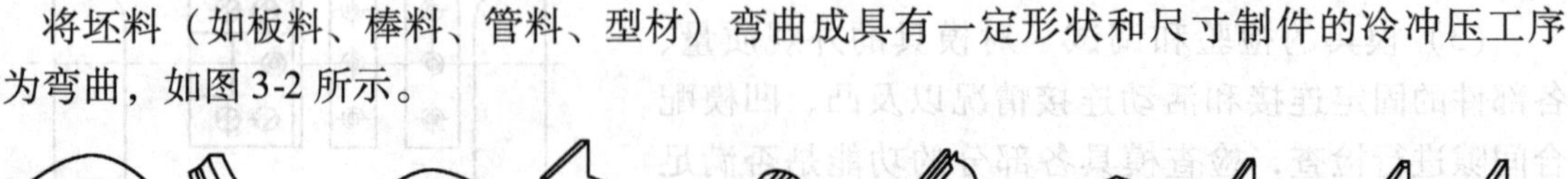

图3-2　坯料的弯曲

弯曲方法主要有压弯、滚弯、拉弯、折弯。其中在压力机上利用模具对板料进行压弯加

工在生产中用得最多，如图3-3所示。日常生活中人们利用弯曲工艺方法得到的部分常用弯曲零件如图3-4所示。

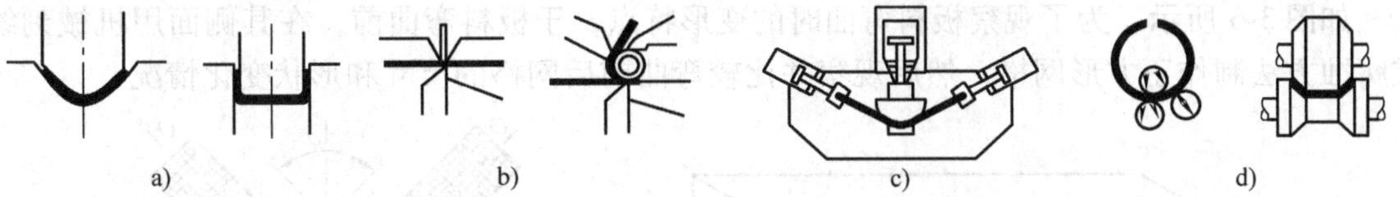

图3-3　弯曲零件的成形方法
a）压弯　b）折弯　c）拉弯　d）滚弯

二、弯曲变形过程分析

1. 弯曲变形过程

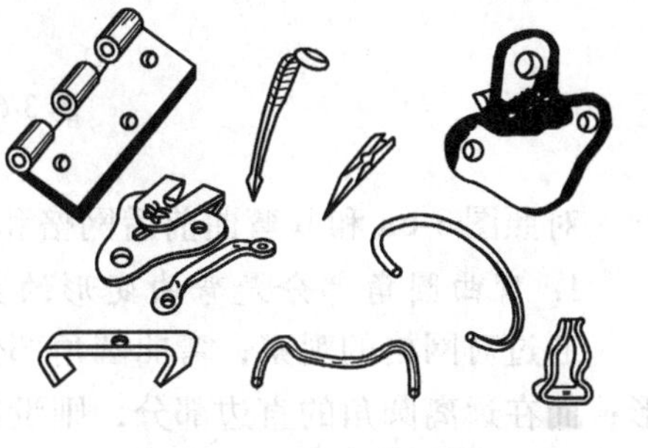

图3-4　常见弯曲零件

图3-5所示为V形弯曲件的弯曲过程。弯曲开始时，模具的凸、凹模分别与板料在A、B处相接触，由于凸、凹模不同接触点力的作用而产生弯矩，在弯矩作用下发生弹性变形，使板料产生弯曲。在弯曲的开始阶段，弯曲圆角半径r很大，弯曲力矩很小，仅引起材料的弹性弯曲变形。随着凸模进入凹模深度的增大，凹模与板料的接触处位置发生变化，支点B沿凹模斜面不断下移，弯曲力臂l逐渐减小，同时弯曲圆角半径r亦逐渐减小，板料的弯曲变形程度进一步加大。接近行程终了时，弯曲半径r继续减小，而直边部分反而向凹模方向变形，直至板料与凸、凹模完全贴合。

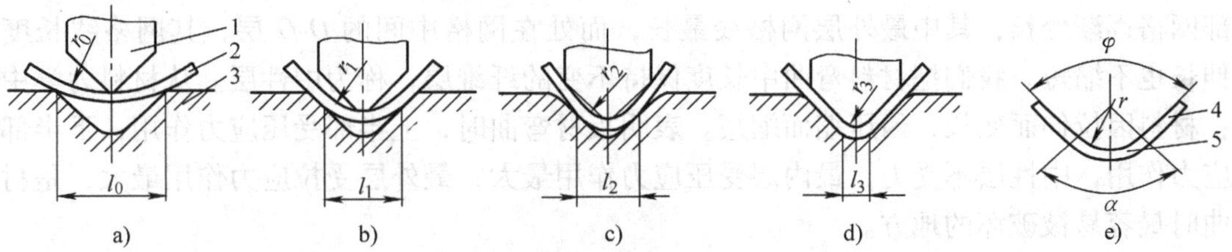

图3-5　V形零件弯曲过程
1—凸模　2—板料　3—凹模　4—直边部分（非变形区）　5—圆角部分（弯曲变形区）

图3-5a所示为弹性变形阶段，变形区材料的弯曲半径由∞变为r_0，弯曲力臂为l_0。图3-5b所示为变形区材料应力达到屈服极限而进入塑性变形阶段，变形区弯曲半径和弯曲力臂逐步变小，分别由r_1变为r_2，l_1变为l_2。图3-5c所示为板料弯曲变形区进一步变小，弯曲半径减小至r_3，弯曲力臂减小至l_3。图3-5d所示为板料的直边和圆角部分与凸、凹模完全贴紧，板料被压平。图3-5e所示为V形件弯曲加工示意图。

2. 弯曲变形的分类

因为弯曲过程差异，弯曲又分为自由弯曲和校正弯曲。

（1）自由弯曲　如果在板料和凸、凹模完全贴紧后凸模立即回升，这种弯曲称为自由弯曲。

（2）校正弯曲　如果在板料和凸、凹模完全贴紧后，凸模继续下行一段很小的距离，对工件起校正作用，产生进一步的塑变，则这种弯曲称为校正弯曲。

校正弯曲要比自由弯曲所得的弯曲件精度高。

三、板料弯曲变形特点

如图 3-6 所示，为了观察板料弯曲时的变形特点，于板料弯曲前，在其侧面用机械刻线或腐蚀方法制作正方形网格，然后观察并比较弯曲前后网格的尺寸和形状变化情况。

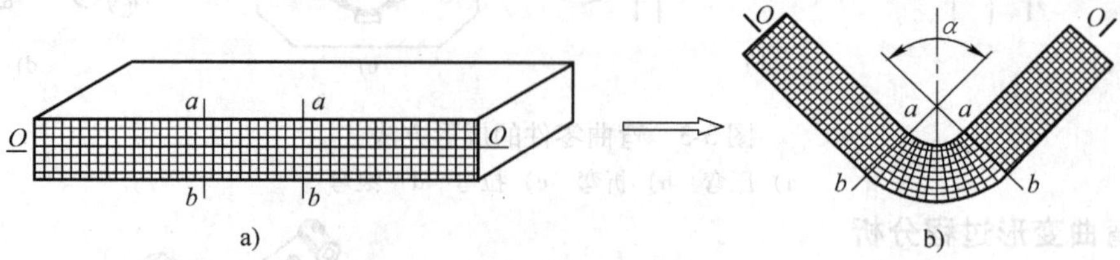

图 3-6　弯曲试验网格前后变化

a）变形前　b）变形后

对照图 3-6a 和 b 弯曲前后网格和变形区断面的变化情况，可以看出弯曲变形的特点为：

1. 弯曲圆角部分是弯曲变形的主要变形区

通过对网格的观察，弯曲圆角部分的网格发生了显著的变化，原来正方形网格变成了扇形；而在远离圆角的直边部分，则没有这种变化；在靠近圆角处的直边，有少量的变化。这说明弯曲变形区主要在圆角部分。通过不同角度的弯曲，会发现弯曲圆角半径越小，该变形区的网格变形越大。因此，弯曲变形程度可以用相对弯曲半径（r/t）来表示。

2. 弯曲变形的中性层

比较变形区内弯曲前后相应位置的网格线长度可知，弯曲后，网格的形状发生改变由正方形变为扇形；网格的长度也发生改变，上半部网格逐渐缩短，其中最内层网格线最短，下半部网格逐渐变长，其中最外层网格线最长，而处在网格中间的 O-O 层，其网格线长度既不伸长也不缩短。我们把材料弯曲中长度保持不变的纤维层，称为中性层。从材料力学中知道：材料因拉伸而变长，因压缩而缩短。表明板材弯曲时，上半部受压应力作用，下半部受拉应力作用，中性层不受力，最内层受压应力作用最大，最外层受拉应力作用最大，是材料弯曲时最容易被破坏的地方。

3. 变形区材料厚度变薄的现象

弯曲变形程度较大时，变形区外侧材料受拉伸长，使得厚度方向的材料减薄；变形区内侧材料受压，使得厚度方向的材料增厚，中性层位置内移，外侧的减薄区域随之扩大，内侧的增厚区域逐渐缩小，外侧的减薄量大于内侧的增厚量，因此使弯曲变形区的材料厚度变薄。变形程度愈大，变薄现象愈严重。如图 3-7 所示，$t_1 = h_t < t$，h 为变薄系数。当 $r/t >$

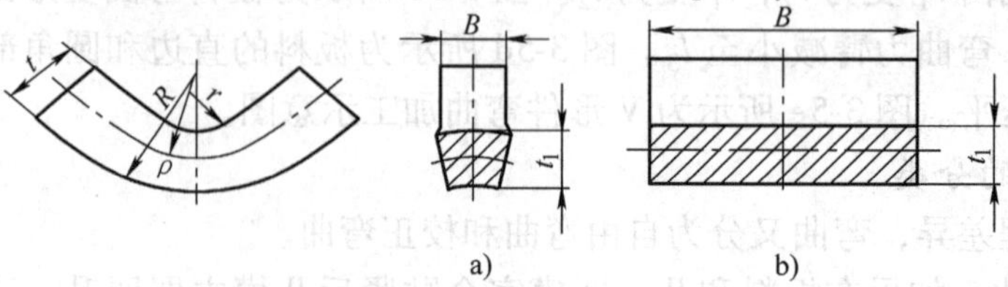

图 3-7　弯曲变形区的横断面变化

a）$B<3t$　b）$B>3t$

B—板料的宽度　t—板料的厚度　t_1—弯曲后板材变形区的厚度

5～10时，板料基本上不变薄。

4. 宽度变化

当板料较窄（$B<3t$）时，宽度断面成内宽外窄，如图3-7a所示。当板料较宽（$B>3t$）时基本保持原状，如图3-7b所示。当板料的宽度很大，厚度又较薄，宽度方向的刚性较差时，板料弯曲的弯曲线容易产生纵向弯曲。

第二节　弯曲工艺性及工序安排

弯曲件的工艺性是指弯曲件的材料、形状、尺寸、精度要求和技术要求等对弯曲工艺的适应程度。

弯曲件的材料应具有足够的塑性，较低的屈服极限 σ_s 和较高的弹性模量 E。脆性较大的材料，如磷青铜、铍青铜、弹簧钢等，要求弯曲时有较大的相对弯曲半径。非金属材料中，只有塑性较大的材料才能进行弯曲，并且在弯曲前要对毛坯进行预热，弯曲时的相对弯曲半径也应较大（一般应使 $r/t>3\sim5$）。

弯曲用的板料毛坯，一般由冲裁或剪裁获得。材料剪切断面上的毛刺、裂口和冷作硬化以及板料表面的划伤、裂纹等缺陷的存在，将会造成弯曲时应力集中、材料破裂的现象。因此弯曲表面质量和断面质量差的板料，可以采用弯曲前去除毛刺或将材料有毛刺的一面朝向弯曲凸模、切除剪切断面上的硬化层或者退火处理等方法，以避免工件的破裂。

一、弯曲件的结构工艺性

弯曲件应具有良好的结构工艺性，这样可简化工艺过程，提高弯曲件的尺寸精度。弯曲件的结构工艺性分析是根据弯曲过程的变形规律，并总结弯曲件实际生产经验提出的。主要考虑如下几个方面：

1. 弯曲件的圆角半径

弯曲时弯曲半径愈小，板料外表面的变形程度愈大，其变形程度超过材料的变形极限时出现裂纹或拉裂。在保证弯曲变形区材料外表面不发生破坏的条件下，弯曲件内表面所能形成的最小圆角半径称为最小弯曲半径，用 r_{min}/t 表示。当 r/t 大于表3-3中数值时可直接弯曲成形；r/t 小于表3-3中数值时，可采用下列措施：

1）采用加热弯曲或者两次弯曲，第一次采用较大的弯曲件半径，经中间退火后第二次再弯至要求的半径尺寸。

2）对于板料厚度1mm以下的薄料工件，要求弯曲内侧清角时，可以采取改变结构、压出圆角凸肩的方法，如图3-8所示。

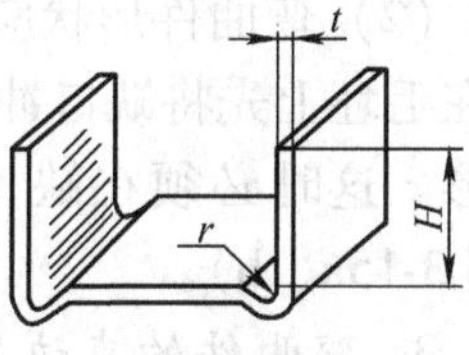

图3-8　压圆角、凸肩

3）如果弯曲件的相对弯曲半径较小，在进行弯曲展开毛坯冲裁的排样时，应尽可能使弯曲线与材料纤维方向垂直，如图3-9a所示。尽量不使弯曲线与材料纤维方向平行，如图3-9b所示。多角弯曲时，可使弯曲线与材料纤维方向相交一定的角度，如图3-9c所示。

4）对于板料较厚的弯曲件，可以采用预先沿弯曲变形区开槽，然后再弯曲的方法，如图3-10所示。图3-10a所示为V形件开槽；图3-10b所示为U形件开槽。实践证明：材料越薄，弯曲圆角半径可以越小。

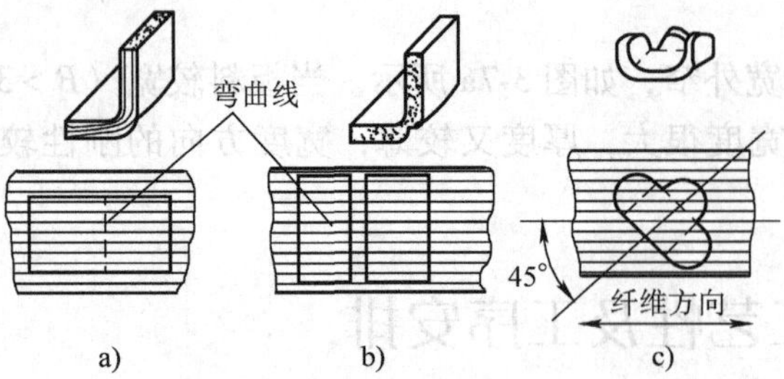

图 3-9　弯曲线与毛坯纤维方向的关系

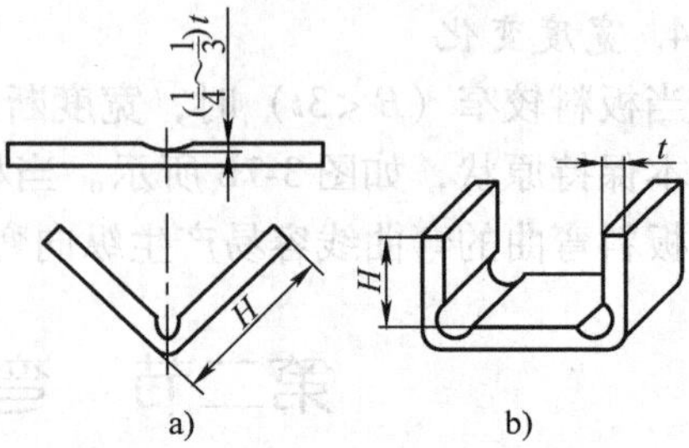

图 3-10　开槽后弯曲

2. 弯曲件形状与尺寸的对称性

（1）弯曲件的形状与尺寸尽量对称　如图 3-11 所示零件的圆角半径 $r_1 = r_2$ 比较好。如果弯曲件的形状不对称或者左右弯曲半径不一致，弯曲时将会因摩擦阻力不均匀而产生滑动偏移。图 3-12a 所示为毛坯形状不对称引起的偏移；图 3-12b 所示为工件结构不对称引起的偏移；图 3-12c 所示为凹模两边角度不对称引起的偏移。对于这种现象的发生，可在模具上设置压料装置（图 3-13）或利用件上工艺孔采用定位销定位（图 3-14）。

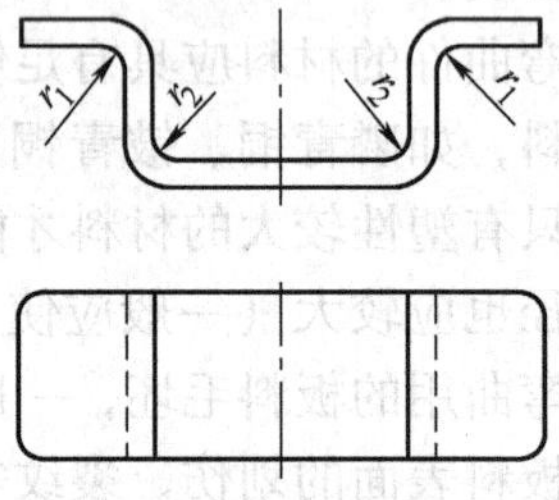

图 3-11　弯曲件的形状与结构应对称

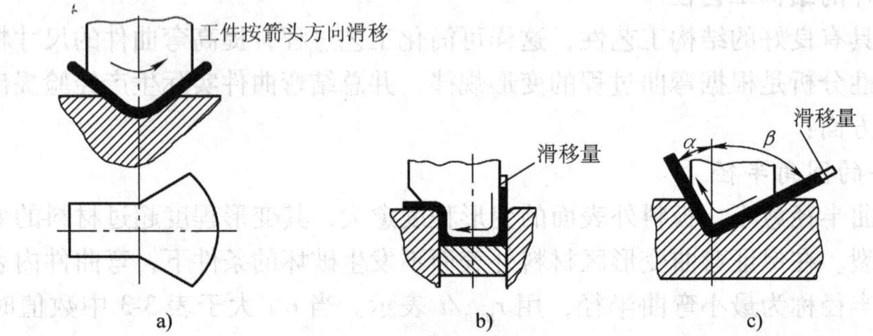

图 3-12　弯曲件形状对弯曲过程的影响

（2）弯曲件形状应力求简单　弯曲边缘有缺口的弯曲件时，若在毛坯上先将缺口冲出，弯曲时会出现叉口现象，严重时难以成形。这时必须在缺口处留有连接带，弯曲后再将连接带切除（图 3-15a、b）。

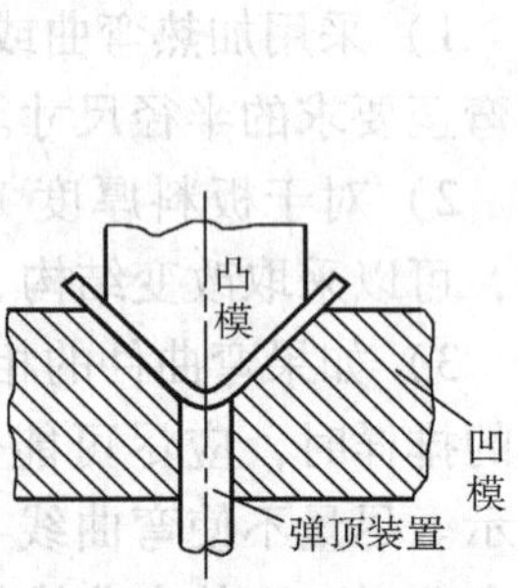

图 3-13　压料装置

3. 弯曲件的直边高度

弯曲件的直边高度在进行直角弯曲时，若弯曲的直边高度过短，弯曲过程中不能产生足够的弯矩，将无法保证弯曲件的直边平直。所以必须使弯曲件的直边高度 $h \geqslant r + 2t$，如图 3-16a、c 所示。若 $h < r + 2t$，则需先开槽再弯曲，或者先增加直边高度，弯曲后再切除多余的部分，如图 3-16b 所示；如强行弯曲，零件被弯裂，如图 3-16d 所示。

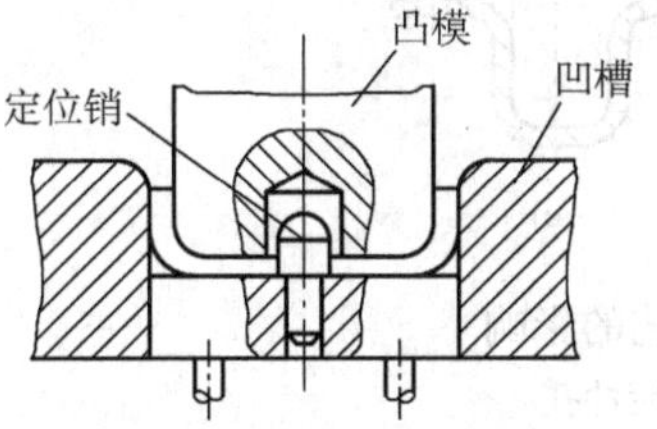

图 3-14　定位销定位

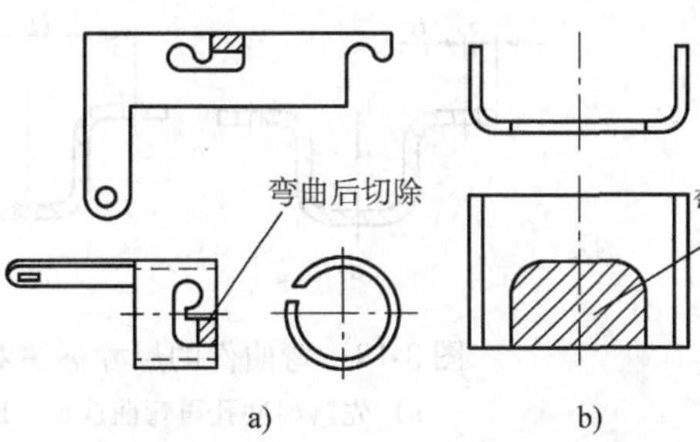

图 3-15　边缘有缺口弯曲件的弯曲工艺

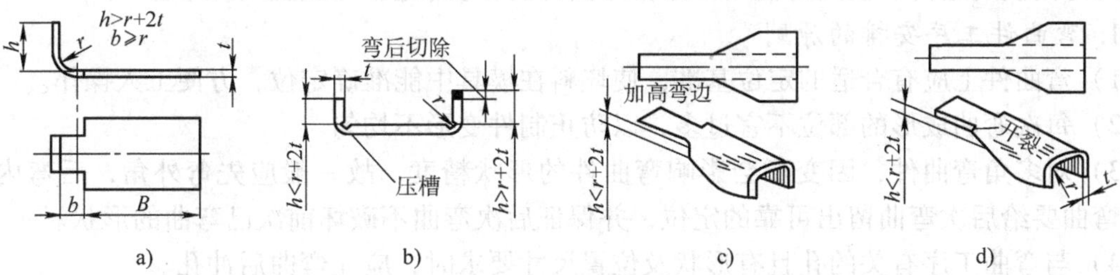

图 3-16　弯曲件直边高度图

4. 孔与槽的位置

弯曲孔或槽的毛坯时，为了防止孔、槽在弯曲时产生变形，必须保证孔、槽边缘距弯曲变形区有一定的距离，如图 3-17a 所示。当 $t<2\text{mm}$ 时，应保证 $L\geqslant t$；当 $t\geqslant 2\text{mm}$ 时，应保证 $L\geqslant 2t$。否则应采取图 3-17b 或 c 所示的工艺措施，或者先进行弯曲，然后再加工出孔或槽。

5. 增加工艺缺口、槽和工艺孔

弯曲线不应位于制件宽度的突变处，以免发生撕裂现象。若必须在突变处弯曲，应事先冲出工艺孔或工艺槽，其中：工艺槽深度 $L\geqslant t+r+K/2$，工艺槽宽度 $K\geqslant t$，工艺孔直径 $d\geqslant 3t$，如图 3-18 所示。

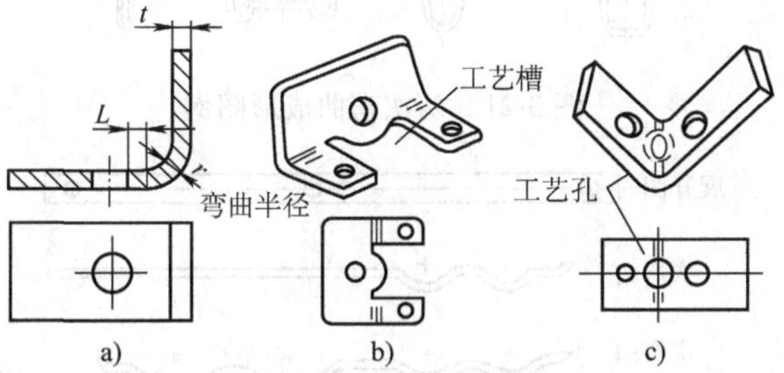

图 3-17　孔与槽的位置

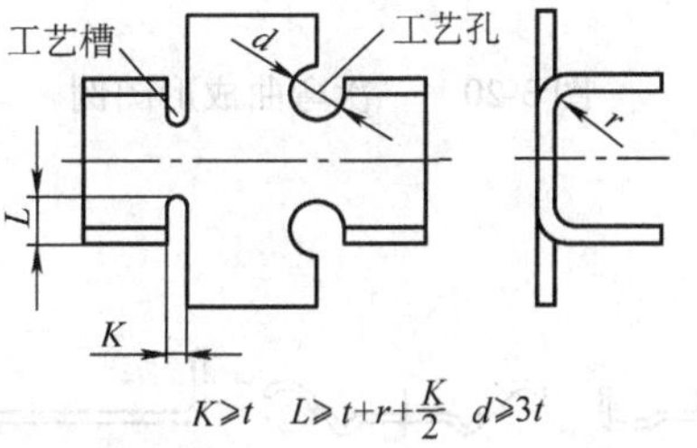

图 3-18　弯曲件宽度突变处的工艺槽与工艺孔

6. 弯曲件的尺寸标注

如图 3-19 所示，图 3-19a 所注孔的尺寸因不受弯曲件弯曲变形影响，故可考虑采取先冲孔后弯曲便于孔加工的方法；图 3-19b、c 所注孔的尺寸受到弯曲件变形影响，因此只能先弯曲后冲孔。

二、弯曲件的工序安排

弯曲件的弯曲工序安排是在工艺分析和计算后进行的，形状简单的弯曲件，如 V 形件、

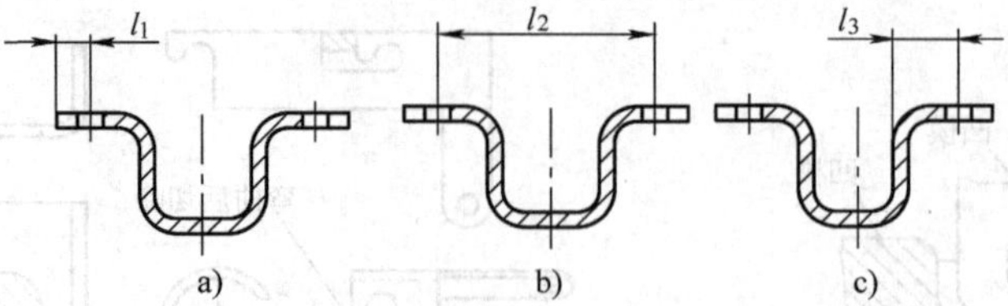

图 3-19　弯曲件的尺寸标注对弯曲件工艺的影响

a）先落料冲孔再弯曲成形　b)、c）弯曲后冲孔

U 形件等都可以一次弯曲成形。形状复杂的弯曲件，一般要多次弯曲才能成形。弯曲工序的安排对弯曲模的结构、模具的使用寿命，弯曲件的精度和生产批量影响很大。

1. 弯曲件工序安排的原则

1）弯曲件上应有合适的定位基准，使坯料在模具中能准确定位，方便工人操作。

2）每次弯曲成形的部位不宜过多，以防止制件变形不均匀。

3）对多角弯曲件，因变形会影响弯曲件的形状精度，故一般应先弯外角，后弯内角。前次弯曲要给后次弯曲留出可靠的定位，并保证后次弯曲不破坏前次已弯曲的形状。

4）与弯曲工序有关的孔且有形状及位置尺寸要求时，应先弯曲后冲孔。

5）结构不对称弯曲件，弯曲时毛坯容易发生偏移，应尽可能采用成对弯曲后再切开的工艺方法。

6）后续的弯曲工序不能破坏前工序已经成形的部位，前工序已弯曲部位不能给后续工序的定位或装配带来不便。

2. 弯曲成形的工序数目

弯曲成形工序数目的选择主要根据弯曲件的实际情况而定。图 3-20 ~ 图 3-23 所示为一些弯曲件弯曲工艺路线的实例，可供安排工艺路线时参考。

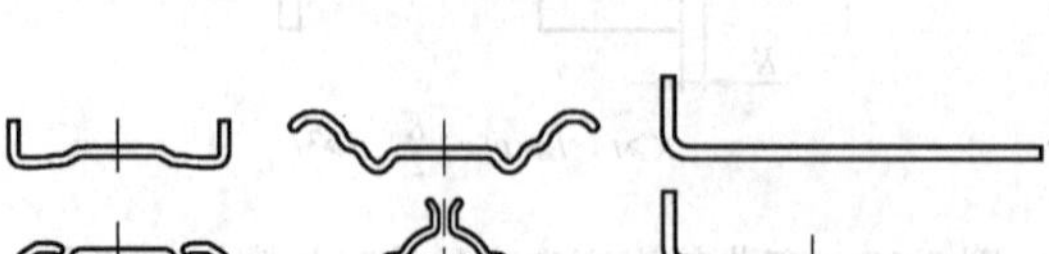

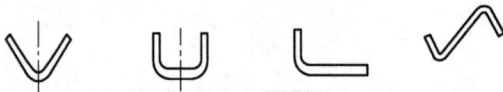

图 3-20　一次弯曲成形图例

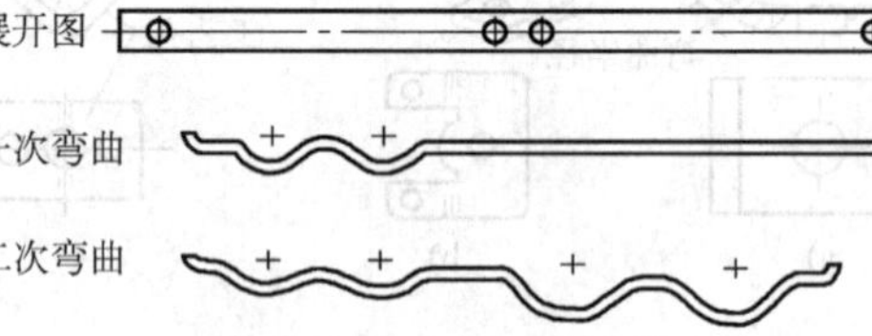

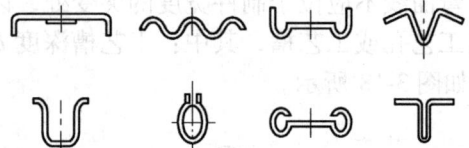

图 3-21　两次弯曲成形图例

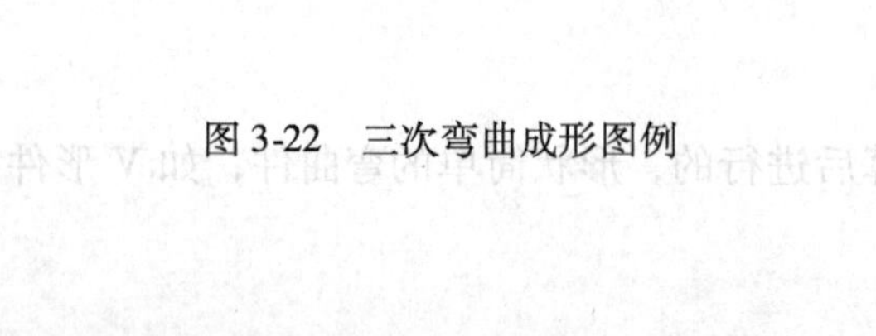

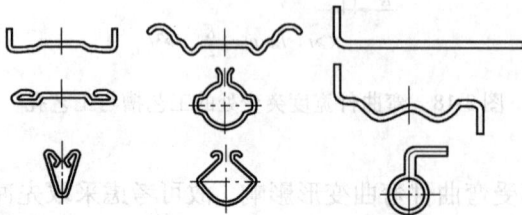

图 3-22　三次弯曲成形图例

图 3-23　多次弯曲成形图

第三节 弯曲件的质量分析

在实际生产中，影响弯曲件的质量因素很多，但主要因素是弯裂、回弹和偏移等，在制定弯曲工艺以及弯曲模具的设计时应该综合考虑。下面具体分析影响弯曲件质量的三种典型因素及控制措施。

一、弯裂

正如前面所述，弯曲件变形区外边是拉伸区，当此区的拉应力超出材料的抗拉强度时就产生裂纹。如图 3-24 所示，弯曲件的相对弯曲半径 r/t 越小，则变形越大，越易拉裂。在一定板材厚度 t 时，出现弯裂的最小相对弯曲半径用 r_{min}/t 表示，r_{min}/t 表示了弯曲材料的最大弯曲程度。最小相对弯曲半径 r_{min}/t 除与弯曲件的厚度 t 有关外，还与材料塑性、弯曲毛坯两侧边缘的加工状态、弯曲线与轧制方向的角度等因素有关。在实际生产中，应使弯曲件的半径大于 r_{min}/t。

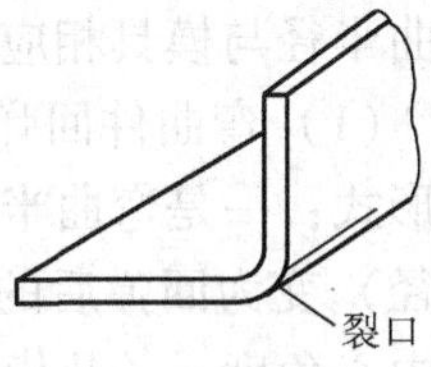

图 3-24 弯裂

表 3-3 列出了考虑部分工艺因素的最小相对弯曲半径实验数据。

表 3-3 部分材料的最小相对弯曲半径 r_{min}/t (mm)

材料	退火或正火		冷作硬化	
	垂直纤维方向弯曲	平行纤维方向弯曲	垂直纤维方向弯曲	平行纤维方向弯曲
08，10	0.1	0.4	0.4	0.8
15、20、20Q195	0.2	0.5	0.5	1
30、40、Q255A	0.4	0.8	0.8	1.2
45、50	0.5	1	1	1.7
65Mn、T7	1	2	2	3
Cr18Ni9Ti	1	2	3	4
铝	0.1	0.35	0.5	1
硬铝（软）	1	1.5	1.5	2.5
硬铝	2	3	3	4
软黄铜	0.1	0.35	0.35	0.8
硬黄铜	0.2	0.8	1	2
纯铜	0.1	0.35	1	2

注：1. 冲裁或剪裁后的板材未作退火处理时应视为冷作硬化。
2. 当弯曲线与纤维方向不为0°或90°时可取表中的一个相应中间值。

常用控制弯曲件弯裂的措施有：

1）改变落料毛坯排样方向，使弯曲线方向与材料轧制方向垂直或倾斜成一定的角度，一般为45°。

2）弯曲件毛边在弯曲时会引起应力集中容易产生开裂，故一般将毛边放在弯曲内侧，光边放在外侧。

3）避免在多弯曲线汇交处急剧弯曲，保证弯曲时变形区金属的流动。

4）在过渡圆角处增加工艺切口或孔，或者使弯曲变形区远离过渡内角。

5）采用附加反压弯曲，适当增大凸模圆角半径或增加弯曲工序以改善弯裂现象。

6）减小变形阻力因素，如模具圆角磨损、间隙过小、润滑不良、板厚严重超差和板面外观质量等。必要时进行中间退火、软化变形区。

二、回弹

弯曲件的弯曲变形是在模具外力作用下产生的总变形，这种变形由材料的塑性变形和弹性变形两部分组成。当弯曲结束，外力卸除后，塑性变形留存下来，而弹性变形将会弹性恢复。弯曲变形区外侧因弹性恢复而缩短，内侧因弹性恢复而伸长，导致弯曲件的弯曲角度和弯曲半径与模具相应尺寸不一致的现象，称为弯曲件的弹性回弹，如图 3-25 所示。

（1）弯曲件回弹的表现　弯曲件回弹现象通常表现为两种形式：一是弯曲半径的改变，由回弹前弯曲半径 r（凸模的半径）变为回弹后的 r_n。二是弯曲角度的改变，由回弹前弯曲中心角度 α（凸模的中心角度）变为回弹后的工件实际中心角度 α_n。如图 3-25 所示。回弹值的大小用半径回弹值和角度回弹值表示。

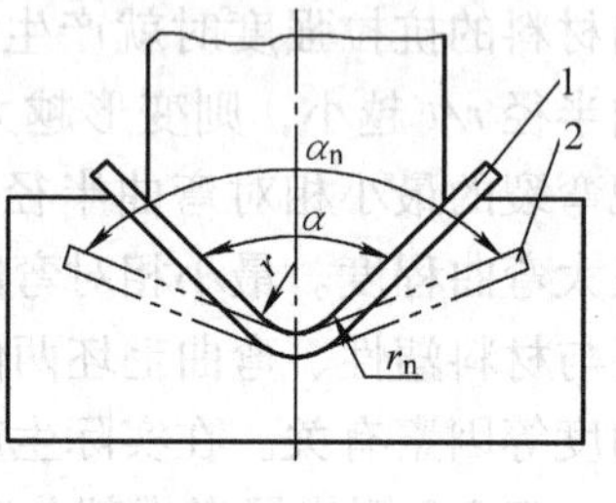

图 3-25　回弹
1—弯曲时总变形　2—回弹后存留下来的塑性变形

1）弯曲半径增大。卸载前板料的内半径 r（凸模的半径）在卸载后增加至 r_n。弯曲半径的增加量为

$$\Delta r = r_n - r \tag{3-1}$$

2）弯曲中心角的变化。卸载前的弯曲中心角为 α（凸模顶角），卸载后变化为 α_n。弯曲件角度的变化量 $\Delta\alpha$ 为

$$\Delta\alpha = \alpha_n - \alpha \tag{3-2}$$

回弹是弯曲成形时常见的现象，造成形状和尺寸误差，很难获得合格的制件。

（2）控制弯曲件回弹的措施　生产中要采取措施来控制和减小回弹。具体措施如下：

1）在满足弯曲件使用要求的条件下，尽可能选用弹性模量 E 大、屈服点 σ_s 小、力学性能比较稳定的材料，以减少弯曲时的回弹。

2）以校正弯曲代替自由弯曲。选择较小的弯曲半径和较小的模具间隙，且要注意调整好凸模下降深度，通过加大弯件的变形程度来进行回弹补偿。当弯曲变形区材料的校正压缩量为板厚的 2% ~5% 时，就可以得到较好的效果。

3）对一些硬材料和已经冷作硬化的材料，弯曲前先进行退火处理，降低其硬度以减少弯曲时的回弹，待弯曲后再淬硬。在条件允许的情况下，甚至可使用加热弯曲。

4）改进弯曲件的结构，加强弯曲件的刚度以减小回弹。例如在工件的弯曲变形区上压制加强肋，如图 3-26 所示。

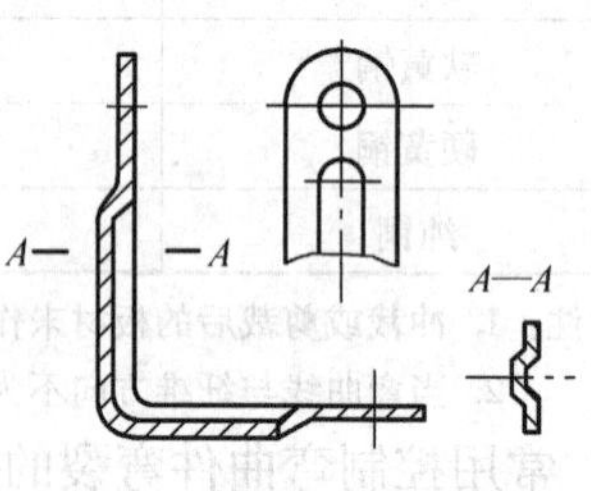

图 3-26　改进弯曲件的结构

5）利用弯曲件不同部位回弹方向相反的特点，按预先估算或试验所得的回弹量，修正凸模和凹模工作部分的尺寸和几何形状，以相反方向的回弹来补偿工件的回弹量，如图 3-27 所示。

6）在弯曲过程完成后，利用模具的突肩在弯曲件的端部纵向加压。如图 3-28 所示，使弯曲变形区横断面上都受到压力，卸载时工件内外侧的回弹趋势相反，使回弹大为降低，可获得较精确的弯边尺寸。

7）利用聚胺酯橡胶的软凹模代替金属的刚性凹模进行弯曲（图 3-29），减小回弹。

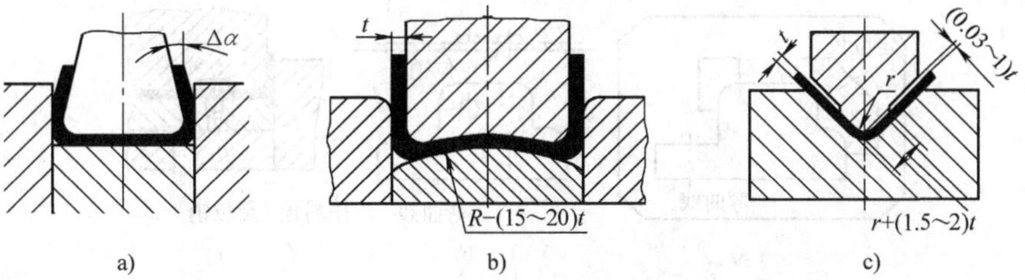

图 3-27　修正后的凸模和凹模工作部分尺寸

a）工件两侧由倾斜回弹至垂直　b）工件底部由圆弧回弹至直线

c）工件底部由凹洼回弹至平整

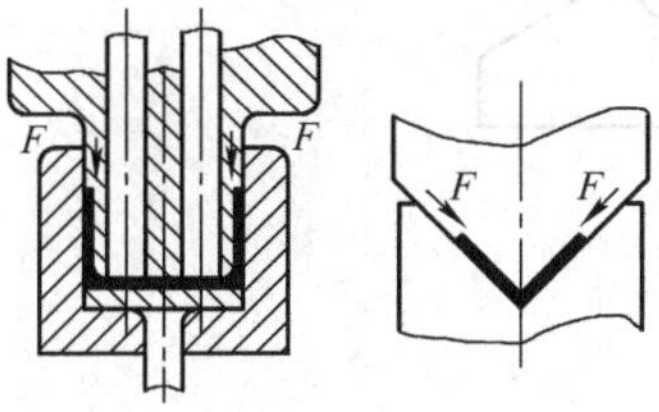

图 3-28　纵向加压降低回弹

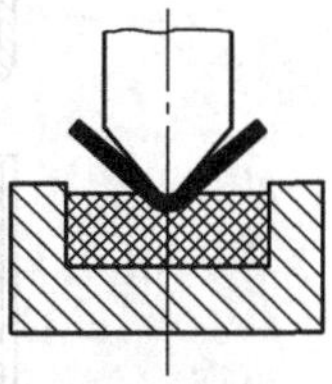

图 3-29　聚胺酯橡胶软凹模弯曲模

8）对于相对弯曲半径很大的弯曲件，由于变形区大部分处于弹性变形状态，弯曲回弹量很大，可以采用拉弯工艺避免。

三、偏移

偏移是指毛坯在弯曲变形时发生滑移并造成弯曲件位置的改变，使弯曲件变形区偏离既定位置的现象。不对称毛坯在弯曲受力时，弯折线两侧坯料面积不等，在模具间隙和圆角处产生数值不等的摩擦力导致弯曲件出现偏离，摩擦力小的一边比摩擦力大的一边先进入凹模，导致弯曲件产生偏移，造成制件报废。防止弯曲偏移的主要措施有：

1）尽可能采用对称凹模，边缘圆角相等，间隙均匀。

2）对于 V 形结构的模具，弯曲时应该使冲压方向选择在工件夹角或近似的夹角的平分线上。

3）在模具设计时采用压料装置，使毛坯在压紧的状态下逐渐弯曲成形，这样既能防止毛坯的滑动，又能得到底部较平的工件，如图 3-30 所示。

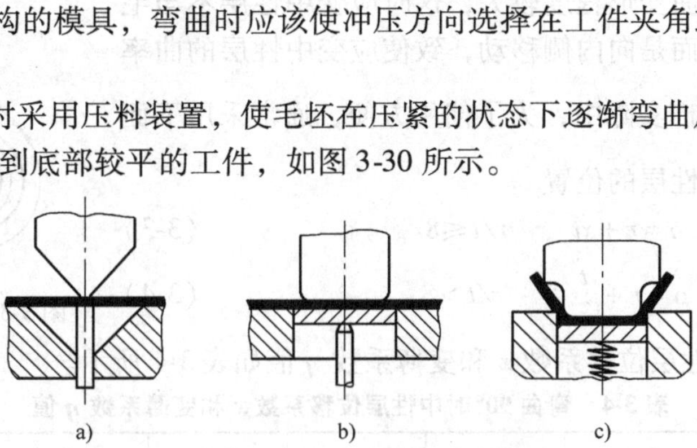

图 3-30　具有压料顶板的弯曲模

a）顶杆式　b）顶杆顶板式　c）弹簧顶板式

4）要设计合理的定位板（外形定位）或定位销（工艺孔定位），保证毛坯在模具中定位可靠，如图 3-31a、b 所示。对于某些弯曲件，工艺孔与压料板可兼用，如图 3-31c 所示。

5）拟定工艺方案时，可将尺寸不大的不对称形状弯曲件组合成对称的形状，弯曲后再

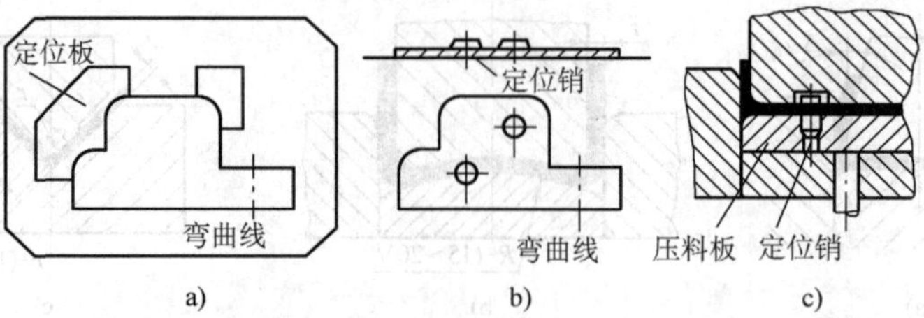

图 3-31 弯曲件的定位

切开，如图 3-32 所示，这样坯料在压弯时受力平衡，有利于防止产生偏移。

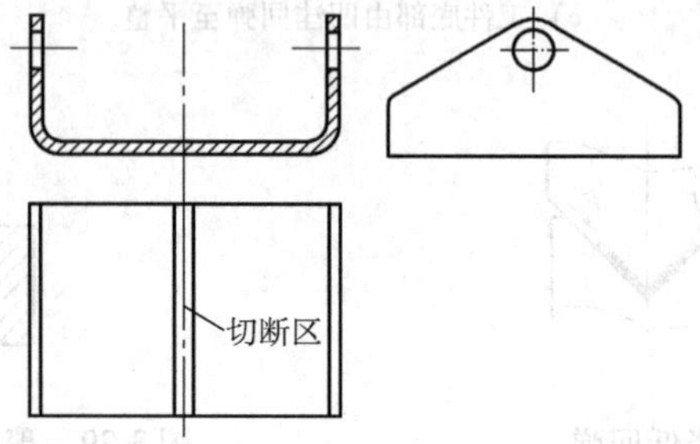

图 3-32 非对称件成对组弯曲后再切开

第四节 弯曲工艺计算

一、弯曲件坯料尺寸计算

1. 应变中性层位置的确定

在弹性弯曲时，弯曲件中性层通过毛坯横截面中心对称线。在塑性弯曲中，当变形程度较小时，通常也认为弯曲件中性层通过弯曲截面中心，如图 3-33 所示。但板料在实际弯曲生产中，冲压件的弯曲变形程度较大，这时应变中性层不与毛坯截面中心层重合，而是向内侧移动，致使应变中性层的曲率半径 $\rho=r+\frac{t}{2}$。在生产实际中，为了使用方便，通常采用下面的经验公式来确定中性层的位置

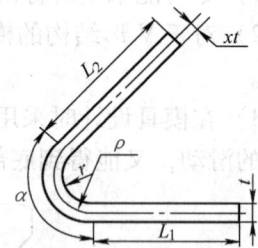

$$\rho=r+xt \qquad r/t\leqslant 8 \tag{3-3}$$

$$\rho=r+\frac{t}{2} \qquad r/t>8 \tag{3-4}$$

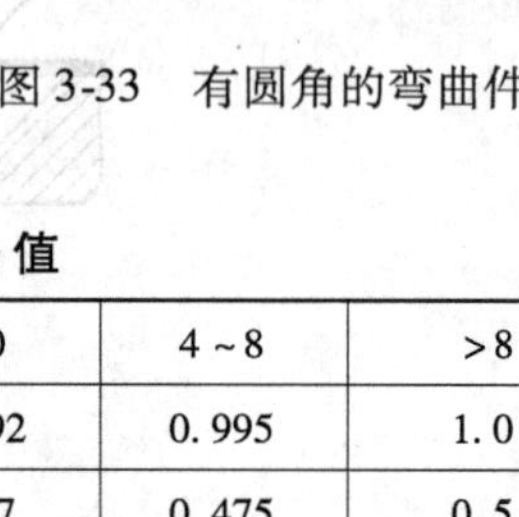

图 3-33 有圆角的弯曲件

弯曲 90°时，中性层位移系数 x 和变薄系数 η 值如表 3-4 所示。

表 3-4 弯曲 90°时中性层位移系数 x 和变薄系数 η 值

r/t	0.1	0.25	0.5	1.0	2.0	4.0	4 ~ 8	>8
η	0.82	0.87	0.92	0.96	0.99	0.992	0.995	1.0
x	0.32	0.35	0.38	0.42	0.445	0.47	0.475	0.5

注：设板料变形区弯曲后的厚度 $t'=\eta t$，则 $\eta=t'/t<1$ 为变薄系数。

从表 3-4 可以看出，中性层位置与板料厚度 t、弯曲半径 r 以及变薄系数 η 等因素有关。相对弯曲半径 r/t 越小，则变薄系数 η 越小、板厚减薄量越大，中性层位置的内移量越大。

而相对弯曲半径 r/t 越大，则变薄系数 η 越大、板厚减薄量变得越小。当 r/t 大到一定值后，变形区减薄的问题已不再存在。

2. 弯曲件毛坯展开长度的计算

要计算出弯曲件毛坯的展开尺寸。计算的依据是：变形区弯曲变形前后体积不变；应变中性层在弯曲变形前后长度不变。即弯曲变形区的应变中性层长度是弯曲件的展开尺寸，也就是所要求的毛坯长度。

弯曲零件毛坯展开尺寸具体计算的程序是：先将零件划分成直线和圆角的各个不同单元体。直线部分的长度不变，而弯曲的圆角部分长度则需要考虑材料的变形和应变中性层的相对移动。故整个毛坯的展开尺寸应等于弯曲零件各部分长度的总和。

（1）有圆角半径的弯曲（$r>0.5t$）　有圆角半径的弯曲件（是指 $r>0.5t$ 的弯曲件），如图 3-33 所示。由于弯曲部分变薄不严重及断面畸变较小，所以可按中性层展开长度等于毛坯长度的原则，求得毛坯尺寸。即

$$L=\sum L_z+\sum L_q \tag{3-5}$$

$$L_q=\pi\alpha/180°\ (r+xt) \tag{3-6}$$

式中　L——弯曲件毛坯长度（mm）；

$\sum L_z$——弯曲件各直线段长度之和（mm）；

$\sum L_q$——弯曲件各弯曲部分的展开长度之和（mm）；

α——弯曲件各段圆弧所对应的弯曲中心角（°）。

（2）无角半径的弯曲　无圆角半径的弯曲件（是指 $r<0.5t$ 弯曲件），如图 3-34 所示。无圆角半径弯曲件的展开长度一般根据弯曲前后体积相等的原则，考虑到弯曲圆角变形区以及相邻直边部分的变薄因素，采用经过修正的公式来进行计算。即

$$L=\sum L_z+knt \tag{3-7}$$

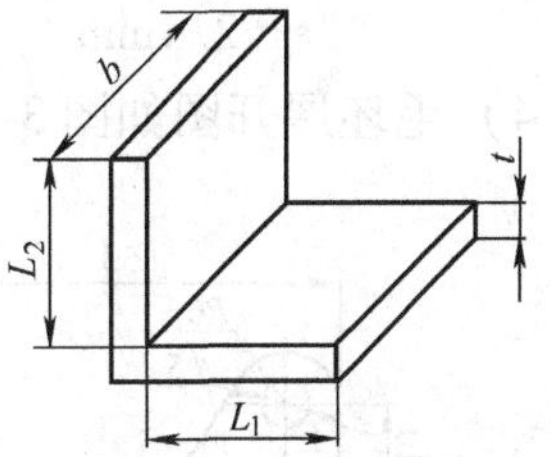

图 3-34　无圆角的弯曲件

式中　n——弯角数目；

k——修正系数，取 0.2～0.5。

3. 铰链式弯曲件

铰链式弯曲件如图 3-35 所示，其毛坯展开长度的计算和一般弯曲件尺寸计算相似，所不同的只是中性层由材料厚度中间向弯曲外层移动。毛坯展开长度可按下式计算

$$L=1.5\pi\rho+r+L_z \tag{3-8}$$

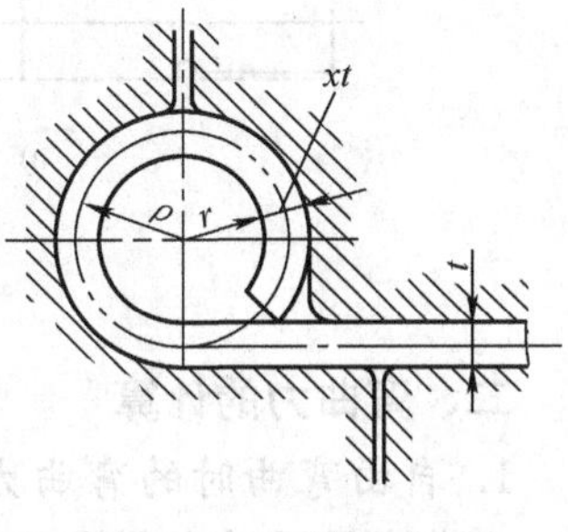

图 3-35　铰链弯曲件

例 3-1　计算图 3-36 所示 60°角弯曲件的坯料展开长度。

解：根据毛坯展开长度式 $L=\sum L_z+\sum L_q$ 计算

式中　$\sum L_z=AB+CD$

$AB=AE-BE=50-(r+t)\cot(60°/2)=[50-(10+5)]\text{mm}\cot30°$

$\approx 24.02\text{mm}$

$CD=CE-DE=38-(r+t)\cot(60°/2)=[38-(10+5)]\text{mm}\cot30°$

$\approx 12.02\text{mm}$

由 $r/t=2$，查表 3-4，知 $x=0.445$

$$\sum L_q = BD$$

$BD = \pi\alpha/180°(r + xt)$

$= 3.14 \times (10 + 0.445 \times 5)\text{mm} \times (180° - 60°)/180°$

$\approx 25.59\text{mm}$

$L = \sum L_z + \sum L_q = (24.02 + 12.02 + 25.59)\text{mm} = 61.63\text{mm}$

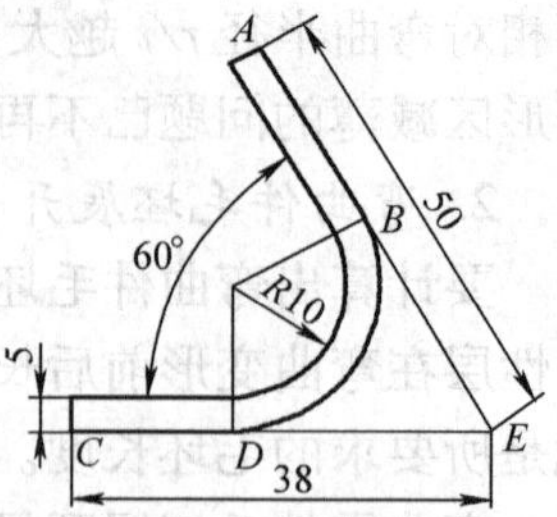

图 3-36 60°角弯曲件

例 3-2 根据图 3-37a 所示制件尺寸，求其坯料展开尺寸。

解： 1）该制件左边为有圆角 U 形弯曲，右边为无圆角 Z 形弯曲。

2）左侧展开后，两孔之间距离 $L_{左}$ 计算如下

$r/t \approx 1.67$，查表 3-4，知 $x = 0.43$

$$L_z = L_{水平} + L_{竖直} = 15 - 2(r + t) + 2 \times 10 - 2(r + t)$$
$$= [35 - 4 \times (2 + 1.2)]\text{mm} = 22.2\text{mm}$$

$$L_q = 2(r + xt)\pi\alpha/180° = [2 \times 3.14(2 + 0.43 \times 1.2)90°/180°]\text{mm}$$
$$\approx 7.9\text{mm}$$

两孔距 $L_{左} = L_z + L_q = (22.2 + 7.9)\text{mm} = 30.1\text{mm}$。

3）右侧计算如下

$n = 2$，取 $k = 0.4$。

$$L_{右} = L_z + knt = [(53 - 14) + (14 - 1.2) + (12 - 2.4) + 2 \times 0.4 \times 1.2]\text{mm}$$
$$\approx 62.4\text{mm}$$

4）毛坯展开图如图 3-37b 所示。

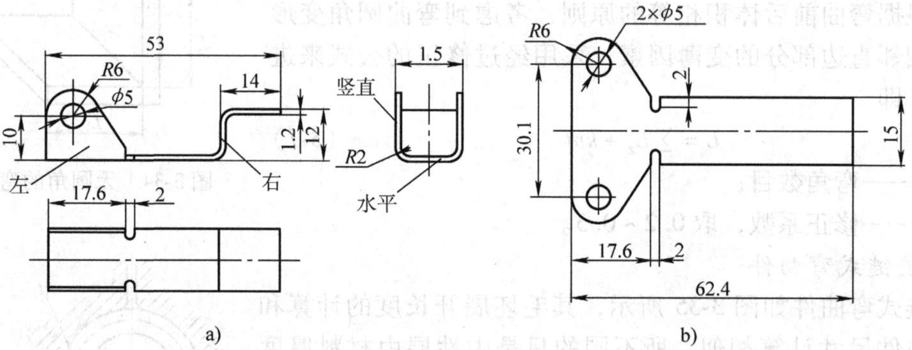

图 3-37 制件尺寸

a）制件零件图 b）制件展开图

二、弯曲力的计算

1. 自由弯曲时的弯曲力

弯曲力是设计弯曲模和选择压力机吨位的重要依据。特别是在弯曲板料较厚、弯曲变形程度较大、材料强度较大时，必须对弯曲力进行计算。由于影响弯曲力的因素较多，如材料性能、零件形状、弯曲方法、模具结构、模具间隙和模具工作表面质量等。因此，用理论分析的方法很难准确计算弯曲力。生产中常用经验公式概略计算弯曲力，作为设计弯曲工艺过程和选择冲压设备的依据。

（1）V 形弯曲件

$$F_{VZ}=\frac{0.6KBt^2\sigma_b}{r+t} \tag{3-9}$$

（2）U形弯曲件

$$F_{UZ}=\frac{0.7KBt^2\sigma_b}{r+t} \tag{3-10}$$

式中　F_{VZ}（F_{UZ}）——冲压行程结束时的自由弯曲力（N）；

K——安全系数，一般取1.3；

B——弯曲件的宽度（mm）；

t——弯曲材料的厚度（mm）；

r——弯曲件的内弯曲半径（mm）；

σ_b——材料的抗拉强度极限（MPa）。

2. 校正弯曲时的弯曲力

校正弯曲是在自由弯曲阶段后，进一步使对贴合凸模、凹模表面的弯曲件进行挤压，其校正力比自由压弯力大得多。由于这两个力先后作用，校正弯曲时只需计算校正弯曲力。V形弯曲件和U形弯曲件均按下式计算

$$F_Q=PA \tag{3-11}$$

式中　F_Q——校正弯曲时的弯曲力（N）；

A——校正部分垂直投影面积（mm^2）；

P——单位面积上的校正力（MPa），其值见表3-5。

表3-5　部分材料单位面积上的校正力　（MPa）

材料名称	板料厚度 t/mm			
	<1	1~3	3~6	6~10
铝	10~20	20~30	30~40	40~50
黄铜	20~30	30~40	40~60	60~80
10、15、20钢	30~40	40~60	60~80	80~100
25、30钢	40~50	50~70	70~100	100~120

3. 顶件和压料力

对于设有顶件装置或压料装置的压弯模，顶件力或压料力 F_D 可按下式确定

$$F_D=(0.3\sim0.8)F_Z \tag{3-12}$$

式中　F_Z——冲压行程结束时的自由弯曲力（N）。

4. 压力机吨位的确定

自由弯曲时压力机吨位应为

$$P_{压力机}\geqslant(1.2\sim1.3)(F_Z+F_D) \tag{3-13}$$

由于校正力是发生在接近压力机下止点的位置，校正力的数值比自由弯曲力、顶件力和压料力大得多，故 F_Z、F_D 值可忽略不计。则按校正弯曲力选择压力机的吨位，即

$$P_{压力机}\geqslant(1.2\sim1.3)F_Q \tag{3-14}$$

三、弯曲工序安排原则

弯曲件工序安排的一般方法是：

1）对于形状简单的弯曲件，如V形、U形、Z形等件，可以采用一次压弯成形。

2）对于形状复杂的弯曲件，一般需要采用二次或多次压弯成形。

3）对称弯曲，应尽量成对弯曲，然后再切开。

4）加连接带弯曲。当弯曲工件其边缘部分有缺口时，如直接连同缺口也冲出，必然发生叉口现象，严重时将无法成形。可以先加添连接带将缺口连接在一起，待弯曲成形后，再将缺口多余部分切除。

5）对于批量大、尺寸较小的弯曲件，尽可能采用级进模或复合模，用多工序的冲裁压弯切断连续工艺成形，提高产品生产效率。

第五节　弯曲模的典型结构

一、单工序弯曲模

1. V 形件弯曲模

V 形件结构简单，能一次弯曲成形。V 形件的弯曲方法有两种：一种是以工件弯曲角度平分线为弯曲线对称弯曲，称为 V 形弯曲；另一种则垂直于工件一条边的方向弯曲，称为 L 形弯曲。

（1）V 形件的弯曲模　V 形弯曲模一般工作结构形式如图 3-38 所示。

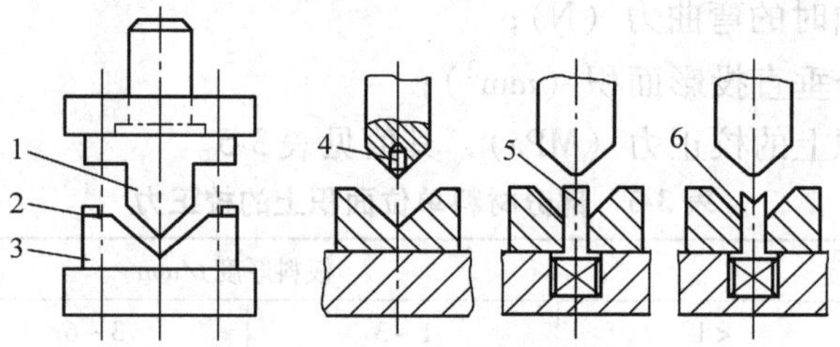

图 3-38　V 形弯曲模一般工作结构形式

1—凸模　2—定位板　3—凹模　4—定位尖　5—顶杆　6—V 形顶板

图 3-39 所示为 V 形件的弯曲模，用于弯曲两直边长度相等的单角弯曲件。

（2）L 形件的弯曲模　图 3-40 所示是 L 形件的弯曲模，用于弯曲两直边长度相差较大的单角弯曲件。图 3-40a 所示为基本形式，弯曲件长的一直边夹紧在凸模 2 和压料板 4 之间，另一边沿凹模圆角滑动而向上弯起。毛坯上的工艺孔套在定位钉上，以防止因凸模与压料板之间的压料力不足发生坯料偏移现象。这种弯曲模具结构，因竖边部分没有得到校正，回弹较大。采用图 3-40b 结构，凹模 1 和压料板 4 的工作面有一定的倾斜角，竖直边能得到一定的校正，弯曲后工件的回弹较小。倾角 α 值一般取 1°～10°。

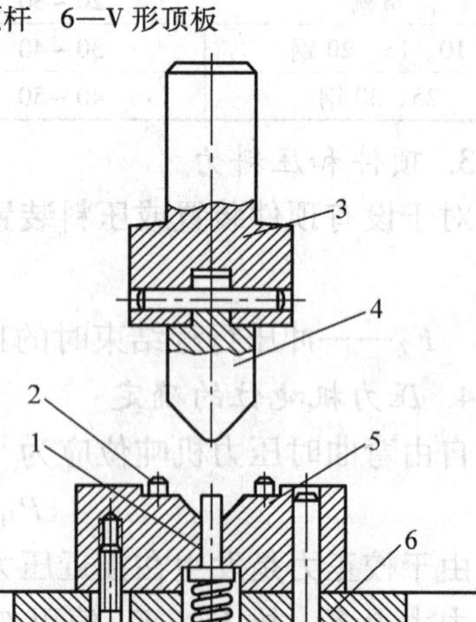

图 3-39　一般 V 形件弯曲模

1—顶杆　2—挡料销　3—模柄　4—凸模　5—凹模　6—下模座

2. U 形件弯曲模

（1）一般 U 形件弯曲模　图 3-41 所示为一般

U 形件弯曲模结构。弯曲前工件 4 由定位板 2 定位，弯曲时在凸模 1 的作用下沿凹模 3 的圆角滑动进入凸、凹模空隙中弯曲成形。凸模回升时，顶料装置将工件顶出。由于材料回弹，工件一般不会包在凸模上。

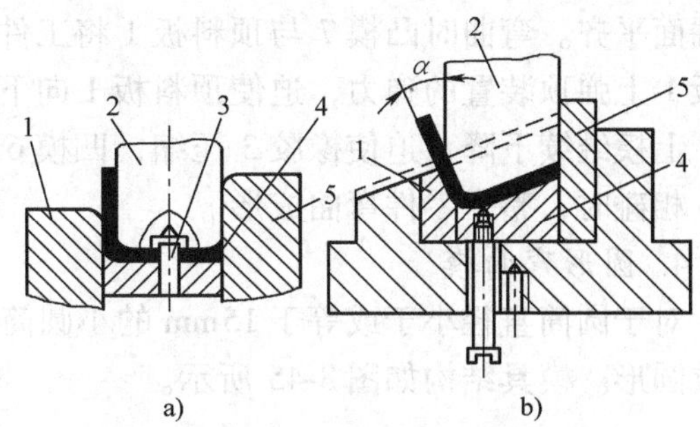

图 3-40　L 形件的弯曲模

1—凹模　2—凸模　3—定位销　4—压料板　5—凹模挡块

（2）弯曲角小于 90°的 U 形件弯曲模　图 3-42 所示为弯曲角小于 90°的 U 形件弯曲模，它的下模部分设有一对活动回转凹模 4，弯曲前回转凹模 4 在弹簧 3 的拉力作用下，处于初始位置，工件用定位板 2 定位。弯曲时，凸模先将其弯曲成 U 形，然后继续下降，迫使工件底部压向回转凹模 4，使两边的回转凹模向内侧旋转，将工件弯曲成形。弯曲完成后，凸模上升，弹簧使回转凹模复位。

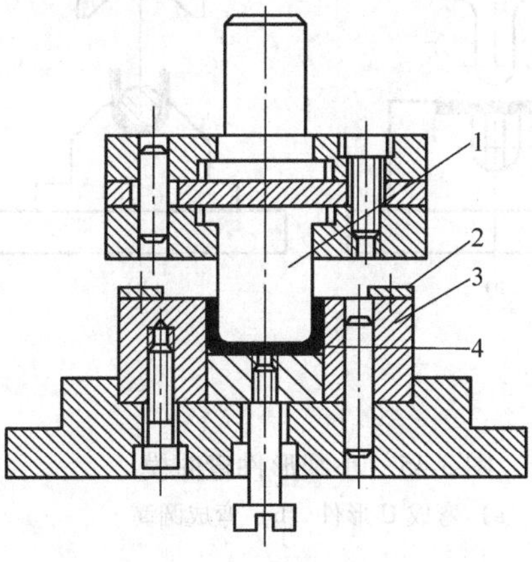

图 3-41　一般 U 形件弯曲模

1—凸模　2—定位板　3—凹模　4—工件

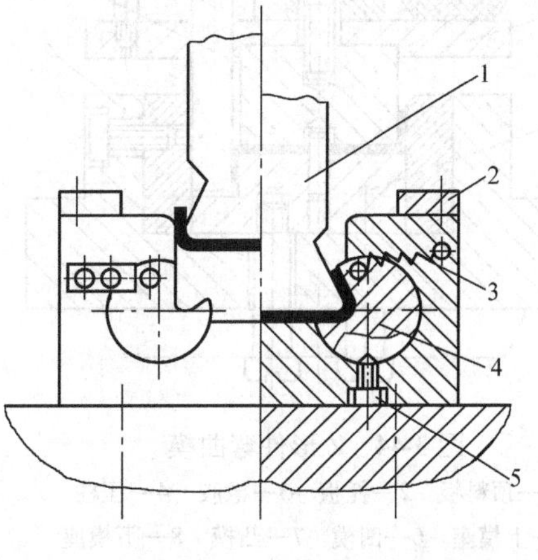

图 3-42　弯曲角小于 90°的 U 形件弯曲模

1—凸模　2—定位板　3—弹簧
4—回转凹模　5—限位螺钉

（3）带斜楔的 U 形件弯曲模　图 3-43 所示为带斜楔的 U 形件弯曲模。弯曲时，工件首先在凸模 8 与活动凹模 5、6 的共同作用下被压成 U 形。随着上模座 4 继续向下移动，装在上模座的两斜楔 2 压向滚柱 1，使活动凹模 5、6 向中间移动，滑块的成形面将 U 形件两侧边向里压在凸模上，弯成小于 90°的 U 形件。当上模回程时，弹簧 7 使活动凹模复位，零件从凸模侧向取出。

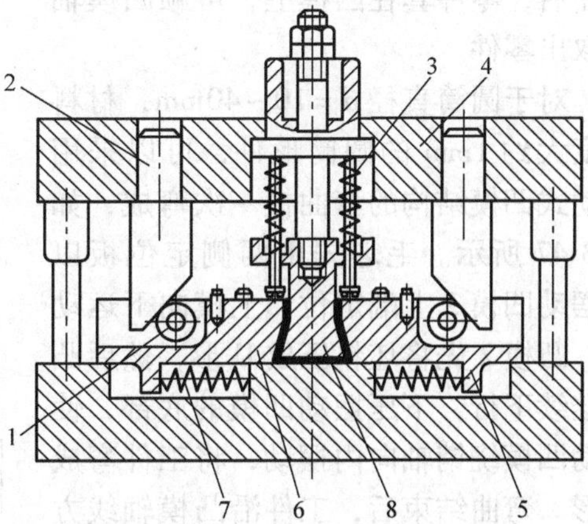

图 3-43　带斜楔的 U 形件弯曲模

1—滚柱　2—斜楔　3、7—弹簧　4—上模座
5、6—活动凹模　8—凸模

3. Z 形件弯曲模

图 3-44 所示为 Z 形件弯曲模。Z 形件可一次弯曲成形。由于 Z 形件两直边弯曲方向相反，所以弯曲模必须要有两个方向的弯曲动作，弯曲前，由于橡胶作用使凹模 6 与凸模 7

的端面平齐。弯曲时凸模 7 与顶料板 1 将工件夹紧，由于托板 2 上橡胶的弹力大于作用在顶料板 1 上弹顶装置的弹力，迫使顶料板 1 向下运动，完成左端弯曲。当顶料板 1 接触下模板后，上模继续下降，迫使橡胶 3 压缩，凹模 6 和顶料板 1 完成右端的弯曲。当压柱 4 与上模座 5 相碰时，整个零件弯曲成形。

4. 圆形弯曲模

对于圆筒直径小于或等于 15mm 的小圆筒形工件，一般先将工件弯曲成 U 形，然后再弯曲成圆形。模具结构如图 3-45 所示。

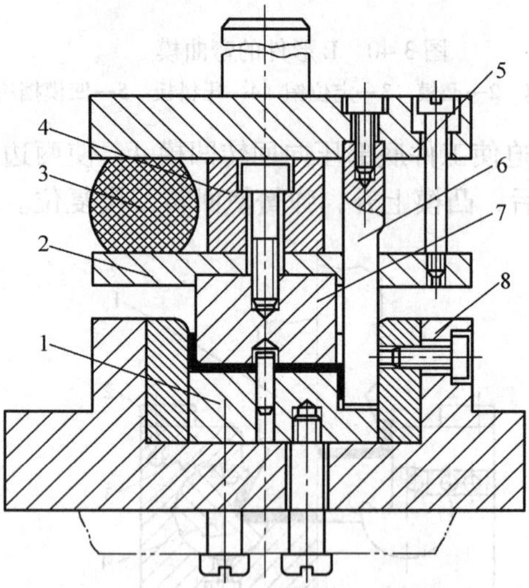

图 3-44　Z 形件弯曲模

1—顶料板　2—托板　3—橡胶　4—压柱　5—上模座　6—凹模　7—凸模　8—下模座

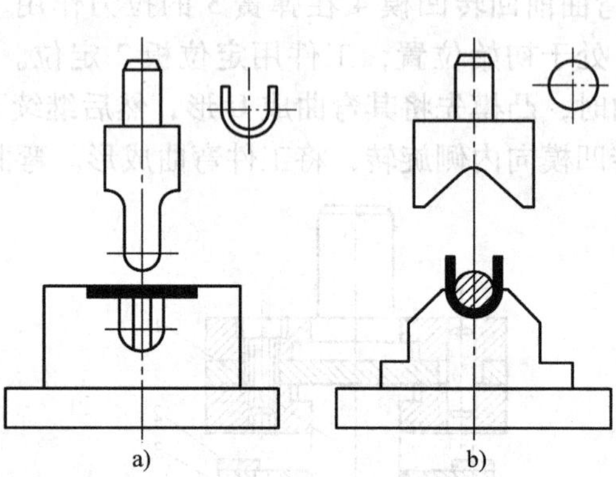

图 3-45　小圆形件弯曲模

a）弯成 U 形件　b）弯成圆筒

对于圆筒直径大于或等于 20mm 的大圆筒形工件，一般先将工件弯曲成波浪形，然后再弯成圆形。模具结构如图 3-46 所示。弯曲后，零件套在凸模上，可顺凸模轴向取出零件。

对于圆筒直径 $d=10\sim40$mm，材料厚度大约 1mm 的圆筒形件，可以采用摆动式凹模结构的弯曲模一次弯成，如图 3-47 所示。毛坯先由两侧定位板以及摆动凹模 3 上端定位，上模向下运动时，凸模 2 先将坯料压成 U 形，然后凸模继续下行，下压摆动凹模的底部，使摆动凹模绕销轴向内摆动，将工件弯成圆形。弯曲结束后，工件沿凸模轴线方向推开支撑 1，并取下工件。这种方法生产效率较高，工件圆度较好。但由于筒形件上部未受到校正，故回弹较大，

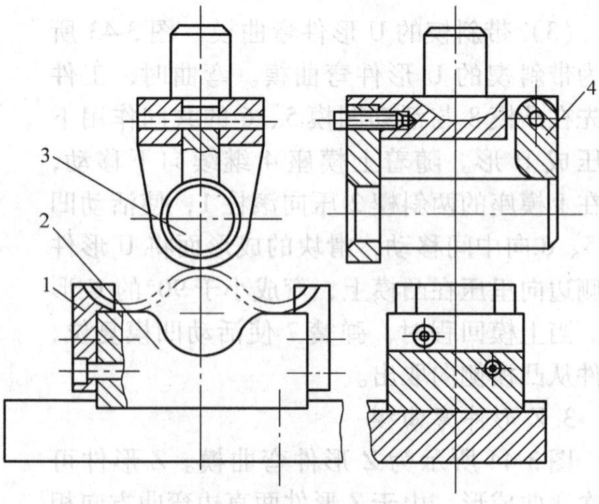

图 3-46　大圆形件弯曲模

1—定位块　2—下凹模　3—凸模　4—支承板

同时需采用回程较大的压力机。

二、级进弯曲模

对于批量大、尺寸较小的弯曲件，为了提高生产率，操作安全，保证产品质量等，可以采用级进弯曲模进行多工位的冲裁、压弯、切断连续工艺成形。

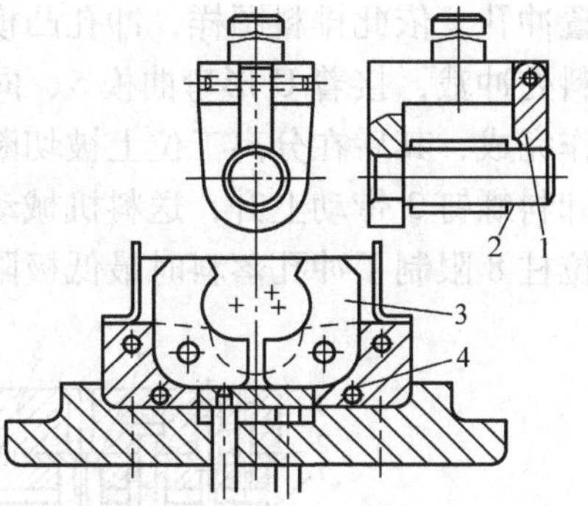

图 3-47　摆块一次弯曲模

1—支撑　2—凸模　3—摆动凹模　4—顶板

用简单级进弯曲模弯曲成形的制件如图 3-48 所示。该项模具采用冲孔、切断、弯曲的工艺路线，先是将条料送到冲孔凸模处冲孔，再将条料送到挡块 5 处定位，切断凸模 1 切断条料，并与弯曲凸模 6 将切断的坯料进行 U 形弯曲而获得制件。上模上行，推杆 4 在弹簧作用下从弯曲凹模 1 中推出制件。该模具的弯曲凸模与冲孔凹模有一定的高度差，在工作时先切断材料，进行弯曲的同时，冲孔凸模 3 冲孔，冲孔后弯曲模合模。该模具主要用于小型 U 形件的弯曲成形。

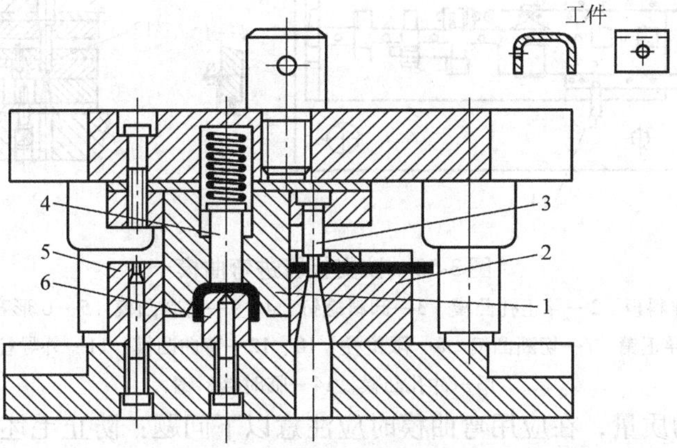

图 3-48　简单弯曲级进模

1—弯曲凹模、切断凸模　2—冲孔凹模　3—冲孔凸模　4—推杆　5—挡块　6—弯曲凸模

采用级进弯曲模弯曲铰支板的排样图和模具结构图分别如图 3-49、图 3-50 所示。该项模具采用了冲孔、剪除搭边废料、U 形弯曲、向上弯曲、向下弯曲、切断并分离弯曲件的工艺路线。该制件开始加工时，条料由送料机械置入，被临时挡料销 14 和导正销 6 校正定位，

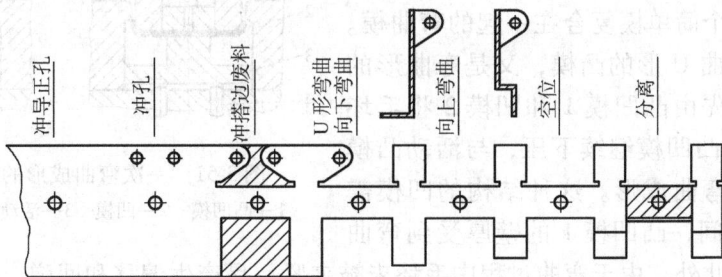

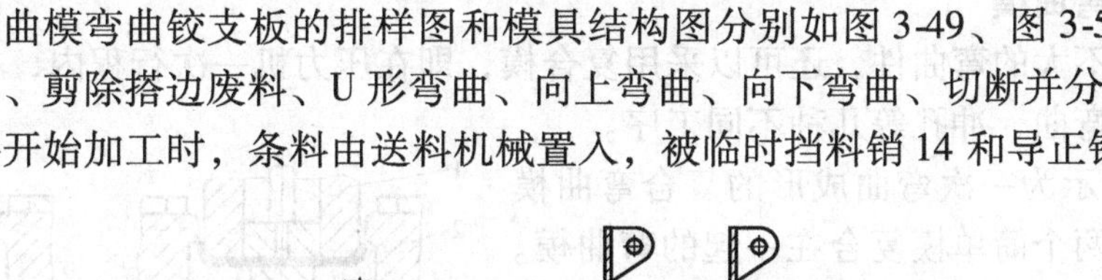

图 3-49　铰支板排样图

然后上模座沿外导柱组件 11 下落，压紧条料，其上的导正孔凸模 2 在排料图样所示导正孔位置冲孔，依此排料图样，冲孔凸模 13 在图示冲孔位置冲孔，落料凸模 4、9 在图示冲落边废料处冲裁，接着 U 形弯曲模 5、向上弯曲模、向下弯曲模在各自的工位上合模，铰支板被制作完成，其后在分离工位上被切断凸模 7 切断、分离。加工完毕，上模座上行，浮料板 1 由卸料螺钉 3 带动上升，送料机械动作开始送料，模具进入到下一个新制件制作工序。图中限位柱 8 限制了冲孔落料时最低极限位置。

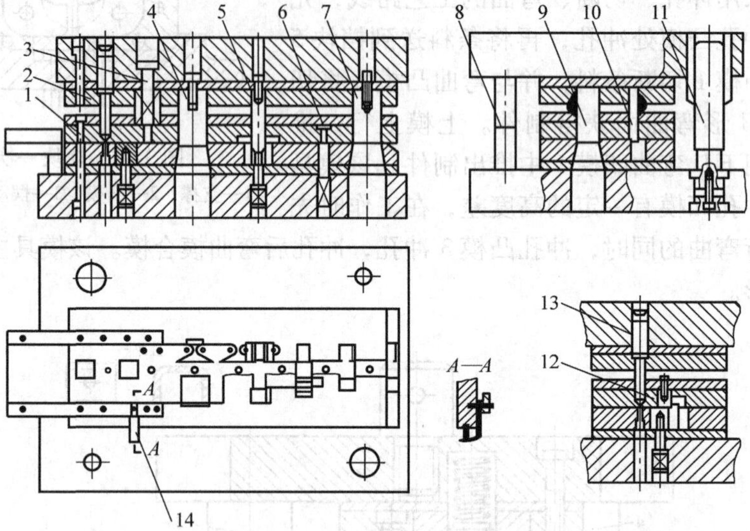

图 3-50　铰支板级进弯曲模

1—浮料板　2—导正孔凸模　3—卸料螺钉　4、9—落料凸模　5—U 形弯曲模　6—导正销　7—切断凸模　8—限位柱　10、12—弯曲凸模　11—外导柱组件　13—冲孔凸模　14—临时挡料销

为保证弯曲件的质量，在应用弯曲模时应注意以下问题：防止毛坯在弯曲时产生偏移现象；弯曲时毛坯的变形应尽可能是简单变形，避免毛坯有拉薄或挤压的现象，压力机滑块在到达下止点时，应能使弯曲部分得到校正，以减小弯曲回弹。

三、复合弯曲模

对于尺寸不大的弯曲件，还可以采用复合模，即在压力机一次行程内，在模具同一位置上完成落料、弯曲、冲孔等几种不同工序。

图 3-51 所示为一次弯曲成形的复合弯曲模结构，它是将两个简单模复合在一起的弯曲模。凸凹模 1 既是弯曲 U 形的凸模，又是弯曲形的凹模。弯曲时，先由凸凹模 1 和凹模 2 将毛坯弯成 U 形，然后凸凹模继续下压，与活动凸模 3 作用，将工件弯曲成形。这种结构的凹模需要具有较大的空间，凸凹模 1 的壁厚受到弯曲件高度的限制。此外，由于弯曲过程中毛坯未被夹紧，易产生偏移和回弹，工件的尺寸精度较低。

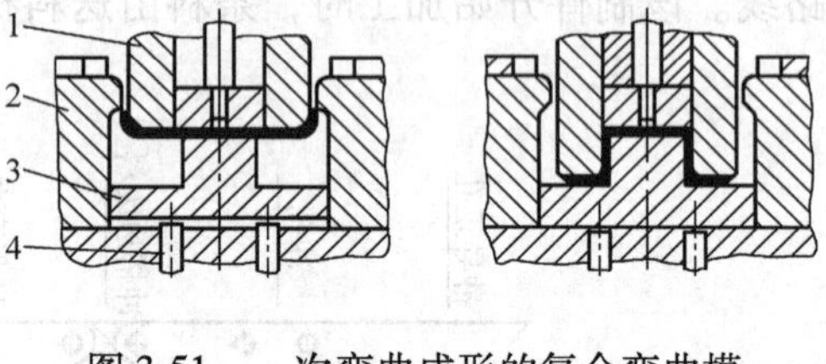

图 3-51　一次弯曲成形的复合弯曲模

1—凸凹模　2—凹模　3—活动凸模　4—推杆

图 3-52 所示为弯曲冲孔复合弯曲模结构装配图。图 3-52a 所示为模具开启，条料被送入并由挡块 5 定位；图 3-52b 所示为弯曲模 1、3 合模对制件进行弯曲；图 3-52c 所示为冲孔模 2、4 合模冲孔，同时冲裁模 3、6 合模落料。

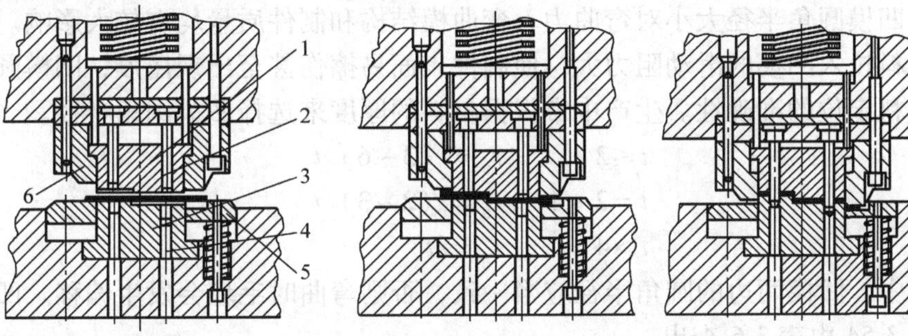

图 3-52　弯曲冲孔复合弯曲模

1—弯曲凸模　2—冲孔凸模　3—弯曲凹模、冲裁凸模　4—冲孔凹模

5—挡块　6—冲裁凹模

图 3-53 所示为弯曲冲孔复合模。开始时，和压力机一起运动的上模板 7 带动弯曲凸模 9 下行，在弯曲凸模 9 和弯曲凹模 5 的作用下首先将工件 6 弯成 U 形。上模板 7 继续下行，冲孔凸模 8 与冲孔凹模 10 对弯曲件底部进行冲孔加工（在弯曲凸模 9 与冲孔凹模 10 间开一窗口，用于排出冲孔废料）。压力机滑块回程，上模板 7 继续上行，卸料板 11 在橡胶 3 的作用下将工件从冲孔凸模上卸下，完成一个冲压过程。优点是比单工序模具加工效率高；缺点是排屑不够顺畅，废屑会刮伤制件表面。

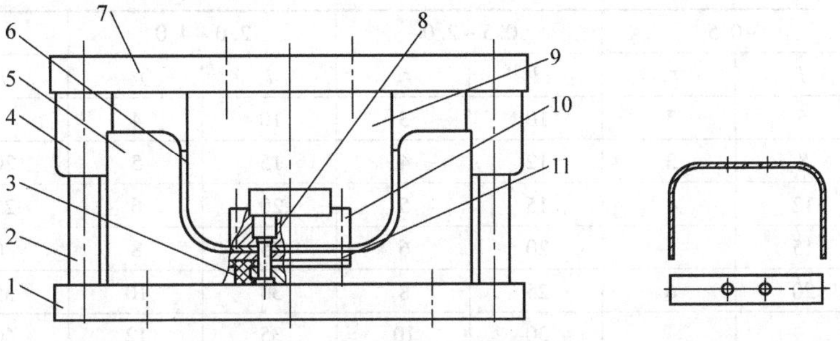

图 3-53　弯曲冲孔复合模

1—下模板　2—导柱　3—橡胶　4—导套　5—弯曲凹模　6—工件　7—上模板

8—冲孔凸模　9—弯曲凸模　10—冲孔凹模　11—卸料板

第六节　弯曲模具主要工作零件的结构

一、凸模的结构

当弯曲件的相对弯曲半径 $r/t<5\sim10$，且不小于 $r_{\min}/t$ 时，凸模的圆角半径 r_t 一般取弯曲件内侧弯曲圆角半径。即 $r_t=r$，但不能小于材料允许的最小相对弯曲半径 $r_{\min}/t$。如果 r 小于最小相对弯曲半径 $r_{\min}/t$，则先弯曲一个大于 $r_{\min}$ 的角度，然后增加整形工序。

若弯曲件的相对弯曲半径较大（$r/t>10$）、精度要求较高时，由于圆角半径的回弹大，凸模的圆角半径应根据回弹值采用整形工序进行整形，使其满足弯曲件圆角的要求。

二、凹模的结构

1. 凹模圆角半径 r_a

生产中，凹模圆角半径大小对弯曲力、弯曲模结构和制件质量均有较大影响。凹模圆角半径过小，坯料拉入凹模的滑动阻力大，使制件表面易擦伤甚至出现压痕；凹模圆角半径过大，会影响坯料定位的准确性。生产中常根据材料的厚度来选择凹模圆角半径。当

$$t \leqslant 2 \qquad r_a = (3 \sim 6)\ t \tag{3-15}$$

$$t = 2 \sim 4 \qquad r_a = (2 \sim 3)\ t \tag{3-16}$$

$$t > 4 \qquad r_a = 2t \tag{3-17}$$

实际生产中，凹模两边的圆角半径应当一致，否则弯曲时毛坯会发生偏移。凹模的圆角半径可根据图 3-54 由表 3-6 查出。

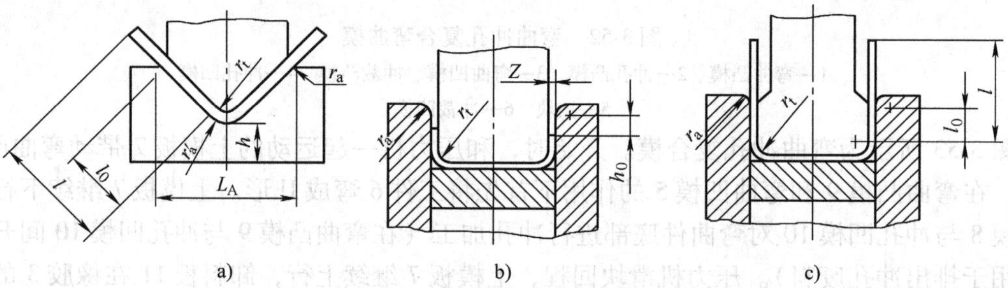

图 3-54　弯曲凸、凹模工作部分的结构及尺寸

表 3-6　凹模圆角半径与凹模深度的对应关系　(mm)

料厚 t	~0.5		0.5~2.0		2.0~4.0		4.0~7.0	
边长 L	l	r_a	l	r_a	l	r_a	l	r_a
10	6	3	10	3	10	4		
20	8	3	12	4	15	5	20	8
35	12	4	15	5	20	6	25	8
50	15	5	20	6	25	8	30	10
75	20	6	25	8	30	10	35	12
100			30	10	35	12	40	15
150			35	12	40	15	50	20
200			45	15	55	20	65	25

V 形弯曲凹模底部可开退刀槽或取圆角半径 r_a 为

$$r_a = (0.6 \sim 0.8)\ (r_t + t) \tag{3-18}$$

2. 凹模工作部分深度

弯曲凹模深度要适当。如果过小，坯件弯曲变形的两直边自由部分长，弯曲件成形后回弹大，且直边不直。若过大，则模具材料消耗多，并要求压力机具有较大的行程。弯曲 V 形件时，凹模深度及底部最小厚度参见表 3-7。弯曲 U 形件时，若弯边高度不大，或要求两边平直，则凹模深度应大于零件高度，如图 3-55b 所示。如果弯曲件边长较大，而对平直度要求不高时，可采用图 3-55c 所示的凹模形式。弯曲 U 形件的凹模参数如表 3-8 和表 3-9 所示。

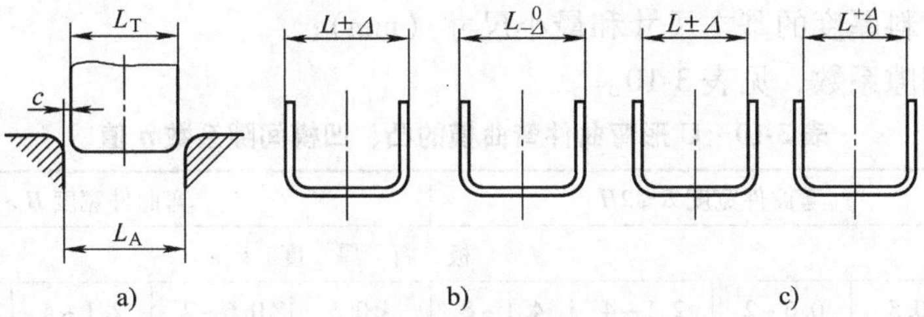

图 3-55　工件尺寸标注及模具尺寸

表 3-7　弯曲 V 形制件的凹模深度 l_0 及底部最小厚度 h　（mm）

弯曲制件边长 L	材料厚度 t					
	≤2		2～4		>4	
	h	l_0	h	l_0	h	l_0
10～25	20	10～15	22	15	—	—
>25～50	22	15～20	27	25	32	30
>50～75	27	20～25	32	30	37	35
>75～100	32	25～30	37	35	42	40
>100～150	37	30～35	42	40	47	50

表 3-8　U 形件弯曲的凹模最小厚度 h_0　（mm）

板料厚度 t	≤1	1～2	2～3	3～4	4～5	5～6	6～7	7～8	8～10
h_0	3	4	5	6	8	10	15	20	25

表 3-9　U 形件弯曲模的凹模深度 l_0　（mm）

弯曲件边长 L	材料厚度 t				
	<1	>1～2	>2～4	>4～6	>6～10
<50	15	20	25	30	35
50～75	20	25	30	35	40
75～100	25	30	35	40	40
100～150	30	35	40	50	50
150～200	40	45	55	65	65

三、弯曲凸模与凹模的间隙

V 形件弯曲模，凸模与凹模之间的间隙是由调节压力机的装模高度来控制。对于 U 形件弯曲模，则必须选择适当的间隙值。凸模和凹模间的间隙值对弯曲件的回弹、表面质量和弯曲力均有很大的影响。若间隙过大，弯曲件回弹量增大，误差增加，从而降低了制件的精度。当间隙过小时，会使零件直边料厚减薄和出现划痕，同时还降低凹模寿命。生产中凸模和凹模间的间隙值可由下式决定

弯曲非铁金属

$$Z/2 = t_{\min} + nt \tag{3-19}$$

弯曲黑色金属

$$Z/2 = t + nt \tag{3-20}$$

式中　$Z/2$——弯曲凸模与凹模的单面间隙（mm）；

t、t_{min}——材料厚度的基本尺寸和最小尺寸（mm）；

n——间隙系数，见表3-10。

表3-10　U形弯曲件弯曲模的凸、凹模间隙系数 n 值　（mm）

弯曲件高度 H	弯曲件宽度 $B \leqslant 2H$				弯曲件宽度 $B > 2H$				
	板料厚度 t								
	<0.5	0.6～2	2.1～4	4.1～5	<0.5	0.6～2	2.1～4	4～7.6	7.6～12
10	0.05	0.05	0.04	—	0.10	0.10	0.08	—	—
20	0.05	0.05	0.04	0.03	0.10	0.10	0.08	0.06	0.06
35	0.07	0.05	0.04	0.03	0.15	0.10	0.08	0.06	0.06
50	0.10	0.07	0.05	0.04	0.20	0.15	0.10	0.06	0.06
70	0.10	0.07	0.05	0.05	0.20	0.15	0.10	0.10	0.08
100	—	0.07	0.05	0.05	—	0.15	0.10	0.10	0.08
150	—	0.10	0.07	0.05	—	0.20	0.15	0.10	0.10
200	—	0.10	0.07	0.07	—	0.20	0.15	0.15	0.10

四、弯曲凸模与凹模工作部位尺寸的确定

决定U形件弯曲凸、凹模横向尺寸及公差的原则是：工件标注外形尺寸时（图3-55a、图3-55b），应以凹模为基准件，间隙取在凸模上。工件标注内形尺寸时（图3-55c），应以凸模为基准件，间隙取在凹模上。而凸、凹模的尺寸和公差则应根据工件的尺寸、公差、回弹情况以及模具磨损规律而定。图3-55所示为工件的标注及模具尺寸示意图。在确定尺寸时，还应注意弯曲件精度、回弹趋势和模具的磨损规律等。图中 Δ 为弯曲件横向的尺寸偏差。

（1）弯曲件标注外形尺寸（图3-55a和b）

当弯曲件为双向对称偏差时，凹模尺寸为

$$L_A = (L - 0.5\Delta)^{+A}_{0} \qquad (3\text{-}21)$$

当弯曲件为单向偏差时，凹模尺寸为

$$L_A = (L - 0.75\Delta)^{+A}_{0} \qquad (3\text{-}22)$$

凸模尺寸为

$$L_T = (L_A - 2c)^{0}_{-T} \qquad (3\text{-}23)$$

或者凸模尺寸按凹模实际尺寸配制，保证单面间隙值 c。

（2）弯曲件标注内形尺寸（图3-55c）

当弯曲件为双向对称偏差时，凸模尺寸为

$$L_T = (L + 0.5\Delta)^{0}_{-T} \qquad (3\text{-}24)$$

当弯曲件为单向偏差时，凸模尺寸为

$$L_T = (L + 0.75\Delta)^{0}_{-T} \qquad (3\text{-}25)$$

凹模尺寸为

$$L_A = (L_T + 2c)^{+T}_{0} \qquad (3\text{-}26)$$

δ_T、δ_A 分别为凸、凹模的制造公差，可采用IT7～IT9级精度。一般凸模的精度比凹模的精度高一级。

实训课题四　典型弯曲模设计实例

制件名称：保持架。

生产批量：中批量。

材料：20 钢，厚 0.5mm。

零件简图：如图 3-56 所示。

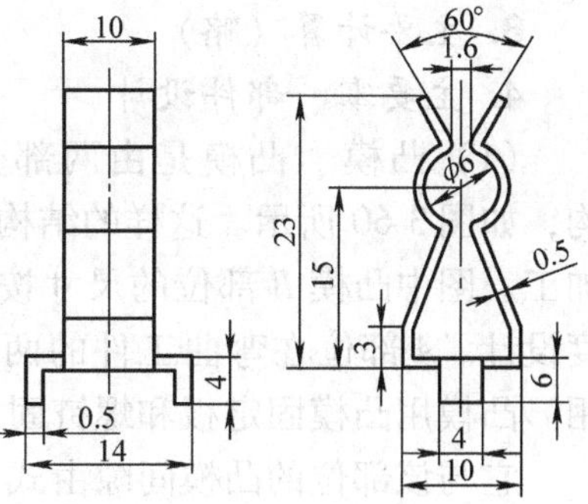

图 3-56　保持架

1. 冲压零件工艺分析

保持架采用三道单工序冲压，如图 3-57 所示。三道工序依次为落料、异向弯曲、最终弯曲。

每道工序各用一套模具。现将第二道工序的异向弯曲模介绍如下。

异向弯曲工序的工件如图 3-58 所示。工件左右对称，在 *b*、*c*、*d* 各有两处弯曲。*bc* 弧段的半径为 *R*3，其余各段是直线。中间 *e* 部位为对称的向下弯曲。通过上述分析可知，该零件共有 8 条弯曲线。

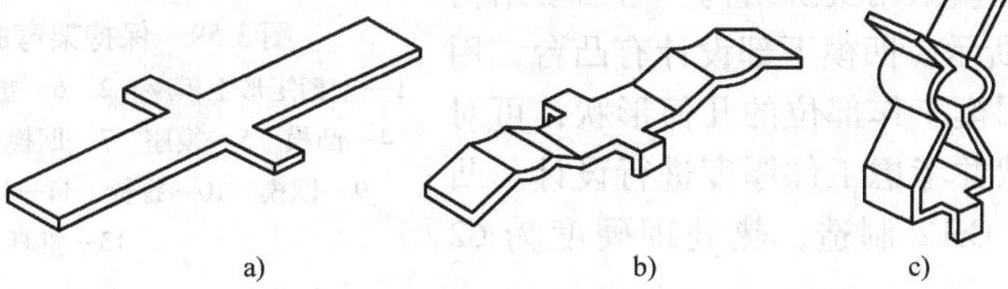

图 3-57　保持架的冲压工序

a）落料　b）异向弯曲　c）最终弯曲

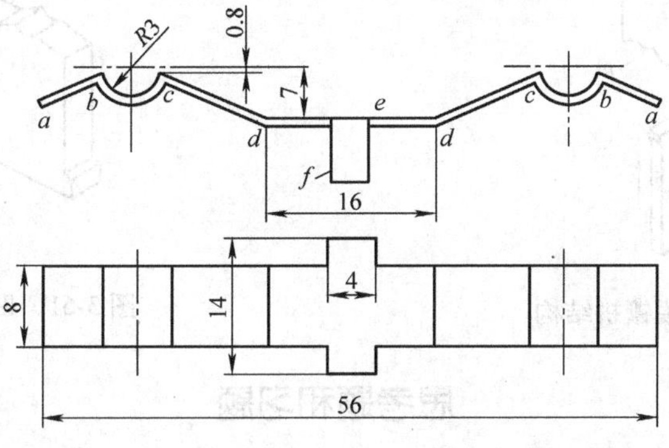

图 3-58　异向弯曲件

2. 模具结构

坯料在弯曲过程中极易滑动，必须采取定位措施。该零件中部有两个突耳，在凹模的对应部位设置沟槽，冲压时突耳始终处于沟槽内，用这种方法实现坯料的定位。模具总体结构如图 3-59 所示。上模座采用带柄矩形模座，凸模用凸模固定板固定；下模部分由凹模、凹模固定板、垫板和下模座组成。模座下面装有弹顶器，弹顶力通过两细杆传递到顶件块上。

模具工作过程：将落料后的坯料放在凹模上，并使中部的两个突耳进入凹模固定板的槽中。当模具下行时，凸模中部和顶件块压住坯料的突耳，使坯料准确定位在槽内。模具继续下行，使各部弯曲逐渐成形。上模回程时，弹顶器通过顶件块将工件顶出。

3. 主要计算（略）

4. 主要零、部件设计

（1）凸模　凸模是由两部分组成的镶拼结构，如图3-60所示。这样的结构便于线切割机床加工。图中凸模 B 部位的尺寸按前述回弹补偿角度设计。A 部位在弯曲工件的两突耳时起凹模作用。凸模用凸模固定板和螺钉固定。

它与该部位的凸模间隙由式 $Z=22\times(1+C)$ 计算。式中的 C 值由表5-10查得，C 值为0.05。

则单边间隙：$Z/2=0.5\times(1+0.05)\text{mm}=0.525\text{mm}$。

（2）凹模　凹模采用镶拼结构，与凸模结构类同，如图3-61所示。凹模下部设计有凸台，用于凹模的固定。凹模工作部位的几何形状，可对照凸模的几何形状并考虑工件厚度进行设计。凸模和凹模均采用Cr12制造，热处理硬度为62～64HRC。

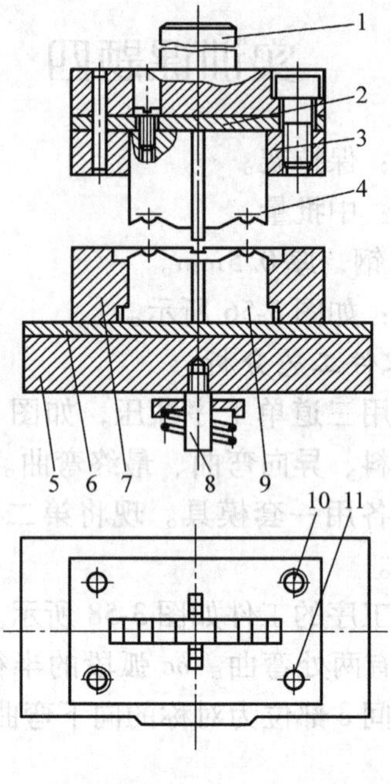

图3-59　保持架弯曲模装配图

1—带柄矩形上模座　2、6—垫板　3—凸模固定板　4—凸模　5—模座　7—凹模固定板　8—弹顶器　9—凹模　10—螺栓　11—销钉　12—顶件块　13—推杆

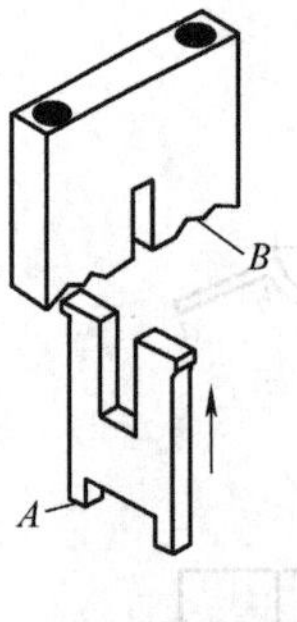

图3-60　凸模镶拼结构

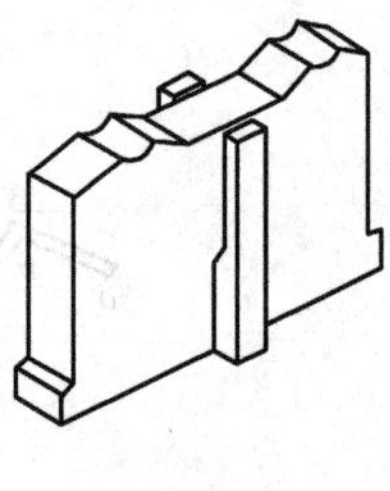

图3-61　凹模镶拼结构

思考题和习题

一、填空

1. 将各种金属坯料沿直线弯成一定________和________，从而得到一定形状和零件尺寸的冲压工序称为弯曲。

2. 用于实现冷冲压工艺的一种工艺装备称为____________。

3. 冲压工艺分为两大类，一类叫________，一类是________。

4. 物体在外力作用下会产生变形，若外力去除以后，物体并不能完全恢复自己原有的________，称为________。

5. 变形温度对金属的塑性有重大影响。就大多数金属而言，其总的趋势是：随着温度的________，塑性________，变形抗力________。

6. 以主应力表示点的应力状态称为________________，表示主应力个数及其符号的简图称为________，可能出现的主应力图共有________。

7. 塑性变形时的体积不变定律用公式来表示为：________________。

8. 加工硬化是指一般常用的金属材料随着塑性变形程度的________，其强度、硬度和变形抗力逐渐________，而塑性和韧性逐渐________。

9. 凹模圆角半径的大小对弯曲变形力、________、________等均有影响。

10. 对于有压料的自由弯曲，压力机公称压力为________________。

二、判断（正确的在括号内打✓，错误的打×）

1. 一般弯曲 U 形件时比 V 形件的回弹角大。（　）
2. 足够的塑性和较小的屈强比能保证弯曲时不开裂。（　）
3. 弯曲件的精度受坯料定位、偏移、回弹、翘曲等因素影响。（　）
4. 弯曲坯料的展开长度按中心层来计算。（　）
5. 弯曲力是设计弯曲模和选择压力机的重要依据之一。（　）

三、选择

1. ________弯曲时为平面应力状态和立体应力状态。________则为立体应力状态和平面应力状态。

A. 窄板　　B. 宽板

2. 弯曲件的形状应尽可能对称，弯曲半径左右一致，以防止变形时坯料受力不均匀而产生__________。

A. 偏移　　B. 翘曲

3. 由于弯曲件形状不对称，弯曲时坯料的两边与凹模接触宽度不相等，使坯料沿________的一边偏移。

A. 宽度小　　B. 宽度大

4. 弯曲件的高度不宜过小，其值为____________。

A. $h>r-2t$　　B. $h>r+2t$

四、问答题

1. 板料的弯曲变形过程大致可分为哪几个阶段？各阶段的应力与应变状态如何？
2. 宽板弯曲件与窄板弯曲件为什么得到的模截面形状不同？
3. 板料的弯曲变形有哪些特点？
4. 什么是最小弯曲半径？影响最小弯曲半径的因素有哪些？
5. 影响弯曲回弹的因素是什么？减小弯曲回弹的措施有哪些？
6. 弯曲时对毛坯的质量和弯曲工艺有什么要求？
7. 确定弯曲回弹值大小的方法有哪几种？
8. 弯曲件工序安排的一般原则是什么？
9. 常用弯曲模的凹模结构形式有哪些？
10. 试分析图 3-62 所示两个零件的弯曲工艺性，对弯曲工艺性不好之处，请提出工艺性解决措施。材料为 20 钢板，未注弯曲内圆角半径为 2mm。

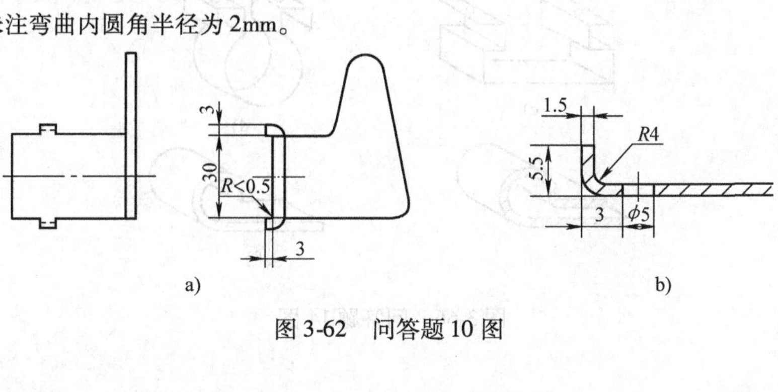

图 3-62　问答题 10 图

11. 求图 3-63 所示弯曲件的展开长度。

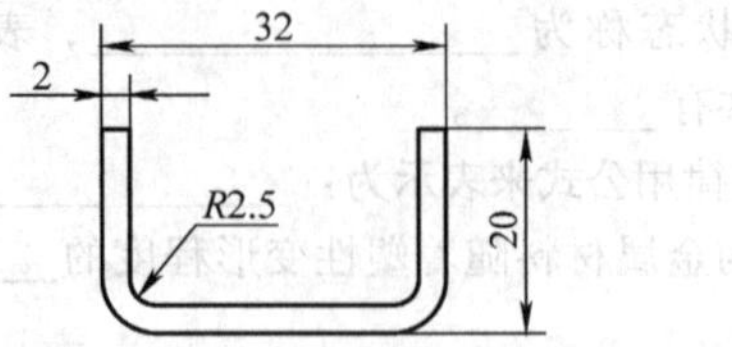

图 3-63　问答题 11 图

12. 试计算图 3-64 所示弯曲件的坯料展开长度。

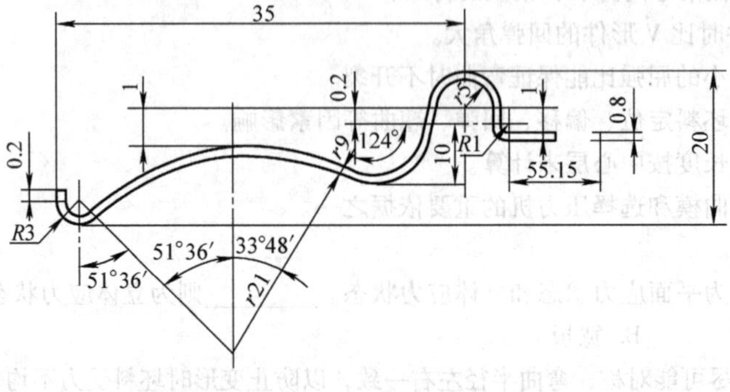

图 3-64　问答题 12 图

13. 求图 3-65 所示弯曲件的坯料展开长度（无圆角弯曲）。

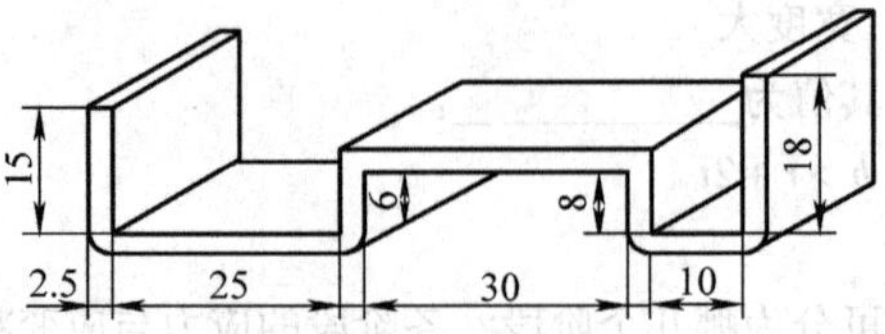

图 3-65　问答题 13 图

14. 试用工序草图表示图 3-66 所示弯曲件的弯曲工序安排。

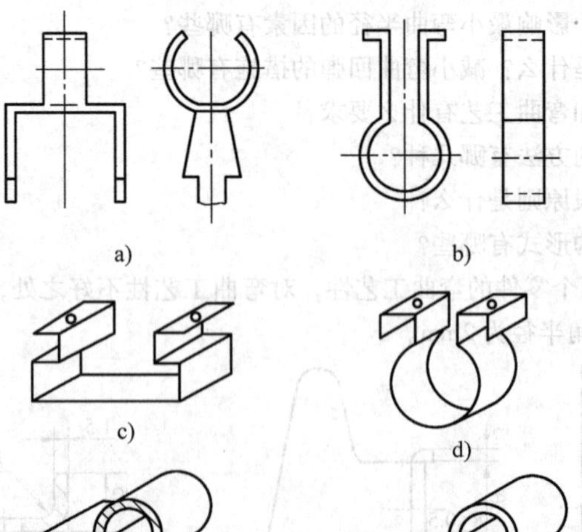

图 3-66　问答题 14 图

15. 如图 3-67 所示两个零件，试计算弯曲时的总工艺力，并选择压力机吨位。

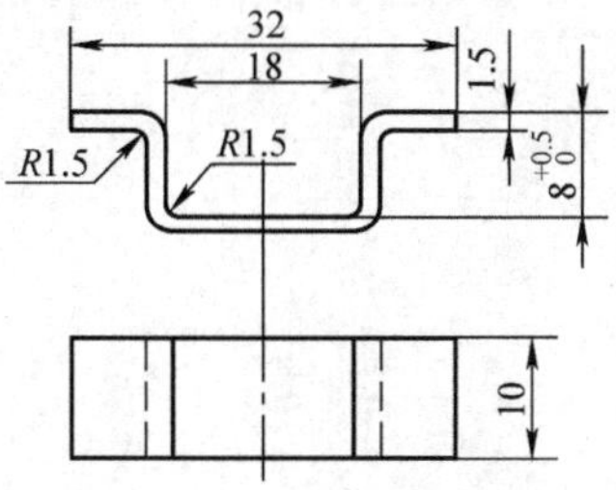

图 3-67　问答题 15 图

16. 分析图 3-68 所示弹簧吊耳的工艺性，试：(1) 计算其坯料尺寸和弯曲力（校正弯曲）；(2) 确定弯曲工艺方案，计算弯曲模工作部分的尺寸并绘制模具结构草图。材料为 35 钢退火。

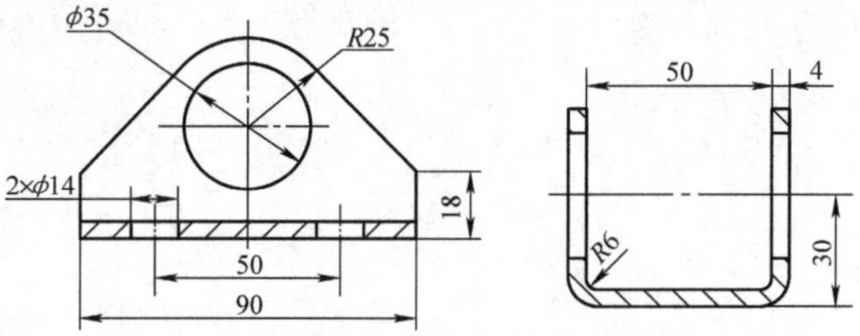

图 3-68　问答题 16 图

单元四 拉深工艺与模具结构

本单元学习目的：

1. 拉深变形的特点、作用。
2. 拉深件的工艺分析，拉深常见质量问题与防止措施。
3. 拉深件毛坯尺寸计算方法。
4. 典型拉深模具的组成、结构特点及其工作过程。
5. 典型拉深模设计过程，典型拉深模具的拆装实训。

实训课题五　拉深模的拆装

1. 实训目的

通过对典型拉深模具的拆卸，增进对模具内部结构的认识，培养实践动手能力；了解模具零件相互之间的装配形式以及配合关系；了解模具拆卸过程以及装配复原步骤。

2. 训练要求

对所拆卸模具零件进行测绘，按照规定要求画出相应零件的结构图；对所拆模具零件进行分析，了解模具的工作原理以及各组成零件的作用；简述拆卸过程及有关操作规程；填写好配合关系测量表。

3. 实习课题

模具的拆卸与测绘。

4. 准备工作

1）一副中等复杂程度的拉深模。

2）拆装工具，包括内六角扳手、拔销器、铜棒、平行等高垫铁、钳工台、锤子、旋具等。

3）测量工具，包括游标卡尺、千分尺、钢直尺、90°角尺、塞尺、百分表等。

5. 模具拆卸注意事项

模具拆卸注意事项同单元二相关部分内容。

6. 模具测绘

模具测绘有助于进一步认识模具零件，了解模具相关零件之间的装配关系。模具测绘最终要完成拆卸模具的装配图和重要零件图的绘制。测绘数据及方法会导致测量结果产生相应的误差，需要按技术资料上的理论数据进行必要的“圆整”。测绘可参考以下步骤：

1）拆卸模具之前，先画出模具的结构草图，测量总体尺寸。

2）拆卸后对照实物徒手画出模具各零件的结构草图。

3）选择基准，确定模具零件的尺寸标注方案。

4）根据标注方案，测量所需尺寸数据，做好记录，查阅有关技术要求，圆整有关尺寸数据。

5）完成装配图和重要零件结构图的绘制。

表4-1所示为拉深模配合零件之间的配合要求，测绘者可以根据测绘实感及实测数据进行填写，为完成装配图作准备。表中空行供记录未列出的模具装配零件的测绘数据用。

7. 模具装配

拉深模的装配，主要是保证凸、凹模的对中，使其间隙均匀。拉深模装配的主要工作内容包括：

（1）对模具主要零件的装配　凸、凹模的装配，凸、凹模与固定板的装配，上、下模座的装配。

（2）模具的总装配　选择好装配的基准件，并安排好上、下模的装配顺序，然后进行模具的总装配。装配时应调整好各配合部位的位置和配合状态，严格按照规定的各项技术要求进行装配，以保证装配质量。

(3) 模具的检验和调试　对模具的外观质量、各部件的固定连接和活动连接情况以及凸、凹模配合间隙进行检查，检查模具各部分的功能是否满足使用要求。条件具备时也可以通过试冲对所装配模具进行调试。

表4-1　拉深模零件配合关系测绘表

序号	相关配合零件	配合性质	配合要求	配合尺寸测量值	配合尺寸
1	凸模 凹模		凸模实体小于凹模洞口，间隙合理		
2	凸模 凸模固定板		H7/m6 或 H7/n6		
3	上模座 模柄		H7/r6 或 H7/s6		
4	上模座 导套		H7/r6 或 H7/s6		
5	下模座 导柱		H7/r6 或 H7/s6		
6	导柱 导套		H6/h6 或 H7/h6		
7	卸料装置 凸模/凹模		卸料装置与凸模/凹模实体，间隙0.2~0.6mm		
8	销钉 定位模板		H7/m6 或 H7/n6		
⋮					

模具的装配复原过程由模具的结构类型决定，一般与模具拆卸的顺序相反。

8. 拆装实例

以图4-1所示动力转向油罐拉深模为例，按照正常生产时模具装配流程，介绍其装配过程。

(1) 装配要求

1) 根据模具装配图，分析模具的工作原理、各部位的结构组成以及功用。

2) 逐步熟悉各零、部件装配的技术要求和工艺规范，确定装配工艺方案。

3) 准备好装配用的工具、量具以及夹具。

4) 按图检查零件质量，确定装配基准件。

5) 按图逐一控制零、部件的装配过程和装配质量。

(2) 装配步骤

1) 将模柄压入上模座。对于模柄与上模座之间有骑缝销结构的，必须保证骑缝销的对正（一般在拆卸时应在相关零件表面作好标记）。模柄压入后打入骑缝销防止模柄与上模座之间产生相对转动。

2) 将导柱压入下模座。压入前擦净导柱和下模座的配合表面，涂上一层全损耗系统用油（旧称机油）。然后把下模座放在平台上，用铜棒将导柱打入下模座。刚开始敲打时，用力要轻而均匀，并且要特别注意放正，随时用90°角尺校正导柱与下模座的垂直度，并调整敲击导柱的位置。当导柱打入1/3后，再用力将其打入至其下端面距离下模座底面1～2mm即可。

3）将导套压入上模座。装配方法与压入导柱大致相同。由于导套中间有通孔，因此在装配前应在导套上端垫一垫铁，防止在装配时其他异物的进入。装好后，擦净导套内表面，涂上润滑油，将上、下模套合，用手上、下移动上模座，直到轻快、平稳为止。

4）确定装配基准件。根据模具图样确定装配基准、装配顺序和方法。选定凸凹模为装配基准件。将凸凹模套在固定板上放在模座上，根据拆卸时在零件表面所做的标记，找正定位孔，打入定位销，装入并拧紧联接螺钉。

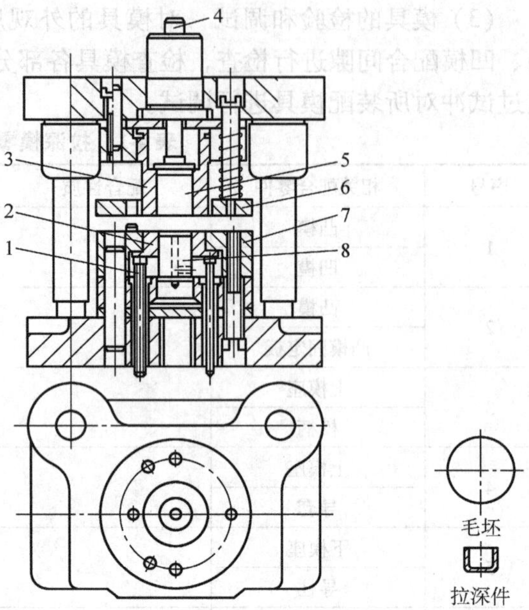

图4-1 动力转向油罐落料拉深模
1—顶杆 2—压边圈 3—凸凹模 4—推杆
5—推件板 6—卸料板 7—落料凹模
8—拉深凸模

5）装配凸模。将凸模压入固定板。

6）装配凹模及其相关组件。根据模具零件表面标记，找正凹模、凸模固定板、垫板及上模座之间的位置，压入定位销，将凹模、推件器、凸模及其固定板、垫板、推杆安装在上模座上。

7）安装卸料板及其他部件。

（3）实习记录与成绩评定 实习记录与成绩评定如表4-2所示，仅供参考。

表4-2 拉深模装配实习记录及成绩评定表

项次	项目与技术要求	分数	评定方法	实测记录	得分
1	凸模与模座的装配	10	测量		
2	模柄的装配	10	测量		
3	导柱、导套及模架的装配	12	测试		
4	凹模与模座的装配	10	测试		
5	总装	30	总体评定		
6	准备工作充分	6	每缺一项扣1分		
7	装配过程安排合理	6	安排不合理每一处扣1分		
8	装配质量符合技术要求	10	发现一处不符合要求扣2分		
9	安全文明生产	6	违者每次扣2分		

拉深（又称拉延）是利用拉深模在压力机的作用下，将板料或空心工序件制成开口空心零件的加工方法。它是冲压基本工序之一，广泛应用于汽车、电子、日用品、仪表、航空和航天等各种工业部门的产品生产中，不仅可以加工旋转体零件，还可加工盒形零件及其他

形状复杂的薄壁零件，如图4-2所示。

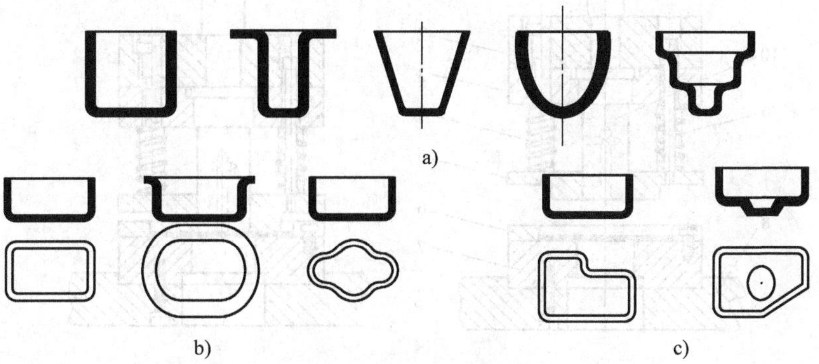

图4-2　常见的拉深件

a）轴对称旋转体拉深件　b）盒形件　c）不对称拉深件

拉深件的种类很多，按变形力学特点可以分为四种基本类型，如图4-3所示。

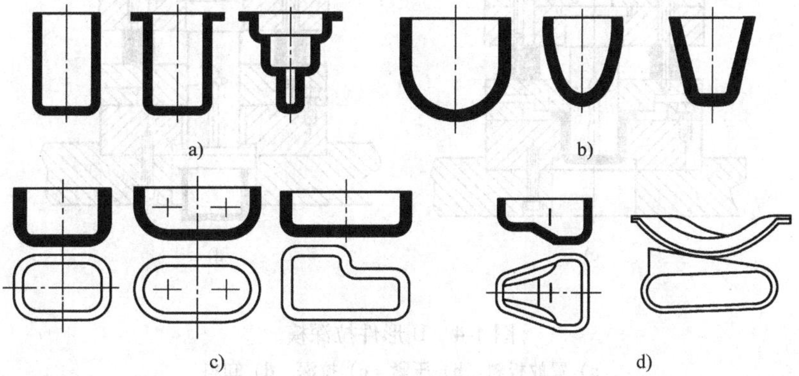

图4-3　拉深件四种类型

a）筒形拉深件　b）旋转体曲面拉深件　c）盒形拉深件　d）非旋转体曲面形状拉深件

拉深还可分为不变薄拉深和变薄拉深。前者拉深成形后的零件，其各部分的壁厚与拉深前的坯料相比基本不变；后者拉深成形后的零件，其壁厚与拉深前的坯料相比有明显的变薄，这种变薄的零件呈现为底厚、壁薄的特点，符合产品要求。在实际生产中，应用较多的是不变薄拉深。本章重点介绍不变薄拉深工艺与模具结构。

第一节　拉深变形特点及分析

一、拉深件零件图和拉深模结构示例

图4-4所示为动力转向油罐（U形件）首次拉深模。首先将毛坯放入限位圈6中定位，上模在模柄1（固定在压力机滑块上）的带动下下行，压边圈5先将毛坯压紧，上模继续下行，通过凸模10将毛坯材料拉入凹模7中，最后当凸模将首次拉深件完全拉出凹模孔口后，此时凸模开始回升，利用材料的回弹作用和凹模孔下部的阻碍作用使拉深件从下面脱落。

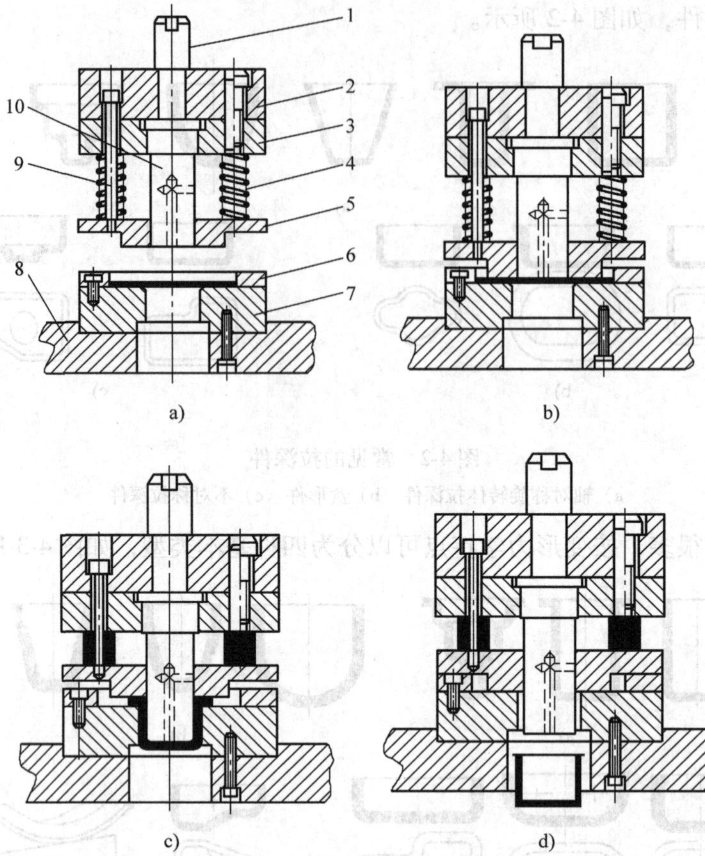

图 4-4　U 形件拉深模

a）置放板料　b）压紧　c）拉深　d）卸料

1—模柄　2—上模座　3—凸模固定板　4—弹簧　5—压边圈　6—限位圈　7—凹模　8—下模座　9—螺钉　10—凸模

二、拉深变形过程

1. 圆筒形件的拉深概述

图 4-5 所示为圆筒形件的拉深过程。直径为 D、厚度为 t 的圆形毛坯经过拉深模拉深，得到具有外径为 d、高度为 H 的开口圆筒形工件。

1）在拉深过程中，坯料的中心部分成为筒形件的底部，基本不变形，是不变形区，坯料的凸缘部分（即 D-d 的环形部分）是主要变形区。

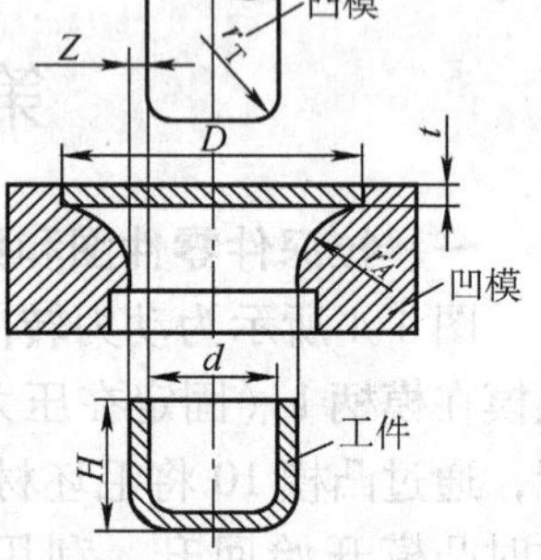

图 4-5　圆筒形件的拉深

2）在转移过程中，凸缘部分材料由于拉深力的作用，径向产生拉应力，切向产生压应力。在两种应力的共同作用下，凸缘部分金属材料产生塑性变形，将“多余的三角形”材料沿径向伸长、切向压缩，且不断被拉入凹模中变为筒壁，成为圆筒形开口空心件。

3）圆筒形件拉深的变形程度，通常以筒形件直径 d 与坯料

直径 D 的比值来表示，即

$$m = d/D \tag{4-1}$$

式中，m 称为拉深系数，m 越小，拉深变形程度越大；相反，m 越大，拉深变形程度就越小。

2. 拉深变形过程

如图 4-6 所示，在平板坯料上沿直径方向画出一个扇形区域 Oab，当凸模下降时，强迫坯料拉入凹模，扇形 Oab 演变为三个主要区域：

筒底（不变形区）——Oef；

筒壁（传力区）——$c'd'ef$；

凸缘（变形区）——$a'b'cd$。

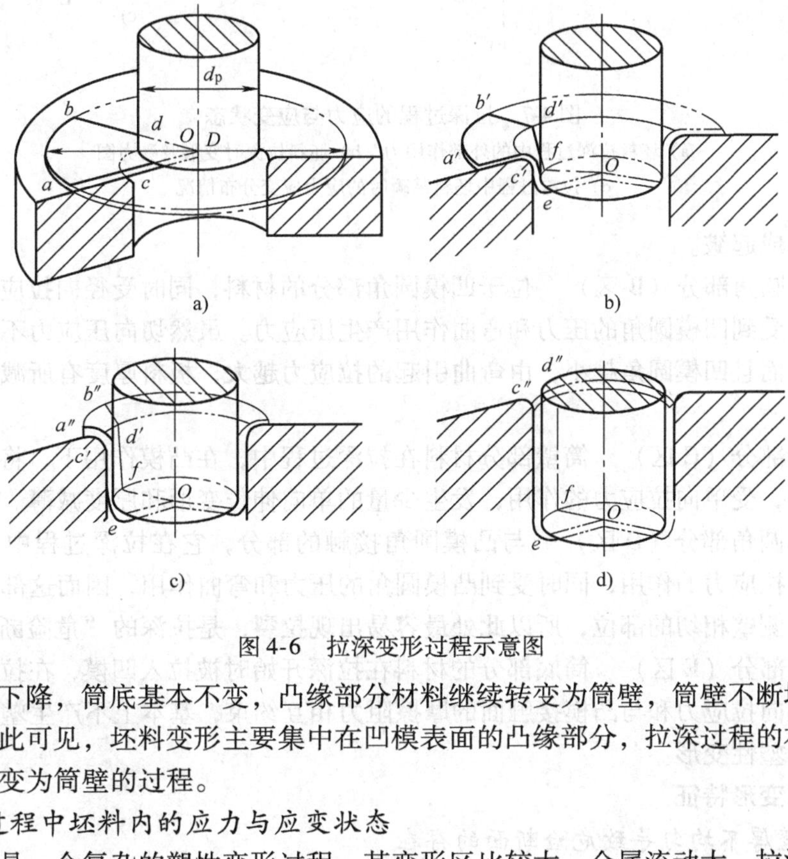

图 4-6　拉深变形过程示意图

凸模继续下降，筒底基本不变，凸缘部分材料继续转变为筒壁，筒壁不断增高，而凸缘逐渐减少。由此可见，坯料变形主要集中在凹模表面的凸缘部分，拉深过程的本质就是使凸缘逐渐收缩转变为筒壁的过程。

3. 拉深过程中坯料内的应力与应变状态

拉深过程是一个复杂的塑性变形过程，其变形区比较大，金属流动大，拉深过程中容易发生起皱和拉裂而使工件报废。因此，分析拉深时的应力、应变状态，从而找出产生起皱、拉裂的根本原因，供设计模具和制定冲压工艺时参考，以提高拉深件的质量。

根据应力应变的状态不同，可将拉深坯料划分为凸缘平面区、凸缘圆角区、筒壁区、筒底圆角区、筒底区等五个区域，如图 4-7 所示。

（1）凸缘平面部分（A 区）　这是拉深的主要变形区，材料在径向拉应力和切向压应力的共同作用下产生切向压缩与径向伸长变形而被逐渐拉入凹模。在厚度方向，由于压料圈的作用，产生了压应力。一般板料厚度有所增厚，越接近外缘，增厚越多。当拉深变形程度较大，板料又比较薄时，在坯料的凸缘部分，尤其是外缘部分，在切向压应力作用下可能失

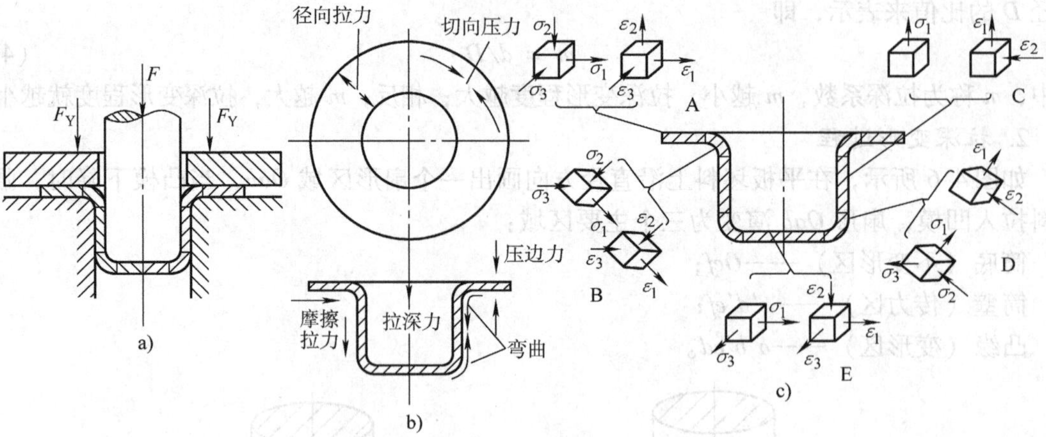

图 4-7　拉深过程的应力与应变状态

a）坯料拉深过程中的外部作用力　b）坯料拉深时变形及受力图

c）拉深过程中坯料某瞬时的应力应变分布情况

稳而拱起，形成起皱。

(2) 凸缘圆角部分（B 区）　位于凹模圆角部分的材料，同时受径向拉应力和切向压应力，厚度方向受到凹模圆角的压力和弯曲作用产生压应力。虽然切向压应力不大，但是径向拉应力最大，而且凹模圆角越小，由弯曲引起的拉应力越大，板料厚度有所减薄，所以有可能出现破裂。

(3) 筒壁部分（C 区）　筒壁部分材料在拉深过程中，在凸模作用下，将凸模的拉深力传递到凸缘区，受单向拉应力的作用，发生少量的单向伸长变形和厚度减薄。

(4) 底部圆角部分（D 区）　与凸模圆角接触的部分，它在拉深过程中不仅承受径向拉应力和切向拉应力的作用，同时受到凸模圆角的压力和弯曲作用，因而这部分材料变薄最严重，尤其与侧壁相切的部位，所以此处最容易出现拉裂，是拉深的“危险断面”。

(5) 筒底部分（E 区）　筒底部分的材料在拉深开始时被拉入凹模，在拉深的整个过程中受切向和径向拉应力和与凸模接触面的摩擦阻力相互约束，基本上不产生塑性变形，或者只产生不大的塑性变形。

三、拉深变形特征

1. 制件壁厚不均匀导致危险断面的存在

从前面拉深变形过程分析得知，拉深过程实际上是凸缘部分逐渐减少转变为筒壁的过程。经过拉深产生塑性变形后的工件上料厚的变化情况如图 4-8 所示。制件侧壁上端厚，下端薄，在凸模圆角处最薄，此处最容易出现拉裂，所以是拉深的“危险断面”。

2. 拉深力的变化规律

实践证明：在拉深过程中，拉深力的变化一般是开始大，后来逐渐减小，而且峰值比较靠前。其主要原因是最初拉深时坯料的变形程度较大，后来变形程度逐渐减小。拉深时变形力的大小还与坯料尺寸的大小、凸模行程大小（拉深系数）等有关，如图 4-9 所示。坯料的尺寸越大，变形力也越大。凸模行程对变形力的影响也比较大。

在相同条件下，拉深力的大小还与材料的力学性能、材料的厚度等有关。

四、拉深件常见的质量问题与防止措施

拉深过程中出现的质量问题主要是凸缘变形区的起皱和筒壁传力区的拉裂。其中凸缘区起皱是由于切向压应力引起板料失去稳定而产生弯曲的结果；而筒壁传力区的拉裂则是由于拉应力超过抗拉强度所致。

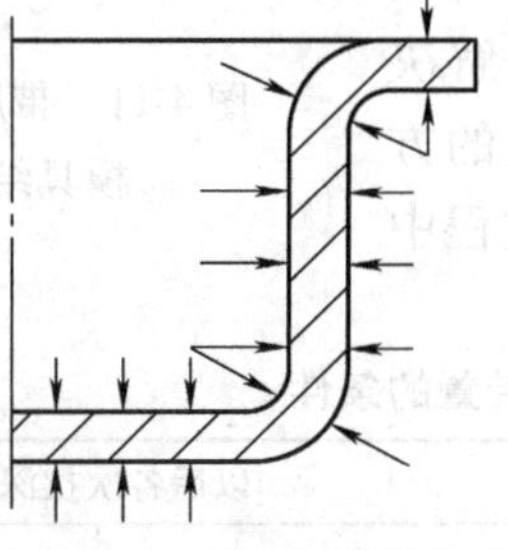

图 4-8　拉深后零件壁厚的变化

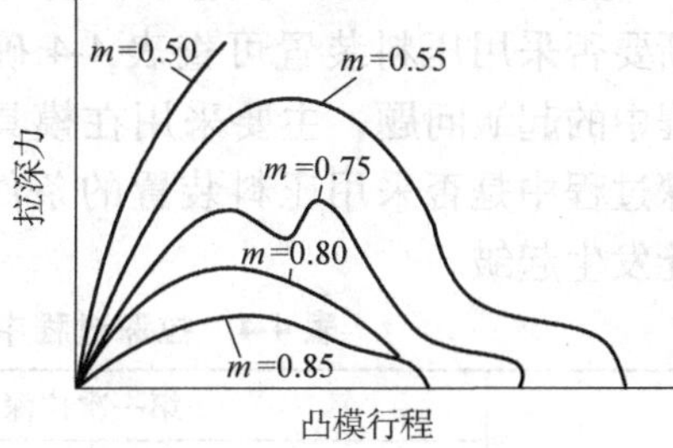

图 4-9　拉深力、拉深系数的关系

1. 起皱原因及防止措施

拉深时坯料凸缘区出现波纹状的皱折称为起皱。

（1）起皱产生的原因　拉深过程中的主要变形区是凸缘部分，该变形区的主要变形是切向压缩变形。当应力较大而坯料的相对厚度较小时，凸缘部分的料厚与应力的比例关系不协调，从而在凸缘的整个周围产生波浪形的连续弯曲，如图 4-10a 所示，即起皱。起皱一般从凸缘外缘首先发生，因为那里的应力绝对值最大。出现轻微起皱时，在拉深件侧壁靠上部位将出现条状的挤光痕迹和明显的波纹，影响工件的外观质量与尺寸精度，如图 4-10b 所示。起皱严重时，将会在危险断面处拉裂，如图 4-10c 所示。

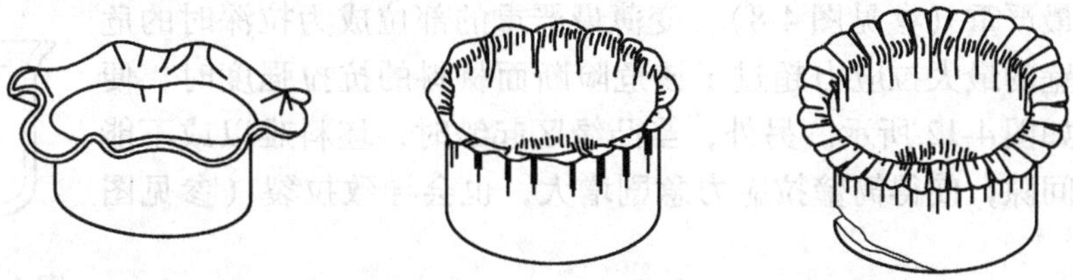

a)　b)　c)

图 4-10　拉深件的起皱破坏

a）起皱现象　b）轻微起皱影响拉深件质量　c）严重起皱导致拉裂

（2）影响起皱的主要因素　影响拉深起皱的原因较多，具体原因如表 4-3 所示。

表 4-3　拉深起皱的主要因素及其影响

序号	原　因	影　响
1	坯料的相对厚度 t/D	坯料的相对厚度越小，拉深变形区抵抗失稳的能力越差，因而就越容易起皱。相反，坯料相对厚度越大，越不容易起皱
2	拉深系数 m	拉深系数 m 越小，拉深变形程度越大，拉深变形区内金属的硬化程度也越高，因而切向压应力相应增大。另一方面，拉深系数越小，凸缘变形区的宽度相对越大，其抵抗失稳的能力就越小，因而越容易起皱
3	拉深模工作部分的几何形状与参数	凸模和凹模圆角及凸、凹模之间的间隙过大时，坯料容易起皱。用锥形凹模拉深的坯料与用普通平端面凹模拉深的坯料相比，前者不容易起皱。其原因是用锥形凹模拉深时，坯料形成的曲面过渡形状比平面形状具有更大的抗失稳能力。而且，凹模圆角处对坯料造成的摩擦阻力和弯曲变形的阻力都减到了最低限度，凹模锥面对坯料变形区的作用力也有助于使它产生切向压缩变形，因此，其拉深力比平端面凸模要小得多，拉深系数可以大为减小

(3) 控制起皱的措施　为了防止起皱，最常用的方法是在拉深模具上设置压料装置，使坯料凸缘区夹在凹模平面与压料圈之间通过，如图4-11所示。当然并不是任何情况下都会发生起皱现象。当变形程度较小（拉深系数 m 较大）、坯料相对厚度（t/D）较大时，一般不会起皱，这时就可不必采用压料装置。判断要否采用压料装置可查表4-4确定。实际生产中解决拉深过程中的起皱问题，主要采用在模具上设置压料装置的方法。拉深过程中是否采用压料装置的条件，主要看拉深过程中是否可能发生起皱。

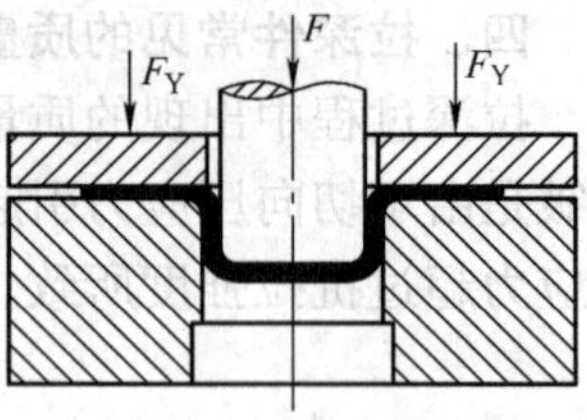

图4-11　带压料圈的模具结构

表4-4　拉深过程中采用或不采用压料装置的条件

拉深方法	第一次拉深		以后各次拉深	
	坯料相对厚度 $(t/D)\times100$	拉深系数 m_1	坯料相对厚度 $(t/d_{n-1})\times100$	拉深系数 m_i
用压料装置	<1.5	<0.6	<1	<0.8
可用可不用	1.5～2.0	0.6	1～1.5	0.8
不用压料装置	>2.0	>0.6	>1.5	>0.8

控制起皱的方法还有多次拉深法、反拉深法、增设拉深肋法等。

2. 拉裂原因及防止措施

(1) 拉裂产生的原因　在拉深过程中，由于凸缘变形区应力应变很不均匀，因此，当凸缘区转化为筒壁后，拉深件的壁厚就不均匀，口部壁厚增大，底部壁厚减小，壁部与底部圆角相切处变薄最严重（参见图4-8）。变薄最严重的部位成为拉深时的危险断面，当筒壁的最大拉应力超过了该危险断面材料的抗拉强度时，便会产生拉裂，如图4-12所示。另外，当凸缘区起皱时，坯料难以或不能通过凸、凹模间隙，使得筒壁拉应力急剧增大，也会导致拉裂（参见图4-10c）。

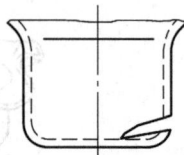

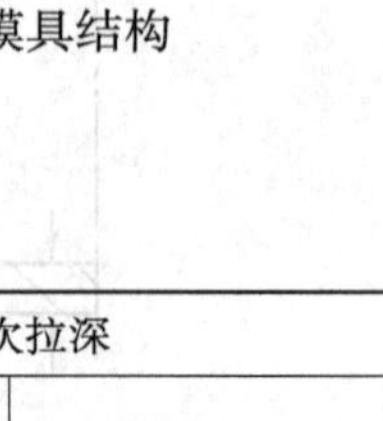
图4-12　拉深件的拉裂破坏

(2) 控制拉裂的措施　防止筒壁的拉裂，一方面要通过改善材料的力学性能，提高筒壁抗拉强度；另一方面要通过正确制定拉深工艺和设计模具，合理确定拉深变形程度、凹模圆角半径、改善润滑条件等，以降低筒壁传力区的拉应力。生产实际中常用适当加大凸、凹模圆角半径，降低拉深力，增加拉深次数，在压料圈底部和凹模上涂润滑剂等方法来避免拉裂的产生。

第二节　拉深件的结构工艺性

一、拉深件的形状要求

拉深件的形状结构对坯料拉深成形的难易程度、材料的成形规律以及拉深件的质量都有很大的影响。具体要求如下：

1) 拉深件应尽量简单、对称，并能一次拉深成形。

2) 当零件一次拉深的变形程度过大时，为避免拉裂，需采用多次拉深，此时在保证必要的表面质量前提下，应允许内、外表面存在拉深过程中可能产生的痕迹。

3）在保证装配要求的前提下，应允许拉深件侧壁有一定的斜度，便于拉深工艺的实施。

4）拉深件的底部或凸缘上有孔时，孔边到侧壁的距离应满足 $a \geqslant R + 0.4t$（或 $r + 0.4t$）。

5）拉深件的料厚应符合拉深工艺的变形规律。

6）拉深件的径向尺寸应只标注外形尺寸或内形尺寸，而不能同时标注内、外形尺寸。带台阶的拉深件，其高度方向的尺寸标注一般应以拉深件底部为基准，如图4-13a所示。若以上部为基准，如图4-13b所示，则高度尺寸不易保证。

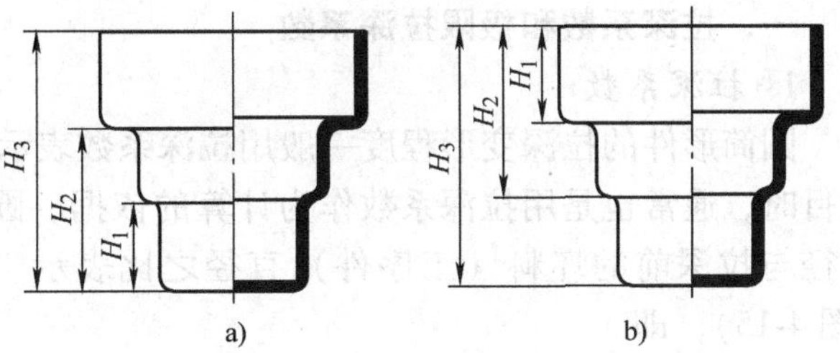

图4-13　带台阶拉深件的尺寸标注
a）合理　b）不合理

7）对于半敞开件或非对称空心件，模具设计时可将其成对组合，拉深成形后再切开分成两个或几个。

二、拉深件的圆角半径

拉深件圆角半径的大小在拉深过程中直接影响坯料变形区的变形难以程度，同时对拉裂现象的产生有直接的关系，因此选择拉深件的圆角半径十分重要。具体选择原则如下：

（1）拉深件的底与壁的圆角半径　为了能够顺利进行拉深，拉深件的底与壁的圆角半径应满足：$r \geqslant t$，如图4-14a所示。否则，应增加整形工序。一次整形的，圆角半径可取 $r \geqslant (0.1 \sim 0.3)t$，$R \geqslant (0.1 \sim 0.3)t$。

（2）拉深件的凸缘与壁的圆角半径　拉深件的凸缘与壁的圆角半径应满足：$R \geqslant 2t$，如图4-14a所示。此圆角半径是决定拉深能否顺利进行的重要参数，一般取大值。否则，应增加校正工序来弥补。

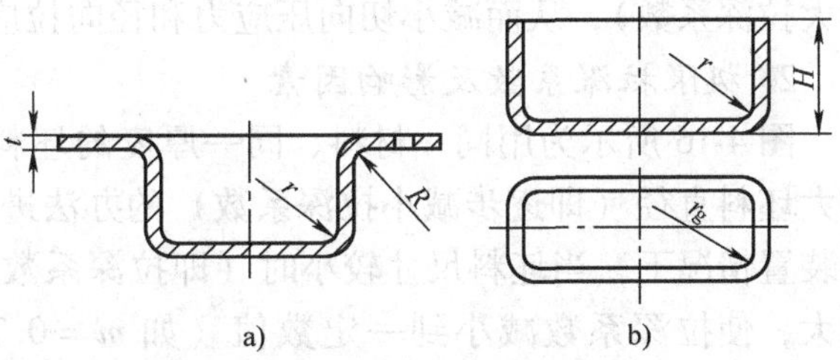

图4-14　拉深件的孔边距及圆角半径

（3）矩形拉深件四角的圆角半径　矩形拉深件四角的圆角半径应满足：$r_g \geqslant 3t$，如图4-14b所示。为了减少拉深工序次数，应尽量使 $r_g > 0.15H$（H 为拉深制件高度），以便能一次拉深成形。

三、拉深件的公差

一般情况下，拉深件的尺寸精度应在IT13级以下，不宜高于IT11级。对于精度要求高的拉深件，应在拉深后增加整形工序，以提高其精度。同时由于材料各向异性的影响，拉深件的口部或凸缘外缘一般是不整齐的，出现“凸耳”现象，需要增加切边工序。

拉深件壁厚公差或变薄量要求一般不超出拉深工艺壁厚变化规律。根据统计，不变薄拉深工艺的筒壁最大增厚量为（0.2～0.3）t，最大变薄量为（0.1～0.18）t（t 为板料厚度，单位为mm）。

第三节　圆筒形件拉深系数及确定方法

一、拉深系数和极限拉深系数

1. 拉深系数

圆筒形件的拉深变形程度一般用拉深系数表示。在设计冲压工艺过程与确定拉深工序的数目时，通常也是用拉深系数作为计算的依据。圆筒形件的拉深系数 m 是以每次拉深后的直径与拉深前的坯料（工序件）直径之比表示（图 4-15），即

第一次拉深系数　$m_1 = \dfrac{d_1}{D}$　(4-2)

第二次拉深系数　$m_2 = \dfrac{d_2}{d_1}$

⋮　　⋮

第 n 次拉深系数　$m_n = \dfrac{d_n}{d_{n-1}}$

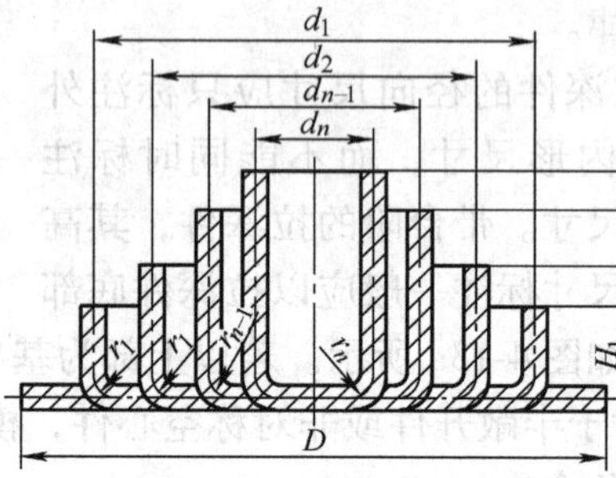

图 4-15　圆筒形件的多次拉深

总拉深系数 $m_总$ 表示从坯料直径 D 拉深至 d_n 的总变形程度，即

$$m_总 = \frac{d_n}{D} = \frac{d_1}{D}\frac{d_2}{d_1}\frac{d_3}{d_2}\cdots\frac{d_{n-1}}{d_{n-2}}\frac{d_n}{d_{n-1}} = m_1 m_2 m_3 \cdots m_{n-1} m_n \quad (4\text{-}3)$$

拉深变形程度（拉深系数）对凸缘区的径向拉应力和切向压应力以及对筒壁传力区拉应力影响极大，为了防止在拉深过程中产生起皱和拉裂的缺陷，应减小拉深变形程度（即增大拉深系数），从而减小切向压应力和径向拉应力，以减小起皱和破裂的可能性。

2. 极限拉深系数及影响因素

图 4-16 所示为用同一材料、同一厚度的坯料，在凸、凹模尺寸相同的模具上采用逐步加大坯料直径（即逐步减小拉深系数）的办法进行试验的情况。其中，图 4-16a 表示在无压料装置情况下，当坯料尺寸较小时（即拉深系数较大时），拉深能够顺利进行；当坯料直径加大，使拉深系数减小到一定数值（如 $m = 0.75$）时，会出现起皱。如果增加压料装置（图 4-16b），则能防止起皱，此时进一步加大坯料直径、减小拉深系数，拉深还可以顺利进行。但当坯料直径加大到一定数值、拉深系数减小到一定数值（如 $m = 0.50$）后，筒壁出现拉裂现象，拉深过程被迫中断。

因此，为了保证拉深工艺的顺利进行，就必须使拉深系数大于一定数值，这个一定的数值即为在一定条件下的极限拉深系数，用符号“$[m]$”表示。当拉深数值小于这个数值，就会使拉深件起皱、拉裂或严重变薄而超差。另外，在多次拉深过程中，由于材料的加工硬化，使得变形抗力不断增大，所以以后各次极限拉深系数必须逐次递增，即 $[m_1] < [m_2] < [m_3] < \cdots < [m_n]$。

影响极限拉深系数的因素主要有：

(1) 材料的组织与力学性能　一般来说，材料组织均匀、屈强比小、塑性好、板材性能较好，变形抗力小，筒壁传力区不容易产生局部严重变薄和拉裂，因而拉深性能好，极限拉深系数较小。

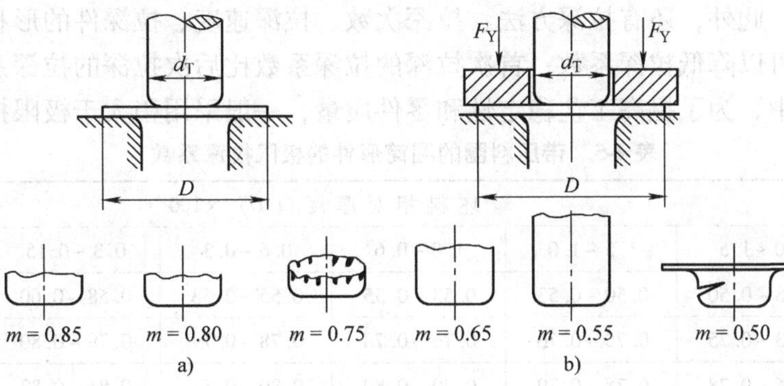

图 4-16　拉深试验

a）无压料装置　b）有压料装置

（2）板料的相对厚度 t/D　当板料的相对厚度大时，抗失稳能力较强，不易起皱，可以不采用压料或减少压料力，从而减少了摩擦损耗，有利于拉深，故极限拉深系数较小。

（3）摩擦与润滑条件　凹模与压料圈的工作表面光滑、润滑条件较好，可以减小拉深系数。为避免在拉深过程中凸模与板料或工序件之间产生相对滑移造成危险断面的过度变薄或拉裂，在不影响拉深件内表面质量和脱模的前提下，凸模工作表面可以比凹模粗糙一些，并避免涂润滑剂。

（4）模具的几何参数　模具几何参数中，影响极限拉深系数的主要是凸、凹模圆角半径及间隙。

1）凸模圆角半径太小，板料绕凸模弯曲的拉应力增加，易造成局部变薄严重，降低危险断面的强度，因而会降低极限变形程度；凹模圆角半径太小，板料在拉深过程中通过凹模圆角半径时弯曲阻力增加，增加了筒壁传力区的拉应力，也会降低极限变形程度。但过大的圆角半径会减小板料与凸模和凹模端面的接触面积及压料圈的压料面积，板料悬空面积增大，容易产生失稳起皱。实践证明，凸、凹模圆角半径适当取较大值可以减小极限拉深系数。

2）凸、凹模间隙太小，板料会受到太大的挤压作用和摩擦阻力，增大了拉深力，使极限变形程度减小。过大的凸、凹模间隙会影响拉深件的精度，拉深件的锥度和回弹较大。实践证明，凸、凹模间隙适当取较大值可以减小极限拉深系数。

此外，影响极限拉深系数的因素还有拉深方法、拉深次数、拉深速度、拉深件形状等。

二、圆筒形件拉深系数的确定

在实际生产中，为了提高工艺稳定性，提高零件质量，必须采用稍大于极限拉深系数的值。拉深系数的确定与模具设计、坯料成形质量、防止拉深缺陷及生产成本有较大的关系。

1. 常用的极限拉深系数

圆筒形件的极限拉深系数如表 4-5、表 4-6 所示。

2. 拉深系数的确定

拉深系数是重要的工艺参数，它表示拉深中坯料的变形程度，m 值越小，拉深时坯料的变形程度越大。拉深系数的确定必须依据具体的加工条件、加工工艺等，如材料的内部组织和力学性能、毛坯的相对厚度 t/D、拉深模的凸模圆角半径和凹模圆角半径、凹模表面粗糙度及润滑条件等。此外，还有拉深方法、拉深次数、拉深速度、拉深件的形状等；采用反拉深、软模拉深等可以降低拉深系数；首次拉深的拉深系数比后次拉深的拉深系数小。

在实际生产中，为了提高工艺稳定性和零件质量，一般采用稍大于极限拉深系数的值。

表 4-5　带压料圈的圆筒形件的极限拉深系数

拉深系数	坯料相对厚度 $(t/D)\times100$					
	2.0~1.5	1.5~1.0	1.0~0.6	0.6~0.3	0.3~0.15	0.15~0.08
m_1	0.48~0.50	0.50~0.53	0.53~0.55	0.55~0.58	0.58~0.60	0.60~0.63
m_2	0.73~0.75	0.75~0.76	0.76~0.78	0.78~0.79	0.79~0.80	0.80~0.82
m_3	0.76~0.78	0.78~0.79	0.79~0.80	0.80~0.81	0.81~0.82	0.82~0.84
m_4	0.78~0.80	0.80~0.81	0.80~0.81	0.82~0.83	0.83~0.85	0.85~0.86
m_5	0.80~0.82	0.82~0.84	0.84~0.85	0.85~0.86	0.86~0.87	0.87~0.88

注：1. 表中极限拉深系数适用于 08 钢、10 钢和 15Mn 及黄铜 H62 的拉深。对拉深性能较差的材料，如 20 钢、25 钢、Q215、Q235、硬铝等应比表中数值大 1.5%~2.0%；而对塑性较好的材料，如 05 钢、08 钢、10 钢及软铝等应比表中数值小 1.5%~2.0%。

2. 表中数据适用于未经中间退火的拉深。若采用中间退火工序时，则取值应比表中数值小 2%~3%。

3. 表中较小值适用于大的凹模圆角半径 $[r_A=(8\sim15)t]$，较大值适用于小的凹模圆角半径 $[r_A=(4\sim8)t]$。

表 4-6　不带压料圈的圆筒形件的极限拉深系数

拉深系数	坯料相对厚度 $(t/D)\times100$				
	1.5	2.0	2.5	3.0	>3
m_1	0.65	0.60	0.55	0.53	0.50
m_2	0.80	0.75	0.75	0.75	0.70
m_3	0.84	0.80	0.80	0.80	0.75
m_4	0.87	0.84	0.84	0.84	0.78
m_5	0.90	0.87	0.87	0.87	0.82
m_6		0.90	0.90	0.90	0.85

注：1. 此表适用于 08 钢、10 钢及 15Mn 等材料的拉深。

2. 此表适用于未经中间退火的拉深。若采用中间退火工序时，取值应比表中数值小 2%~3%。

3. 表中较小值适用于大的凹模圆角半径 $[r_A=(8\sim15)t]$，较大值适用于小的凹模圆角半径 $[r_A=(4\sim8)t]$。

第四节　圆筒形件拉深次数及确定方法

当拉深件的拉深系数大于第一次极限拉深系数 $[m_1]$，即 $m>[m_1]$ 时，则该拉深件只需一次拉深就可完成，否则就要进行多次拉深。

需要多次拉深时，其拉深次数确定方法主要有：

（1）推算法　先根据坯料相对厚度 t/D 和有否压料条件可查表 4-5、表 4-6 确定，并查出相应许可极限拉深系数 $[m_1]$、$[m_2]$、$[m_3]$、…，然后从第一道工序开始依次算出各次拉深工序件直径，即 $d_1=[m_1]D$、$d_2=[m_2]d_1$、…、$d_n=[m_n]d_{n-1}$，直到 $d_n\leqslant d$。即当计算所得直径 d_n 稍小于或等于拉深件所要求的直径 d 时，计算的次数即为拉深的次数。

（2）查表法　圆筒形件的拉深次数还可从表 4-7、表 4-8 查取。

表 4-7　拉深件的相对高度、相对厚度与拉深次数的关系

拉深次数	坯料相对厚度 $(t/D)\times100$					
	2～1.5	1.5～1.0	1.0～0.6	0.6～0.3	0.3～0.15	0.15～0.08
1	0.94～0.77	0.84～0.65	0.7～0.57	0.62～0.5	0.52～0.45	0.46～0.38
2	1.88～1.54	1.60～1.32	1.36～1.1	1.13～0.94	0.96～0.83	0.9～0.7
3	3.5～2.7	2.8～2.2	2.3～1.8	1.9～1.5	1.6～1.3	1.3～1.1
4	5.6～4.3	4.3～3.5	3.6～2.9	2.9～2.4	2.4～2.0	2.0～1.5
5	8.9～6.6	6.6～5.1	5.2～4.1	4.1～3.3	3.3～2.7	2.7～2.0

注：1. 表中数据适用材料为 08F 钢、10F 钢；表中数据为拉深件的相对高度。

2. 大值适用于第一道工序的大凹模圆角 $[r_A=(8\sim15)t]$，小值适用于第一道工序的小凹模圆角 $[r_A=(4\sim8)t]$。

表 4-8　圆筒形件总拉深系数与拉深次数的关系

拉深次数	坯料相对厚度 $(t/D)\times100$				
	2～1.5	1.5～1.0	1.0～0.5	0.5～0.2	0.2～0.06
2	0.33～0.36	0.36～0.65	0.40～0.43	0.43～0.46	0.46～0.48
3	0.24～0.27	0.27～0.30	0.30～0.34	0.34～0.37	0.37～0.40
4	0.18～0.21	0.21～0.24	0.24～0.27	0.27～0.30	0.30～0.33
5	0.13～0.16	0.16～0.19	0.19～0.22	0.22～0.25	0.25～0.29

注：表中数据适用材料为 08F 钢、10F 钢；表中数据为圆筒形件总拉深系数。

（3）计算方法　拉深次数的确定也可采用计算方法确定，其计算式为

$$n = 1 + \frac{\lg d - \lg m_1 D}{\lg m_{均}} \tag{4-4}$$

式中　d——拉深件直径（mm）；

D——坯料直径（mm）；

m_1——第一次拉深系数；

$m_{均}$——第一次以后各次平均拉深系数。

上述计算结果取圆整值即为拉深次数

第五节　拉深件坯料尺寸计算

拉深件坯料尺寸的计算主要包括计算坯料的尺寸和坯料的形状两个方面。确定拉深件坯料形状和尺寸必须以冲裁件形状和尺寸为基础，首先确定拉深件的修边余量，然后按表面积不变原则和形状相似原则来计算与确定。

一、旋转拉深件修边余量的确定

由于金属板料具有板平面方向性和模具几何形状等因素的影响，会造成拉深件口部不整齐，因此在多数情况下采取加大工序件高度或凸缘宽度（即修边余量）的办法，拉深后再经过切边工序以保证零件质量。修边余量可参考表 4-9 和表 4-10。

表 4-9　无凸缘圆筒形拉深件的修边余量 Δh　　（mm）

工件高度 H	工件的相对高度 H/d				附　图
	>0.5～0.8	>0.8～1.6	>1.6～2.5	>2.5～4	
≤10	1.0	1.2	1.5	2	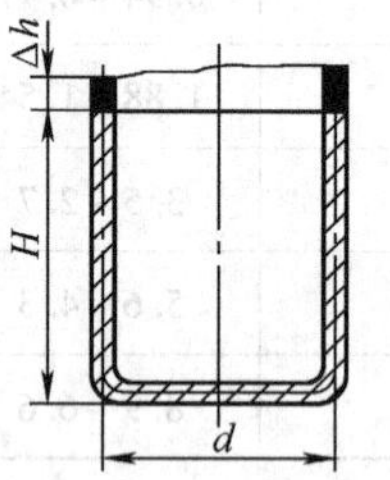
>10～20	1.2	1.6	2	2.5	
>20～50	2	2.5	3.3	4	
>50～100	3	3.8	5	6	
>100～150	4	5	6.5	8	
>150～200	5	6.3	8	10	
>200～250	6	7.5	9	11	
>250	7	8.5	10	12	

表 4-10　有凸缘圆筒形拉深件的修边余量 ΔR　　（mm）

凸缘直径 d_t	凸缘的相对直径 d_t/d				附　图
	1.5 以下	>1.5～2	>2～2.5	>2.5～3	
≤25	1.6	1.4	1.2	1.0	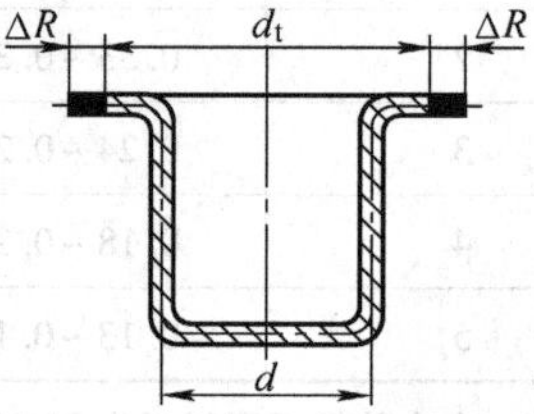
>25～50	2.5	2.0	1.8	1.6	
>50～100	3.5	3.0	2.5	2.2	
>100～150	4.3	3.6	3.0	2.5	
>150～200	5.0	4.2	3.5	2.7	
>200～250	5.5	4.6	3.8	2.8	
>250	6	5	4	3	

当工件的相对高度 H/d 很小，并且高度尺寸要求不高时，也可以不用切边工序。

二、坯料形状和尺寸确定的原则

1. 形状相似性原则

拉深件的坯料形状一般与拉深件的截面轮廓形状近似相同，即当拉深件的截面轮廓是圆形、方形或矩形时，相应坯料的形状应分别为圆形、近似方形或近似矩形。另外，坯料周边应光滑过渡，以便拉深后得到等高侧壁（如果零件要求等高时）或等宽凸缘。

2. 表面积相等原则

对于不变薄拉深，虽然在拉深过程中板料的厚度有增厚也有变薄，但实践证明，拉深件的平均厚度与坯料厚度相差不大。由于塑性变形前后体积不变，因此，可以按坯料面积等于拉深件表面积的原则确定坯料尺寸。必须说明：用理论计算方法确定坯料尺寸不是绝对准确的，而是近似的，尤其是变形复杂的复杂拉深件。

实际生产中，对于形状复杂的拉深件，通常是先做好拉深模，并以理论计算方法初步确定的坯料进行反复试模修正，直至得到的工件符合要求时，再将符合实际的坯料形状和尺寸作为制造落料模的依据。

三、旋转体拉深件坯料尺寸的确定

1. 简单旋转体拉深件坯料尺寸的确定

简单旋转体拉深件坯料的形状是圆形，所以坯料尺寸的计算主要是确定坯料直径。对于简单旋转体拉深件，可首先将拉深件划分为若干个简单而又便于计算的几何体，并分别求出各简单几何体的表面积，再把各简单几何体的表面积相加即为拉深件的总表面积，再在拉深件上增加修边余量值，然后根据表面积相等原则，即可求出坯料直径。

例如，图4-17所示的圆筒形拉深件，可分解为无底圆筒1、1/4凹圆环2和圆形板3三部分，每一部分的表面积分别为

$$A_1 = \pi d(H - r) \tag{4-5}$$

$$A_2 = \pi[2\pi r(d - 2r) + 8r^2]/4 \tag{4-6}$$

$$A_3 = \pi(d - 2r)^2/4 \tag{4-7}$$

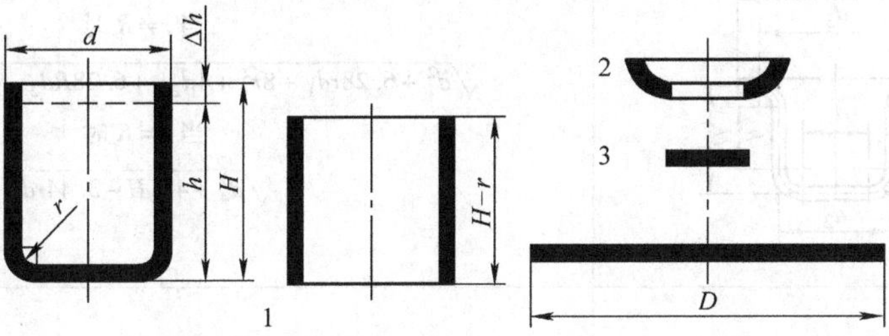

图4-17　圆筒形拉深件坯料尺寸计算图

设坯料直径为 D，则按坯料表面积与拉深件表面积相等原则有

$$\pi D^2/4 = A_1 + A_2 + A_3 \tag{4-8}$$

分别将 A_1、A_2、A_3 代入上式并简化后得

$$D = \sqrt{d^2 + 4dH - 1.72dr - 0.56r^2} \tag{4-9}$$

式中　D——坯料直径（mm）；
d——拉深件的直径（mm）；
H——拉深件的高度（mm）；
r——拉深件的圆角半径（mm）。

计算时，拉深件尺寸均按厚度中心层尺寸计算。但当板料厚度小于1mm时，也可以按零件图标注的外形或内形尺寸计算。

常用旋转体拉深件坯料直径的计算公式可查表4-11。

表4-11　常用旋转体拉深件坯料直径的计算公式

序号	零件形状	坯料直径
1	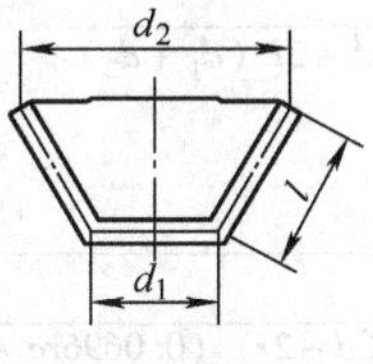	$\sqrt{d_1^2 + 2l\ (d_1 + d_2)}$
2	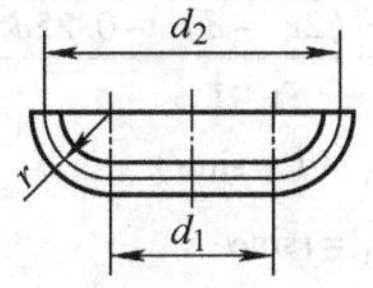	$\sqrt{d_1^2 + 2r\ (\pi d_1 + 4r)}$

（续）

序号	零件形状	坯料直径
3	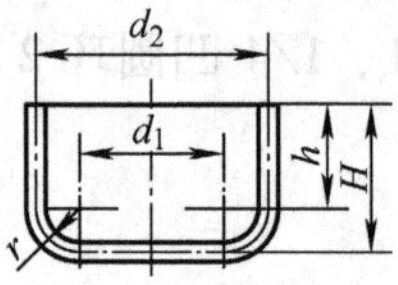	$\sqrt{d_1^2+4d_2h+6.28rd_1+8r^2}$ 或 $\sqrt{d_2^2+2d_2H-1.72rd_2-0.56r^2}$
4	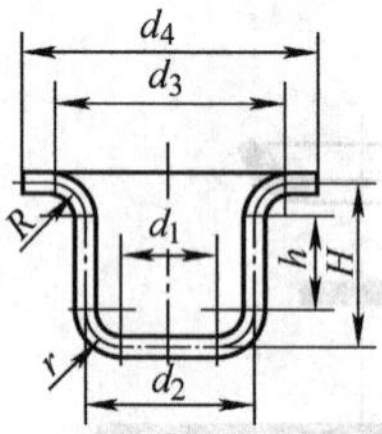	当 $r \neq R$ 时 $\sqrt{d_1^2+6.28rd_1+8r^2+4d_2h+6.28Rd_2+4.56R^2+d_4^2-d_3^2}$ 当 $r=R$ 时 $\sqrt{d_4^2+4d_2H-3.44rd_2}$
5	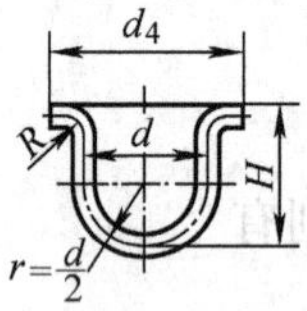	$D=\sqrt{8r^2+4dH-4dr-1.72dR+0.56R^2+d_4^2-d^2}$
6	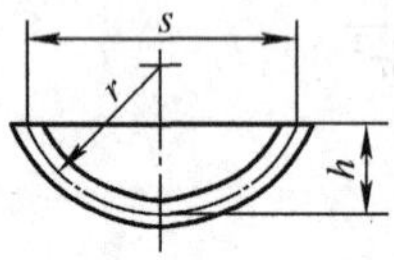	$\sqrt{8rh}$ 或 $\sqrt{s^2+4h^2}$
7	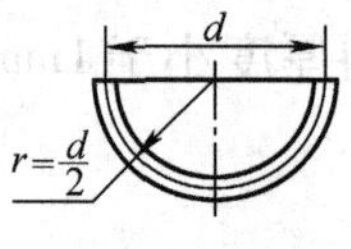	$\sqrt{2d^2}=1.414d$
8	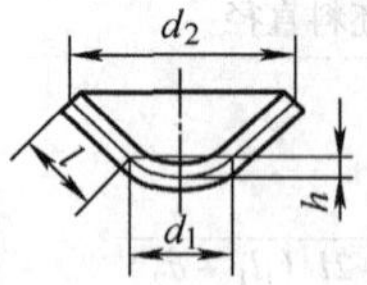	$\sqrt{d_1^2+4h^2+2l(d_1+d_2)}$
9	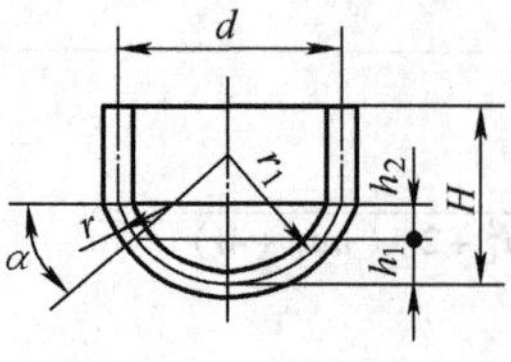	$D=\sqrt{4dh_1(2r_1-d)+(d-2r)(0.0696r\alpha-4h_2)+4dH}$ $\sin\alpha=\dfrac{\sqrt{r_1^2-r(2r_1-d)-0.25d^2}}{r_1-r}$ $h_1=r_1(1-\sin\alpha)$ $h_1=r\sin\alpha$

（续）

序号	零件形状	坯料直径
10	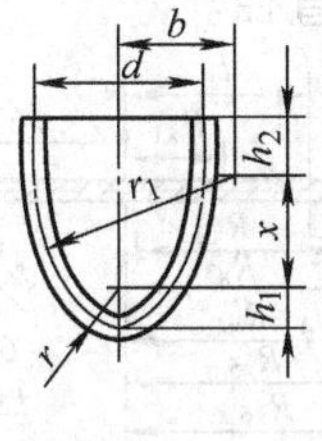	$\sqrt{8r_1\left[x-b\left(\arcsin\frac{x}{r_1}\right)\right]+4d_2+8rh_1}$

注：1. 尺寸按工件材料厚度中心层尺寸计算。

2. 对于厚度小于1mm的拉深件，不需要按工件材料厚度中心层尺寸计算，而根据工件外壁尺寸计算。

3. 对于部分未考虑工件圆角半径的计算公式，在计算有圆角半径的工件时计算结果要偏大，此时可以不考虑或少考虑修边余量。

例4-1　图4-18所示为某模具的最终加工制件图，其材料为10钢，料厚为1mm，试计算其毛坯尺寸。

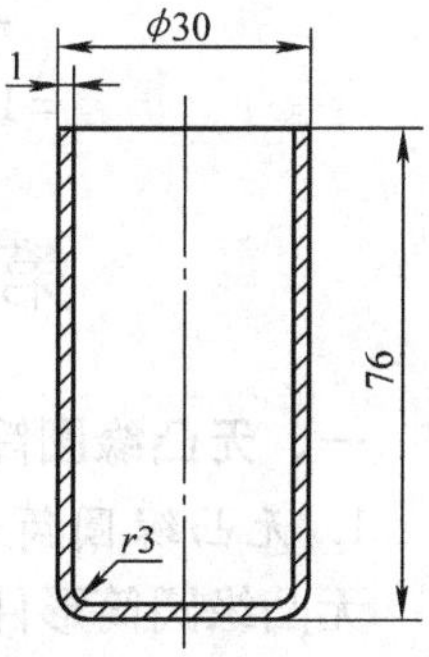

图4-18　最终制件图

解：1）由表4-9查得修边余量 $\Delta h=6\text{mm}$。

2）坯料直径为

$$D=\sqrt{d^2+4d(H+\Delta h)-1.72dr-0.56r^2}$$

其中，$d=30\text{mm}$；$H=76\text{mm}$；$\Delta h=6\text{mm}$；$r=3\text{mm}$。

$$D=\sqrt{30^2+4\times30\times(76+6)-1.72\times30\times3-0.56\times3^2}\text{m}$$
$$=102.9\text{mm}$$

2. 复杂旋转体拉深件坯料尺寸的确定

复杂旋转体拉深件是指母线较复杂的旋转体零件，其母线可能由一段曲线组成，也可能由若干直线段与圆弧段相接组成。复杂旋转体拉深件的表面积可根据久里金法则求出，即任何形状的母线绕轴旋转一周所得到的旋转体表面积，等于该母线的长度与其形心绕该轴线旋转所得周长的乘积。如图4-19所示，旋转体表面积为

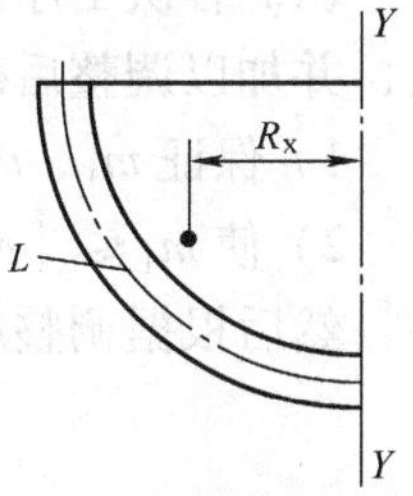

图4-19　旋转体表面积计算图

$$A=2\pi R_xL \tag{4-10}$$

根据拉深前后表面积相等的原则，坯料直径可按下式求出

$$\pi D^2/4=2\pi R_xL \tag{4-11}$$

$$D=\sqrt{8R_xL} \tag{4-12}$$

式中　A——旋转体表面积（mm^2）；

R_x——旋转体母线形心到旋转轴线的距离（mm）；

L——旋转体母线长度（mm）；

D——坯料直径（mm）。

由上式知，只要知道旋转体母线长度及其形心的旋转半径，就可以求出坯料的直径。当母线较复杂时，可先将其分成简单的直线和圆弧，分别求出各直线和圆弧的长度 L_1、L_2、…、L_n 及其形心到旋转轴的距离 R_{x1}、R_{x2}、…、R_{xn}，再根据下式进行计算

$$D = \sqrt{8\sum_{i=1}^{n} R_{xi}L_i} \tag{4-13}$$

例 4-2　如图 4-20 所示拉深件，板料厚度为 1mm，求坯料直径。

解：经计算，各直线段和圆弧长度为：l_1 = 27mm，l_2 = 7.84mm，l_3 = 8mm，l_4 = 8.376mm，l_5 = 12.464mm，l_6 = 8mm，l_7 = 7.84mm，l_8 = 10mm。

各直线和圆弧形心的旋转半径为：R_{x1} = 13.4mm，R_{x2} = 30.18mm，R_{x3} = 32mm，R_{x4} = 33.384mm，R_{x5} = 39.924mm，R_{x6} = 42mm，R_{x7} = 43.82mm，R_{x8} = 42mm。

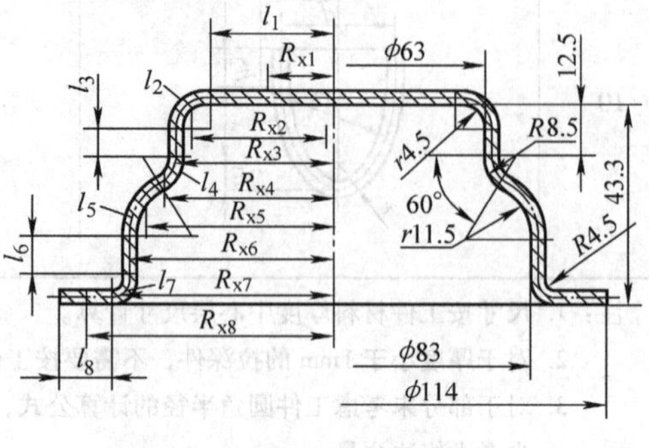

图 4-20　用解析法计算坯料直径

故坯料直径为

$$D = \sqrt{8 \times (27 \times 13.5 + 7.85 \times 30.18 + 8 \times 32 + 8.38 \times 33.38 + 12.56 \times 39.92 + 8 \times 42 + 7.85 \times 43.82 + 10 \times 52)}\ \text{mm} = 150.6\text{mm}$$

第六节　圆筒形件拉深工序尺寸的计算

一、无凸缘圆筒形件工序尺寸的计算

1. 无凸缘圆筒形件拉深工序计算流程

无凸缘圆筒形件拉深工序计算流程如图 4-21 所示。

2. 各次拉深工序尺寸的计算方法

当圆筒形件需多次拉深时，就必须计算各次拉深的工序件尺寸，以作为设计模具及选择压力机的依据。

（1）各次工序件的直径　当拉深次数确定之后，先从表中查出各次拉深的极限拉深系数，并加以调整后确定各次拉深实际采用的拉深系数。调整的原则是：

1）保证 m_1、m_2、…、$m_n = d/D$。

2）使 $m_1 \leqslant [m_1]$，$m_2 \leqslant [m_2]$，…，$m_n \leqslant [m_n]$，且 $m_1 < m_2 < \cdots < m_n$。

然后根据调整后的各次拉深系数计算各次工序件直径

$$\begin{aligned} d_1 &= m_1 D \\ d_2 &= m_2 d_1 \\ &\vdots \\ d_n &= m_n d_{n-1} = d \end{aligned} \tag{4-14}$$

（2）各次工序件的圆角半径　工序件的圆角半径 r 等于相应拉深凸模的圆角半径 r_T，即 $r = r_T$。但当料厚 $t \geqslant 1$ 时，应按板厚中心层尺寸计算，这时 $r = r_T + t/2$。凸模圆角半径的确定可参考本单元 4.2.2 节。

（3）各次工序件的高度　在各工序件的直径与圆角半径确定之后，可根据圆筒形件坯料尺寸计算公式推导出各次工序件高度的计算

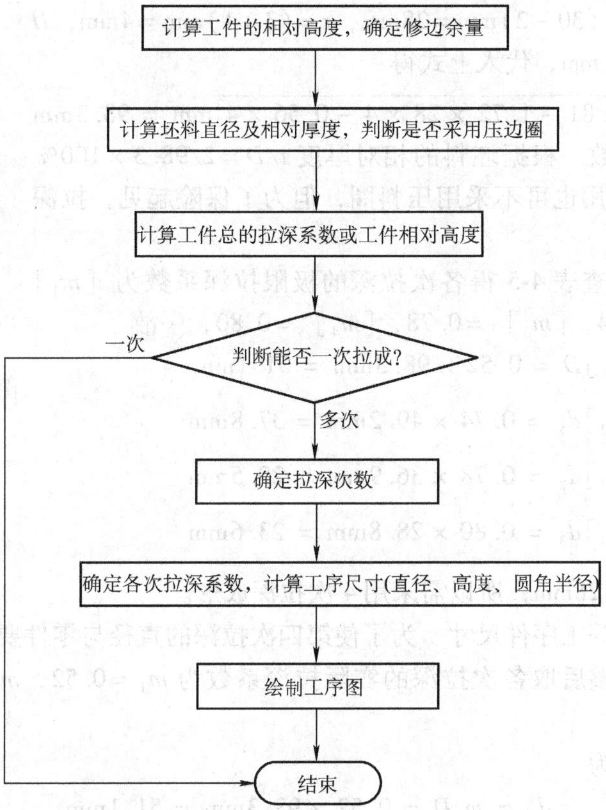

图4-21　无凸缘圆筒形件拉深工序计算流程

$$H_1 = 0.25\left(\frac{D^2}{d_1} - d_1\right) + 0.43\frac{r_1}{d_1}(d_1 + 0.32r_1)$$

$$H_2 = 0.25\left(\frac{D^2}{d_2} - d_2\right) + 0.43\frac{r_2}{d_2}(d_2 + 0.32r_2)$$

$$\vdots$$

$$H_n = 0.25\left(\frac{D^2}{d_n} - d_n\right) + 0.43\frac{r_n}{d_n}(d_n + 0.32r_n) \tag{4-15}$$

式中　H_1、H_2、…、H_n——各次工序件的高度（mm）；

d_1、d_2、…、d_n——各次工序件的直径（mm）；

r_1、r_2、…、r_n——各次工序件的底部圆角半径（mm）；

D——坯料直径（mm）。

例4-3　计算图4-22所示圆筒形件的坯料尺寸、拉深系数及各次拉深工序件尺寸。材料为10钢，板料厚度$t=2$mm。

解：因板料厚度$t>1$mm，故按板厚中心层尺寸计算。

（1）计算坯料直径　根据拉深件尺寸，其相对高度为$h/d=(76-1)/(30-2)\approx2.7$，查表4-9得修边余量$\Delta h=6$mm。从表4-11中查得坯料直径计算公式为

$$D = \sqrt{d^2 + 4dH - 1.72dr - 0.56r^2}$$

依据图 4-22，$d=(30-2)\mathrm{mm}=28\mathrm{mm}$，$r=(3+1)\mathrm{mm}=4\mathrm{mm}$，$H=(76-1+6)\mathrm{mm}=81\mathrm{mm}$，代入上式得

$$D=\sqrt{28^2+4\times28\times81-1.72\times28\times4-0.56\times4^2}\mathrm{mm}=98.3\mathrm{mm}$$

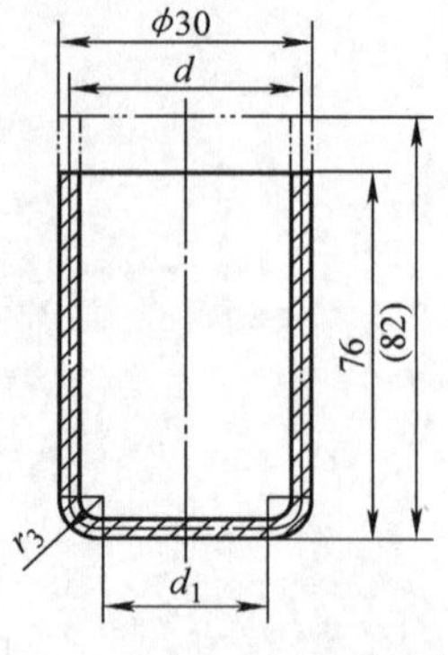

图 4-22 无凸缘圆筒形件

（2）确定拉深次数　根据坯料的相对厚度 $t/D=2/98.3\times100\%=2\%$，按表 4-4 可采用也可不采用压料圈，但为了保险起见，拉深时采用压料圈。

根据 $t/D=2\%$，查表 4-5 得各次拉深的极限拉深系数为 $[m_1]=0.52$，$[m_2]=0.74$，$[m_3]=0.78$，$[m_4]=0.80$，…故

$$d_1=[m_1]D=0.52\times98.3\mathrm{mm}=51.1\mathrm{mm}$$

$$d_2=[m_2]d_1=0.74\times49.2\mathrm{mm}=37.8\mathrm{mm}$$

$$d_3=[m_3]d_2=0.78\times36.9\mathrm{mm}=29.5\mathrm{mm}$$

$$d_4=[m_4]d_3=0.80\times28.8\mathrm{mm}=23.6\mathrm{mm}$$

因 $d_4=23.6\mathrm{mm}<28\mathrm{mm}$，所以需采用 4 次拉深成形。

（3）计算各次拉深工序件尺寸　为了使第四次拉深的直径与零件要求一致，需对极限拉深系数进行调整。调整后取各次拉深的实际拉深系数为 $m_1=0.52$，$m_2=0.78$，$m_3=0.83$，$m_4=0.846$。

各次工序件直径为

$$d_1=m_1D=0.52\times98.3\mathrm{mm}=51.1\mathrm{mm}$$

$$d_2=m_2d_1=0.78\times41.1\mathrm{mm}=39.9\mathrm{mm}$$

$$d_3=m_3d_2=0.83\times39.9\mathrm{mm}=33.1\mathrm{mm}$$

$$d_4=m_4d_3=0.846\times33.1\mathrm{mm}=28\mathrm{mm}$$

各次工序件底部圆角半径取以下数值：$r_1=8\mathrm{mm}$，$r_2=4\mathrm{mm}$，$r_3=r_4=4\mathrm{mm}$。

把各次工序件直径和底部圆角半径代入，得各次工序件高度为

$$H_1=\left[0.25\times\left(\frac{98.3^2}{51.1}-51.1\right)+0.43\times\frac{8}{51.1}\times(51.1+0.32\times8)\right]\mathrm{mm}=38.1\mathrm{mm}$$

$$H_2=\left[0.25\times\left(\frac{98.3^2}{39.9}-39.9\right)+0.43\times\frac{5}{39.9}\times(39.9+0.32\times5)\right]\mathrm{mm}=52.8\mathrm{mm}$$

$$H_3=\left[0.25\times\left(\frac{98.3^2}{33.1}-33.1\right)+0.43\times\frac{4}{33.1}\times(33.1+0.32\times4)\right]\mathrm{mm}=66.3\mathrm{mm}$$

$$H_4=81\mathrm{mm}$$

以上计算所得工序件尺寸都是中心层尺寸，换算成与零件图相同的标注形式后，所得各工序件的尺寸如图 4-23 所示。

二、凸缘圆筒形件拉深工艺

该类零件的拉深过程，其变形区的应力状态和变形特点与无凸缘圆筒形件是相同的。但有凸缘圆筒形件拉深时，坯料凸缘部分不是全部进入凹模口部，当拉深进行到凸缘外径等于

零件凸缘直径（包括切边量）时，拉深工作就停止。因此，拉深成形过程和工艺计算与无凸缘圆筒形件的差别主要在首次拉深。

图 4-24 所示为带凸缘圆筒形件及其坯料。通常，当 $d_t/d=1.1\sim1.4$ 时，称为窄凸缘圆筒形件；当 $d_t/d>1.4$ 时，称为宽凸缘圆筒形件。

带凸缘圆筒形件的拉深中要解决的问题是不同的，拉深方法也不相同。当拉深件凸缘为非圆形时，在拉深过程中仍需拉出圆形的凸缘，最后再用切边或其他冲压加工方法完成工件所需的形状。

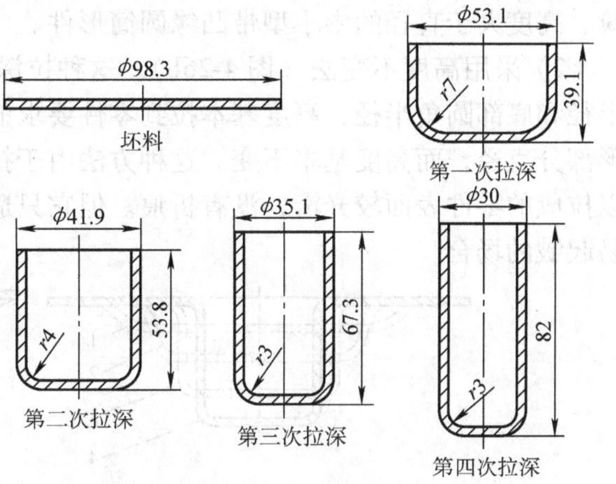

图 4-23　圆筒形件的各次拉深工序件尺寸

1. 拉深方法

（1）窄凸缘圆筒形件的拉深　这类零件需多次拉深时，由于凸缘很窄，可先按无凸缘圆筒形件进行拉深，在最后一道工序用整形的方法压成所要求的窄凸缘形状。为了使凸缘容易成形，在拉深的最后两道工序可采用锥形凹模和锥形压料圈进行拉深，留出锥形凸缘，这样整形时可减小凸缘区切向的拉深变形，对防止外缘开裂有利。如图 4-25 所示的窄凸缘圆筒形件，共需三次拉深成形，第一次拉成无凸缘圆筒形工序件，在后两次拉深时留出锥形凸缘，最后整形达到要求。

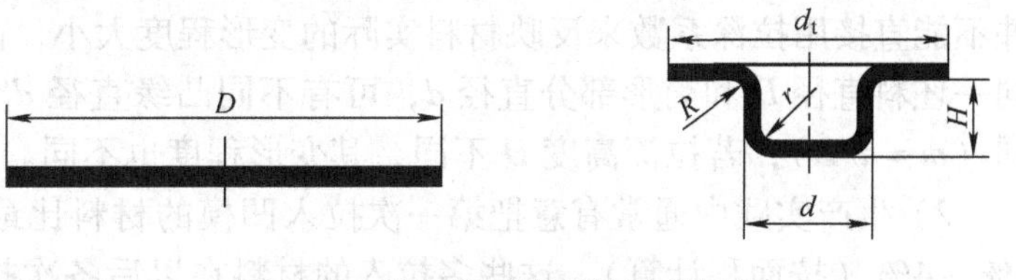

图 4-24　带凸缘圆筒形件及其坯料

（2）宽凸缘圆筒形件的拉深　宽凸缘圆筒形件需多次拉深时，拉深的原则是：第一次拉深就必须使凸缘尺寸等于拉深件的凸缘尺寸（加修边余量），以后各次拉深时凸缘尺寸保持不变，仅仅依靠筒形部分的材料转移来达到拉深件尺寸。

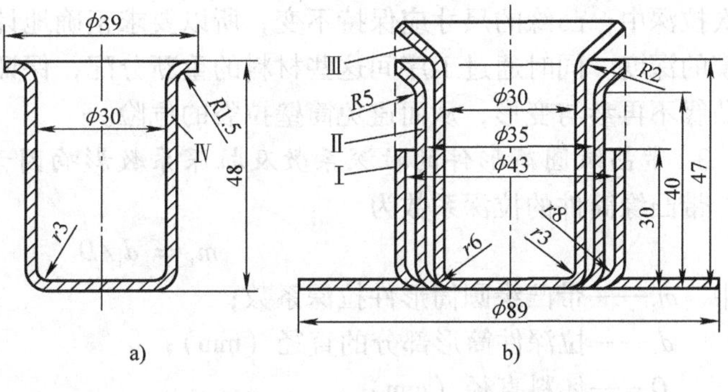

图 4-25　窄凸缘圆筒形件的拉深

a）窄凸缘拉深件　b）窄凸缘拉深件拉深过程

Ⅰ—第一次拉深　Ⅱ—第二次拉深　Ⅲ—第三次拉深　Ⅳ—成品

生产实际中，宽凸缘圆筒形件需多次拉深时的拉深方法有两种（图 4-26）：

1）通过多次拉深，逐渐缩小筒形部分直径和增加其高度（图 4-26a）。这种拉深方法就是直接采用圆筒形件的多次拉深方法，通过各次拉深逐次缩小直径，增加高度，各次拉深的凸缘圆角半径和底部圆角半径不变或逐次减小。用这种方法拉成的零件表面质量不高，其直壁和凸缘上保留着圆角弯曲和局部变薄的痕迹，需要在最后增加整形工序，适用于材料较薄、高度大于直径的中小型带凸缘圆筒形件。

2）采用高度不变法（图 4-26b）。这种拉深方法就是首次拉深尽可能取较大的凸缘圆角半径和底部圆角半径，高度基本拉到零件要求的尺寸，以后各次拉深时仅减小圆角半径和筒形部分直径，而高度基本不变。这种方法由于拉深过程中变形区材料所受到的折弯较轻，所以拉成的零件表面较光滑，没有折痕。但它只适用于坯料相对厚度较大、采用大圆角过渡不易起皱的场合。

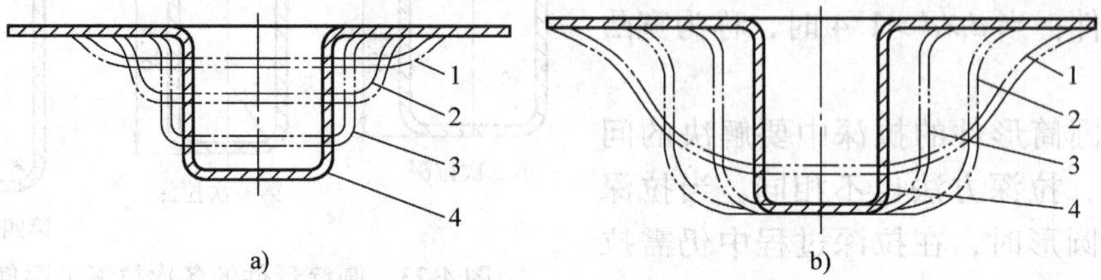

图 4-26　宽凸缘圆筒形件的拉深方法

1、2、3、4—拉深次序

2. 拉深特点

与无凸缘圆筒形件相比，带凸缘圆筒形件的拉深变形具有如下特点：

1）生产实际中，通常用相对拉深高度 H/d 来反映其变形程度。这是因为带凸缘圆筒形件不能直接用拉深系数来反映材料实际的变形程度大小，而必须将拉深高度考虑进去。对于同一坯料直径 D 和筒形部分直径 d，可有不同凸缘直径 d_t 和高度 H 对应，尽管拉深系数相同（$m=d/D$），若拉深高度 H 不同，其变形程度也不同。

2）生产实践中通常有意把第一次拉入凹模的材料比最后一次拉入凹模所需的材料增加 3% ~4%（按面积计算），这些多拉入的材料在以后各次拉深中，再逐次挤入凸缘部分，使凸缘变厚。这是因为宽凸缘圆筒形件在多次拉深时，第一次拉深必须将凸缘尺寸拉出，以后各次拉深中，凸缘的尺寸应保持不变，所以要求正确地计算拉深高度和严格地控制凸模进入凹模的深度。同时通过工序间这些材料的重新分配，保证了所要求的凸缘直径，并使已成形的凸缘不再参与变形，从而避免筒壁拉裂的危险。

3. 带凸缘圆筒形件的拉深系数及拉深系数影响因素

带凸缘筒件的拉深系数为

$$m_t = d_t/D \tag{4-16}$$

式中　m_t——带凸缘圆筒形件拉深系数；

d_t——拉深件筒形部分的直径（mm）；

D——坯料直径（mm）。

当拉深件底部圆角半径 r 与凸缘处圆角半径 R 相等，即 $r=R$ 时，坯料直径为

$$D = \sqrt{d_t^2 + 4dH - 3.44dR} \tag{4-17}$$

所以

$$m_t = d_t/D = \frac{1}{\sqrt{\left(\frac{d_t}{d}\right)^2 + 4\frac{H}{d} - 3.44\frac{R}{d}}} \tag{4-18}$$

由上式可以看出：带凸缘圆筒形件的拉深系数取决于凸缘的相对直径 d_t/d、零件的相对高度 H/d 和相对圆角半径 R/d 三组尺寸的相对比值。其中以 d_t/d 影响最大，H/d 次之，

R/d 影响较小。

带凸缘圆筒形件首次拉深的极限拉深系数如表4-12所示。

表4-12 带凸缘的圆筒形件首次拉深的极限拉深系数

凸缘的相对直径 d_t/d	坯料的相对厚度（t/D）×100				
	2~1.5	1.5~1.0	1.0~0.6	0.6~0.3	0.3~0.1
1.1以下	0.51	0.53	0.55	0.57	0.59
1.3	0.49	0.51	0.53	0.54	0.55
1.5	0.47	0.49	0.50	0.51	0.52
1.8	0.45	0.46	0.47	0.48	0.48
2.0	0.42	0.43	0.44	0.45	0.45
2.2	0.40	0.41	0.42	0.42	0.42
2.5	0.37	0.38	0.38	0.38	0.38
2.8	0.34	0.35	0.35	0.35	0.35
3.0	0.32	0.33	0.33	0.33	0.33

由此可知：$d_t/d \leqslant 1.1$ 时，极限拉深系数与无凸缘圆筒形件基本相同，d_t/d 较大时，其极限拉深系数比无凸缘圆筒形的小。而且当坯料直径 D 一定时，凸缘相对直径 d_t/d 越大，极限拉深系数越小。这是因为在坯料直径 D 和圆筒形直径 d 一定的情况下，带凸缘圆筒形件的凸缘相对直径 d_t/d 大，意味着只要将坯料直径稍加收缩即可达到零件凸缘外径，筒壁传力区的拉应力远没有达到许可值，因而可以减小其拉深系数。但这并不表明带凸缘圆筒形件的变形程度大。

由上述分析可知，在影响 m_t 的因素中，因 R/d 影响较小，因此当 m_t 一定时，则 d_t/d 与 H/d 的关系也就基本确定了。这样就可用拉深件的相对高度来表示带凸缘圆筒形件的变形程度。

首次拉深可能达到的相对高度如表4-13所示。

表4-13 带凸缘的圆筒形件首次拉深的极限相对高度

凸缘的相对直径 d_t/d	坯料的相对厚度（t/D）×100				
	2~1.5	1.5~1.0	1.0~0.6	0.6~0.3	0.3~0.1
1.1以下	0.90~0.75	0.82~0.65	0.70~0.57	0.62~0.50	0.52~0.45
1.3	0.80~0.65	0.72~0.56	0.60~0.50	0.53~0.45	0.47~0.40
1.5	0.70~0.58	0.63~0.50	0.53~0.45	0.48~0.40	0.42~0.35
1.8	0.58~0.48	0.53~0.42	0.44~0.37	0.39~0.34	0.35~0.29
2.0	0.51~0.42	0.46~0.36	0.38~0.32	0.34~0.29	0.30~0.25
2.2	0.45~0.35	0.40~0.31	0.33~0.27	0.29~0.25	0.26~0.22
2.5	0.35~0.28	0.32~0.25	0.27~0.22	0.23~0.20	0.21~0.17
2.8	0.27~0.22	0.24~0.19	0.21~0.17	0.18~0.15	0.16~0.13
3.0	0.22~0.18	0.20~0.16	0.17~0.14	0.15~0.12	0.13~0.10

注：1. 表中大值适用于大的圆角半径［由 $t/D=2\%\sim1.5\%$ 时的 $R=(10\sim12)t$ 到 $t/D=0.3\%\sim0.15\%$ 时的 $R=(20\sim25)t$］，小值适用于底部及凸缘小的圆角半径，随着凸缘直径的增加及相对拉深深度的减小，其值也跟着减小。

2. 表中数值适用于10钢，对于比10钢塑性好的材料取表中的大值；塑性差的材料，取表中小数值。

当带凸缘圆筒形件的总拉深系数 $m_t = d/D$ 大于表 4-12 的极限拉深系数，且零件的相对高度 H/d 小于表 4-13 的极限值时，则可以一次拉深成形，否则需要两次或多次拉深。

带凸缘圆筒形件以后各次拉深系数为

$$m_i = d_i/d_{i-1} \quad (i = 2、3、\cdots、n) \tag{4-19}$$

其值与凸缘宽度及外形尺寸无关，可取与无凸缘圆筒形件的相应拉深系数相等或略小的数值。

4. 宽凸缘圆筒形件拉深工序计算流程

宽凸缘圆筒形件拉深工序计算流程如图 4-27 所示。

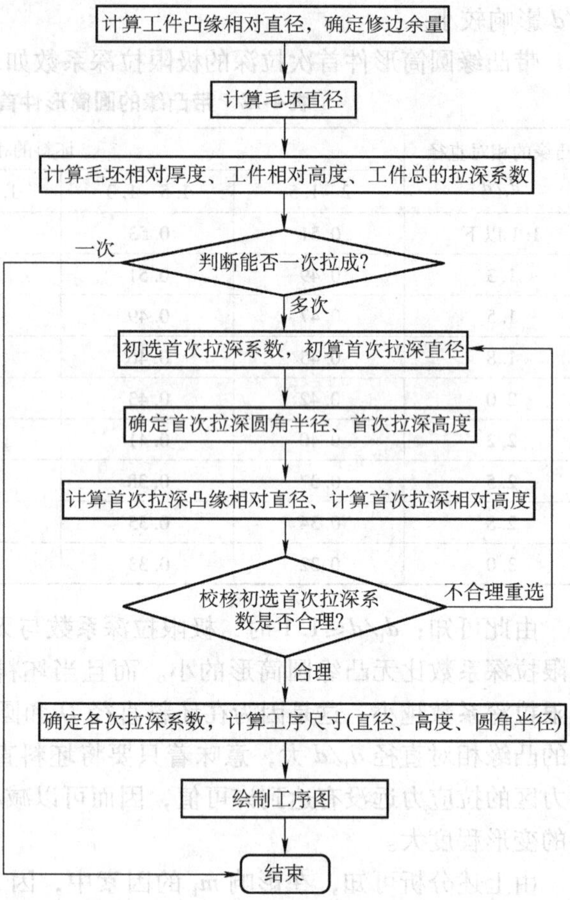

图 4-27　宽凸缘圆筒形件拉深工序计算流程

5. 带凸缘圆筒形件的各次拉深高度

根据带凸缘圆筒形件坯料直径计算公式（表 4-8），可推导出各次拉深高度的计算公式为

$$H_i = \frac{0.25}{d_i}(D^2 - d_t^2) + 0.43(r_i + R_i) + \frac{0.14}{d_i}(r_i^2 - R_i^2)\ (i = 1、2、3、\cdots、n) \tag{4-20}$$

式中　$H_1、H_2、\cdots、H_n$——各次拉深工序件的高度（mm）；

$d_1、d_2、\cdots、d_n$——各次拉深工序件的直径（mm）；

D——坯料直径（mm）；

$r_1、r_2、\cdots、r_n$——各次拉深工序件的底部圆角半径（mm）；

$R_1、R_2、\cdots、R_n$——各次拉深工序件的凸缘圆角半径（mm）。

6. 带凸缘圆筒形件的拉深工序尺寸计算程序

带凸缘圆筒形件拉深与无凸缘圆筒形件拉深的最大区别在于首次拉深。现结合实例说明其工序尺寸计算程序。

例 4-4　试对图 4-28 所示带凸缘圆筒形件的拉深工序进行计算。零件材料为 08 钢，厚度 $t = 1$mm。

解： 板料厚度 $t = 1$mm，故按中线尺寸计算。

(1) 计算坯料直径 D　根据零件尺寸查表 4-10 得修边余量 $\Delta R = 2.2$mm，故实际凸缘直径 $d_t = (55.4 + 2 \times 2.2) = 59.8$mm。由表 4-11 查得带凸缘圆筒形件的坯料直径计算式为

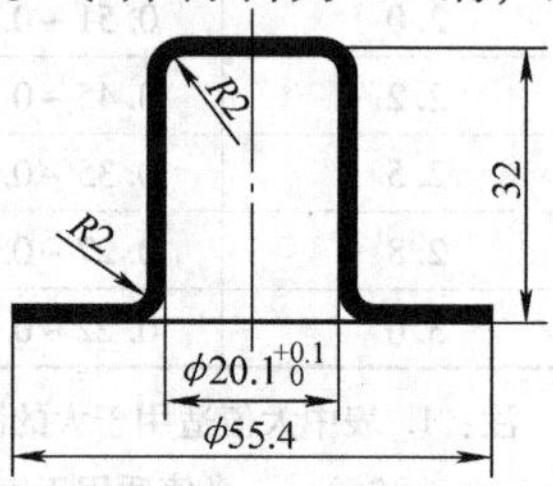

图 4-28　带凸缘圆筒形件

$$D = \sqrt{d_1^2 + 6.28rd_1 + 8r^2 + 4d_2h + 6.28Rd_2 + 4.56R^2 + d_4^2 - d_3^2}$$

依图 4-28，$d_1 = 16.1$mm，$R = r = 2.4$mm，$d_2 = 21.1$mm，$h =$

27mm，$d_3=26.1$mm，$d_4=49.8$mm，代入上式得：$D=\sqrt{3200+2895}\text{mm}\approx76.8\text{mm}$

（其中该拉深件除去凸缘平面部分的表面积为3200×π/4，具体计算见图4-17的计算方法。）

（2）判断可否一次拉深成形　根据

$$t/D=1/76.8=1.30\%$$
$$d_t/d=59.8/21.1=2.82$$
$$H/d=32/21.1=1.52$$
$$m_t=d/D=21.1/76.8=0.275$$

查表4-12、表4-13，$[m_1]=0.34$，$[H_1/d_1]=0.21$，说明该零件不能一次拉深成形，需要多次拉深。

（3）确定首次拉深工序件尺寸　初定$d_t/d_1=1.3$，查表4-12得$[m_1]=0.41$，取$m_1=0.42$，则

$$d_1=m_1D=0.52\times76.8\text{mm}=39.94\text{mm}$$

取$r_1=R_1=5.5$mm

为了使以后各次拉深时凸缘不再变形，取首次拉入凹模的材料面积比最后一次拉入凹模的材料面积增加4%，故坯料直径修正为$D=\sqrt{3200\times105\%+2895}\text{mm}\approx79\text{mm}$

可得首次拉深高度为

$$H_1=\frac{0.25}{d_1}(D^2-d_t^2)+0.43(r_1+R_1)+\frac{0.14}{d_1}(r_1^2-R_1^2)$$
$$=\frac{0.25}{39.94}\times(79^2-59.8^2)+0.43\times(5.5+5.5)\text{mm}$$
$$=21.2\text{mm}$$

验算所取m_1是否合理：根据$t/D=1.30\%$，$d_t/d_1=59.8/39.94=1.49$，查表4-13可知$[H_1/d_1]=0.58$。因$H_1/d_1=21.2/39.94=0.535<[H_1/d_1]=0.58$，故所取$m_1$是合理的。

（4）计算以后各次拉深的工序件尺寸　查表4-5得

$$[m_2]=0.75,[m_3]=0.78,[m_4]=0.80,\text{则}$$
$$d_2=[m_2]\times d_1=0.75\times39.94\text{mm}=29.95\text{mm}$$
$$d_3=[m_3]\times d_2=0.78\times29.95\text{mm}=23.4\text{mm}$$
$$d_4=[m_4]\times d_3=0.80\times23.4\text{mm}=18.7\text{mm}$$

因$d_4=18.7<21.1$，故共需4次拉深。

调整以后各次拉深系数，取$m_2=0.78$，$m_3=0.80$，$m_4=0.844$。故以后各次拉深工序件的直径为

$$d_2=m_2\times d_1=0.78\times40.4\text{mm}=31.25\text{mm}$$
$$d_3=m_3\times d_2=0.80\times31.25\text{mm}=25.0\text{mm}$$
$$d_4=m_4\times d_3=0.844\times25.0\text{mm}=21.1\text{mm}$$

以后各次拉深工序件的圆角半径取$r_2=R_2=4.5$mm，$r_3=R_3=3.5$mm，$r_4=R_4=2.5$mm

设第二次拉深时多拉入3%的材料（其余2%的材料返回到凸缘上），第三次拉深时多拉入1.4%的材料（其余1.4%的材料返回到凸缘上），则第二次和第三次拉深的假想坯料直径分别为：

$$D' = \sqrt{3200 \times 103\% + 2895}\text{mm} = 78.7\text{mm}$$

$$D'' = \sqrt{3200 \times 101.5\% + 2895}\text{mm} = 78.4\text{mm}$$

以后各次拉深工序件的高度为

$$H_2 = \frac{0.25}{d_2}(D'^2 - d_t^2) + 0.43(r_2 + R_2) + \frac{0.14}{d_2}(r_2^2 - R_2^2)$$

$$= \left[\frac{0.25}{31.25} \times (78.7^2 - 59.8^2) + 0.43 \times (4.5 + 4.5)\right]\text{mm}$$

$$= 24.8\text{mm}$$

$$H_3 = \frac{0.25}{d_3}(D''^2 - d_t^2) + 0.43(r_3 + R_3) + \frac{0.14}{d_3}(r_3^2 - R_3^2)$$

$$= \left[\frac{0.25}{25} \times (78.4^2 - 59.8^2) + 0.43 \times (3.5 + 3.5)\right]\text{mm}$$

$$= 28.7\text{mm}$$

最后一次拉深后达到制件尺寸要求，列表如下：

拉深次数	拉深直径/mm	拉深高度/mm	圆角半径/mm
1	39.94	21.2	5.5
2	31.25	24.8	4.5
3	25.0	28.7	3.5
4	21.1	32	2.5

各工序件的尺寸如图4-29所示。

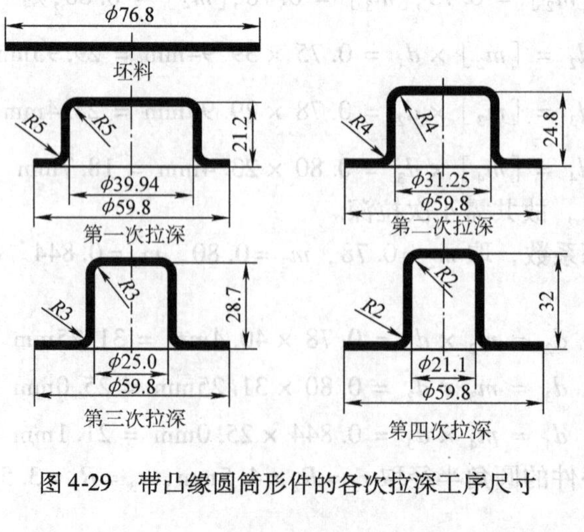

图4-29　带凸缘圆筒形件的各次拉深工序尺寸

第七节　拉深力、压料力的计算与压力机的选用

一、拉深力的计算

由于影响拉深力的因素比较复杂，按实际受力和变形情况来准确计算拉深力是比较困难的，所以，实际生产中通常是以危险断面的拉应力不超过其材料抗拉强度为依据，采用经验公式进行计算。

1. 圆筒形件拉深力计算

当采用压料圈时，首次拉深　$F_{max} = \pi d_1 t\sigma_b K_1$　(4-21)

中间各工序拉深　$F_{max} = \pi d_i t\sigma_b K_2 \quad (i = 2、3、\cdots、n)$　(4-22)

当不采用压料圈时，首次拉深　$F_{max} = 1.25\pi(D - d_1)t\sigma_b$　(4-23)

中间各工序拉深　$F_{max} = 1.3\pi(d_{i-1} - d_i)t\sigma_b \quad (i = 2、3、\cdots、n)$　(4-24)

2. 椭圆筒形件拉深力计算

首次拉深　$F_{max} = \pi d_1 t\sigma_b K_1$　(4-25)

中间各工序拉深　$F_{max} = \pi d_n t\sigma_b K_2 \quad (i = 2、3、\cdots、n)$　(4-26)

式中　F——拉深力（N）；

t——板料厚度（mm）；

σ_b——拉深件材料的抗拉强度（MPa）；

$d_1、d_2、\cdots、d_n$——各次拉深工序件直径（mm）；

$K_1、K_2、\cdots、K_t$——修正系数，与拉深系数有关，见表4-14。

表4-14　修正系数 K_1 及 K_2 之值

K_1	0.55	0.57	0.60	0.62	0.65	0.67	0.70	0.72	0.75	0.77	0.80			
K_2	1.0	0.93	0.86	0.79	0.72	0.66	0.60	0.55	0.5	0.45	0.40			
$m_1、m_2、\cdots、m_n$							0.70	0.72	0.75	0.77	0.80	0.85	0.90	0.95
K_t							1.0	0.95	0.90	0.85	0.80	0.70	0.60	0.50

3. 矩（方）形件拉深力计算

经验公式为　$F_{max} = \sigma_b t(2\pi r C_1 + L C_2)$　(4-27)

式中　r——制件口部的圆角半径（mm）；

L——直边部分的全长（mm）；

C_1——与拉深深度有关的系数，当 $h = (5 \sim 6)r$ 时，$C_1 = 0.2$，当 $h > 6r$ 时，$C_1 = 0.5$；

C_2——与拉深方式有关的系数，当无压边圈、有较大圆角时，$C_2 = 0.2$，当有压边圈时，$C_2 = 0.5$。

二、压料力

压料力的作用是防止拉深过程中坯料的起皱。压料装置产生的压料力大小应适当，压料力太小，防皱效果不好；压料力太大，则会增大传力区危险断面上的拉应力，从而引起材料严重变薄甚至拉裂。同时随着拉深系数的减小，压料力许可调节范围减小。因为此时压料力稍大就会产生破裂，压料力稍小些时会产生起皱。反之则相反。因此，实际应用中，在保证变形区不起皱的前提下，尽量选用小的压料力。

压料力 F_Y 可按下列经验公式计算

任何形状的拉深件　$F_Y = Ap$　(4-28)

圆筒形件首次拉深　$F_Y = \pi[D^2 - (d_1 + 2r_{d1})^2]p/4$　(4-29)

圆筒形件中间各工序拉深　$F_Y = \pi(d_{i-1}^2 - d_i^2)p/4 \quad (i = 2、3、\cdots)$　(4-30)

式中　A——压料圈下坯料的投影面积（mm^2）；

p——单位面积压料力（MPa），可查表4-15；

D——坯料直径（mm）；

$d_1、d_2、\cdots、d_n$——各次拉深工序件的直径（mm）；

$r_{d1}、r_{d2}、\cdots、r_{dn}$——各次拉深凹模的圆角半径（mm）。

表4-15　单位面积压料力

材　　料	单位压料力 p/MPa	材　　料	单位压料力 p/MPa
铝	0.8～1.2	软钢	2.5～3.0
纯铜、硬铝	1.2～1.8	镀锡钢	2.5～3.0
黄铜	1.5～2.0	耐热钢	2.8～3.5
软钢	2.0～2.5	高合金钢等	3.0～4.55

拉深时的起皱和防止起皱的问题比较复杂，防皱的压料与防破裂又有矛盾，目前常用的压料装置产生的压料力还不能符合理想的压料力变化曲线。因此，如何找到理想的压料装置是拉深工作的一个重要课题。

三、压力机的选用

1. 拉深压力机公称压力的确定

对于单动压力机，其公称压力 F_g 应大于拉深力 F 与压料力 F_Y 之和，即

$$F_g > F + F_Y \tag{4-31}$$

对于双动压力机，应使内滑块公称压力 $F_{g内}$ 和外滑块公称压力 $F_{g外}$ 分别大于拉深力 F 和压料力 F_Y，即

$$F_{g内} > F \qquad F_{g外} > F_Y \tag{4-32}$$

确定机械式拉深压力机公称压力时必须注意，当拉深工作行程较大，尤其是落料拉深复合时，应使拉深力曲线位于压力机滑块的许用负荷曲线之下，而不能简单地按压力机公称压力大于拉深力或拉深力与压料之和的原则去确定规格。在实际生产中，也可以按下式来确定压力机的公称压力

浅拉深　$F_g \geqslant (1.6 \sim 1.8)F_\Sigma$　(4-33)

深拉深　$F_g \geqslant (1.8 \sim 2.0)F_\Sigma$　(4-34)

式中　F_Σ——冲压工艺总力，与模具结构有关，包括拉深力、压料力、冲裁力等（N）。

2. 拉深功率的计算

当拉深高度较大时，由于凸模工作行程较大，可能出现压力机的压力够而功率不够的现象。这时应计算拉深功率，并校核压力机的电动机功率。

拉深功率按下式计算

$$W = CF_{max}h/1000 \tag{4-35}$$

式中　W——拉深功（J）；

F_{max}——最大拉深力（包含压料力）(N)；

H——凸模工作行程（mm）；

C——系数，与拉深力曲线有关，C 值可取 0.6～0.8。

压力机的电机功率可按下式计算：

$$P_w = KWn/(60 \times 1000 \times \eta_1\eta_2) \tag{4-36}$$

式中　P_w——电动机功率（kW）；

K——不均衡系数，$K=1.2 \sim 1.4$；

η_1——压力机效率，$\eta_1=0.6 \sim 0.8$；

η_2——电动机效率，$\eta_2=0.9 \sim 0.94$；

n——压力机每分钟行程次数。

若所选压力机的电动机功率小于计算值，则应另选更大规格的压力机。

第八节　拉深模工作部件的结构

一、拉深凸模与凹模的间隙

拉深模的凸、凹模之间间隙对拉深力、零件质量、模具寿命等都有影响。间隙小，拉深力大，模具磨损大，过小的间隙会使零件严重变薄甚至拉裂。但间隙小，冲件回弹小，精度高。间隙过大，坯料容易起皱，冲件锥度大，精度差。因此，生产中应根据板料厚度及公差、拉深过程板料的增厚情况、拉深次数、零件的形状及精度要求等，正确确定拉深模间隙，凸模凹模的工作尺寸、圆角半径，凸模凹模的结构及压边装置的结构。

圆筒形件拉深时的间隙值如表 4-16 所示。

表 4-16　圆筒形件拉深间隙值

拉深条件	单边间隙/mm	拉深条件	单边间隙/mm
无压边圈的拉深(浅拉深)	$(1.0 \sim 1.05)t$	校正拉深	$(1.05 \sim 1.10)t$
有压边圈的初次拉深	$(1.05 \sim 1.15)t$	侧壁均匀的变薄拉深	$(0.9 \sim 1.0)t$
以后各次拉深	$(1.10 \sim 1.20)t$		

二、拉深凸模与凹模工作部位尺寸

计算凸、凹模工作部分尺寸时，对拉深制件有关尺寸的公差，只在最后一道拉深工序时予以考虑。计算原则与冲裁及弯曲工艺相同，主要考虑模具的磨损及制件的回弹。根据拉深制件尺寸（外形或内孔）的要求，具体计算如表 4-17 所示。圆形拉深凸、凹模的制造公差如表 4-18 所示，一般均按 IT10 级制造。

表 4-17　拉深模工作部分尺寸计算

尺寸标注方法	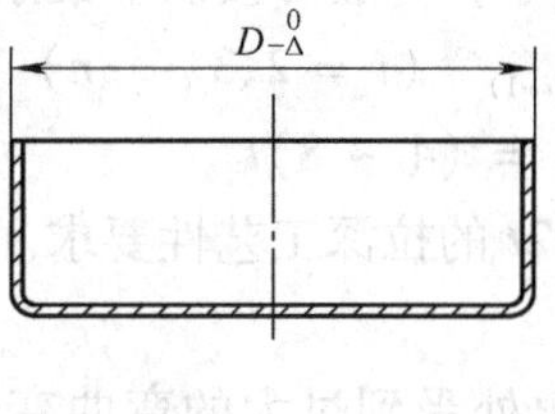	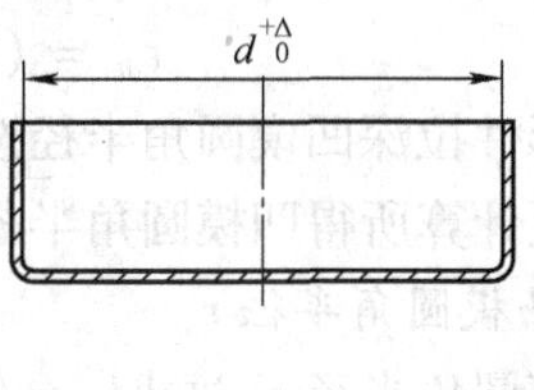

（续）

凹模尺寸	$D_A = (D_{max} - 0.75\Delta)_0^{+\delta_d}$	$d_A = (d_{min} + 0.4\Delta + 2Z)_0^{\delta}$
凸模尺寸	$D_T = (D_{max} - 0.75\Delta - Z)_{-\delta_p}^{0}$	$d_T = (d_{min} + 0.4\Delta)_{-\delta}^{0}$
多次拉深时，因工序件尺寸无严格要求，中间各工序的凸模尺寸 $D_T = (D - 2Z)_{-\delta_p}^{0}$ 和凹模尺寸 $D_d = D_0^{+\delta_d}$		

表 4-18　圆形拉深模凸、凹模制造公差　（mm）

材料厚度 t	制件公称直径							
	~10		>10 ~50		>50 ~200		>200 ~500	
	δ_p	δ_d	δ_p	δ_d	δ_p	δ_d	δ_p	δ_d
0.25	0.015	0.010	0.02	0.010	0.03	0.015	0.03	0.015
0.35	0.020	0.010	0.03	0.020	0.04	0.020	0.04	0.025
0.50	0.030	0.015	0.04	0.030	0.05	0.030	0.05	0.035
0.80	0.040	0.025	0.06	0.035	0.06	0.040	0.06	0.040
1.00	0.045	0.030	0.07	0.040	0.08	0.050	0.08	0.060
1.20	0.055	0.040	0.08	0.050	0.09	0.060	0.10	0.070
1.50	0.065	0.050	0.09	0.060	0.10	0.070	0.12	0.080
2.00	0.080	0.055	0.11	0.070	0.12	0.080	0.14	0.090
2.50	0.095	0.060	0.13	0.085	0.15	0.100	0.17	0.120
3.50	—	—	0.15	0.100	0.18	0.120	0.20	0.140

注：1. 表列数值用于未精压的薄钢板。
2. 如用精压钢板，凸模及凹模的制造公差，等于表列数值的 20% ~25%。
3. 如用有色金属，则凸模及凹模的制造公差，等于表列数值的 50%。

三、拉深凸模与凹模的圆角半径

拉深模的圆角半径主要包括凹模圆角半径 r_d 和凸模圆角半径 r_p。

1. 凹模圆角半径 r_d

当 r_d 较小时，材料经过凹模圆角部分变形阻力大，使危险断面材料严重变薄甚至破裂，还会使拉深件表面刮伤；r_d 太大时，材料虽容易进入凹模，但容易起皱。因此，在材料不起皱的前提下，r_d 宜取大一些。

拉深凹模圆角半径可按以下经验公式计算

首次拉深　$$r_d = 0.8\sqrt{(D - d)t} \tag{4-37}$$

式中　r_d——凹模圆角半径（mm）；
D——坯料半径（mm）；
d——凹模内径（mm）；
t——材料厚度（mm）。

以后各次拉深时，凹模圆角半径应逐渐减小，一般可按以下关系确定

$$r_{di} = (0.6 \sim 0.8)\ r_{d(i-1)}\quad (i = 2、3、\cdots、n) \tag{4-38}$$

盒形件拉深凹模圆角半径按下式计算　$$r_d = (4 \sim 8)t \tag{4-39}$$

以上计算所得凹模圆角半径必须满足 $r_d \geqslant 2t$ 的拉深工艺性要求。

2. 凸模圆角半径 r_p

凸模圆角半径 r_p 过小，会使坯料在此圆角处受到过大的弯曲变形，导致危险断面材料

严重变薄甚至拉裂；r_p 过大，会使坯料容易产生“内起皱”现象。首次拉深凸模圆角半径为

$$r_p = (0.7 \sim 1.0) r_{d1} \tag{4-40}$$

以后各次拉深凸模圆角半径为

$$r_{p(i-1)} = \frac{d_{n-1} - d_n - 2t}{2} \tag{4-41}$$

最后一次拉深时凸模圆角半径 r_{pn} 应与拉深件底部圆角半径 r 相等。

四、拉深凸模与凹模的结构

凸、凹模的结构设计得是否合理，不但直接影响拉深时的坯料变形，而且还影响拉深件的质量。凸、凹模常见的结构形式有：

1. 无压料时的凸、凹模

图 4-30 所示为无压料一次拉深成形时所用的凸、凹模结构。其中圆弧形凹模（图 4-30a）结构简单，加工方便，是常用的拉深凹模结构形式；锥形凹模（图 4-30b）、渐开线形凹模（图 4-30c）和等切面形凹模（图 4-30d）对抗失稳起皱有利，但加工较复杂，主要用于拉深系数较小的拉深件。图 4-31 所示为无压料多次拉深所用的凸、凹模结构。上述凹模结构中，$a = 4 \sim 10\text{mm}$，$b = 2 \sim 4\text{mm}$，锥形凹模的锥角一般取 30°。

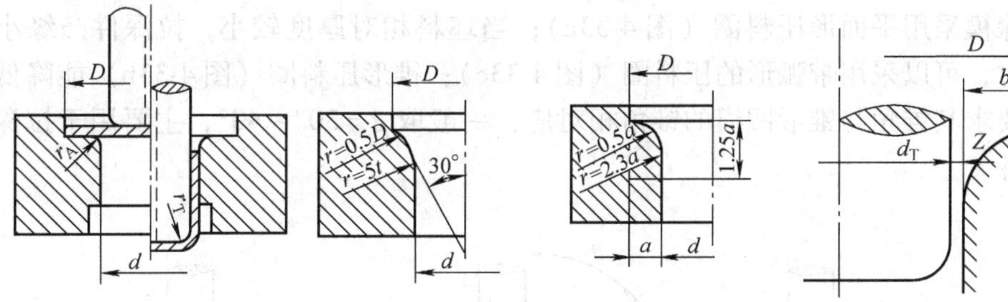

a)　　b)　　c)　　d)

图 4-30　无压料一次拉深的凸、凹模结构

a）圆弧形　b）锥形　c）渐开线形　d）等切面形

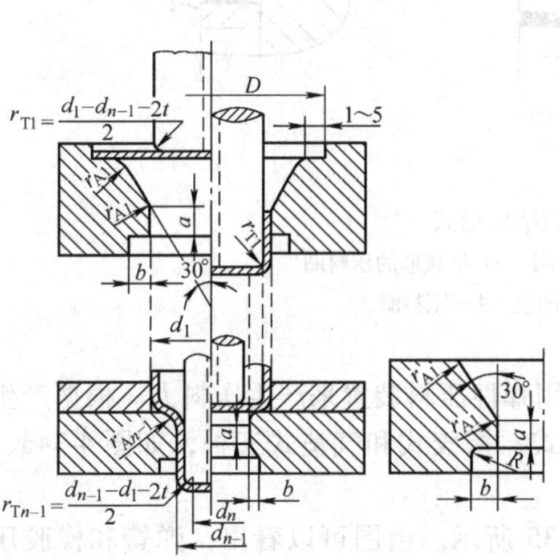

图 4-31　无压料多次拉深的凸、凹模结构

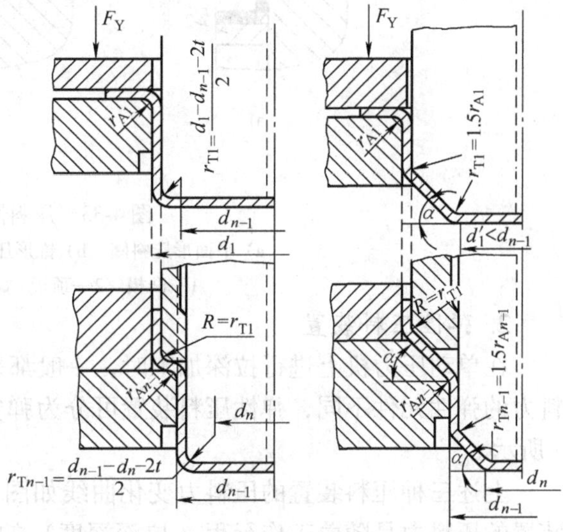

a)　　b)

图 4-32　有压料多次拉深的凸、凹模结构

2. 有压料时的凸、凹模

有压料时的凸、凹模结构如图 4-32 所示，其中图 4-32a 所示用于直径小于 100mm 的拉深件；图 4-32b 所示用于直径大于 100mm 的拉深件，这种结构除了具有锥形凹模的特点外，还可减轻坯料的反复弯曲变形，以提高工件侧壁质量。

设计多次拉深的凸、凹模结构时，必须十分注意前后两次拉深中凸、凹模的形状尺寸具有恰当的关系，尽量使前次拉深所得工序件形状有利于后次拉深成形，而后一次拉深的凸、凹模及压料圈的形状与前次拉深所得工序件相吻合，以避免坯料在成形过程中的反复弯曲。为了保证拉深时工件底部平整，应使前一次拉深所得工序件的平底部分尺寸不小于后一次拉深工件的平底尺寸。

五、拉深模压边装置的结构

拉深模压边装置的作用是在凸缘变形区施加轴向压力，提高坯料变形的稳定性，防止起皱。实际生产中常用的压料装置有弹性压料装置和刚性压料装置。如何选用压料装置，要根据拉深次数、凹模结构形式、材料厚度及压力机的类型等因素来决定。

1. 压料圈的结构形式

压料圈是压料装置的关键零件，常见的结构形式有平面形、锥形和弧形，如图 4-33 所示。常用拉深模采用平面形压料圈（图 4-33a）；当坯料相对厚度较小，拉深件凸缘小且圆角半径较大时，可以采用带弧形的压料圈（图 4-33c）；锥形压料圈（图 4-33b）能降低极限拉深系数，要求其锥角与锥形凹模的锥角相对应，一般取 $\beta=30°\sim40°$，主要用于拉深系数较小的拉深件。

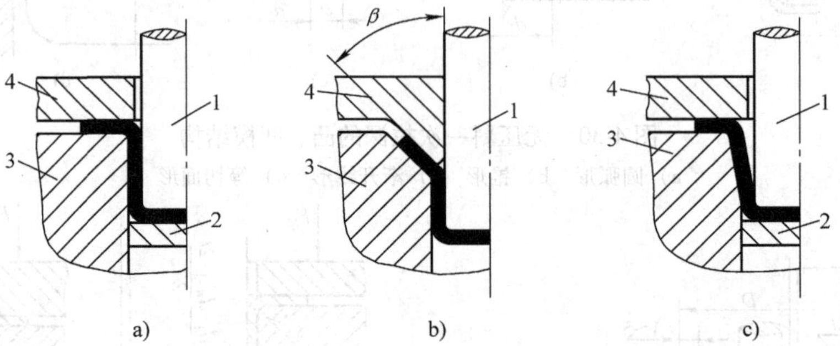

图 4-33　压料圈的结构形式

a）平面形压料圈　b）锥形压料圈　c）带弧形的压料圈

1—凸模　2—顶板　3—凹模　4—压料圈

2. 弹性压料装置

在单动压力机上进行拉深加工时，一般都采用弹性压料装置来产生压料力。根据产生压料力的弹性元件不同，弹性压料装置可分为弹簧式、橡胶式和气垫式三种，如图 4-34a、b、c 所示。

上述三种压料装置的压料力变化曲线如图 4-35 所示。由图可以看出，弹簧和橡胶压料装置的压料力是随着工作行程（拉深深度）的增加而增大的。这样的压料力变化特性会使拉深过程中的拉深力不断增大，从而增大拉裂的危险性。因此，弹簧和橡胶压料装置通常只

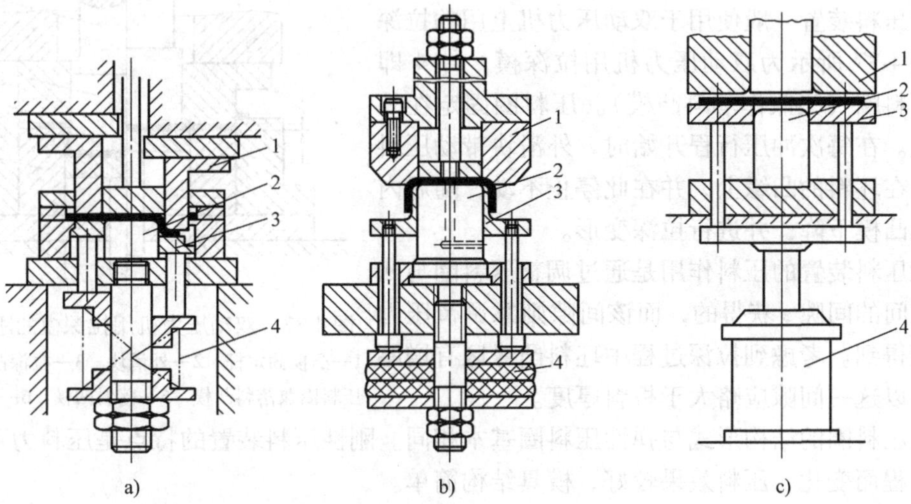

图 4-34　弹性压料装置

a）弹簧式　b）橡胶式　c）气垫式

1—凹模　2—凸模　3—压料圈　4—弹性元件（弹顶器或气垫）

用于浅拉深。但是，这两种压料装置结构简单，在中小型压力机上使用较为方便。正确地选用弹簧和橡胶，并采取适当的限位措施，就能减少它的不利因素。一般弹簧的选用应考虑总压缩量大、压力随压缩量增加而缓慢增大的规格等。橡胶应选用软橡胶，并保证相对压缩量不过大，建议橡胶总厚度不小于拉深工作行程的 5 倍。

气垫式压料装置压料效果好，压料力基本上不随工作行程而变化（压料力的变化可控制在 10% ~15% 内）。但气垫装置结构复杂。

为了保持整个拉深过程中压料力均衡和防止将坯料压得过紧，可采用带限位装置的压料圈，如图 4-36 所示。

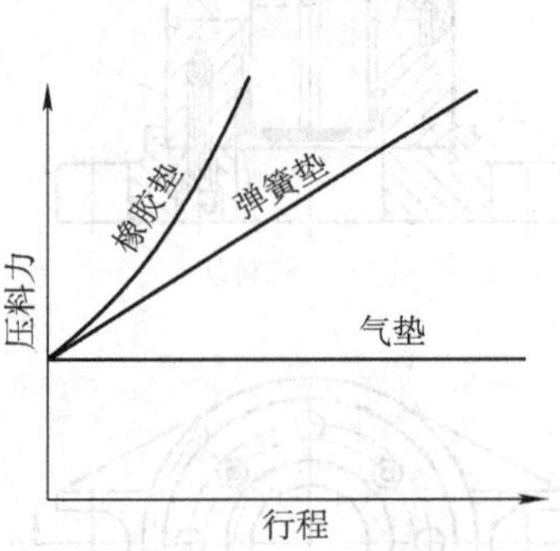

图 4-35　各种弹性压料装置的压料力曲线

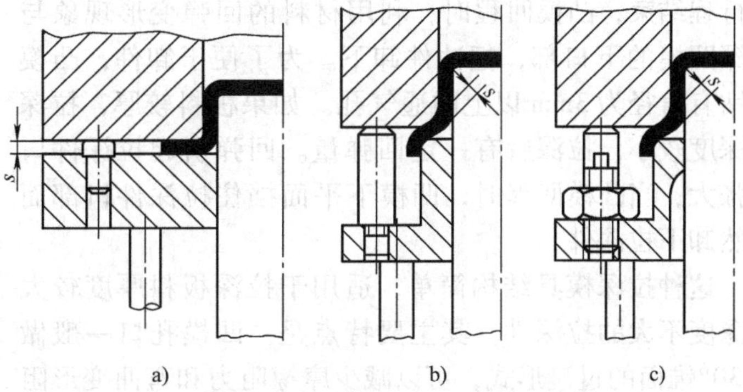

图 4-36　有限位装置的压料圈

限位柱可使压料圈和凹模之间始终保持一定的距离 s。对于带凸缘零件的拉深，$s = t + (0.05 \sim 0.1)\text{mm}$；铝合金零件的拉深，$s = 1.1t$；钢板零件的拉深，$s = 1.2t$（$t$ 为板料厚度）。

3. 刚性压料装置

刚性压料装置一般使用于双动压力机上用的拉深模中。图 4-37 所示为双动压力机用拉深模，件 4 即为刚性压料圈（又兼作落料凸模）。压料圈固定在外滑块之上。在每次冲压行程开始时，外滑块带动压料圈下降压在坯料的凸缘上，并在此停止不动，随后内滑块带动凸模下降，并进行拉深变形。

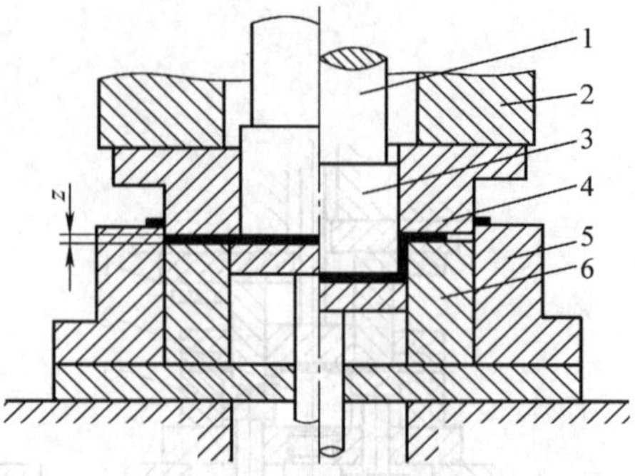

图 4-37 双动压力机用拉深模的刚性压料
1—凸模固定杆 2—外滑块 3—拉深凸模 4—压料圈兼落料凸模 5—落料凹模 6—拉深凹模

刚性压料装置的压料作用是通过调整压料圈与凹模平面之间的间隙 z 获得的，而该间隙则靠调节压力机外滑块得到。考虑到拉深过程中坯料凸缘区有增厚现象，所以这一间隙应略大于板料厚度。

刚性压料圈的结构形式与弹性压料圈基本相同。刚性压料装置的特点是压料力不随拉深的工作行程而变化，压料效果较好，模具结构简单。

第九节 常用拉深模具结构简介

拉深模具的设计具有工艺计算复杂、结构比较简单的特点。但结构类型较多。按使用的压力机类型不同，可分为单动压力机上使用的拉深模与双动压力机上使用的拉深模；按工序的组合程度不同，可分为单工序拉深模、复合工序拉深模与级进工序拉深模；按结构形式与使用要求的不同，可分为首次拉深模与中间各工序拉深模、有压料装置拉深模与无压料装置拉深模、顺装式拉深模与倒装式拉深模、下出件拉深模与上出件拉深模等。

一、初次拉深模

1. 无压边装置的初次拉深模

图 4-38 所示为无压料装置的初次拉深模。拉深件直接从凹模底下落下。为了从凸模上卸下冲件，当拉深工作行程结束，凸模回程时，利用材料的回弹变形现象与拉深凹模的下口部，把冲件卸下。为了便于卸件，凸模上钻有直径为 3mm 以上的通气孔。如果板料较厚，拉深件深度较小，拉深后有一定回弹量。回弹引起拉深件口部张大，当凸模回程时，凹模下平面挡住拉深件口部而自然卸下拉深件。

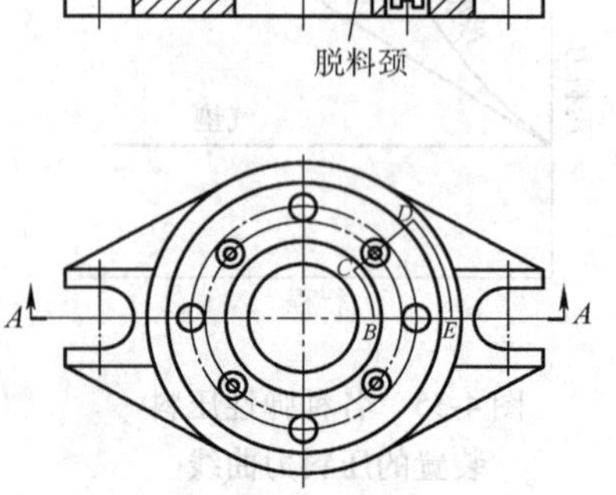

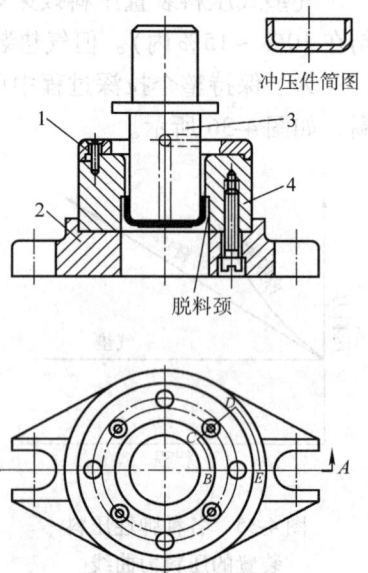

图 4-38 无压料装置的首次拉深模
1—定位板 2—下模板 3—拉深凸模 4—拉深凹模

这种拉深模具结构简单，适用于拉深板料厚度较大而深度不大的拉深件。其主要特点是：凹模孔口一般做成 30°锥面的过渡形式，可以减少摩擦阻力和弯曲变形阻力；凹模垂直壁高度限制在一定范围内（精拉深一般为 6～10mm，普通拉深为 9～13mm），可以防止拉深时产生烧伤现象。

2. 具有弹性压边装置的初次拉深模

图 4-39 所示为有压料装置的正装式首次拉深模。这

类结构形式应用比较广泛。弹性压边装置分为上压边（拉深模的压料装置在上模，又称正装）和下压边（拉深模的压料装置在下模，又称倒装）。正装拉深模由于弹性元件高度受到模具闭合高度的限制，因此压边力较小。这种结构形式的拉深模只适用于拉深高度不大的零件。

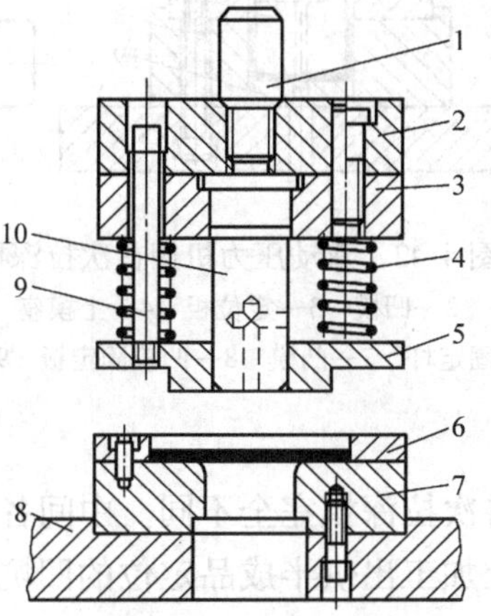

图 4-39　正装拉深模

1—模柄　2—上模座　3—凸模固定板　4—弹簧　5—压边圈　6—定位板　7—凹模　8—下模座　9—卸料螺钉　10—凸模

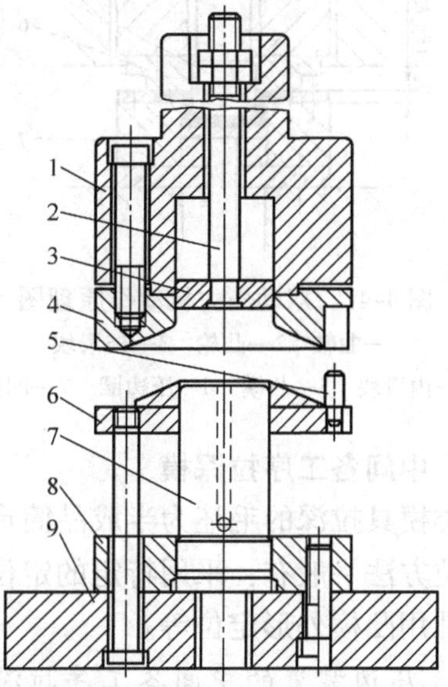

图 4-40　带锥形压边圈的倒装拉深模

1—上模座　2—推杆　3—推件板　4—锥形凹模　5—限位柱　6—锥形压边圈　7—拉深凸模　8—固定板　9—下模座

图 4-40 所示为倒装式的具有锥形压料圈的拉深模。这类模具的压料装置的弹性元件在下模底下，工作行程可以较大，可用于拉深高度较大的零件，应用广泛。倒装拉深模的压边力较大，主要适用于材料较薄、拉深深度大、容易起皱的中、大型制件。

3. 双动压力机上使用的初次拉深模

图 4-41 所示为双动压力机用拉深模刚性压边装置动作原理。曲轴 1 旋转时，首先通过凸轮 2 带动外滑块 3 使压边圈 6 将毛坯压在凹模 7 上，随后由内滑块 4 带动凸模 5 对毛坯进行拉深。在拉深过程中，外滑块保持不动。刚性压边圈的压边作用，并不是靠直接调整压边力来保证的。考虑到毛坯凸缘变形区在拉深过程中板厚有增大现象，所以调整模具时，压边圈与凹模间的间隙 c 应略大于板厚 t。用刚性压边，压边力不随行程变化，拉深效果较好，而且模具结构简单。

图 4-42 所示为双动压力机用初次拉深模。下模由凹模 2、定位板 3、凹模固定板 8、顶件块 9 和下模座 1 组成，上模的压料圈 4 通过上模座 4 固定在压力机的外滑块上，凸模 7 通过凸模固定杆 6 固定在内滑块上。工作时，坯料由定位板定位，外滑块先行下降带动压料圈将坯料压紧，接着内滑块下降带动凸模完成对坯料的拉深。回程时，内滑块先带动凸模上升将工件卸下，接着外滑块带动压料圈上升，同时顶件块在弹顶器作用下将工件从凹模内顶出。

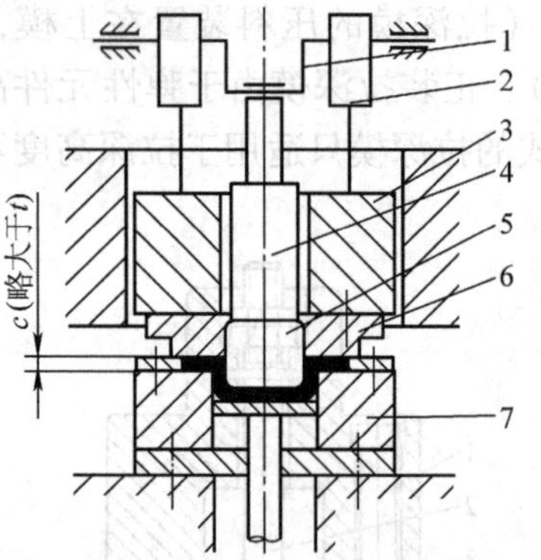

图 4-41　双动压力机动作原理图

1—曲轴　2—凸轮　3—外滑块
4—内滑块　5—凸模　6—压边圈　7—凹模

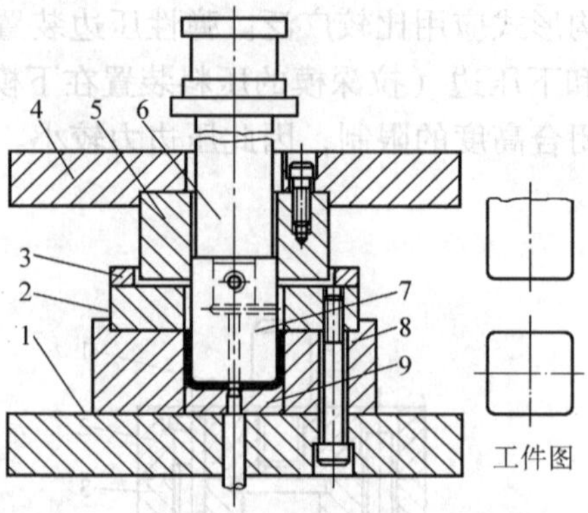

图 4-42　双动压力机用首次拉深模

1—下模座　2—凹模　3—定位板　4—上模座　5—压料圈
6—凸模固定杆　7—凸模　8—凹模固定板　9—顶件块

二、中间各工序拉深模

此类模具拉深的毛坯为半成品筒形件，其定位与首次拉深模完全不同。中间各工序拉深模的定位方法一般有：采用特定的定位板定位；凹模上加工出供半成品定位的凹坑；利用半成品内孔用凸模外形定位等。

1. 无压边装置的中间各工序拉深模

图 4-43 所示为无压边装置的中间各工序拉深模。该模采用锥形模口的凹模结构，锥面角为 30°～45°，拉深时能增强变形区的稳定能力。前次拉深后的工序件由定位板 6 定位，拉深后工件由凹模孔台阶卸下。为了减轻工件与凹模间的摩擦，凹模直边高度 h 取 9～13mm。该模具结构简单，成本低，不能完成严格的多次拉深，适用于变形程度不大、拉深件直径和壁厚要求均匀的中间各工序拉深。

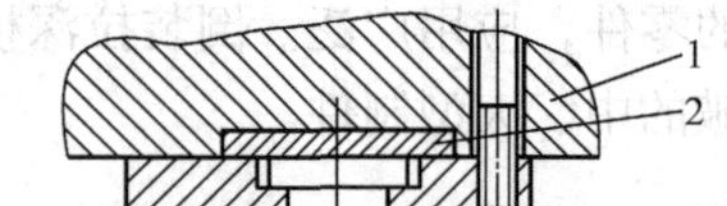

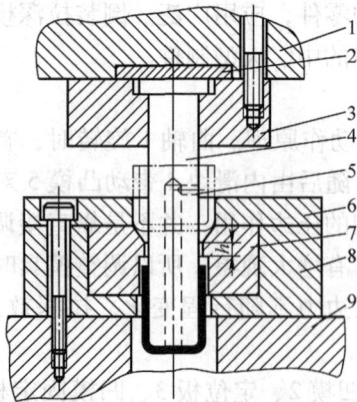

图 4-43　无压料装置的中间各工序拉深模

1—上模座　2—垫板　3—凸模固定板　4—凸模　5—通气孔　6—定位板　7—凹模　8—凹模座　9—下模座

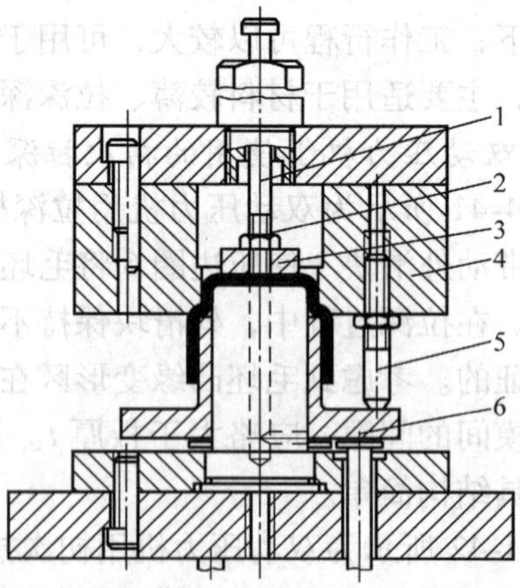

图 4-44　有压料装置的中间各工序拉深模

1—打杆　2—螺母　3—推件块　4—凹模
5—可调式限位柱　6—压料圈

2. 有压边装置的中间各工序拉深模

图 4-44 所示为有压料倒装式以后各次拉深模。此模中的压料圈 6 主要有定位、压料、

卸料三种功能。前次拉深后的工序件通过压料圈定位。因此压料圈的高度应大于前次工序件的高度，其外径最好按已拉成的前次工序件的内径配作。拉深完的工件在回程时分别由压料圈顶出和推件块3推出。可调式限位柱5可控制压料圈与凹模之间的间距，以防止拉深后期由于压料力过大造成工件侧壁底角附近过分减薄或拉裂。这类模具适用于批量生产的场合。

三、复合模

1. 落料拉深复合模

图4-45所示为落料拉深复合模。

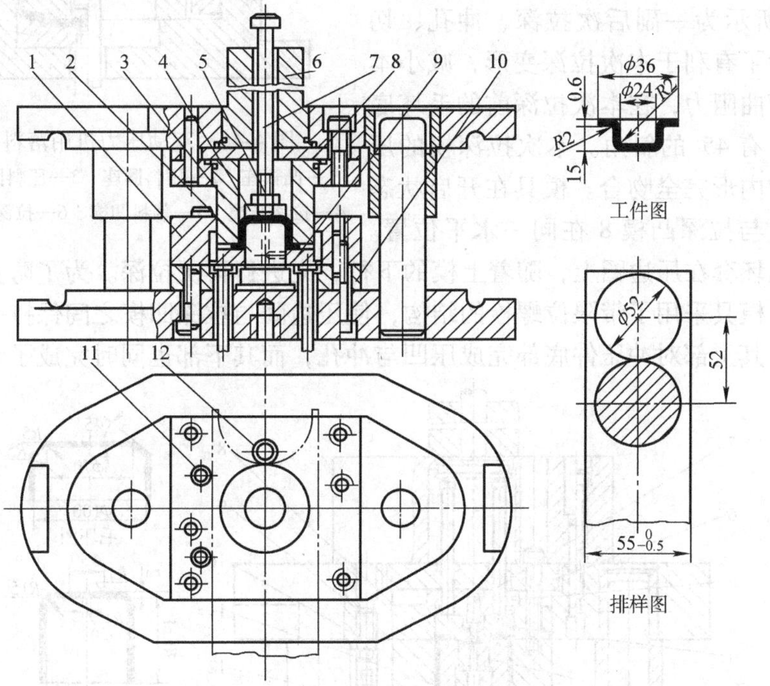

图4-45　落料拉深复合模

1—落料凹模　2—拉深凸模　3—凸凹模　4—推件块　5—螺母　6—模柄　7—打杆　8—垫板　9—压料圈　10—固定板　11—导料销　12—挡料销

该模具采用条料由两个导料销11进行导向的结构，由挡料销12定距。由于排样图取消了纵搭边，落料后废料中间将自动断开，因此可不设卸料装置。工作时，首先由落料凹模1和凸凹模3完成落料，紧接着由拉深凸模2和凸凹模进行拉深。压料圈9既起压料作用又起顶件作用。由于有顶件作用，上模回程时，冲件可能留在拉深凹模内，所以设置了推件装置。为了保证先落料、后拉深，模具装配时，应使拉深凸模2比落料凹模1低约1～1.4倍料厚的距离。

2. 双动压力机用落料拉深复合模

如图4-46所示，该模具可同时完成落料、拉深及底部的浅成形，主要工作零件采用组合式结构。压料圈3固定在压料圈座2上，并兼作落料凸模，拉深凸模4固定在凸模座1上。这种组合式结构特别适用于大型模具，不仅可以节省模具钢，而且也便于坯料的制备与热处理。

工作时，外滑块首先带动压料圈下行，在达到下止点前与落料凹模5共同完成落料，接着进行压料（如左半视图所示）。然后内滑块带动拉深凸模下行，与拉深凹模6一起完成拉深。顶件块7兼作拉深凹模的底，在内滑块到达下止点时，可完成对工件的浅成形（如右半视图所示）。回程时，内滑块先上升，然后外滑块上升，最后由顶件块7将工件顶出。

3. 再次拉深、冲孔、切边复合模

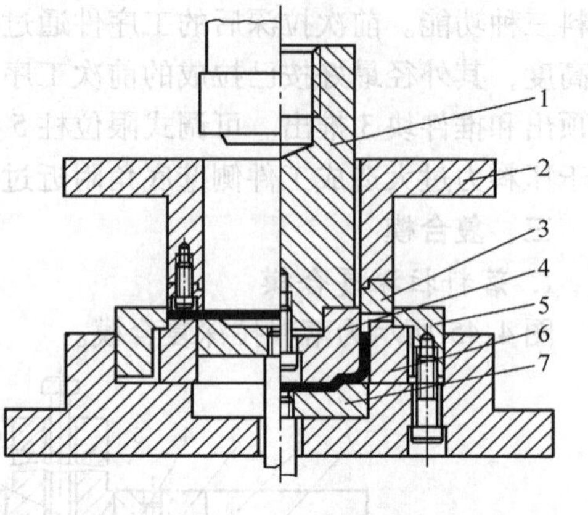

图4-46　双动压力机用落料拉深复合模
1—凸模座　2—压料圈座　3—压料圈（兼落料凸模）　4—拉深凸模　5—落料凹模　6—拉深凹模　7—顶件块

图4-47所示为一副后次拉深、冲孔、切边复合模。为了有利于本次拉深变形，减小本次拉深时的弯曲阻力，在本次拉深前的毛坯底部角上已拉出有45°的斜角。本次拉深模的压边圈与毛坯的内形完全吻合。模具在开启状态时，压边圈1与拉深凸模8在同一水平位置。冲压前，将毛坯套在压边圈上，随着上模的下行，先进行再次拉深。为了防止压边圈将毛坯压得过紧，该模具采用了带限位螺栓的结构，使压边圈与拉深凹模之间保持一定距离。到行程快终了时，其上部对冲压件底部完成压凹与冲孔，而其下部也同时完成了切边。

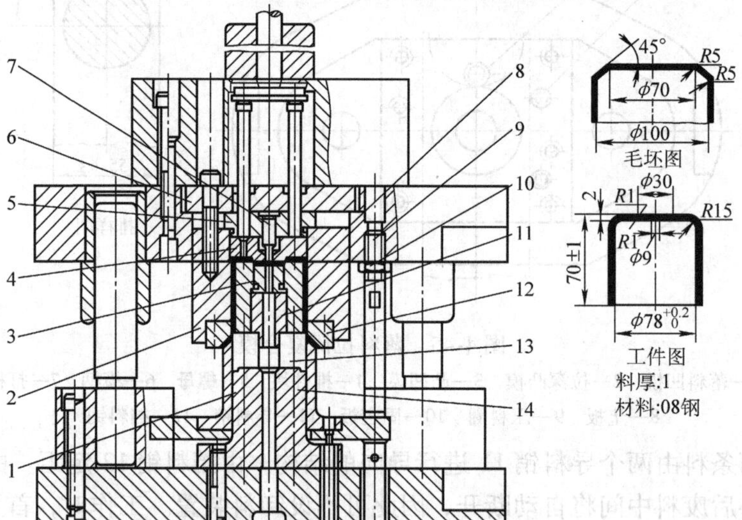

图4-47　再次拉深、冲孔、切边复合模
1—压边圈　2—凹模固定板　3—冲孔凹模　4—推件板　5—凸模固定板　6—垫板　7—冲孔凸模　8—拉深凸模
9—限位螺栓　10—螺母　11—垫柱　12—拉深切边凹模　13—切边凸模　14—固定块

切边的工作原理如图4-48所示。在拉深凸模下面固定有带锋利刃口的切边凸模，而拉深凹模则同时起切边凹模的作用。拉深间隙与切边时的冲裁间隙的尺寸关系如图所示。图4-48a所示为带锥形口的拉深凹模，图4-48b所示为带圆角的拉深凹模。由于切边凹模没有锋利的刃口，所以切下的废料有较大的毛刺，断面质量较差，有时称之为挤边。用这种方法对筒形件切边，由于其结构简单，使用方便，并可采用复合模的结构与拉深同时进行，所以使用十分广泛。对筒形件进行切边还可以采用垂直于筒形件轴线方向的水平切边，但其模具结构较为复杂。

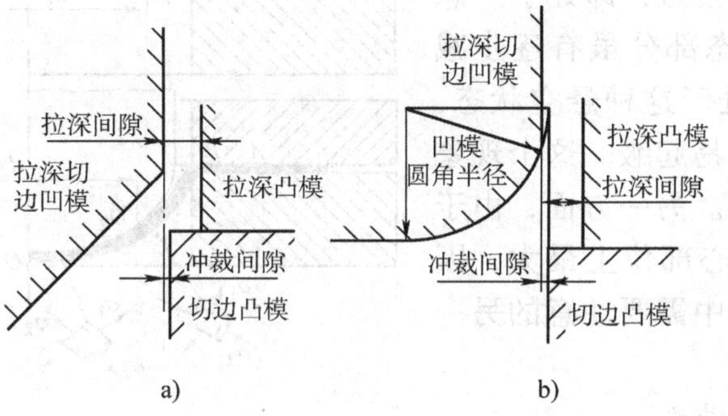

图 4-48　筒形件的切边原理

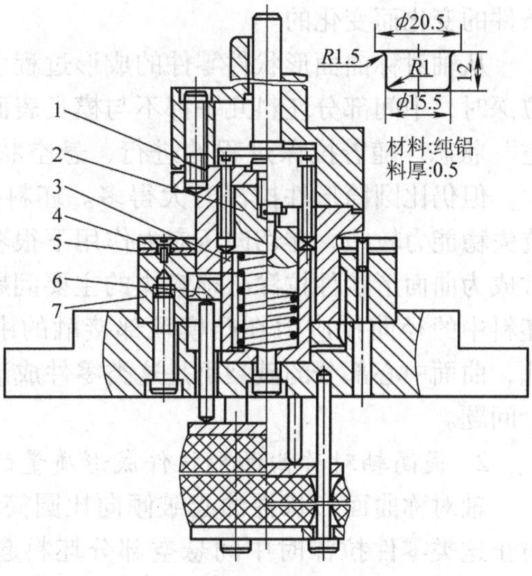

图 4-49　落料、正拉深、反拉深模

1—凸凹模　2—反拉深凸模　3—拉深凸凹模　4—卸料板　5—导料板　6—压边圈　7—落料凹模

4. 落料、正拉深、反拉深模

图 4-49 所示为落料、正拉深、反拉深模。由于在一副模具中进行正、反拉深，因此一次能拉出高度较大的工件，提高了生产率。件 1 为凸凹模（落料凸模、第一次拉深凹模），件 2 为第二次拉深（反拉深）凸模，件 3 为拉深凸凹模（第一次拉深凸模、反拉深凹模），件 7 为落料凹模。第一次拉深时，有压边圈 6 的弹性压边作用，反拉深时无压边作用。上模采用刚性推件，下模直接用弹簧顶件，由固定卸料板 4 完成卸料，模具结构十分紧凑。

第十节　其他形状零件的拉深

轴对称曲面形状件主要包括阶梯形圆筒形件、球形件、抛物线形件和锥形件等。这类零件在拉深成形时，变形区的位置、受力情况、变形特点等都与直壁拉深件不同，所以在拉深中出现的问题和解决问题的方法与直壁筒形件也有很大的差别。对这类零件不能简单地用拉深系数去衡量和判断成形的难易程度，也不能用它来作为工艺过程设计和模具设计的依据。

一、曲面形状拉深件的拉深过程及拉深特点

1. 成形过程及成形特点

坯料在凸模的作用下，中心附近以外的金属乃至压料圈下面的环形部分金属逐步产生了变形并从里向外逐步贴紧凸模，最后形成了与凸模曲面一致的轴对称曲面形状件零件。

曲面形状拉深件的整个坯料都是变形区。曲面零件的成形是胀形和拉深变形的复合变形。在整个变形区内变形性质是不同的，在凸模顶点及其附近的坯料处于双向拉应力状态（图 4-50），从而产生厚度变薄表面积增大的胀形变形。一定界限之外直至压料圈下的凸缘区都是在切向压应力、径向拉应力作用下产生切向压缩、径向伸长的变形，这种变形通常称

“拉深变形”。实践证明，一定界限的位置是随着压料力等冲压条件的变化而变化的。

从轴对称曲面形状件零件的成形过程中可以看出，刚开始拉深时，中间部分坯料几乎都不与模具表面接触，即处于“悬空”状态。随着拉深过程的进行，悬空状态部分虽有逐步减少，但仍比圆筒形件拉深时大得多。坯料处于这种悬空状态，抗失稳能力较差，在切向压应力作用下很容易起皱。这个现象常成为曲面形状件拉深必须解决的主要问题。另一方面，由于坯料中的径向拉应力在凸模顶部接触的中心部位上最大，因此，曲面中心部分的破裂仍是这类零件成形中需要注意的另一个问题。

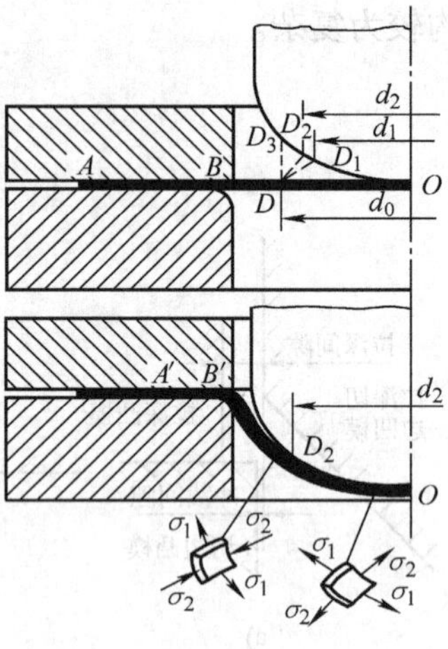

图 4-50 轴对称曲面形状件拉深成形过程

2. 提高轴对称曲面形状件成形质量的措施

轴对称曲面形状件的起皱倾向比圆筒形件等直壁零件大。防止这类零件拉深时中间悬空部分坯料起皱的方法有如下几种：

（1）加大坯料直径 通过增大坯料凸缘部分的变形抗力和摩擦力，增大了径向拉应力，降低了中间部分坯料的切向压应力，增大了中间部分胀形区，从而起到了防皱的作用。这种防皱方法简单，但增大了材料的消耗。

（2）适当地调整和增大压料力 实质上是增大了凸缘部分的摩擦阻力，其防皱原理与上述相同。

（3）采用带压料肋的拉深模 这类拉深模在拉深时，利用板料在压料肋上的弯曲和滑动，增大了进料阻力，从而增大了径向拉应力，减少了起皱倾向，同时减少了冲件成形卸载后的回弹，提高了零件的准确性。带压料肋的拉深模一般在利用双动拉深压力机和液压机进行复杂曲面形状件的成形中应用较为广泛。压料肋的结构形状有圆弧形（图 4-51）和阶梯形（图 4-52）两种。

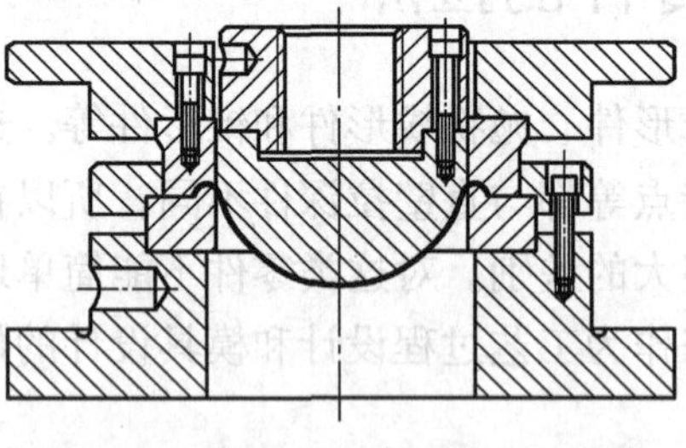
图 4-51 带圆弧形压料肋的拉深模

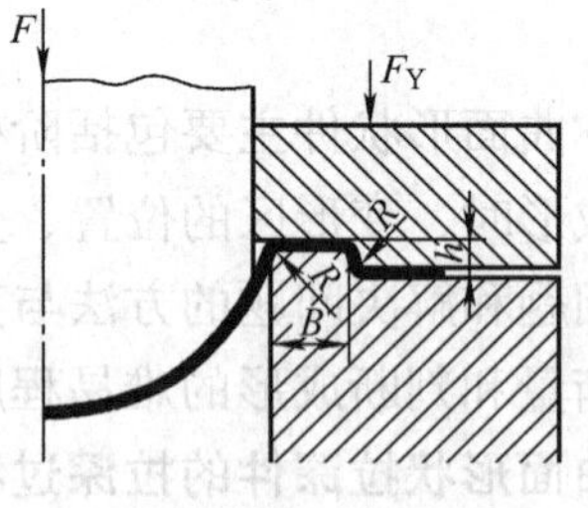

图 4-52 阶梯形压料肋

（4）采用反拉深方法 反拉深原理如图 4-53 所示。图 4-53a 所示为汽车前罩灯，经过多次拉深，逐步增大高度，减小顶部曲率半径，从而达到零件尺寸要求的反拉深。图 4-53b 所示为圆筒形件的反拉深。图 4-53c 所示为正、反拉深，用于尺寸较大、板料薄的曲面形状件的拉深。

以上四种防止曲面形状件拉深时起皱的方法，其共同特点是：增大坯料凸缘部分的变形抗力和摩擦阻力，提高径向拉应力，从而增大坯料中间部分的胀形成分，减小中间部分起皱

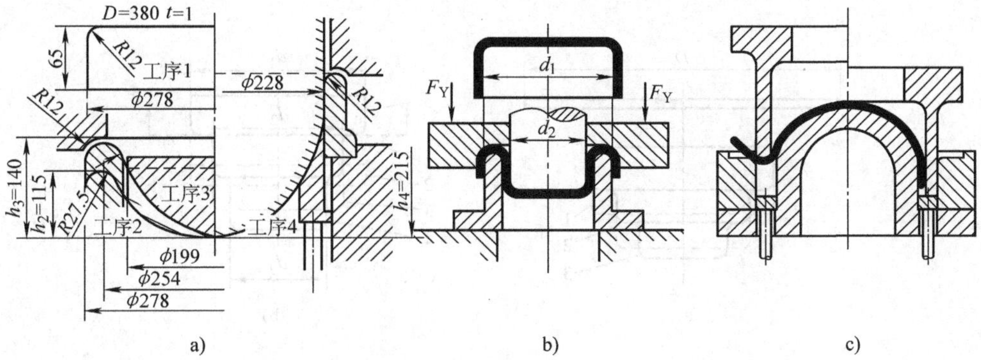

图 4-53　反拉深原理

a）汽车前罩灯　b）反拉深　c）正、反拉深

的可能性。但可能导致凸模顶点附近材料过分变薄甚至破裂。所以，在实际生产中，必须根据各种曲面零件拉深时具体的变形特点，选择适当的防皱措施，正确确定和认真调整压料力和压料肋的尺寸，以确保拉深件的质量。

二、阶梯圆筒形件的拉深

阶梯圆筒形件如图 4-54 所示。阶梯圆筒形件拉深的变形特点与圆筒形件拉深的特点相同，可以认为是圆筒形件以后各次拉深时不拉到底就得到阶梯形件，变形程度的控制也可采用圆筒形件的拉深系数。但是，阶梯圆筒形件的拉深次数及拉深方法等与圆筒形件拉深是有区别的。

1. 判断能否一次拉深成形

判断阶梯圆筒形件能否一次拉深成形的方法是：先计算零件相对高度的比值 H/d_n（图 4-54），然后根据坯料相对厚度 t/D 查表 4-12，如果拉深次数为 1，则可一次拉深成形，否则需多次拉深成形。

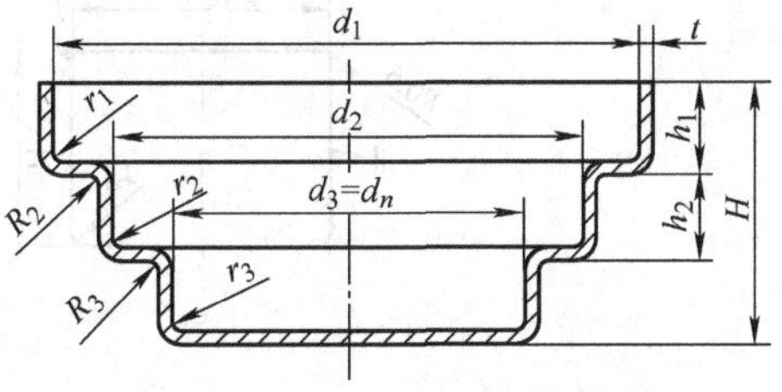

图 4-54　阶梯圆筒形件

2. 阶梯圆筒形件多次拉深的方法

阶梯圆筒形件需多次拉深时，根据阶梯圆筒形件的各部分尺寸关系不同，其拉深方法也有所不相同。

1）当任意相邻两个阶梯直径之比 d_i/d_{i-1} 均大于相应圆筒形件的极限拉深系［m_i］时，则可由大阶梯到小阶梯依次拉出（图 4-55a），这时的拉深次数等于阶梯直径数目与最大阶梯成形所需的拉深次数之和。

例如图 4-56a 所示阶梯形拉深件，材料为 H62 黄铜，厚度为 1mm。该零件可先拉深成阶梯形件后切底而成。由图求得坯料直径 $D=106\text{mm}$，$t/D\approx1.0\%$，$d_2/d_1=24/48=0.4$，查表 4-7 可知，该直径之比小于相应圆筒形件的极限拉深系数，但由于小阶梯高度很小，实际生产中仍采用从大阶梯到小阶梯依次拉出的方法。其中大阶梯采用两次拉深，小阶梯一次拉出，拉深工序顺序如图 4-56b 所示（工序件Ⅲ为整形工序得到的）。

2）如果某相邻两个阶梯直径之比 d_i/d_{i-1} 小于相应圆筒形件的极限拉深系数［m_i］，则可先按带凸缘筒形件的拉深方法拉出直径 d_i，再将凸缘拉成直径 d_{i-1}，其顺序是由小到大，如图 4-55b 所示。图中因 d_2/d_1 小于相应圆筒形件的极限拉深系数，故先用带凸缘筒形件的

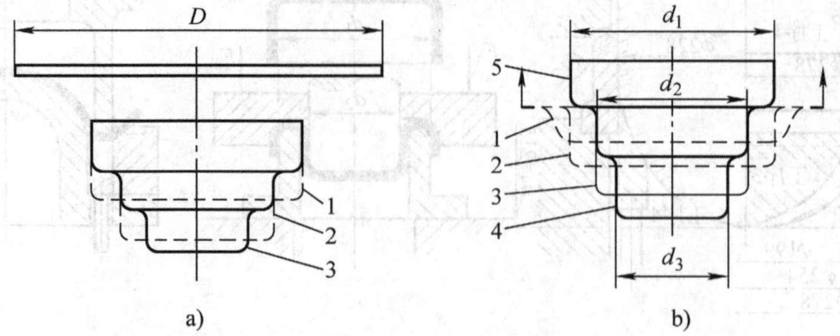

图 4-55 阶梯圆筒形件多次拉深方法

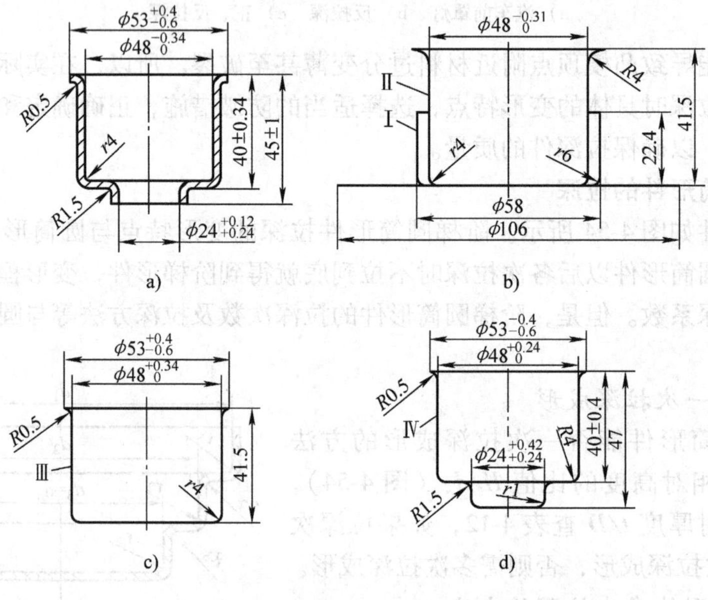

图 4-56 阶梯圆筒形件多次拉深实例

a）工件图 b）拉深过程 c）整形工序 d）再次拉深

拉深方法拉出直径 d_2，d_3/d_2 不小于相应圆筒形件的极限拉深系数，可直接从 d_2 拉到 d_3，最后拉出 d_1。

当阶梯件的坯料相对厚度较大（$t/D \geqslant 1.0\%$），而且每个阶梯的高度不大，相邻阶梯直径差又不大时，也可以先拉成带大圆角半径的圆筒形件，然后用校形方法得到零件的形状和尺寸，如图 4-57 所示。用这种方法成形，材料可能有局部变薄，影响零件质量。

三、球形件的拉深

1. 球形件的类型

球面形状件有多种类型，如图 4-58 所示。

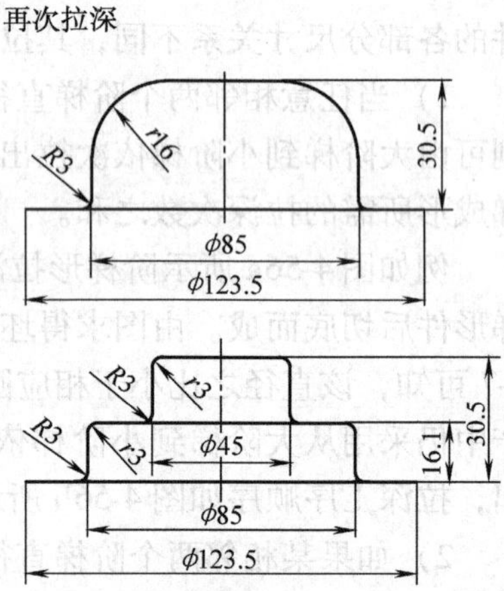

图 4-57 电喇叭底座的拉深

2. 半球形件

半球形件（图4-58a）的拉深系数为：$m=d/D=0.71$ = 常数。

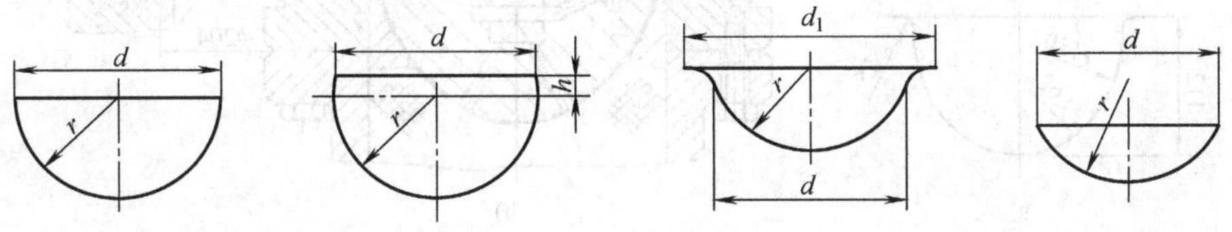

图4-58　球形件类型

a）半球形件　b）深球形件　c）抛物线形件　d）浅球形件

可见半球形件拉深系数与零件直径大小无关，是个常数。因此，不能以拉深系数作为设计工艺过程的依据，而应以坯料的相对厚度 t/D 作为判断成形难易程度和选定拉深方法的依据。分别不同情况，半球形件有三种成形方法：

1）当 $t/D>3\%$ 时，可用不带压料装置的简单拉深模一次拉深成形，如图4-59a 所示。以这种方法拉深，坯料贴模不良，需要用球形底凹模在拉深工作行程终了时进行整形。

2）当 $t/D=0.4\%\sim3\%$ 时，采用带压料装置的拉深模进行拉深。

3）当 $t/D<0.4\%$ 时，采用反拉深方法（图4-59b）或有压料肋的拉深模（图4-59c）进行拉深。

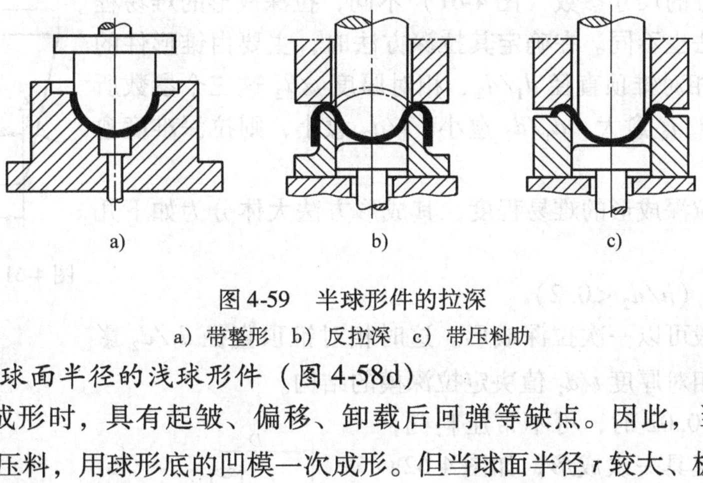

图4-59　半球形件的拉深

a）带整形　b）反拉深　c）带压料肋

3. 高度小于球面半径的浅球形件（图4-58d）

这种零件在成形时，具有起皱、偏移、卸载后回弹等缺点。因此，当坯料直径 $D\leqslant 9\sqrt{rt}$ 时，可以不压料，用球形底的凹模一次成形。但当球面半径 r 较大、板料厚 t 和深度较小时，必须按回弹量修正模具。当坯料直径 $D>9\sqrt{rt}$时，应加大坯料直径，并用强力压料装置或带压料肋的模具进行拉深，以克服回弹并防止坯料在成形时产生偏移。多余的材料可在成形后切边。

4. 抛物线形件的拉深

（1）深度较小的抛物线形件（$h/d<0.4\sim0.6$）　其变形特点及拉深方法与半球形件相似。图4-60 所示为抛物线形灯罩及其拉深模，灯罩的材料为08 钢，厚度为0.8mm，经计算得坯料直径 $D=280$mm。根据 $h/d=0.48$，$t/D=0.28\%<0.4\%$，采用上述半球形件的第三种成形方法，即用有压料肋的凹模进行拉深。其模具设有两道压料肋。

（2）深度较大的抛物线形件（$h/d\geqslant0.4\sim0.6$）　由于零件高度较大，顶部圆角较小，

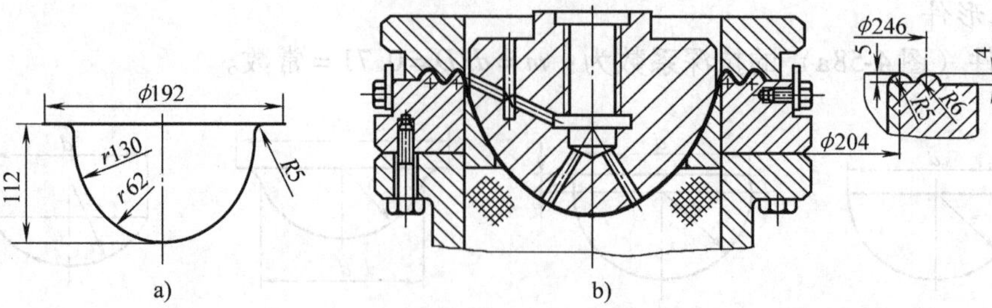

图 4-60　灯罩及其拉深模

a）灯罩零件图　b）灯罩拉深模

所以拉深难度较大，一般需进行反拉深或正拉深多工序逐步成形。为了使坯料中间部分紧密贴模而又不起皱，必须加大径向拉应力。但这一措施往往受到坯料顶部承载能力的限制，所以在这种情况下应该采用多工序逐渐成形的办法，特别是当零件深度大而顶部的圆角半径又小时，更应如此。多工序逐渐成形的主要要点是采用正拉深或反拉深的方法，在逐渐地增加深度的同时减小顶部的圆角半径。为了保证冲件的尺寸精度和表面质量，在最后一道工序里应保证一定的胀形成分。

四、锥形件的拉深

锥形件拉深的主要困难是：坯料悬空面积大，容易起皱；凸模接触坯料面积小，变形不均匀程度比球形件大，尤其是锥顶圆角半径 r 较小时容易变薄甚至破裂；拉深后回弹较大。

锥形件各部分的尺寸参数（图 4-61）不同，拉深成形的难易程度不同，成形方法也不同。在确定其拉深方法时，主要由锥形件的相对高度 h/d_2、相对锥顶直径 d_1/d_2、相对厚度 t/d_2 这三个参数所决定。显然，其 h/d_2 愈大、d_1/d_2 愈小、t/d_2 愈小，则拉深难度愈大。

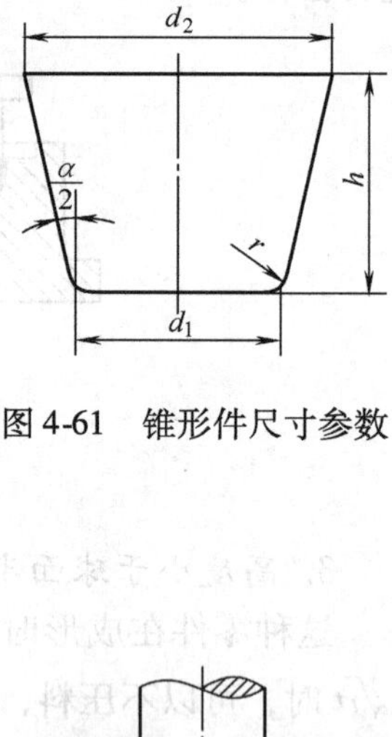

图 4-61　锥形件尺寸参数

根据锥形件拉深成形的难易程度，其成形方法大体分为如下几种：

1. 浅锥形件（$h/d_2<0.2$）

浅锥形件一般可以一次拉深成形。这时相对锥顶直径 d_1/d_2 影响不大，可根据相对厚度 t/d_2 值决定拉深模的结构。

1）当 $t/d_2>0.02$ 时，可不带压料圈，采用带底凹模的模具一次成形，如图 4-62a 所示。这种成形方法回弹比较严重，通常需要试冲，修正模具。

2）当相对厚度 t/d_2 较小，或虽然相对厚度较大，但精度要求较高时，则采用带平面压料圈或带压料肋的模具一次成形，如图 4-62b 所示。如果零件是无凸缘的，可加大坯料直径，成形后再切边。

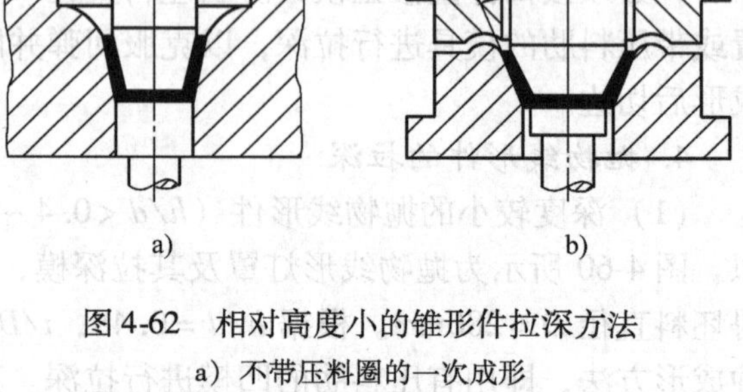

图 4-62　相对高度小的锥形件拉深方法

a）不带压料圈的一次成形

b）带压料肋的一次成形

2. 中等深度锥形件（$0.2<h/d_2<0.43$）

根据 t/d_2 和 d_1/d_2 值不同，有以下拉深方法：

1）当 $t/d_2=0.014\sim0.02$ 时，采用带压料装置的拉深模一次拉深成形。如果锥形件相对高度超过上述范围，相对厚度较大，可采用两道拉深工序成形（图4-63）。首先拉深成圆筒形件或带凸缘的筒形件，然后用锥形凸、凹模拉深成锥形件，并在工作行程终了时进行整形。

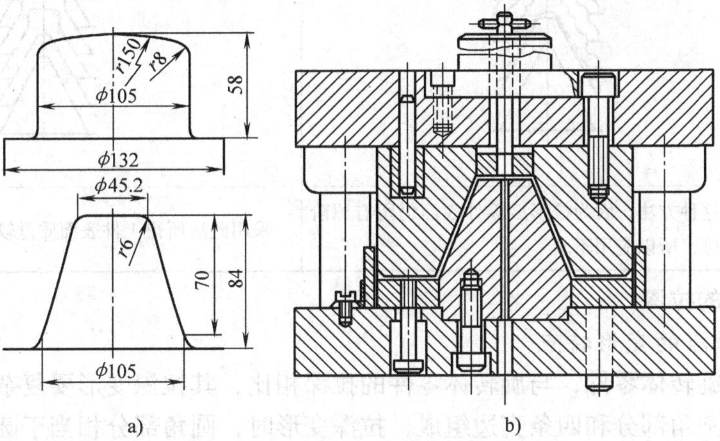

图4-63　锥形件拉深方法及拉深模
a）拉深工序图　b）拉深模

2）当 $t/d_2>0.02$、$d_1/d_2>0.4$ 时，可以采用锥形带底凹模一次拉深成形，在工作行程终了时进行一定程度的整形。假如 d_1/d_2 值增大，一次拉深可能成功的高度可以相应增大。当 $d_1/d_2=0.6\sim0.7$ 时，h/d_2 可能达到0.4左右；当 $d_1/d_2=0.8\sim0.9$ 时，h/d_2 可能达到0.4～0.6或更大。

3）当 $t/d_2<0.014$、$d_1/d_2\geqslant0.4$、$h/d_2=0.3\sim0.4$ 时，通常用两道拉深工序成形。第一道工序拉深成较大圆角半径的筒形或接近球面形状的工序件，然后用带有一定胀形变形的整形工序压成需要的形状，如图4-64a所示。第一道拉深后的工序件尺寸，应保证整形时各部分直径的增大量不超过8%。当 d_1/d_2 较小时，第一次拉深可采用近似锥形的过渡形状，如图4-64b所示。第二次拉深可以用正拉深，也可以用反拉深。反拉深能有效防止起皱，所得零件表面质量也较好。

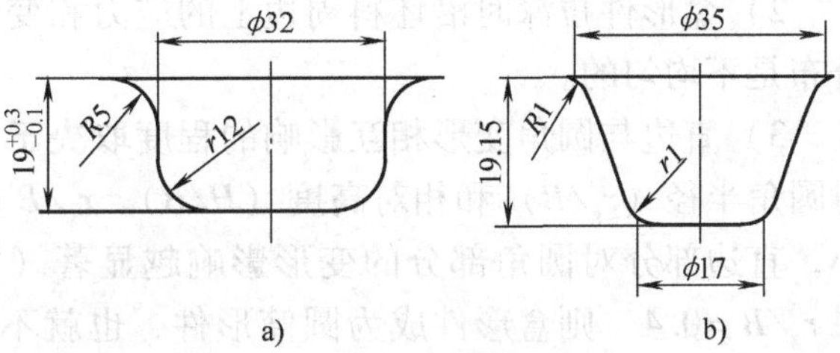

图4-64　锥形件两次成形方法
a）第一次拉深　b）第二次拉深

3. 深锥形件（$h/d_2>0.4$）

深锥形件常见拉深方法如表4-19所示。

表4-19　高锥形件的逐步成形方法

拉深方法	阶梯过渡法	锥面逐步增大法
拉深原理	先逐步拉成具有大圆角半径的阶梯形工序件，最后整形成锥形件	采用底部直径逐步缩小、锥面逐步扩大的方法成形。拉深系数选择可参考圆筒形件

（续）

拉深方法	阶梯过渡法	锥面逐步增大法
图示		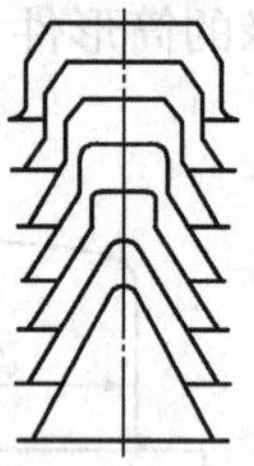
特点及应用	采用这种方法，因为校形后零件表面仍留有原阶梯的痕迹，所以应用不多	采用此法所得工件表面质量较好，因而应用较多

五、盒形件的拉深

1. 盒形件拉深的变形特点

盒形件是非旋转体零件，与旋转体零件的拉深相比，其拉深变形要复杂些。盒形件的几何形状是由四个圆角部分和四条直边组成，拉深变形时，圆角部分相当于圆筒形件拉深，而直边部分相当于弯曲变形。但是，由于直边部分和圆角部分是连在一起的整体，因而在变形过程中相互受到牵制，圆角部分的变形与圆筒形件拉深不完全一样，直边变形也有别于简单弯曲。根据观察和分析，盒形件拉深变形有以下特点：

1）盒形件拉深的变形性质与圆筒形件相同，坯料变形区（凸缘）也是一拉一压的应力状态，如图 4-65 所示。

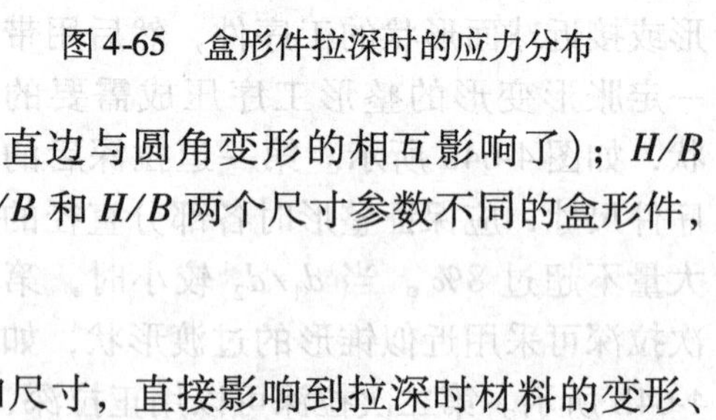

图 4-65　盒形件拉深时的应力分布

2）盒形件拉深时沿坯料周边上的应力和变形分布是不均匀的。

3）直边与圆角变形相互影响的程度取决于相对圆角半径（r_g/B）和相对高度（H/B）。r_g/B 越小，直边部分对圆角部分的变形影响越显著（如果 $r_g/B=0.4$，则盒形件成为圆筒形件，也就不存在直边与圆角变形的相互影响了）；H/B 越大，直边与圆角变形相互影响也越显著。因此，r_g/B 和 H/B 两个尺寸参数不同的盒形件，在坯料展开尺寸和工艺计算上都有较大不同。

2. 盒形件工序计算

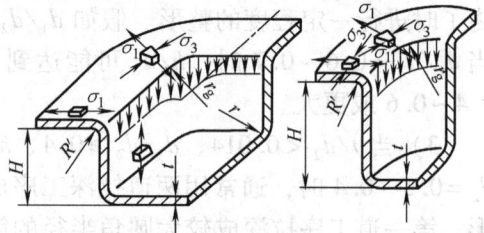

正确地确定盒形件拉深时坯料和工序件的形状和尺寸，直接影响到拉深时材料的变形、零件的质量和原材料的成本。实践证明：盒形件的变形程度受相对圆角半径和相对高度的影响较大，因此盒形件的工序计算方法和计算公式也不完全相同。在实际生产中，工序计算结果只是初步结果，其准确性常要通过设计人员的经验和实际试模来最终确定。

第十一节　拉深工艺的辅助工序

为了保证拉深过程的顺利进行或提高拉深件质量和模具寿命，需要安排一些必要的辅助工序，如润滑、热处理和酸洗等。

一、润滑

在拉深过程中，不但材料的塑性变形强烈，而且板料与模具的接触面之间要产生相对滑动，因而有摩擦力存在。在拉深时采用润滑剂，不仅可以降低摩擦力，而且可以相对地提高变形程度，还能保护模具工作表面和拉深件表面不被损伤。实践证明：在拉深工序中，采用润滑剂以后，其拉深力可降低30%左右。润滑剂的涂刷部位，在拉深工序中应特别注意。应该将润滑剂涂在凹模圆角和压边面处以及与它们相接触的毛坯表面上，切忌涂在凸模表面或同它接触的毛坯表面上，以防材料沿凸模表面滑动并使材料变薄。

二、热处理

在拉深过程中，由于板料因塑性变形而产生较大的加工硬化，致使继续变形困难甚至不可能。为了后续拉深或其他成形工序的顺利进行，或消除工件的内应力，必要时应进行工序间的热处理或最后消除应力的热处理。

对于普通硬化的金属（如08钢、10钢、15钢、黄铜和经过退火的铝等），若工艺过程制定得正确，模具设计合理，一般可不需要进行中间退火。而对于高度硬化的金属（如不锈钢、耐热钢、退火纯铜等），一般在1~2次拉深工序后就要进行中间热处理。

为了消除加工硬化而进行的热处理方法，对于一般金属材料是退火，对于奥氏体不锈钢、耐热钢则是淬火。不论是工序间热处理还是最后消除应力的热处理，应尽量及时进行，以免由于长期存放造成冲件在内应力作用下生产变形或龟裂，特别对不锈钢、耐热钢及黄铜冲件更是如此。

三、酸洗

经过热处理的工序件，表面有氧化皮，需要清洗后方可继续进行拉深或其他冲压加工。在实际生产中，工件表面的油污及其他污物也必须清洗，方可进行涂装或搪瓷等后续工序。有时在拉深成形前也需要对坯料进行清洗。在冲压加工中，清洗的方法一般是采用酸洗。酸洗时先用苏打水去油，然后将工件或坯料置于加热的稀酸中浸蚀，接着在冷水中漂洗，后在弱碱溶液中将残留的酸液中和，最后在热水中洗涤并经烘干即可。

实训课题六　拉深模设计实例

拉深图4-66所示带凸缘圆筒形零件，材料为08F钢，厚度 $t=1\text{mm}$，大批量生产。试确定拉深工艺，设计拉深模。

1. 零件的工艺性分析

该零件为带凸缘圆筒形件，要求内形尺寸，料厚 $t=1\text{mm}$，没有厚度不变的要求；零件的形状简单、对称，底部圆角半径 $r=2\text{mm}>t$，凸缘处的圆角半径 $R=2\text{mm}=2t$，满足拉深工艺对形状和圆角半径的要求；尺寸 $\phi20.1^{+0.2}_{0}\text{mm}$ 为IT12级，其余尺寸为自由公差，满足拉深工艺对精度等级的要求；零件所用材料08F钢的拉深性能较好，易于拉深成形。

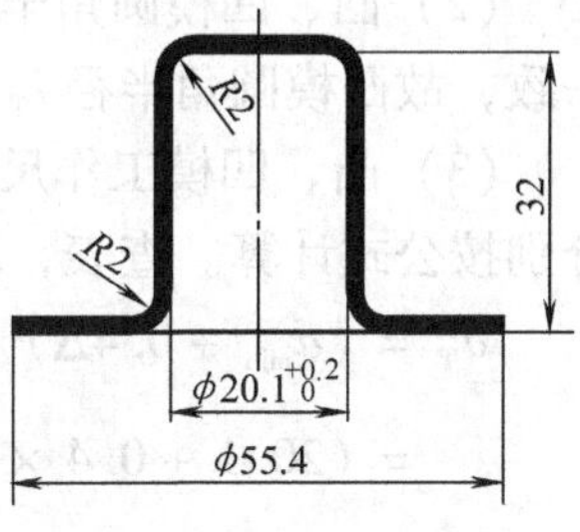

图4-66　带凸缘圆筒形零件

综上所述，该零件的拉深工艺性较好，可用拉深工序加工。

2. 确定工艺方案

为了确定零件的成形工艺方案，先应计算拉深次数及有关工序尺寸。

该零件的拉深次数与工序尺寸计算方法见例4-3，其计算结果列于表4-20。

表4-20　拉深次数与各次拉深工序件尺寸　(mm)

拉深次数 n	凸缘直径 d_t	筒体直径 d（内形尺寸）	高度 H	圆角半径	
				R（外形尺寸）	r（内形尺寸）
1	$\phi59.8$	$\phi39.94$	21.2	5	5
2	$\phi59.8$	$\phi31.25$	24.8	4	4
3	$\phi59.8$	$\phi25.0$	28.7	3	3
4	$\phi59.8$	$\phi21.1$	32	2	2

根据上述计算结果，本零件需要落料（制成 $\phi79$mm 的坯料）、四次拉深和切边（达到零件要求的凸缘直径 $\phi55.4$mm）共六道冲压工序。考虑该零件的首次拉深高度较小，且坯料直径（$\phi79$mm）与首次拉深后的筒体直径（$\phi39.94$mm）的差值较大，为了提高生产效率，可将坯料的落料与首次拉深复合。因此，该零件的冲压工艺方案为：落料与首次拉深复合→第二次拉深→第三次拉深→第四次拉深→切边。

本例以下仅以第四次拉深为例介绍拉深模设计过程。

3. 拉深力与压料力计算

（1）拉深力　拉深力根据公式计算，由表查得08F钢的抗拉强度 $\sigma_b=400$MPa，由 $m_4=0.844$ 查表4-14得 $K_2=0.70$，则

$$F=K_2\pi d_4 t\sigma_b=0.70\times3.14\times20.1\times1\times400\text{N}=17672\text{N}$$

（2）压料力　压料力根据公式计算，查表取 $p=2.4$MPa，则

$$F_Y=\pi(d_3^2-d_4^2)p/4=3.14\times(24^2-20.1^2)\times2.4/4\text{N}=338\text{N}$$

（3）压力机公称压力　根据公式和 $F_\Sigma=F+F_Y$，取 $F_g\geqslant1.8F_\Sigma$，则

$$F_g\geqslant1.8\times(17672+338)\text{N}=32418\text{N}=32.4\text{kN}$$

4. 模具工作部分尺寸的计算

（1）凸、凹模间隙　由表查得凸、凹模的单边间隙为 $Z=(1\sim1.04)t$，取 $Z=1.04t=1.04\text{mm}\times1=1.04\text{mm}$。

（2）凸、凹模圆角半径 在最后一次拉深，凸、凹模圆角半径应与拉深件相应圆角半径一致，故凸模圆角半径 $r_T=2$mm，凹模圆角半径 $r_A=2$mm。

（3）凸、凹模工作尺寸及公差　由于工件要求内形尺寸，故凸、凹模工作尺寸及公差分别按公式计算。查表，取 $\delta_T=0.02$，$\delta_A=0.04$，则

$$d_T=(d_{min}+0.4\Delta)_{-\delta_T}^{\ 0}$$

$$=(20.1+0.4\times0.2)_{-0.02}^{\ 0}\text{mm}=20.18_{-0.02}^{\ 0}\text{mm}$$

$$d_A=(d_{min}+0.4\Delta+2Z)_{\ 0}^{+\delta_A}$$

$$=(20.1+0.4\times0.2+2\times1.05)_{\ 0}^{+0.04}\text{mm}=22.28_{\ 0}^{+0.04}\text{mm}$$

（4）凸模通气孔　根据凸模直径大小，取通气孔直径为 ϕ4mm。

5. 模具的总体设计

模具的总装图如图4-67所示。因为压料力不大（$F_Y=338N$），故在单动压力机上拉深。本模具采用倒装式结构，凹模10固定在模柄14上，凸模8通过固定板6固定在下模座18上。由上道工序拉深的工序件套在压料圈7上定位，拉深结束后，由推件块9将卡在凹模内的工件推出。

6. 压力机选择

根据标称压力 $F_g \geqslant 32.4kN$，滑块行程 $S \geqslant 2h_{工件}=2\times32mm=64mm$ 及模具闭合高度 $H=188mm$，查表确定选择型号为J23-40型开式双柱可倾式压力机。

7. 模具主要零件设计

根据模具总装图结构、拉深工作要求及前述模具工作部分的计算，设计出的拉深凸模、拉深凹模及压料圈分别如图4-68、图4-69和图4-70所示。

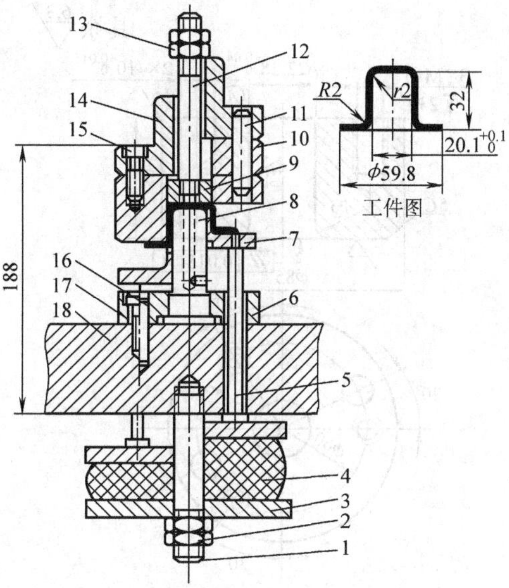

图4-67　拉深模总装图

1—螺杆　2、13—螺母　3—托板　4—橡胶　5—顶杆　6—凸模固定板　7—压料圈　8—凸模　9—推件块　10—凹模　11、16—定位销　12—拉杆　14—模柄　15、17—螺钉　18—下模座

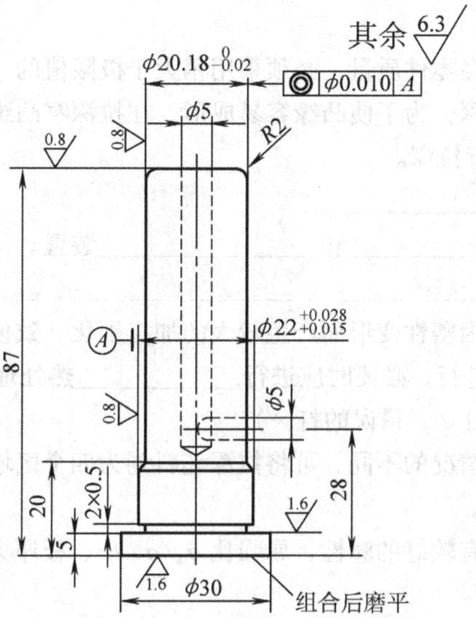

图4-68　拉深凸模

材料：T10A　热处理：60～64HRC

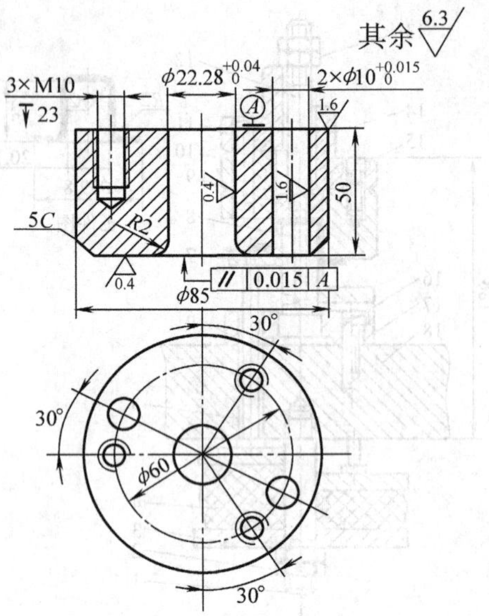

图 4-69 拉深凹模

材料：T10A 热处理：58 ~62HRC

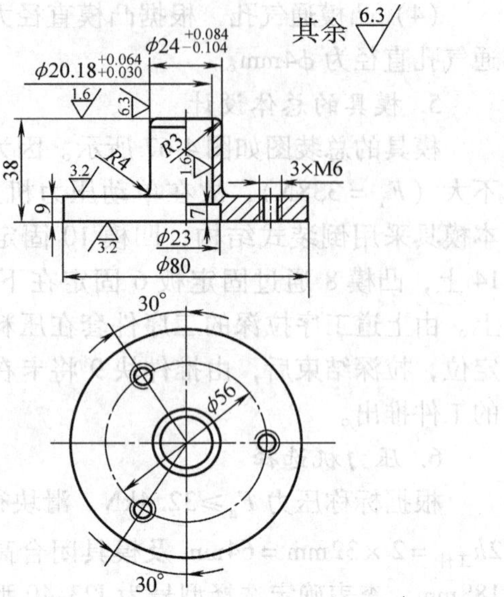

图 4-70 压料圈

材料：T8A 热处理：44 ~48HRC

思考题和习题

一、填空

1. 利用拉深模将一定形状的平面坯料或空心件制成开口件的冲压工序叫做____________。

2. 一般情况下，拉深件的尺寸精度应在____________级以下，不宜高出____________级。

3. 拉深件的平均厚度与坯料厚度相差不大，由于塑性变形前后体积不变，因此，可以按____________原则确定坯料尺寸。

4. 为了提高工艺稳定性，提高零件质量，必须采用稍大于极限值的____________。

5. 窄凸缘圆筒形状零件的拉深，为了使凸缘容易成形，在拉深窄凸缘圆筒零件的最后两道工序可采用____________和____________进行拉深。

6. 压料力的作用为：______________________

7. 目前采用的压料装置有____________和______________装置。

8. 轴对称曲面形状包括______________、______________、______________。

9. 在拉深过程中，由于板料因塑性变形而产生较大的加工硬化，致使继续变形困难甚至不可能。为了后续拉深或其他成形工序的顺利进行，必要时应进行____________热处理或______________的热处理。

二、判断（正确的在括号内打✓，错误的打×）

1. 在拉深过程中，根据应力情况的不同，可将拉深坯料划为四个区域。 (   )

2. 起皱是一种受压失稳现象。 (   )

3. 用于拉深的材料，要求具有较好的塑性，屈强比 σ_s/σ_b 小、板厚方向性 r 小，板平面方向性系数 Δr 大。 (   )

4. 阶梯圆筒形件拉深的变形特点与圆形件拉深的特点相同。 (   )

三、问答题

1. 拉深变形的特点有哪些？用拉深方法可以得到哪些类型的零件？

2. 拉深件常见的质量问题有哪些？如何控制？

3. 在拉深变形过程中，危险断面出现在哪些部位？如何控制？

4. 解释拉深系数的概念，并说明影响拉深系数的因素。

5. 拉深件坯料尺寸计算的原则有哪些？

6. 曲面形状拉深的特点是什么？提高曲面形状拉深成形质量的措施有哪些？

7. 拉深润滑的目的是什么？

8. 拉深过程中为什么要安排热处理工序？

9. 图 4-71a、b 所示的拉深件，材料为 08F，厚度 $t=1$mm。试完成以下内容：

1）分析零件的工艺性。

2）计算拉深件的坯料尺寸、拉深次数及各次拉深工序件的工序尺寸。

3）绘制最后一次拉深时的拉深模结构图及凸凹模的工作部分尺寸。

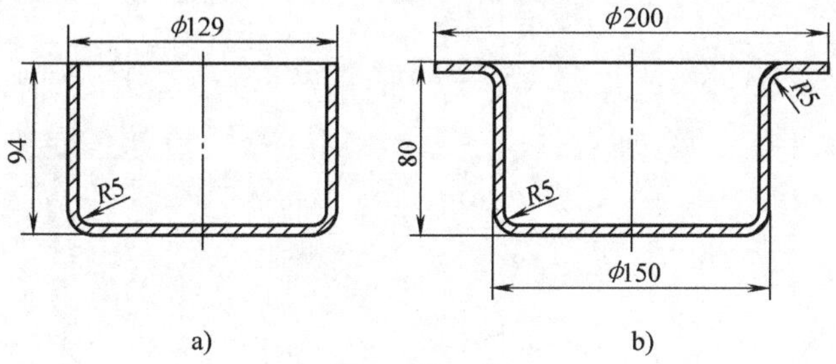

图 4-71　拉深件

单元五 级进模

本单元学习目的：

1. 熟悉级进模的特点及冲压工序的种类。
2. 掌握级进模的工序安排和排样布局原则。
3. 掌握级进模凸、凹模设计方法及要点。
4. 了解级进模的结构。
5. 熟悉级进模设计的基本思路及步骤。

第一节　概　　述

级进模又称连续模。它是一种在模具的工作部位将其分成若干个等距工位，在每个工位上安置了一定的冲压工序，在模具内或模具外设置了控制条料（卷料）按固定距离（步距）送进的机构，使条料沿模具在每个工位依序冲压后，到最后工位从条料中便可冲出一个合格制品零件来的模具。

一、级进模的特点

级进模是在普通模的基础上发展起来的一种高精度、高效率、长寿命的模具，是技术密集型模具的重要代表，是冲模发展方向之一。这种模具除进行冲孔落料工作外，还可根据零件结构的特点和成形性质，完成冲裁、弯曲、拉深等成形工序，甚至还可以在模具中完成装配工序。冲压时，将带料或条料由模具一端送进后，在严格控制步距精度的条件下，按照成形工艺安排的顺序，通过各工位的连续冲压，在最后工位经冲裁或切断后，便可冲制出符合产品要求的冲压件。其特点主要有：

（1）生产率和设备利用率高　在一副模具中，可以完成包括冲裁、弯曲、拉深和成形等多道冲压工序；减少了使用多副模具的周转和重复定位过程，显著提高了劳动生产率和设备利用率。

（2）模具强度大，加工精度高　由于在级进模中工序可以分散在不同的工位上，故不存在复合模的“最小壁厚”问题，设计时还可根据模具强度和模具的装配需要留出空工位，从而保证模具的强度和装配空间。级进模通常具有高精度的内、外导向和准确的定距系统，以保证产品零件的加工精度和模具寿命。

（3）生产率高和劳动强度低　级进模常采用高速压力机生产冲压件，模具采用了自动送料、自动出件、安全检测等自动化装置，操作安全，具有较高的生产效率。目前，世界上最先进的级进模工位数多达50多个，冲压速度达1000次/min以上。

（4）模具结构复杂、制造要求严格　级进模结构复杂，镶块较多，模具制造精度要求很高，给模具的制造、调试及维修带来一定的难度。同时要求模具零件具有互换性，在模具零件磨损或损坏后要求更换迅速、方便、可靠。所以模具工作零件选材必须好（常采用高强度的高合金工具钢、高速钢或硬质合金等材料），必须应用慢走丝线切割加工、成形磨削、坐标镗、坐标磨等先进加工方法制造模具。

（5）制件精度高，形状复杂　级进模主要用于冲制厚度较薄（一般不超过2mm）、产量大、形状复杂、精度要求较高的中、小型零件。用这种模具冲制的零件，精度可达IT10级。

二、级进模的要求和种类

级进模必须具有高精度的导向和准确的定距系统，配备有自动送料、自动出件、安全检测等装置，才能保证级进模的正常工作。级进模的类别按主要加工工序分，有级进冲裁模、级进弯曲模、级进拉深模等；按工序组合方式分，有落料弯曲级进摸、冲裁翻边级进模、冲裁拉深级进模、翻边拉深级进模等。

三、级进模的典型结构

图5-1所示为冲孔落料弯曲级进模。工件如图右上部所示。条料从右边送进。从排样图中可以看出，其冲压过程为：第一步由侧刃切边定位；第二步冲出工件上的圆孔、槽及两个

工件之间的分离长槽；第三步空位；第四步压弯；第五步空位；第六步切断，使工件成形。

此模具采用弹压导板模架，各凸模与凸模固定板 9 之间呈间隙配合（普通导柱模多为过渡配合），凸模的装拆、更换方便。凸模由弹压导板 5 导向，导向准确。导板由卸料螺钉与上模联接。这种导向结构能消除因压力机导向误差对模具的影响，模具寿命长，零件质量好。弯曲凹模镶块 2 与凹模 18 之间做成镶拼形式，保证冲孔凹模刃口磨损后能通过磨削凹模镶块 2 的底面来调整两者的高度，保证工件的高度尺寸。凹模 18 在凹模镶块 2 左边的上面做成和工件底部同样的形状，目的是为了方便工件的推出。

此模具中条料定位是依靠侧刃 16 及导正销 4 来实现的。由于侧刃的断面长度等于送料步距，在压力机的每次行程中，沿条料的边缘裁下一条长度等于步距的料边，由于侧刃前后导板间宽度不同，前宽后窄形成一个凸肩，每次送料都由挡料块挡住定位，进行第二次冲裁。采用侧刃定位较准确，生产效率高，操作方便，便于实现自动化生产。

此模具所冲工件的形状虽然并不复杂，但其尺寸不大，槽与孔的尺寸都较小，且左右形状不对称，从弯曲工艺的角度分析，其工艺性较差，若采用单工序模进行冲压，则工件的形状和尺寸都不易得到保证，而且工人操作不方便也不安全。采用级进模冲压，这些问题均可得到圆满解决。

由此可知，级进模的结构比较复杂，模具设计和制造技术要求较高，对冲压设备、原材

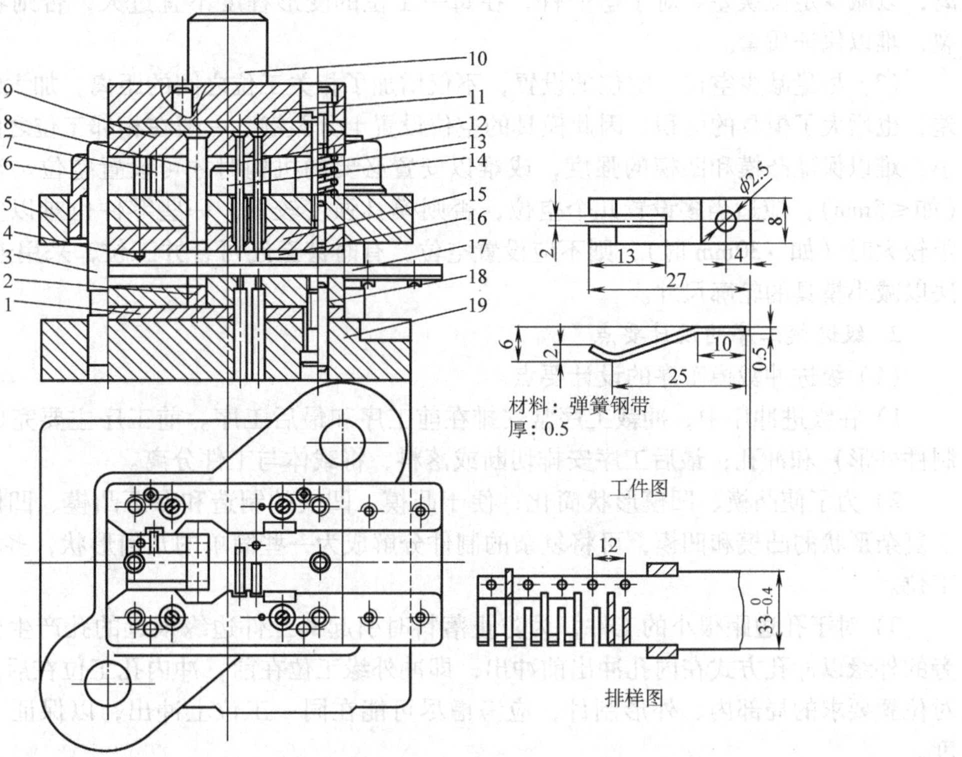

图 5-1 冲孔落料弯曲级进模

1—垫板 2—凹模镶块 3—导柱 4—导正销 5—弹压导板 6—导套 7—切断凸模 8—弯曲凸模 9—凸模固定板 10—模柄 11—上模座 12—冲分离凸模 13—冲槽凸模 14—限位柱 15—导板镶块 16—侧刃 17—导料板 18—凹模 19—下模座

料也有相应的要求，模具的成本高。因此，在模具设计前必须对工件进行全面分析，然后合理确定该工件的冲压成形工艺方案，正确设计模具结构和模具零件的加工工艺规程，以获得最佳的技术经济效益。

第二节　工序安排和排样设计

一、级进模的工序安排

级进模工序安排主要就是要确定模具工位的数目、各工位加工的内容及各工位工序顺序的安排。

1. 级进模工序安排原则

（1）简化模具结构　对于复杂的冲裁、弯曲或成形，一般不要采用复杂形状的凸模和凹模或复杂机构，尽可能采用简单形状的凸模和凹模或简单的机构进行多工序加工。对于卷圆类零件，常采用无芯轴的逐渐弯曲成形的方法。尽量简化模具结构有利于保证冲压过程连续工作的可靠性，也有利于模具制造、装配、更换与维修。

（2）保证冲件质量　对于有严格要求的局部内、外形及成组的孔，应考虑在同一工位上冲出，以保证其位置精度。如果在一个工位上完成有困难，则应尽量缩短两个相关工位的距离，以减少定位误差。对于弯曲件，在每一工位的变形程度不宜过大，否则容易回弹和开裂，难以保证质量。

（3）尽量减少空位　空位的设置，不仅增加了相关工位之间的距离，加大制造与冲压误差，也增大了模具的面积，因此模具的空位设置十分关键。一般在相邻工位之间空间距离过小，难以保证凸模和凹模的强度，或难以安置必要的机构时才可设置空位。当步距太小时（如≤5mm），应适当多设置几个空位，否则模具强度较低，一些零件也难以安装。而当步距较大时（如＞30mm 时），则不应设置空位，有时甚至还可合并工位，采用连续-复合排样法以减小模具的轮廓尺寸。

2. 级进模工序的设计要点

（1）级进冲裁模工序的设计要点

1）在级进冲压中，冲裁工序常安排在前工序和最后工序。前工序主要完成切边（切出制件外形）和冲孔；最后工序安排切断或落料，将载体与工件分离。

2）为了使凸模、凹模形状简化，便于凸模、凹模的制造和保证凸模、凹模的强度，对于复杂形状的凸模和凹模，可将复杂的制件分解成为一些简单的几何形状，多增加一些冲裁工位。

3）对于孔边距很小的工件，为防止落料时引起离工件边缘很近的孔产生变形，可将孔旁的外缘以冲孔方式在内孔冲出前冲出，即冲外缘工位在前，冲内孔工位在后。对有严格相对位置要求的局部内、外形制件，应考虑尽可能在同一工位上冲出，以保证工件的位置精度。

（2）级进模弯曲工序的设计要点

1）冲压弯曲方向的确定。在级进模中，如果工件弯曲方向要求不同，级进加工难度增加，模具结构设计也不一样。如果向上弯曲，则要求在下模中设计有冲压方向转换机构（如滑块、摆块）；若向下弯曲，虽不存在弯曲方向的转换，但要考虑弯曲后送料顺畅；若需多次卷边或弯曲，必须考虑在模具上设置足够的空工位，以便给滑动模块留出活动的余地和安装空间；若有障碍，则必须设置抬料装置。

2）分解弯曲成形。零件在作弯曲和卷边成形时，可以按工件的形状和精度要求将一个复杂和难以一次弯曲成形的形状分解为几个简单形状的弯曲，最终加工出零件形状。

图 5-2 所示为 4 个向上弯曲的分解冲压工序。在级进弯曲时，被加工材料的一个表面必须和凹模表面保持平行，且被加工零件由顶料板和卸料板在凹模面上保持静止，只有成形的部分材料可以活动。

图 5-2a 所示为先向下预弯后再在下一工位向上进行直角弯曲，这样可以减少材料的回弹和防止偏差。

图 5-2b 所示是将卷边成形分为 3 次弯曲的情况。

图 5-2c 所示是将接触线夹的接合面从两侧水平弯曲加工的示例，冲裁在圆角带的内侧，分 3 次弯曲。

图 5-2d 所示是带有弯曲、卷边的工件示例，分 4 次弯曲成形。

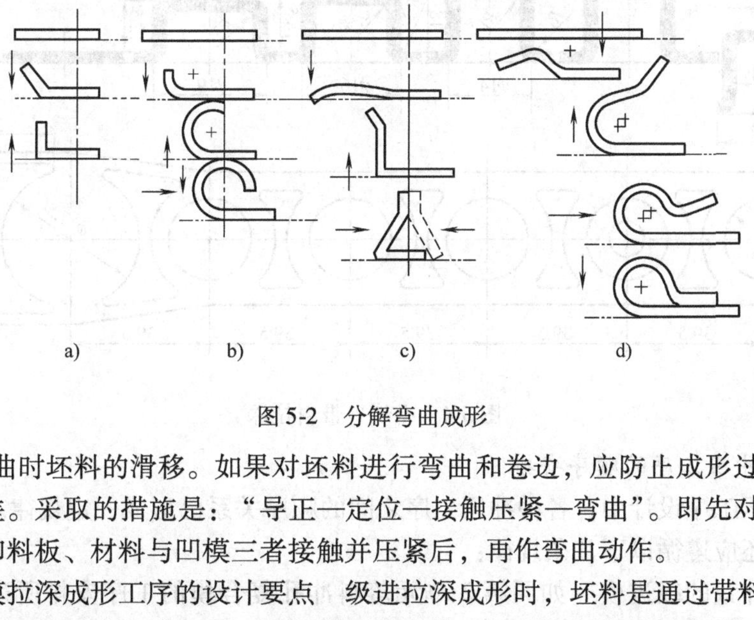

图 5-2 分解弯曲成形

3）控制弯曲时坯料的滑移。如果对坯料进行弯曲和卷边，应防止成形过程中材料的移位造成零件误差。采取的措施是："导正—定位—接触压紧—弯曲"。即先对加工材料进行导正定位，当卸料板、材料与凹模三者接触并压紧后，再作弯曲动作。

(3) 级进模拉深成形工序的设计要点 级进拉深成形时，坯料是通过带料以载体、搭边和坯件连在一起组件形式连续送进，级进拉深成形的。级进拉深按材料变形区与条料分离情况，可分为无工艺切口和有工艺切口两种工艺方法。

1）无切口的级进拉深，即是在整体带料上拉深，如图 5-3 所示。

由于相邻两个拉深工序件之间相互约束，材料在纵向流动较困难，变形程度大时就容易拉裂。所以每道工序的变形程度不可能大，因而工位数较多。这种方法的优点是节省材料。由于材料纵向流动比较困难，适用于拉深有较大相对厚度[$(t/D)\times100>1$]、凸缘相对直径较小($d_t/d=1.1\sim1.5$)和相对高度 h/d 较低的拉深件。

2）有切口的级进拉深，是在零件的相邻处切开一切口或切缝，如图 5-4 所示。相邻两工序件相互影响和约束较小，此时的拉深与单个毛坯的拉深相似。因此，每道工序的拉深系数可小些，即拉深次数可以少些，且模具较简单。但毛坯材料消耗较多。这种拉深一般用于拉深较困难的拉深件，即零件的相对厚度较小、凸缘相对直径较大和相对高度较大的拉深件。

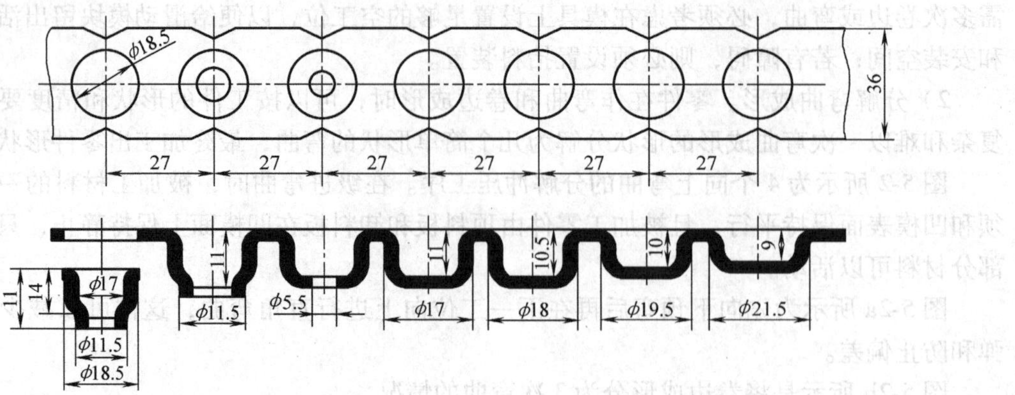

图 5-3　无切口带料拉深

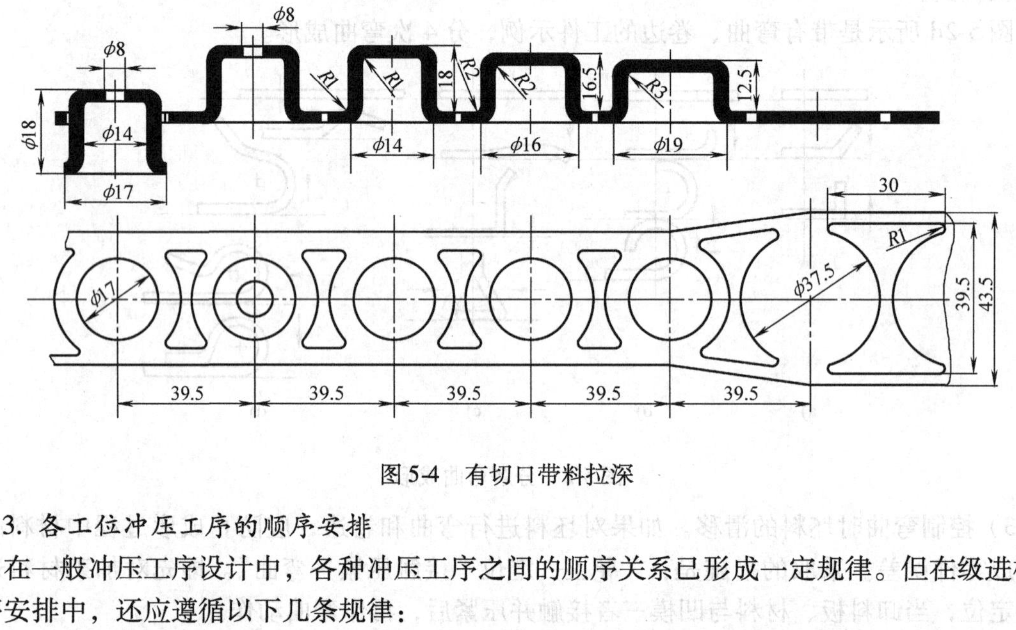

图 5-4　有切口带料拉深

3. 各工位冲压工序的顺序安排

在一般冲压工序设计中，各种冲压工序之间的顺序关系已形成一定规律。但在级进模的工序安排中，还应遵循以下几条规律：

(1) 单一冲裁的级进模　如同第 2 单元落料冲孔复合模的工序安排所述，这里不再重复。

(2) 冲裁—弯曲的级进模　冲裁—弯曲的级进模的工序安排一般都是先冲导正销定位孔，再切掉弯曲部位周边的废料后进行弯曲，接着切去余下的废料并落料。切除废料时，应注意保证条料的刚性和零件在条料上的稳定性。如图 5-2 所示的弯曲件，弯曲部位须经几次才能弯曲成形时，应从最远端开始，依次向与基准平面连接的根部弯曲。这样可以避免或减少侧弯机构，简化模具结构。对于靠近弯曲带的孔和侧面有位置精度要求的侧壁孔，应安排在弯曲后再冲孔。对于复杂的弯曲件，为了保证弯曲角度，可以分成几次进行弯曲，能有效控制回弹。

(3) 冲裁—拉深的级进模排样　冲裁—拉深的级进模的工序安排一般都是先冲导正销定位孔，再切掉拉深部位周边的废料后进行拉深，接着切去余下的废料并落料。如图 5-3、图 5-4 所示的拉深件，为保证级进拉深工位的布置满足成形的要求，应根据制件的尺寸及拉深所需要的次数等工艺参数，用简易临时模具试拉，根据是否拉裂或成形过程的稳定性，来进行工位数量和工艺参数的修正，或插入中间工位、增加空工位等，这样反复试制到加工稳定为止。

在结构设计上，还可根据成形过程的要求、工位的数量、模具的制造和装配组成单元式模具。由于级进拉深时不能进行中间退火，故要求材料应具有较高的塑性。同时级进拉深过程中受工件间的相互制约，因此，每一工位拉深的变形程度不能太大。由于零件间留有较多的工艺废料，材料的利用率有所降低。

二、级进模的排样设计

排样设计是级进模设计的关键。冲压件在带料上的排样必须保证完成各冲压工序，准确送进，实现级进冲压，同时还应便于模具的加工、装配和维修。排样图的优化与否，不仅关系到材料的利用率，工件的精度，模具制造的难易程度和使用寿命等，而且关系到模具各工位的协调与稳定。

排样设计是在零件冲压工艺分析的基础之上进行的。确定排样图时，首先要根据冲压件图样计算出展开尺寸，然后进行各种方式的排样。在确定排样方式时，还必须对工件的冲压方向、变形次数、变形工艺类型、相应的变形程度及模具结构的可能性、模具加工工艺性、企业实际加工能力等进行综合分析判断，同时全面考虑工件精度和能否顺利进行级进冲压生产后，从几种排样方式中选择一种最佳方案。完整的排样图应给出工位的布置、载体结构形式和相关尺寸等。当带料排样图设计完成后，模具的工位数及各工位的内容、被冲制工件各工序的安排及先后顺序、工件的排列方式、模具的送料步距、条料的宽度和材料的利用率、导料方式、弹顶器的设置和导正销的安排、模具的基本结构等就基本确定。所以排样设计是级进模设计的重要内容，是模具结构设计的依据之一，是决定级进模设计优劣的主要因素之一。

1. 级进模的排样要求

级进模的排样，除了遵守普通冲模的排样原则外，还应考虑如下几点：

（1）样板试排 先制作冲压件展开毛坯样板，在图面上反复试排，待初步方案确定后，在排样图的开始处安排冲孔、切口、切废料等分离工位，再向另一端依次安排成形工位，最后安排工件和载体分离。

（2）优先冲工艺导正孔和孔 第一工位一般安排冲孔和冲工艺导正孔；第二工位设置导正销对带料导正；在以后的工位中，适当设置导正销，也可在以后的工位中每隔 2~3 个工位设置导正销；第三工位可根据冲压条料的定位精度，设置送料步距的误差检测装置。

（3）多孔制件的工序安排 冲压件上孔数较多，且孔的位置太近时，可分布在不同工位上冲出孔，但后续成形工序不能影响前孔的变形。对有相对位置精度要求的多孔，应考虑同步冲出。因模具强度的限制不能同步冲出时，应采用相应措施保证它们的相对位置精度。复杂的形孔可分解为若干简单形孔分步冲出。

（4）成形方向的选择 成形方向的选择（向上或向下）要有利于模具的设计和制造，有利于送料的顺畅。若成形方向与冲压方向不同，可采用斜滑块、杠杆和摆块等机构来转换成形方向。

（5）空工位的设置 为提高凹模镶块、卸料板和固定板的强度，保证各成形零件安装位置不发生干涉，可在排样中设置空工位。空工位的数量根据模具结构的要求而定。

(6) 工位数量的确定　弯曲和拉深成形件，每一工位的变形程度不宜过大，变形程度较大的冲压件可分几次成形。这样既有利于质量的保证，又有利于模具的调试修整。对精度要求较高的成形件，应设置整形工位。为避免 U 形弯曲件变形区材料的拉伸，应考虑先弯曲 45°，再弯成 90°。

(7) 保证材料的流动性　级进拉深排样中，可应用拉深剪切口、切槽等技术，以便材料的流动。当局部有压肋时，一般应安排在冲孔前，防止由于压肋造成孔的变形。突包时，若突包的中央有孔，为有利于材料的流动，可先冲一小孔，压突后再冲到要求的孔径。

(8) “复位”技术的应用　当级进成形工位数不是很多，工件的精度要求较高时，可采用“复位”技术，即在成形工位前，先将工件毛坯沿其规定的轮廓进行冲切，但不与带料分离，当凸模切入材料的 20%～35% 后，模具中的复位机构将作用反向力使被切工件压回条料内，再送到后续加工工位进行成形。

(9) 冲压中心的确定　排样时，应合理布置冲裁和成形工位的相对位置，使冲压负荷尽可能平衡，以便使冲压中心接近设备的冲压中心。

(10) 冲制件的毛刺方向　对于有倒冲或切断、切口的部位，应注意毛刺方向。因为倒冲时，毛刺留在上表面，切断和切口时，被切开工件的毛刺一边在上面，另一边在下面。如图 5-5 所示的两种不同的排样形式，所得工件的毛刺方向也不同。排样时应考虑，毛刺方向是否影响工件的使用。

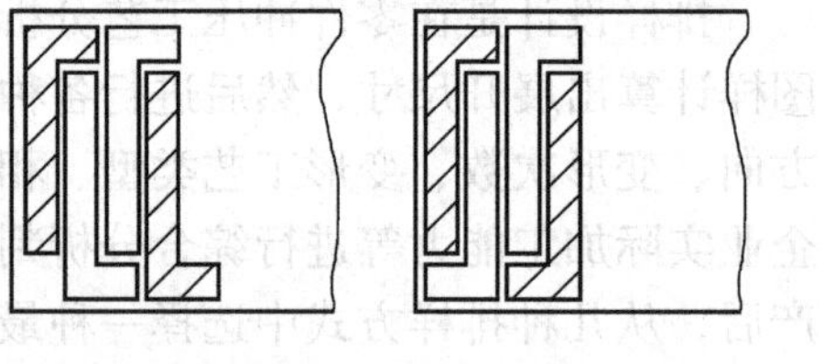

图 5-5　不同排样方式对冲件毛刺的影响

通过以上分析，综合各方面的因素，设计多个排样方案进行比较，计算出每个排样方案的材料利用率，并进行经济分析，最后选择一个相对较为合理的排样方案。

2. 载体、搭口与搭接

级进模冲裁中，常采用分段冲切废料的方法来获得一个完整的冲件形状。如何处理好相关部件几次冲裁产生的相接问题，将直接影响冲压件的质量。

(1) 载体　在级进模内条料送进过程中，会不断地被切除余料。但在各工位之间到达最后工位以前，总要保留一些材料将其连接起来，以保证条料连续地送进。这部分材料称为载体。载体必须具有足够的刚度和强度才能将条料稳定地由一个工位传送到下一个工位。载体是运送坯件的物体。载体与坯件或坯件和坯件的连接部分称为搭口。根据零件的结构形状和成形部位的位置和方位的不同，条料载体有边料载体、单侧载体、双侧载体和中间载体等类型。

1) 边料载体。边料载体是利用材料搭边或余料冲出导正孔而形成的载体，如图 5-6 所示。此种载体送料刚性较好，节省坯料，模具结构简单，若采用多件排列，提高了材料的利用率。使用该载体时，在弯曲或成形部位，一般先切出展开形状，再进行成形，后工位落料以整体落料为主。

2) 双侧载体。采用双侧载体的形式，送料平稳，条料不易变形，精度较高，如图 5-7 所示。双侧载体实质是一种增大了条料两侧搭边的宽度，以供冲导正工艺孔需要的载体，一般可分为等宽双侧载体和不等宽双侧载体。图 5-7 所示为等宽双侧载体。双侧载体通过增加边料来保证送料的刚度和精度。这种载体主要用于薄料（$t \leqslant 0.2$mm）、工件精度较高的场合，但降低了材料的利用率，多用于单件排列。

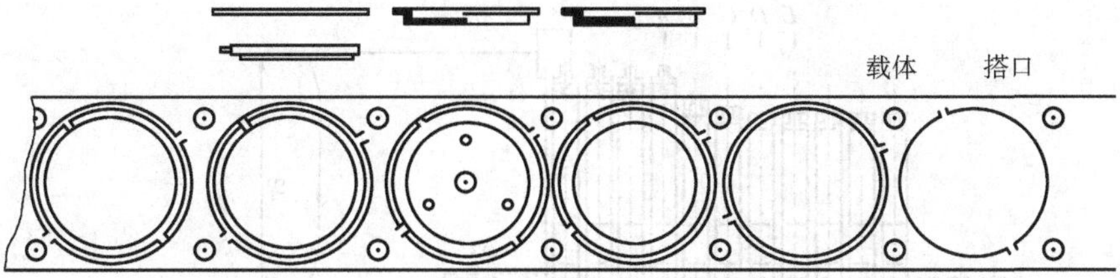

图 5-6 边料载体排样示例

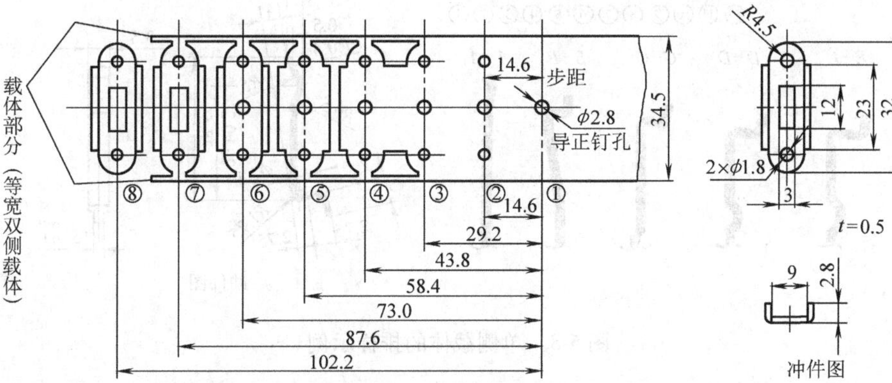

图 5-7 双侧载体的排样示例

3）单侧载体。单侧载体主要用于弯曲件。此方法在不参与成形的合适位置留出载体的搭口，采用切废料工艺将搭口留在载体上，最后切断搭口得到制件，如图 5-8 所示。单侧载体的形式，主要适用于零件一端需要弯曲的场合，适用于 $t \leqslant 0.4$mm 的弯曲件的排样。这种载体形式的导正孔只能设置在单侧载体上，对条料的导正与定位都会造成一些困难，设计时要给予注意。

4）中间载体。若零件要进行两侧以相反方向卷曲的成形，选用单中载体难以保证成形件成形后的精度要求，而选用可延伸连接的双中载体即可保证成形件的质量，如图 5-9 所示。此方法的缺点是载体宽度较大，会降低材料的利用率。中间载体常用于材料厚度大于 0.2mm 的对称弯曲成形件。主要适用于弯边位于条料两边的弯曲件。对于中间载体，还可采用桥接的形式，即在不增加料宽的情况下，用冲件之间的一小段材料作为连接部分。

5）载体的其他形式。有时为了下一工序的需要，可在上述载体中采取一些工艺措施。具体内容如表 5-1 所示。

表 5-1 载体的其他形式

加强载体	自动送料载体
加强载体是载体的一种加强形式。在料厚 $t \leqslant 0.1$mm 薄料冲压中，载体因刚性较差而变形造成送料失稳，使冲压件几何形状产生误差。加强载体是为保证冲压精度，对载体局部采取的压肋、翻边等提高其刚度的加强措施而形成的载体形式，如图 5-10 所示	有时为了自动送料的需要，可在载体的导正孔之间冲出与钩式自动送料装置匹配的长方孔，送料钩钩住该孔，即可拉动载体自动送进

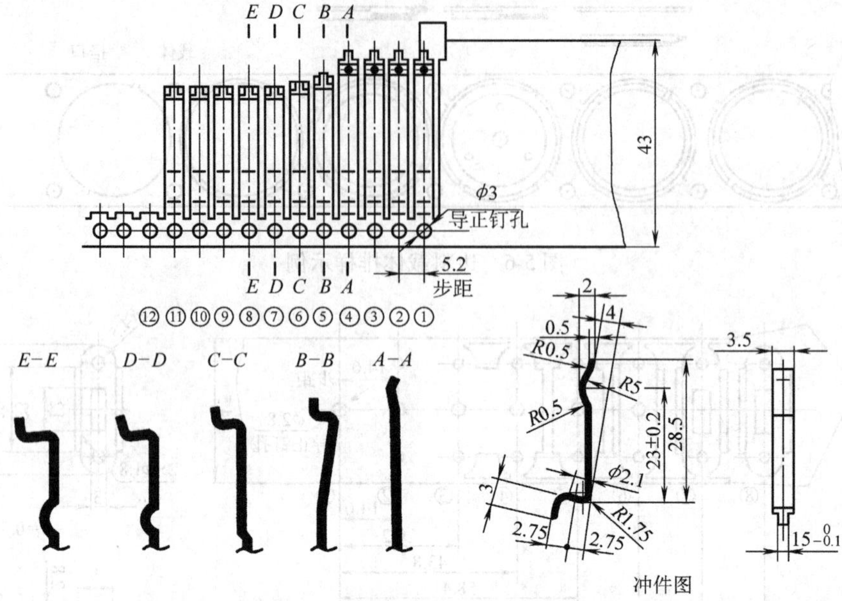

图 5-8　单侧载体的排样示例

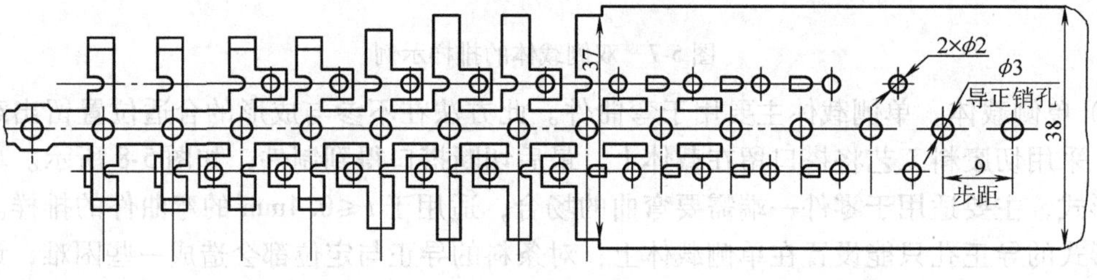

图 5-9　双中载体的排样示例

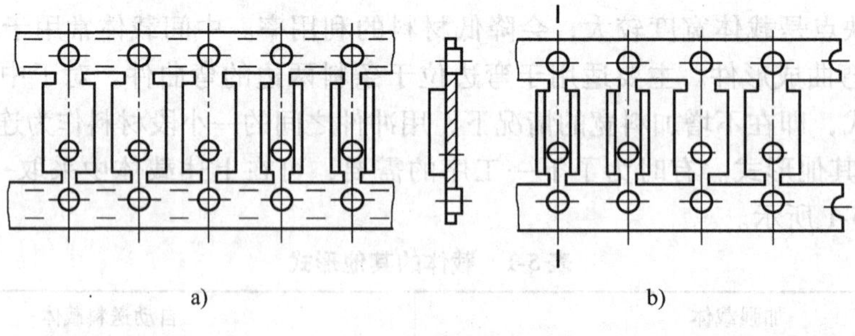

a)　　b)

图 5-10　加强载体

a）压肋加强载体　b）翻边加强载体

（2）搭口与搭接　搭口要有一定的强度，并且搭口的位置应便于载体与工件最终分离。在各分段冲裁的连接部位应平直或圆滑，以免出现毛刺、错位、尖角等。因此，应考虑分断切除时的搭接方式。相关部位的常用相接方法及特点如表 5-2 所示。

表 5-2 相关部位常用的相接方法

方法	特点	图示
搭接	在其折线的连接处分段，分解为若干个形孔进行分段切除。每两段形孔连接处可有一小段搭接区，以保证形孔的连接处不留下接痕。搭接最有利于保证冲件的连接质量，因此在级进模排样的分段切除过程尽可能采用搭接的连接方式。一般的搭接量应大于0.5倍的材料厚度。如果不受搭接形孔所限，其搭接量可以增大至1～2.5倍的材料厚度，但最小不能小于0.4倍的材料厚度	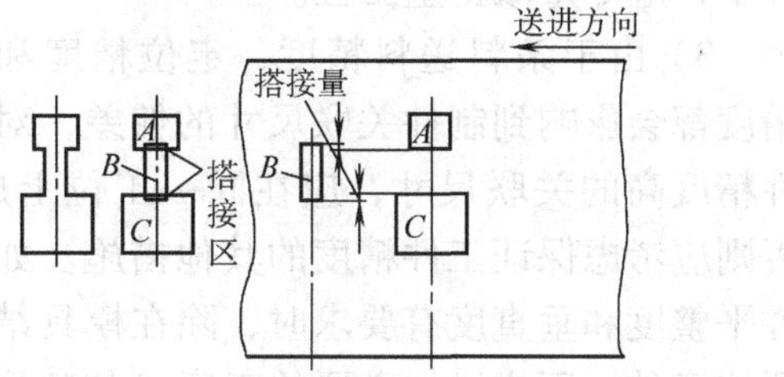
平接	在零件的直边上先冲切掉一部分余料，在另一工位再冲切掉余下的部分。在不同工位沿同一条直线进行冲切，两次冲切的刃口位置不可能完全重合，因此会在连接处留下接痕。为改善平接的连接质量，应适当提高步距精度与凸模和凹模的制造精度，以减少其累积误差。在第一次冲切与第二次冲切的两个工位上均要设置导正销，对条料导正。第二次冲切凸模连接出的延长部分（即直边的外侧）修出一个微小斜角（取3°～5°），以减少连接处的明显缺陷	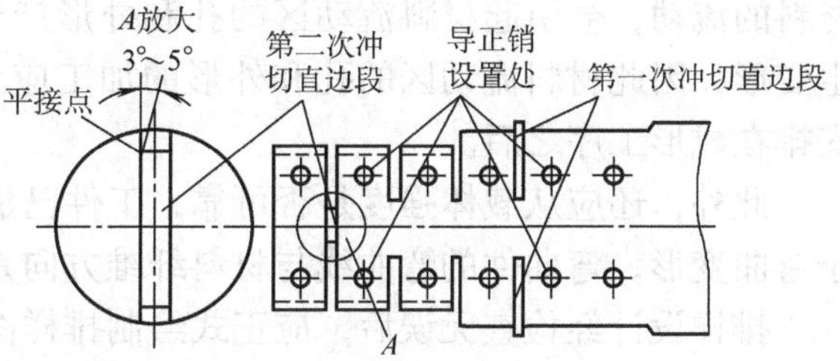
切接	在零件的圆弧部位上分段切除。其特点与平接相同。为使两次冲切的圆弧段能光滑地连接，需采取与平接相同的措施，还应使切断形面的圆弧略大于先冲的圆弧	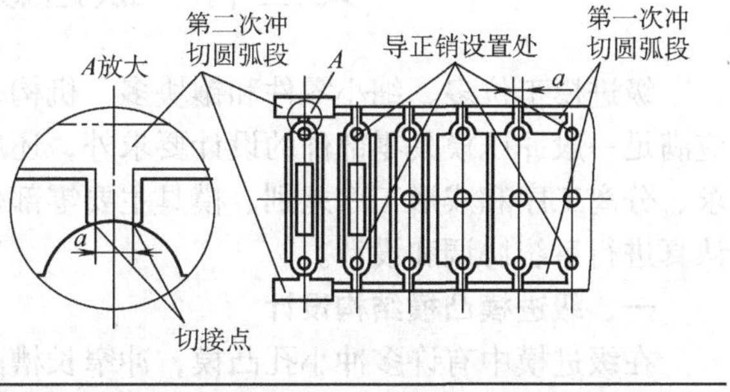

3. 条料的定位

条料的定位精度直接影响到工件的加工精度，特别是对工位数比较多的排样，应特别注意条料的定位精度。排样时，一般应在第一工位冲导正工艺孔，紧接着在第二工位设置导正销导正，以该导正销矫正自动送料的步距误差。在模具加工设备精度一定的条件下，可通过设计不同形式的载体和不同数量的导正销，达到条料所要求的定位精度。条料的定位精度是确定凹模、固定板和卸料板等零件形孔位置精度的依据。为了减少级进模各工位之间步距的积累误差，在标注凹模、固定板和卸料板等零件与步距有关的孔位尺寸时，均以第一工位为尺寸基准向后标注，不论距离多大，均以对称偏差标注形孔位置公差，以保证孔位制造精度。图5-11所示为冲件的凹模板与步距有关的孔位尺寸的标注示例。

排样设计后必须认真检查，以改进设计，纠正错误。不同工件的排样其检查重点和内容也不相同，一般的检查项目可归纳为以下几点：

1）检查排样设计是否为最佳利用率方案；模具结构形式确定后应检查排样是否适应其

要求。

2）在满足凹模强度和装配位置要求的条件下，应尽量减少空工位。

3）由于条料送料精度、定位精度和模具精度都会影响到制件关联尺寸的偏差，对于工件精度高的关联尺寸，应在同一工位上成形，否则应考虑保证工件精度的其他措施。如对工件平整度和垂直度有要求时，除在模具结构上要注意外，还应增加必要的工序（如整形、校平等）来保证。

4）弯曲、拉深等成形工序成形时，由于材料的流动，会引起材料流动区的孔和外形产生变形，因此材料流动区的孔和外形的加工应安排在成形工序之后。

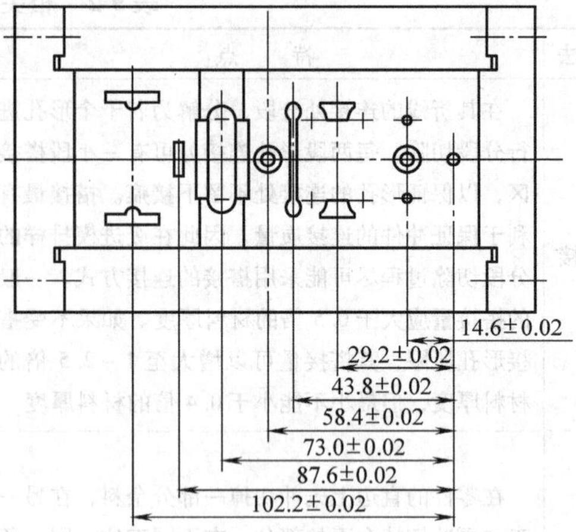

图 5-11　凹模板孔位尺寸标注

此外，还应从载体强度是否可靠，工件已成形部位对送料有无影响，毛刺方向是否有利于弯曲变形，弯曲件的弯曲线与材料纤维方向是否合理等方面进行分析检查。

排样设计经检查无误后，应正式绘制排样图，并标注必要的尺寸和工位序号，进行必要的说明。

第三节　级进模凸、凹模设计

级进模工位多、细小零件和镶块多、机构多，动作复杂，精度高，其零部件的设计，除应满足一般冲压模具零部件的设计要求外，还应根据多工位级进模的冲压成形特点和成形要求、分离工序和成形工序差别、模具主要零部件制造和装配要求来考虑其结构形状和尺寸，认真进行系统协调和设计。

一、级进模凸模结构设计

在级进模中有许多冲小孔凸模，冲窄长槽凸模，分解冲裁凸模等。这些凸模应根据具体的冲裁要求、被冲裁材料的厚度、冲压的速度、冲裁间隙和凸模的加工方法等因素来考虑其结构及固定方法。

1. 凸模的结构设计

（1）常见凸模及其装配形式　一般的粗短凸模可以按标准选用或按常规设计。对于小冲孔凸模，通常采用加大固定部分直径、缩小刃口部分长度的措施来保证小凸模的强度和刚度。当工作部分和固定部分的直径差太大时，可设计多台阶结构。各台阶过渡部分必须用圆弧光滑连接，不允许有刀痕。特别小的凸模可以采用保护套结构。$\phi0.2$mm 左右的小凸模，其顶端露出保护套约 3.0～4.0mm。卸料板还应考虑能起到对凸模的导向保护作用，以消除侧压力对凸模的作用而影响其强度。图 5-12 所示为常见的小凸模及其装配形式。

图 5-13 所示为带顶出销的凸模结构。该结构能自动利用上工序件的孔进行定位，提高了加工精度。

（2）成形磨削凸模　图 5-14 所示为成形磨削凸模的 6 种形式。

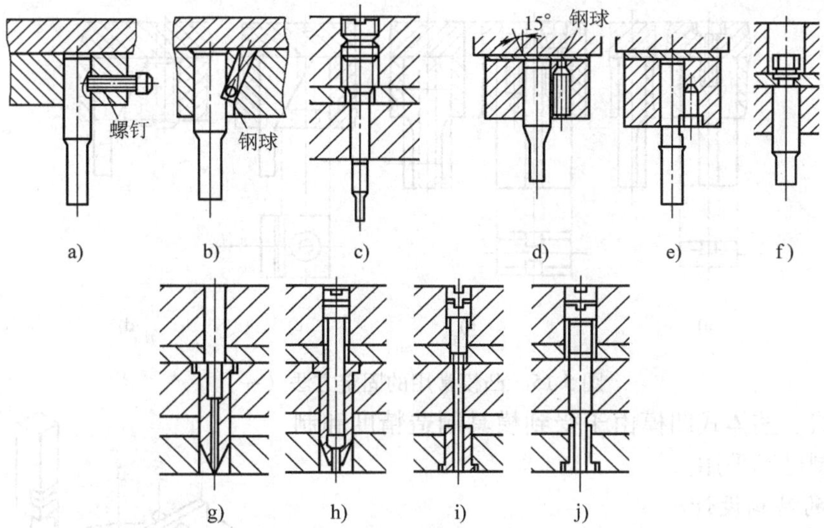

图 5-12 常见的小凸模及其装配形式

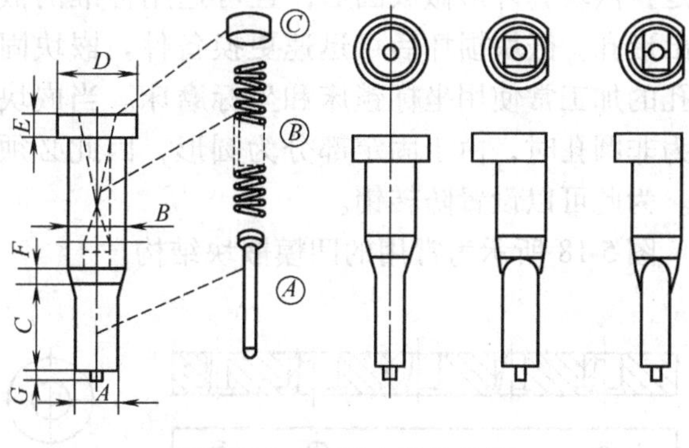

图 5-13 带顶出销的凸模

图 5-14a 所示为直通式凸模，常采用的固定方法是铆接或吊装在固定板上。但铆接后难以保证凸模与固定板的较高垂直度，且修正凸模时铆接固定将会失去作用。此种结构在多工位精密模具中常采用吊装形式。

图 5-14b 和 c 所示为同样断面的冲裁凸模，其考虑因素是固定部分台阶定在单面还是双面及凸模受力后的稳定性。

图 5-14d 所示两侧有异形突出部分，突出部分窄小易产生磨损和损坏，因此结构上宜采用镶拼形式。

图 5-14e 所示为一般使用的整体成形磨削带突起的凸模。

图 5-14f 所示为用于快换的凸模结构。

2. 凸模常用的固定方法

凸模常用螺钉固定和锥面压装固定方法，如图 5-15 所示。对于较薄的凸模，可以采用图 5-16a 所示的销钉吊装的固定方法或图 5-16b 所示的侧面开槽用压板固定凸模的方法。

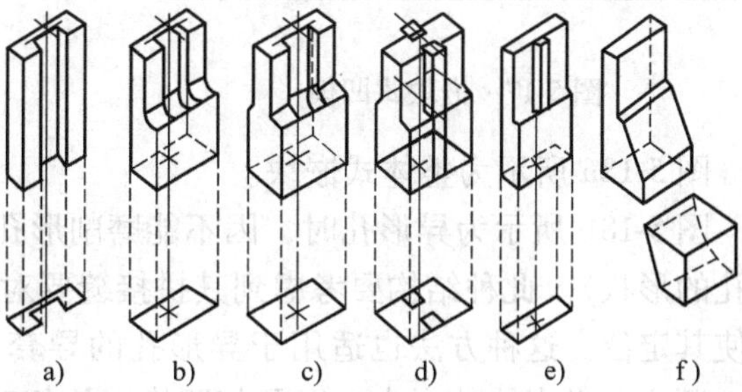

图 5-14 成形磨削凸模

需要指出的是，级进模的工作顺序一般是先由导正销导正条料，待弹性卸料板压紧条料后，开始进行弯曲或拉深，然后进行冲裁，最后是弯曲或拉深工作结束。

二、级进模凹模结构设计

级进模凹模的设计与制造较凸模更为复杂和困难。凹模的结构常用的类型有整体式、拼

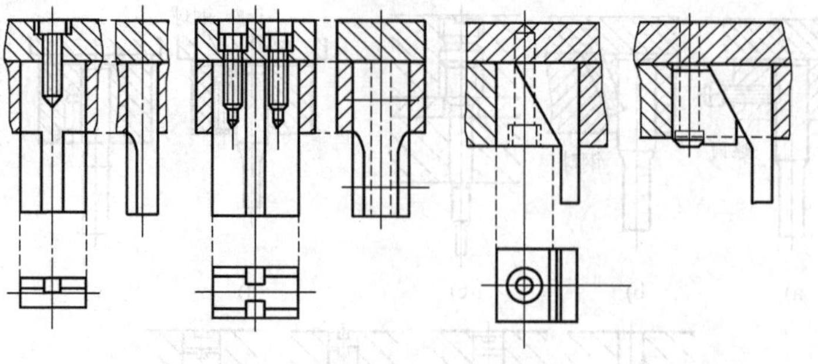

图 5-15　凸模常用的固定方法（一）

块式和嵌块式。整体式凹模由于受到模具制造精度和制造方法的限制已不采用。

1. 凸模的结构设计

（1）嵌块式凹模　图 5-17 所示为嵌块式凹模。其特点是：嵌块套外形做成圆形，且可选用标准的嵌块，加工出形孔。嵌块损坏后可迅速更换备件。嵌块固定板安装孔的加工常使用坐标镗床和坐标磨床。当嵌块工作形孔为非圆孔时，由于固定部分为圆形，因此必须考虑防转。为此可以设置防转销。

图 5-18 所示为常用的凹模嵌块结构。

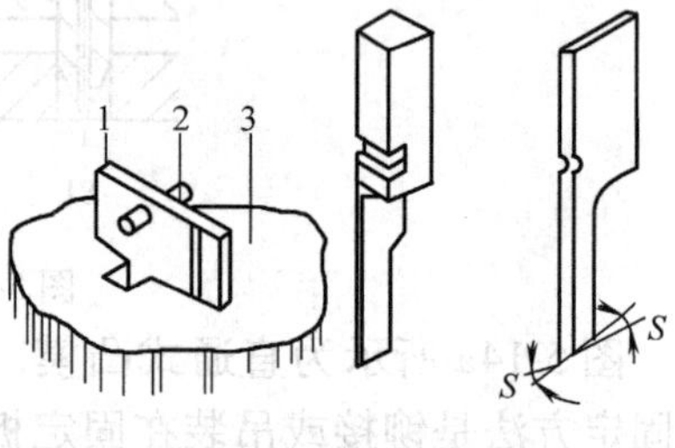

图 5-16　凸模常用的固定方法（二）

a）销钉吊装　b）带压板槽的小凸模

1—凸模　2—销钉　3—凸模固定板

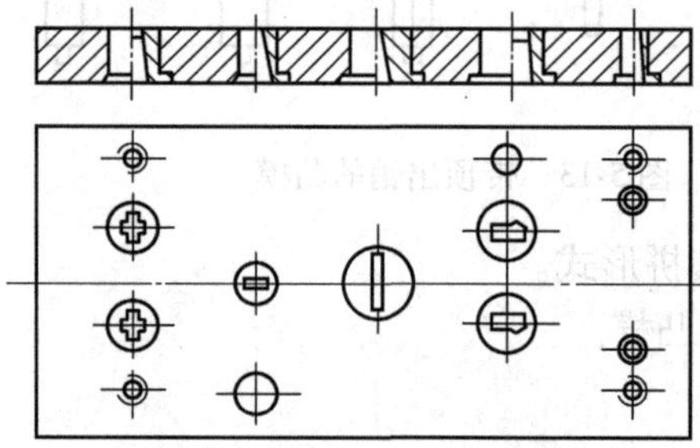

图 5-17　嵌块式凹模

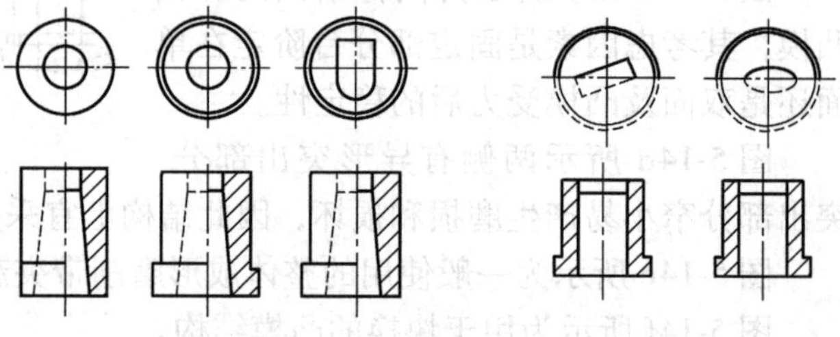

图 5-18　凹模嵌块

图 5-18a 所示为整体式嵌块。

图 5-18b 所示为异形孔时，因不能磨削形孔和漏料孔而将它分成两块（其分割方向取决于孔的形状）。此种结构要考虑到其拼接缝要对冲裁有利和便于磨削加工，镶入固定板后用键使其定位。这种方法也适用于异形孔的导套。在设计排样时，不仅要考虑嵌块布置的位置，还应考虑嵌块的大小，以及与凹模嵌块相对应的凸模、卸料嵌套等。

（2）拼块式凹模　拼块式凹模的组合形式因采用的加工方法不同而分为两种结构。当采用放电加工的拼块拼装的凹模，结构多采用并列组合式；若将凹模形孔轮廓分割后进行成形磨削加工，然后将磨削后的拼块装在所需的垫板上，再镶入凹模框并以螺栓固定，则此结构为成形磨削拼装组合凹模。

图 5-19 所示为弯曲零件采用并列组合凹模的结构示意图，图中省略了其他零部件。拼块的形孔制造用电加工完成，加工好的拼块安装在垫板上并与下模座固定。

图 5-20 所示为该零件采用磨削拼装的凹模结构，拼块用螺钉、销钉固定在垫板上，镶入模框并装在凹模座上。圆形或简单形状形孔可采用圆凹模嵌套。当某拼块因磨损需要修正时，只需要更换该拼块就能继续使用。磨削拼装组合的凹模，由于拼块全部经过磨削和研磨，拼块有较高的精度。在组装时为确保相互有关联的尺寸，可对需配合面增加研磨工序，对易损件可制作备件。

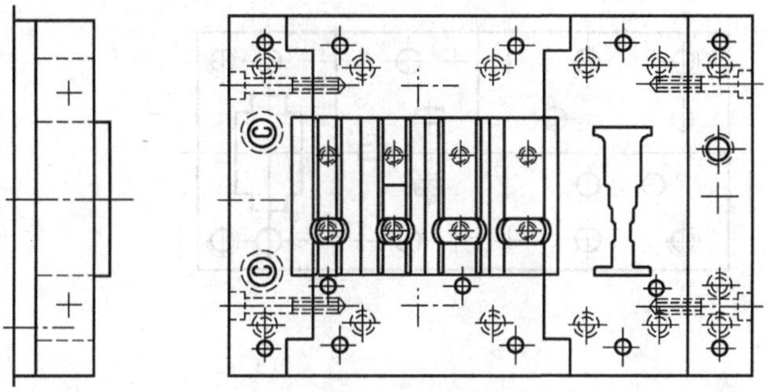

图 5-19 并列组合凹模结构

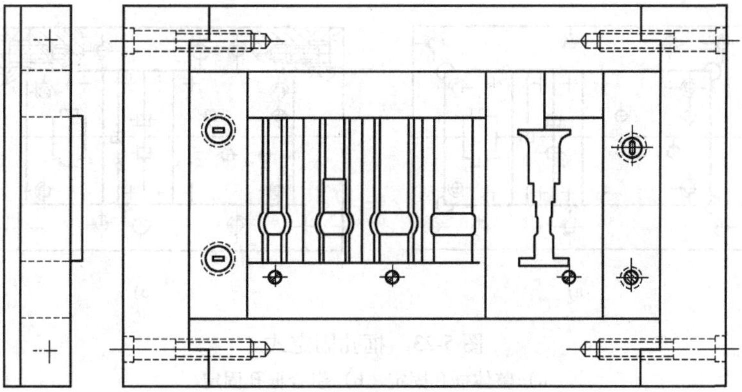

图 5-20 磨削拼装凹模

2. 凹模常用的固定方法

拼块凹模的固定主要有以下三种形式：

（1）平面固定式 平面固定是将凹模各拼块按正确的位置镶拼在固定板平面上，分别用定位销（或定位键）和螺钉，定位和固定在垫板或下模座上，如图 5-21 所示。该形式适用于较大的拼块凹模，且按分段固定的方法。

（2）嵌槽固定式 嵌槽固定是将拼块凹模直接嵌入固定板的通槽中，固定板上凹槽深度不小于拼块厚度的 2/3。各拼块不用定位销，而在嵌槽两端用键或楔定位及螺钉固定，如图 5-22 所示。

（3）框孔固定式 框孔固定式有整体框孔和组合框孔两种，如图 5-23a、b 所示。

图 5-23a 所示为整体框孔固定凹模。拼块时，拼块和框孔的配合应根据胀形力的大小来选用配合的过盈量。

图 5-23b 所示为组合框孔固定凹模。模具的维护、装拆较方便。当拼块承受的胀形力较大时，应考虑组合框连接的刚度和强度。

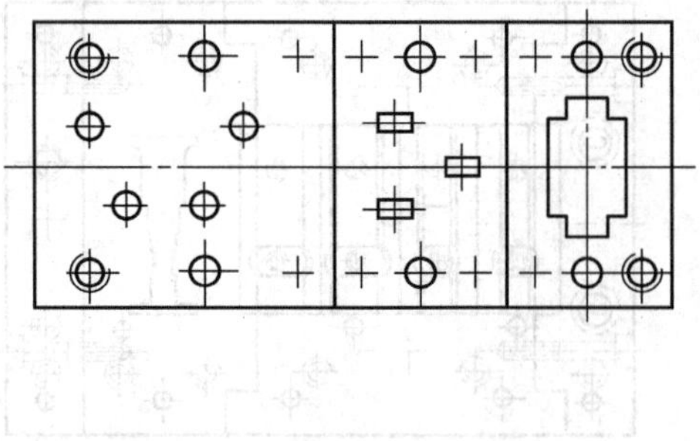

图 5-21　平面固定式

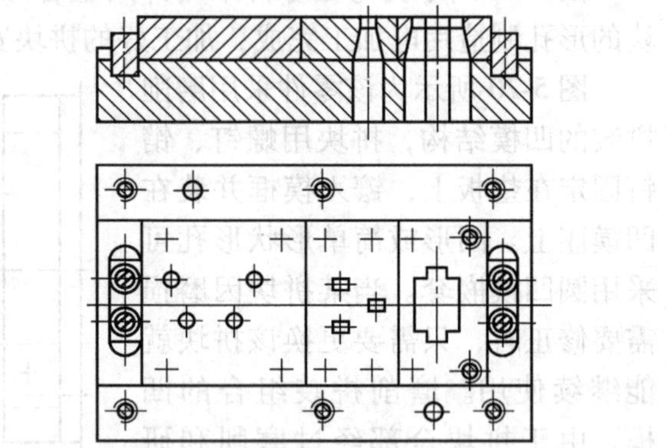

图 5-22　嵌槽固定式

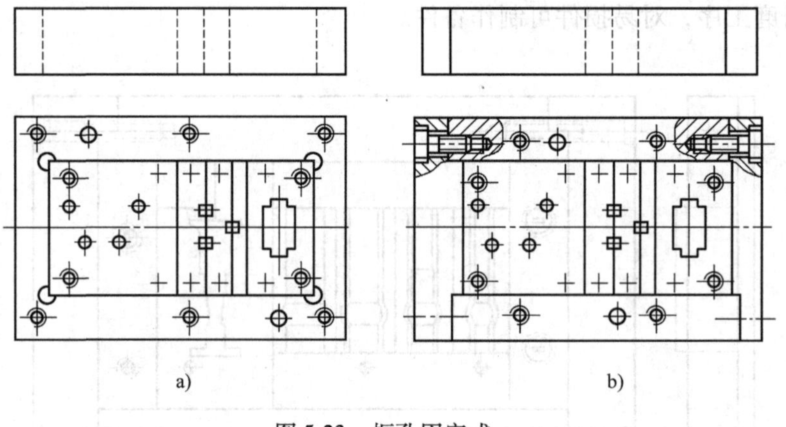

图 5-23　框孔固定式
a）整体框孔固定　b）组合框孔固定

第四节　级进模卸料和托料装置

一、卸料装置

卸料装置是级进模结构中的重要部件。它的作用除冲压开始前压紧带料，防止各凸模冲压时由于先后次序的不同或受力不均而引起带料窜动，并保证冲压结束后及时平稳地卸料外，更重要的是卸料板在各工位上的凸模（特别是细小凸模）在受侧向作用力时，起到精确导向和有效的保护作用。卸料装置主要由卸料板、弹性元件、卸料螺钉和辅助导向零件所组成。

1. 卸料板的结构

级进模的弹压卸料板型孔多，形状复杂。为保证形孔的尺寸精度、位置精度和配合间隙，多采用分段拼装结构固定在一块刚度较大的基体上。如图 5-24 所示的卸料板由 5 个拼块组合而成。其基体按基孔制配合关系开出通槽，两端的两块按位置精度的要求压入基体通槽后，分别用螺钉、销钉定位固定。中间三块拼块经磨削加工后直接压入通槽内，仅用螺钉与基体联接。安装位置尺寸采用对各分段的接合面进行研磨加工来调整，从而控制各形孔的尺寸精度和位置精度。

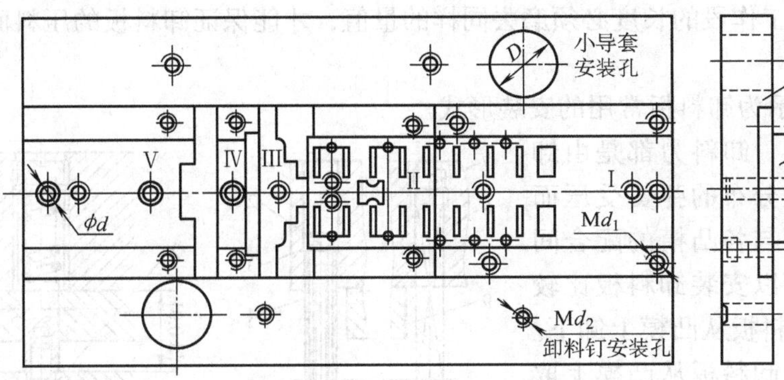

图 5-24 拼块组合式弹压卸料板

2. 卸料板的导向形式

由于卸料板有很高的运动精度，因此要在卸料板与上模座之间增设辅助导向零件——小导柱和小导套，如图 5-25 所示。

当冲压的材料比较薄，且模具的精度要求较高，工位数又比较多时，应选用滚珠式导柱导套。

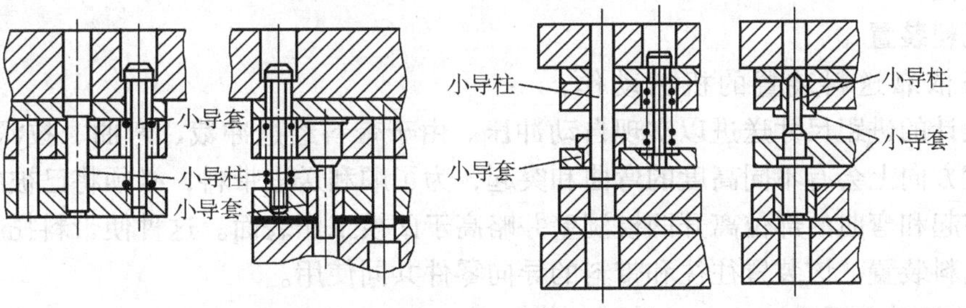

图 5-25 小导柱、小导套的结构形式

3. 卸料板的安装形式

卸料板采用卸料螺钉吊装在上模。卸料螺钉应对称分布，工作长度要严格一致，如图 5-26 所示。级进模使用的卸料螺钉主要有：

（1）外螺纹式 轴长 L 的精度为 ±0.1mm，常使用在少工位普通级进模中。

（2）内螺纹式 轴长精度为 ±0.02mm，通过磨削轴端面可使一组卸料螺钉工作长度保持一致。内螺纹式卸料螺钉，弹簧压力通过卸料螺钉传至卸料板。为了在冲压料头和料尾时使卸料板运动平稳、压料力平衡，可在卸料板的适当位置安装平衡钉。

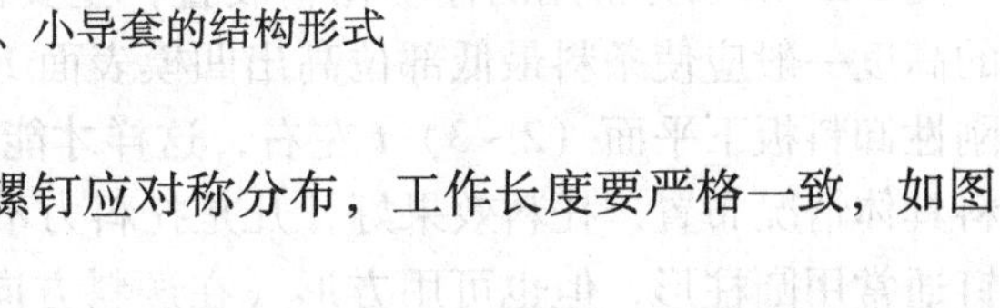

图 5-26 卸料螺钉种类

（3）组合式 由套管、螺栓和垫圈组合而成，它的轴长精度可控制在 ±0.01mm。修磨套管尺寸可调整卸料板相对于凸模的位置，修磨垫片可调整卸料板使其达到理想的动态平行度（相对于上、下模）要求。

其中内螺纹和组合式还有一个很重要的特点：当冲裁凸模经过一定次数的刃磨后再进行刃磨时，对卸料螺钉工作段的长度必须磨去同样的量值，才能保证卸料板的压料面与冲裁凸模端面的相对位置。

图 5-27a 和 b 所示为卸料板常用的安装形式。

卸料板的压料力、卸料力都是由卸料板上面安装的均匀分布的弹簧受压而产生的。由于卸料板与各凸模的配合间隙仅有 0.005mm，所以安装卸料板比较麻烦，尽可能不把卸料板从凸模上卸下。考虑到刃磨时既不把卸料板从凸模上取下，又要使卸料板低于凸模刃口端面便于刃磨，可以采用把弹簧固定在上模内，并用螺塞限位的结构。刃磨时只要旋出螺塞，弹簧即可取出，不受弹簧作用力作用的卸料板随之可以移动，露出凸模刃口端面，即可重磨刃口，同时更换弹簧也十分方便。

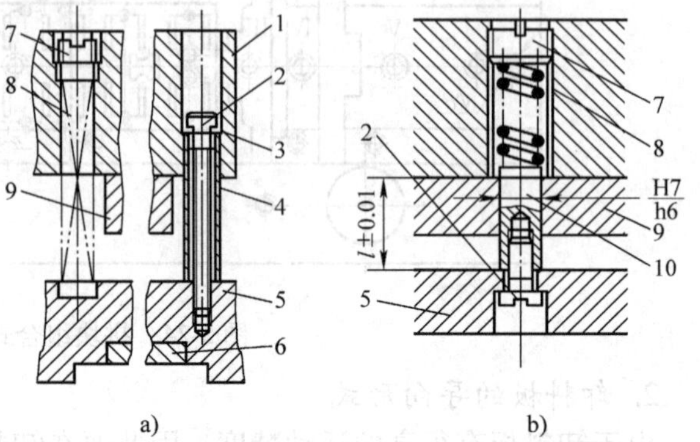

图 5-27　卸料板的安装形式

1—上模座　2—螺钉　3—垫片　4—管套　5—卸料板　6—卸料板拼块　7—螺塞　8—弹簧　9—固定板　10—卸料销

二、托料装置

级进模依靠送料装置的机械动作，把带料按设计的进距尺寸送进以实现自动冲压。由于带料经过冲裁、弯曲、拉深等变形后，在条料厚度方向上会有不同高度的弯曲和突起，为了顺利送进带料，必须将已被成形的带料托起，使突起和弯曲的部位离开凹模洞壁并略高于凹模工作表面。这种使带料托起的特殊结构叫浮动托料装置。该装置往往和带料的导向零件共同使用。

1. 浮动托料装置

图 5-28 所示为常用的浮动托料装置，主要由托料钉、托料管和托料块三部分组成。托起的高度一般应使条料最低部位高出凹模表面 1.5～2mm，同时应使被托起的条料上平面低于刚性卸料板下平面（2～3）t 左右，这样才能使条料送进顺利。托料钉的优点是可以根据托料具体情况布置，托料效果好，凡是托料力不大的情况都可采用压缩弹簧作托料力源。托料钉通常用圆柱形，但也可用方形（在送料方向带有斜度）。托料钉经常是成偶数使用，其正确位置应设置在条料上没有较大的孔和成形部位下方。对于刚性差的条料，应采用托料块托料，以免条料变形。托料管设在有导正孔的位置进行托料，它与导正销配合（H7/h6），管孔起导正孔作用，适用于薄料。这些形式的托料装置常与导料板组成托料导向装置。

2. 浮动托料导向装置

托料导向装置是具有托料和导向双重作用的模具部件，在级进模中应用广泛。它分为托料导向钉和托料导轨两种。

（1）托料导向钉　托料导向钉如图 5-29 所示。在设计中，最重要的是导向钉的结构设计和卸料板凹坑深度的确定。图 5-29 所示为条料送进的工作位置，当送料结束，上模下行时，卸料板凹坑底面首先压缩导向钉，使条料与凹模面平齐并开始冲压。当上模回升时，弹簧将托料导向钉推至最高位置，准备进行下一步的送料导向。

托料导向装置设计时必须注意尺寸的协调，其尺寸推荐值：

高度 h = 材料向下成形的最大高度 +（1.52）mm。

尺寸 D 和 d 可根据条料宽度、厚度和模具的结构尺寸确定。

托料钉常选用合金工具钢，淬硬到 58 ~ 62HRC，并与凹模孔成 H7/h6 配合。托料钉的下端台阶可做成可拆式结构，在装拆面上加垫片可调整材料托起位置的高度，以保证送料平面与凹模平面平行。

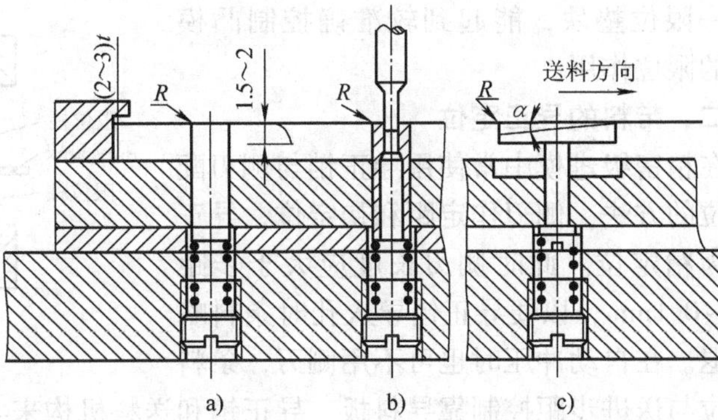

图 5-28 浮动托料装置
a）托料钉 b）托料管 c）托料块

（2）浮动托料导轨导向装置 图 5-30 所示为托料导轨式的结构图，它由 4 根浮动导销与 2 条导轨导板所组成，适用于薄料和要求较大托料范围的材料托起。设计托料导轨导向时，应将导轨导板分为上、下两件组合，当冲压出现故障时，拆下盖板可取出条料。

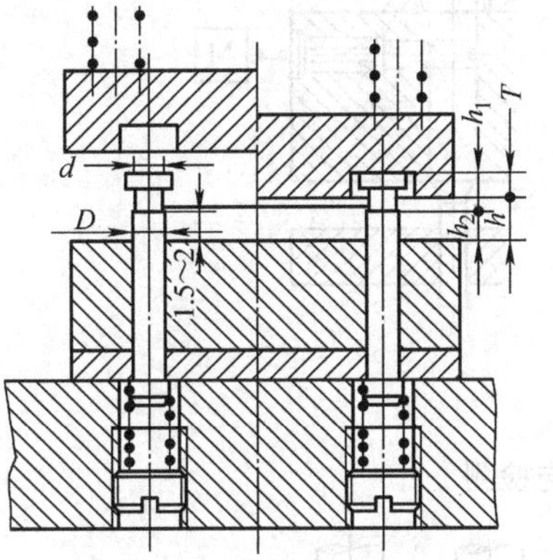

图 5-29 托料导向装置设计

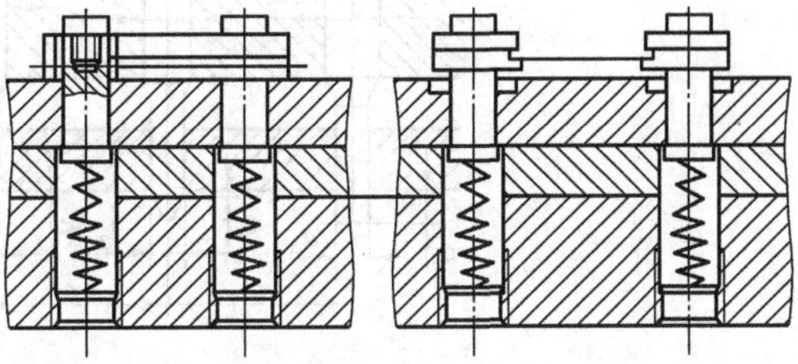

图 5-30 浮动托料导轨

第五节 级进模其他结构设计

一、限位装置

级进模结构复杂，凸模较多，在存放、搬运、试模过程中，若凸模过多地进入凹模，容易损伤模具，为此在设计级进模时应考虑安装限位装置。

如图 5-31 所示，限位装置由限位柱与限位垫块、限位套组成。在压力机上安装模具时，把限位垫块装上，此时模具处于闭合状态。在冲床上固定好模具，取下限位垫块，模具即可工作，对安装模具十分方便。从冲床上拆下模具前，将限位套放在限位柱上，模具处于开启状态，便于搬运和存放。

当模具的精度要求较高，且模具有较多的小凸模时，可在弹压卸料板和凸模固定板之间设计一限位垫块，能起到较准确控制凸模行程的限位作用。

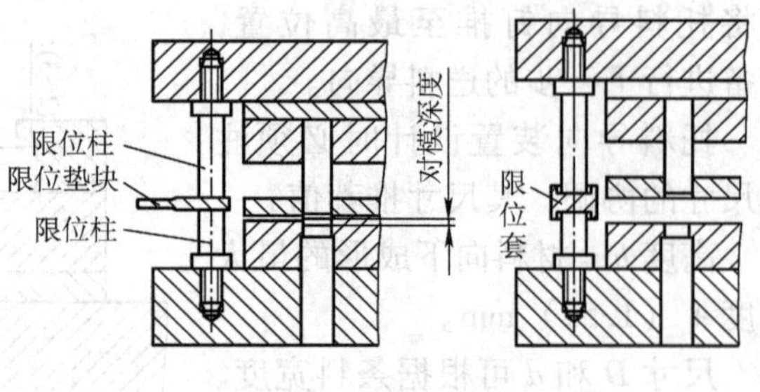

图 5-31　限位装置

二、带料的导正定位

在精密级进模中常使用导正销与侧刃配合定位的方法，侧刃作定距和初定位，导正销作为精定位。此时侧刃长度应大于步距 0.05 ~ 0.1mm，以便导正销导入孔时条料略向后退。在自动冲压时也可不用侧刃，条料的定位与送进步距控制靠导料板、导正销和送料机构来实现。

1. 条料的导正

在设计模具时，作为精定位的导正孔，应安排在排样图中的第一工位冲出，导正销设置在紧随冲导正孔的第二工位，第三工位可设置检测条料送进步距的误差检测凸模，如图 5-32 所示。

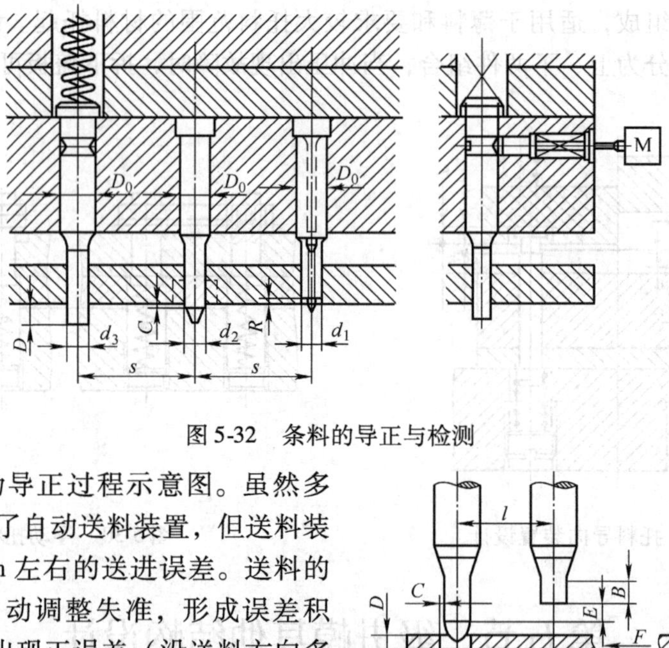

图 5-32　条料的导正与检测

图 5-33 所示为导正过程示意图。虽然多工位级进冲压采用了自动送料装置，但送料装置可出现 ±0.02mm 左右的送进误差。送料的连续动作将造成自动调整失准，形成误差积累。图 5-33a 所示出现正误差（沿送料方向多送了 C 值的偏差），图 5-33b 所示为导正销导入材料使材料向 F 方向退回的示意图。

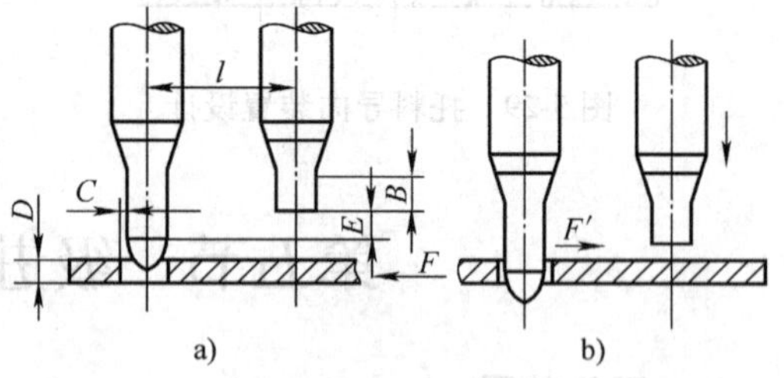

图 5-33　导正过程

2. 导正销与导正孔的间隙

导正销导入材料时，既要保证材料的定位精度，又要保证导正销能顺利地插入导正孔。配合间隙大，定位精度低；配合间隙过小，导正销磨损加剧并形成不规则形状，从而又影响定位精度。导正销的使用条件如图 5-34 所示。

3. 导正销的突出量

导正销的前端部分应突出于卸料板的下平面，如图 5-35 所示。突出量 x 的取值范围为

$0.6t < x < 1.5t$。薄料取较大的值，厚料取较小的值，当 $t = 2\text{mm}$ 以上时，$x = 0.6t$。

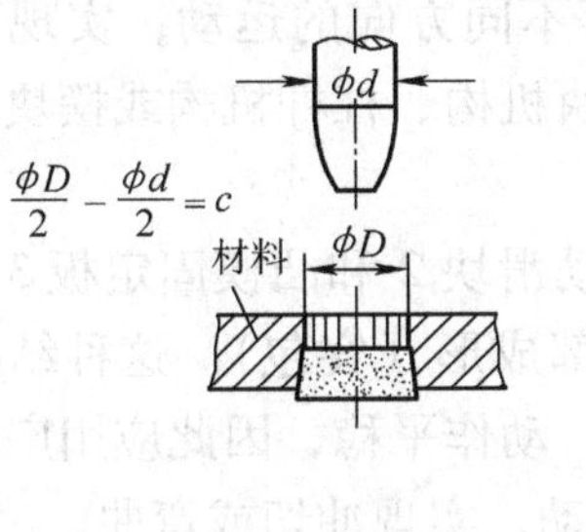

图 5-34　导正销与导正孔间隙

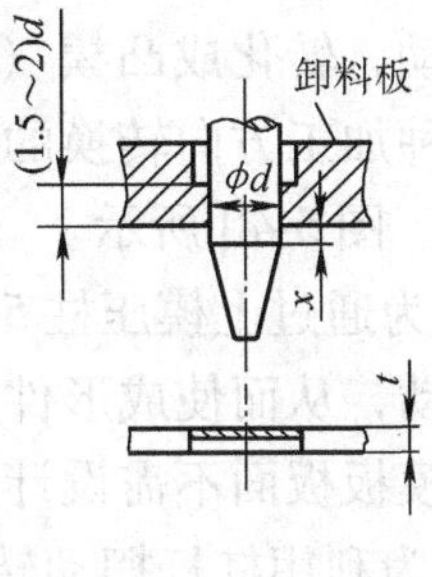

图 5-35　导正销突出于卸料板的值 x

4. 导正销的头部形状

导正销的头部形状从工作要求来看分为引导和导正部分，根据几何形状可分为圆弧和圆锥头部。图 5-36a 所示为常见的圆弧头部，图 5-36b 所示为圆锥头部。

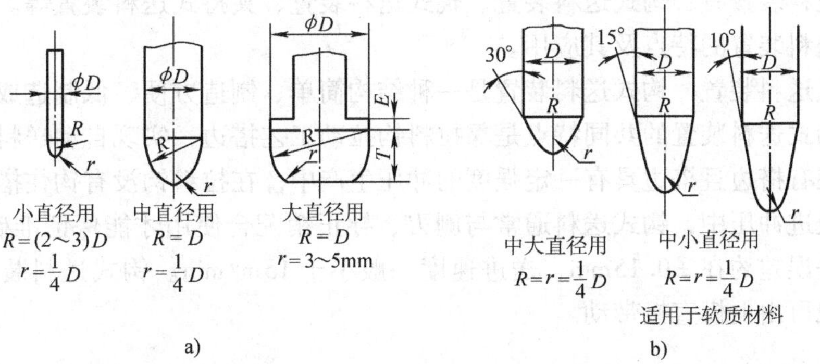

图 5-36　导正销的头部形状

5. 导正销的固定方式

图 5-37 所示为导正销的固定方式。

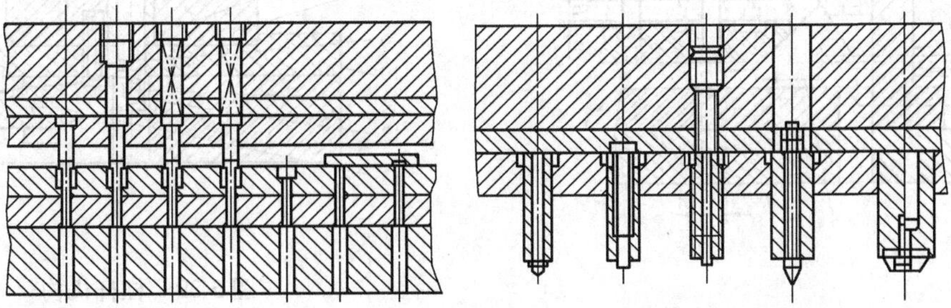

图 5-37　导正销的固定方式

a）导正销固定在固定板或卸料板下　b）导正销固定在凸模上

三、其他辅助机构

1. 方向转换机构

在级进弯曲或其他成形工序冲压时，往往需要从不同方向进行加工。因此需将压力机滑块的垂直向下运动，转化成凸模（或凹模）向上或水平等不同方向的运动，实现不同方向的成形。完成这种加工方向转换的装置，通常采用斜楔滑块机构、杠杆机构或摆块机构，如图 5-38、图 5-39、图 5-40 所示。

图 5-38 所示为通过上模压柱 5 打击斜楔 1，由件 1 推动滑块 2 和凸模固定板 3，转化为凸模 4 的向上运动，从而使成形件在凸模 4 和凹模之间局部成形（突包）。这种结构由于成形方向向上，凹模板板面不需设计让位孔让开已成形部位，动作平稳，因此应用广泛。

图 5-39 所示为利用杠杆摆动转化成凸模向上的直线运动，实现冲切或弯曲。

图 5-40 所示为用摆块机构向上成形。

2. 自动送料装置

级进模中使用自动送料装置的目的，是将原材料（钢带或线材）按所需要的步距，将材料正确地送入模具工作位置，在各个不同的冲压工位完成预先设定的冲压工序。级进模中常用的自动送料装置有：钩式送料装置、辊式送料装置、夹持式送料装置等。这里简单介绍这三种自动送料装置的特点及其应用。

（1）钩式送料装置　钩式送料装置是一种结构简单、制造方便、低制造成本的自动送料装置。各种钩式送料装置的共同特点是靠拉料钩拉动工艺搭边，实现自动送料。这种送料装置只能使用在有搭边且搭边具有一定强度的冲压生产中，在拉料钩没有钩住搭边时，需靠手工送进。在级进冲压中，钩式送料通常与侧刃、导正销配合使用才能保证准确的送料步距。该类装置送进误差约在 ±0. 15mm，送进速度一般小于 15m/min。钩式送料装置可由压力机滑块带动，也可由上模直接带动。

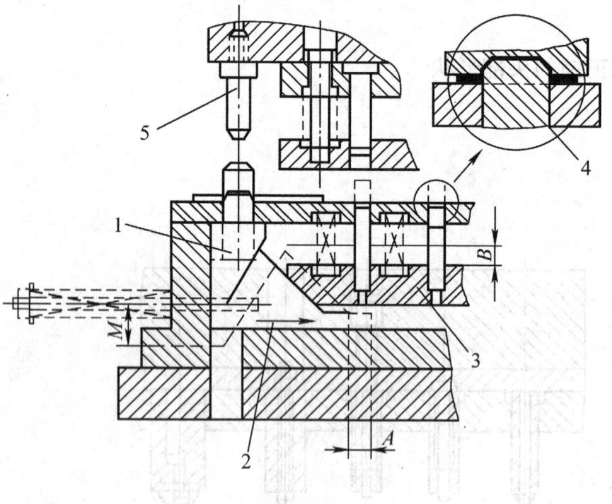

图 5-38　斜楔滑块机构

1—斜楔　2—滑块　3—凸模固定板　4—凸模　5—压柱

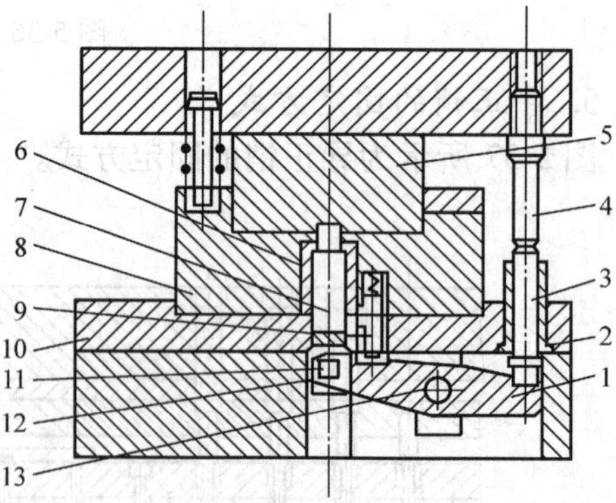

图 5-39　杠杆机构

1—杠杆　2—护套　3—顶杆　4—压柱　5—凸模固定板　6—滑套　7—凸模　8—凹模　9—弹簧　10—支板　11、13—销轴　12—销

（2）辊式送料装置　辊式送料装置目前已经作为冲压机械的一种附件，是在各种送料装

置中应用较广泛的一种。这种送料装置送料精度较高，目前，即使在600次/min的高速冲压速度下，进给误差也仅在±0.02mm以内。若与导正销配合使用，其送料精度可达±0.01mm。该送料装置是依靠辊轮和坯料间的摩擦力进行送料的，它们之间的接触面积较大，不会压伤材料，并能起到矫直材料的作用。辊式送料装置的通用性较好，在一定范围内，无论材料宽窄与厚薄，只需调整送料机构去配合模具即可使用。辊式送料装置分为单辊式和双辊式。单辊式适宜于料厚大于0.15mm以上的级进冲压，双辊式可用于料厚小于0.15mm的级进冲压。

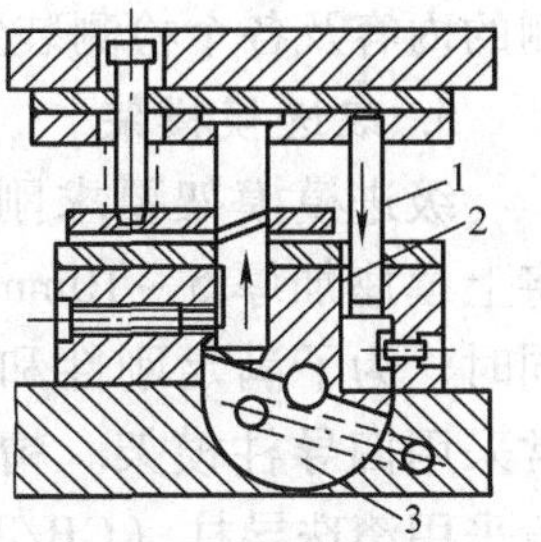

图5-40 摆块机构

1—压柱 2—凸模 3—摆块

（3）夹持式送料装置 夹持式送料装置广泛应用于条料、带料和线料的自动送料。它是利用送料装置中滑块机构的往复运动来实现送料目的的。夹持式送料装置可分为夹钳式、夹刃式和夹滚式。根据驱动方法的不一样，又分为机械式、气动式、液压式。

3. 成形凸模的微量调节机构

模具在成形时，需要对成形高度进行调整，特别是在校正和整形时，微量地调节成形凸模的位置是十分重要的。调节量太小则达不到成形件的质量要求，调节量太大易使凸模折断。图5-41是常用的调节机构。

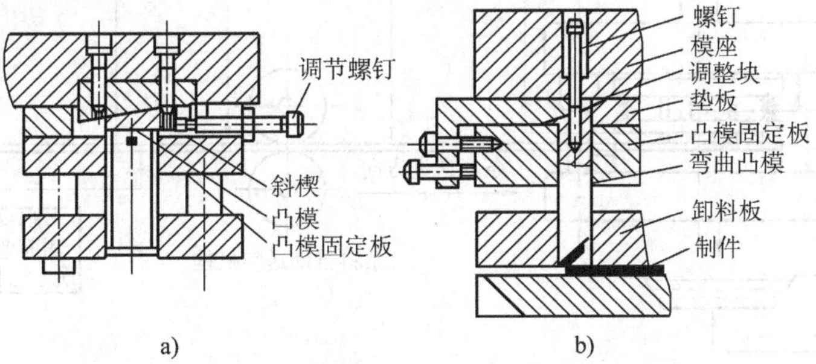

图5-41 成形凸模的微量调节机构

a）凹槽结构 b）杠杆结构

图5-41a所示为通过旋转调节螺钉推动斜楔，即可调节凸模伸出的长度。

图5-41b所示可方便地调整压弯凸模的位置，特别是由于板厚误差变化造成制件误差时，可通过调整凸模位置来保证成形件的尺寸。

4. 级进模的自动检测保护装置

对于带自动送料装置的级进模，应采用自动检测保护装置，监测整个冲压过程中模具或条料发生的各种故障，并使压力机自动停止运转。常用的自动检测方法是用接触销对导正孔检测条料是否已送到位。图5-42所示为这种接触式传感方式的检测装置。

这种装置用接触销同被检测物接触，而微动开关同压力机控制电路组成回路。接触销类似导正销，也可直接借用导正销作为接触销，其直径小于导正孔0.04mm。当条料未送到位时，接触销退回，通过微动开关启动紧急停止装置。一副模具可设置一个或几个误进给检测销钉。这种接触式检测装置，通过机械方式，靠微动开关控制紧急停止的回路，反应较慢，不能用于高速冲床。

图5-43所示为对整个冲压过程进行自动检测的控制方框图。从图中可清楚看出需要检

测的内容及各个检测装置在系统中设置的部位。

5. 级进模模架

级进模模架要求刚性好，精度高，因此通常将上模座加厚 5 ~ 10mm，下模座加厚 10 ~ 15mm。同时，为了满足刚性和导向精度的要求，级进模常采用四导柱模架。精密级进模的模架导向，一般采用滚珠导柱（GB/T 2861.8—1990）导向，滚珠（柱）与导柱、导套之间无间隙，常选用过盈配合，其过盈量为 0.01 ~ 0.02mm（导柱直径为 20 ~ 76mm）。导柱导套的圆柱度均为 0.003mm，其轴心线与模板的垂直度对于导柱为 0.01∶100。目前国内外使用的一种新型导向结构是滚柱导向结构，如图 5-44 所示。

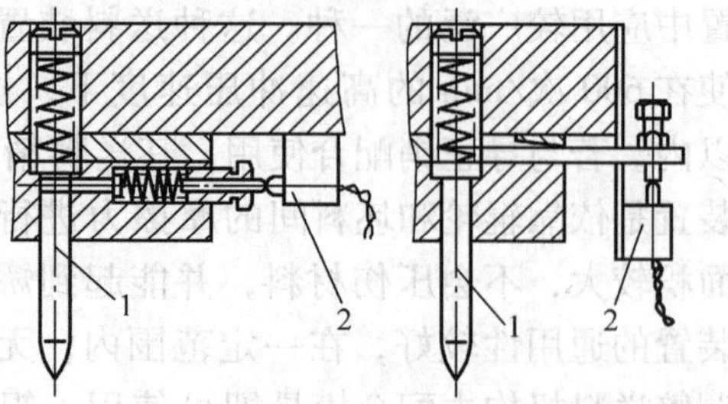

图 5-42　条料误送检测装置

1—接触销　2—微动开关

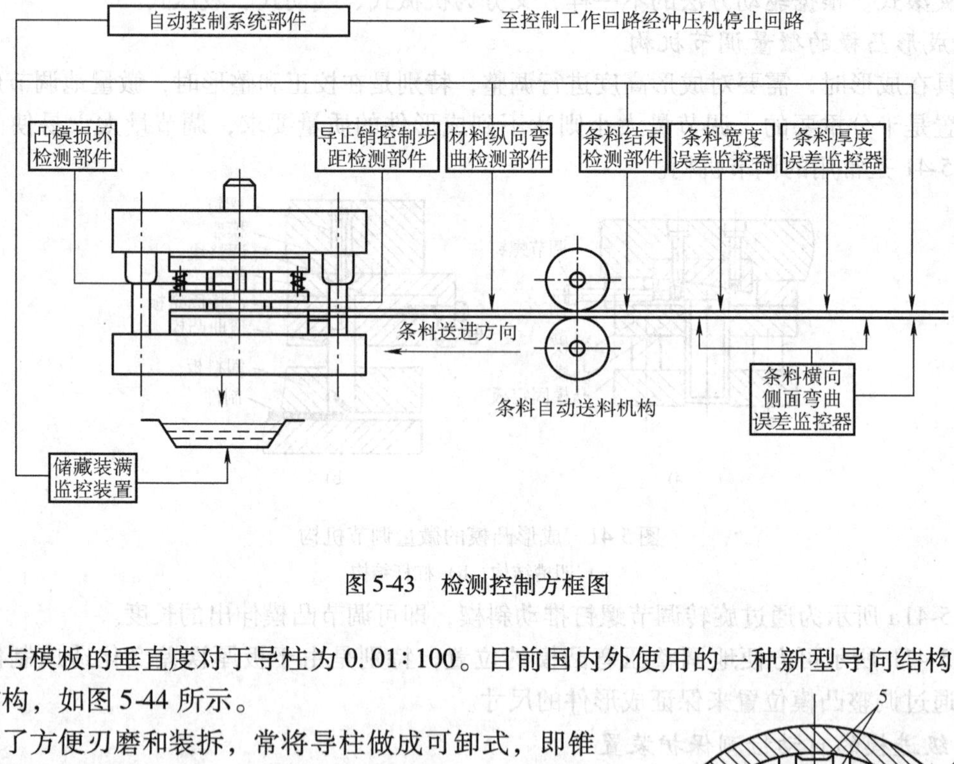

图 5-43　检测控制方框图

为了方便刃磨和装拆，常将导柱做成可卸式，即锥度固定式（其锥度为 1∶10）或压板固定式（配合部分长度为 4 ~ 5mm，按 T7/h6 或 P7/h6 配合，让位部分比固定部分小 0.04mm 左右，如图 5-45 所示）。导柱材料一般常用 GGr15，淬硬 60 ~ 62HRC，表面粗糙度达到 R_a0.1μm，此时磨损最小，润滑作用最佳。为了更换方便，导套也采用压板固定式，如图 5-45c 和 d 所示。

设计模具时，为消除安全隐患，需要设计一些安全保护装置，如防止制件或废料的回升和堵塞、模面制件或废料的清理等，如图 5-46、图 5-47、图 5-48 所示。

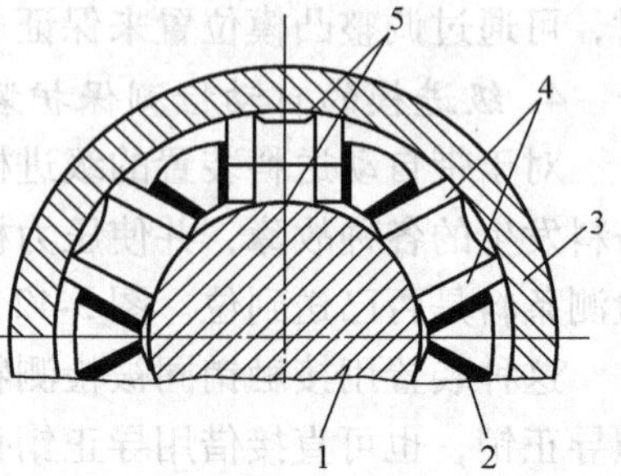

图 5-44　滚柱导向结构

1—导柱　2—滚柱保持圈

3—导套　4、5—滚柱面

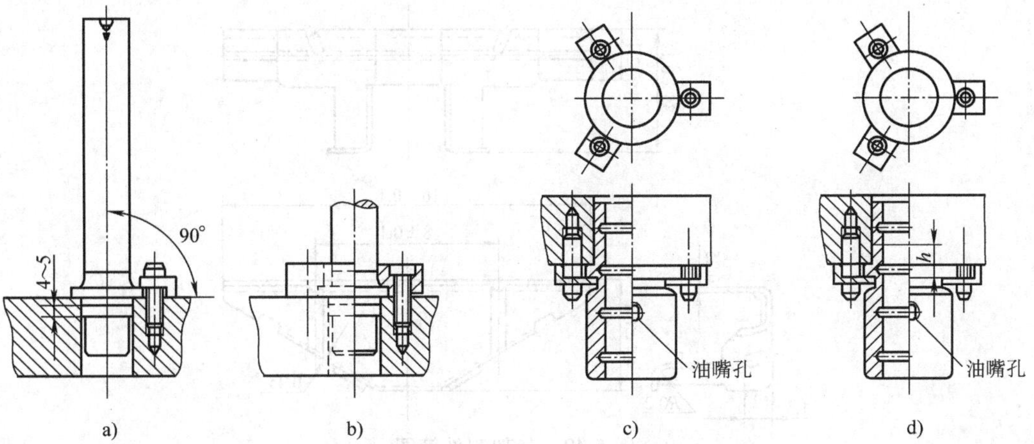

图 5-45　压板可卸式导柱导套

a）螺钉压板拉紧导柱　b）压板压紧导柱　c）三块压板压紧导柱　d）三块压板压紧导套

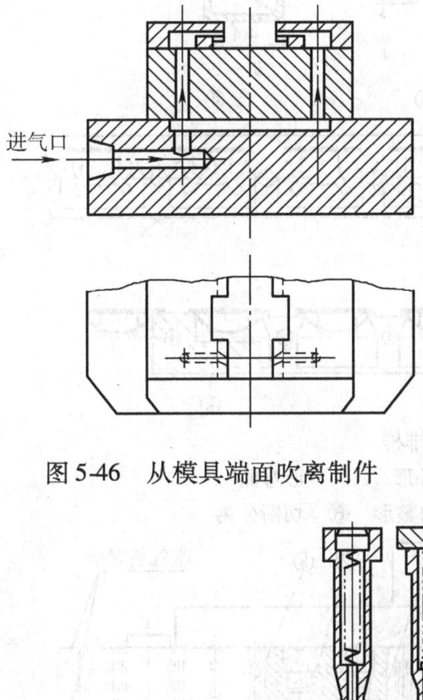

图 5-46　从模具端面吹离制件

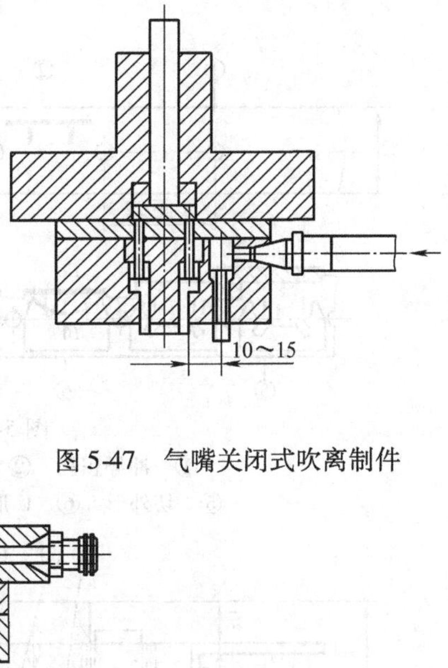

图 5-47　气嘴关闭式吹离制件

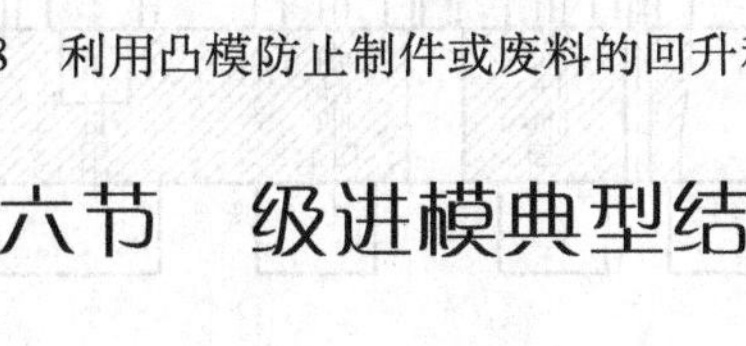

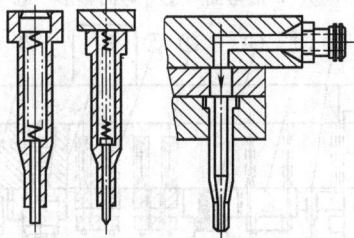

图 5-48　利用凸模防止制件或废料的回升和堵塞

第六节　级进模典型结构

一、冲裁—弯曲级进模

丝架制件如图 5-49 所示，材料为不锈钢。其工序排样如图 5-50 所示。

丝架制件模具结构如图 5-51 和图 5-52 所示。其结构特点如下：

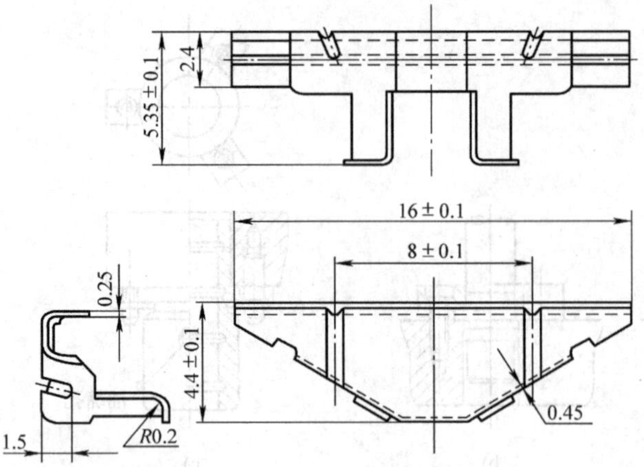

图 5-49 丝架制件简图

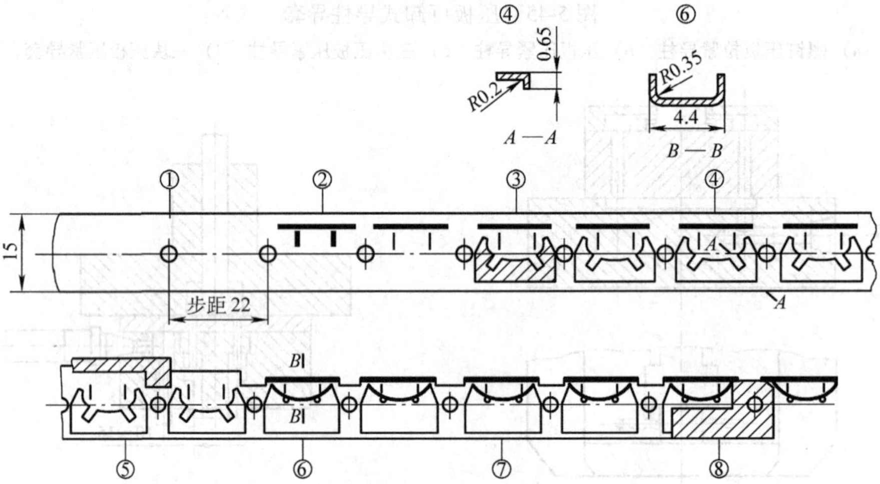

图 5-50 丝架工序排样

① 冲导正孔 ② 压肋 ③ 冲外形 ④ L 形弯曲

⑤ 切外形 ⑥ U 形弯曲 ⑦ 弯曲整形 ⑧ 切断分离

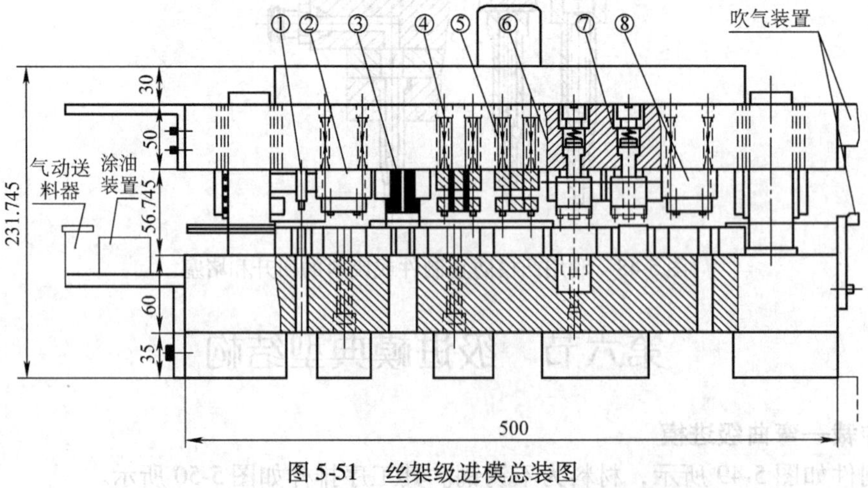

图 5-51 丝架级进模总装图

① 冲导正孔 ② 压肋 ③ 冲外形 ④ L 形弯曲

⑤ 切外形 ⑥ U 形弯曲 ⑦ 弯曲整形 ⑧ 切断分离

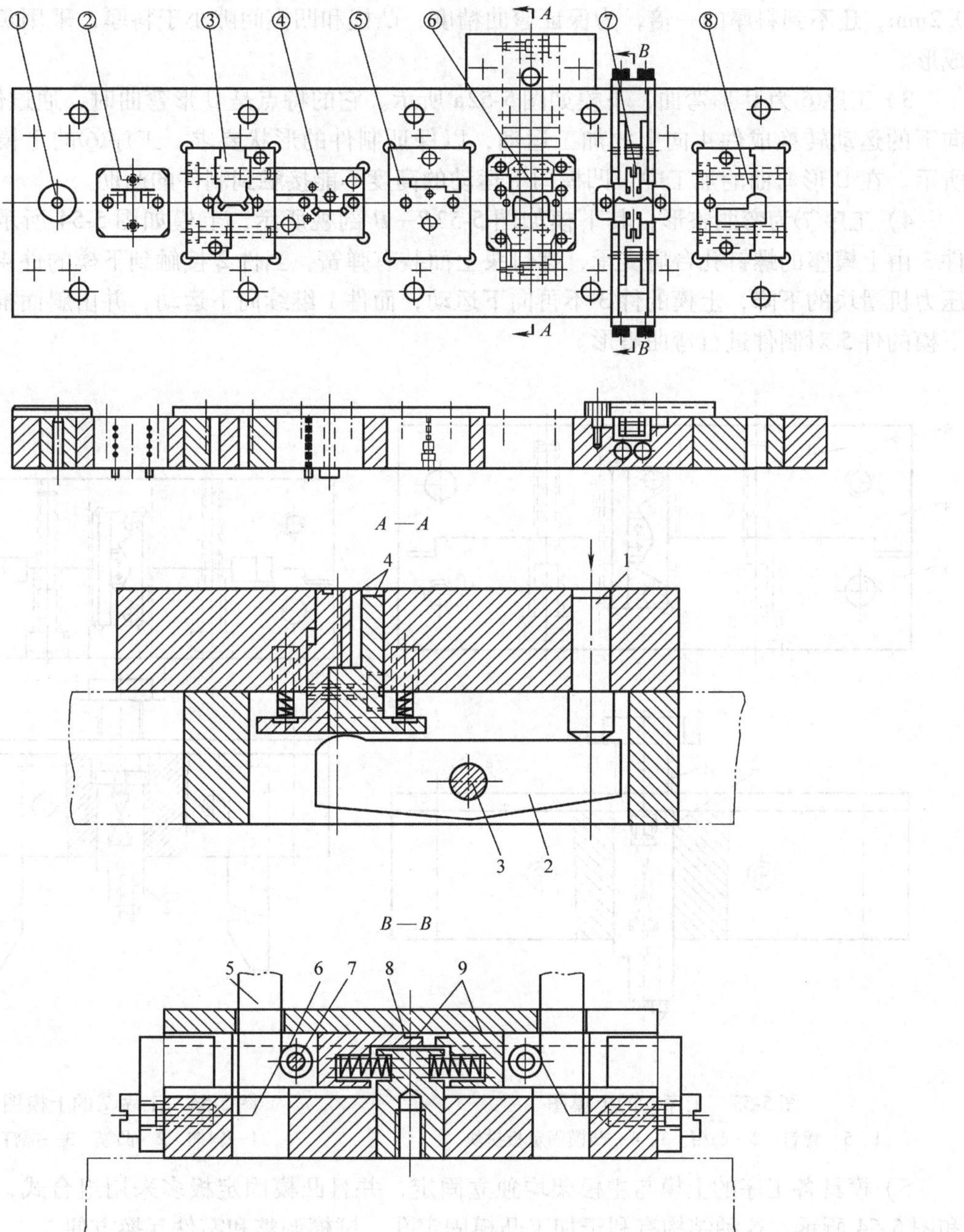

图 5-52　丝架级进模下模图

1—压杆　2—杠杆　3、7—轴　4—凹模拼块　5—斜楔
6—滚轮　8—芯块　9—活动凹模
① 冲导正孔　② 压肋　③ 冲外形　④ L 形弯曲
⑤ 切外形　⑥ U 形弯曲　⑦ 弯曲整形　⑧ 切断分离

1）各工序凹模做成整体或拼块式，嵌入凹模固定板内。这种结构形式适用于较大的嵌块凹模。凹模固定板嵌块的固定孔可用坐标磨床磨削加工，保证嵌块装配后的位置精度。

2）工序④为 L 形弯曲加工，其弯曲高度尺寸如图 5-50 工序④所示，直边高度仅有

0.2mm，还不到料厚的一倍，为保证弯曲精度，凸模和凹模间隙小于料厚，采用负间隙弯曲成形。

3）工序⑥为U形弯曲，下模如图5-52a所示。它的特点是U形弯曲时，通过件2将件1向下的运动转换成件4向上的加工运动，以保证制件的形状要求。工序⑥的上模如图5-53所示。在U形弯曲的加工中，凹模向上运动的高度不能接触到制件的凸肋。

4）工序⑦为弯曲整形，其下模如图5-52*B—B*剖视所示，上模如图5-54所示。上模的件3由上模座的螺钉孔台肩支承，螺钉头上面装有弹簧，当件2接触到下模的件4后，随着压力机滑块的下降，上模的件3不再向下运动，而件1继续向下运动，并由斜面推动件2和下模的件5对制件进行弯曲整形。

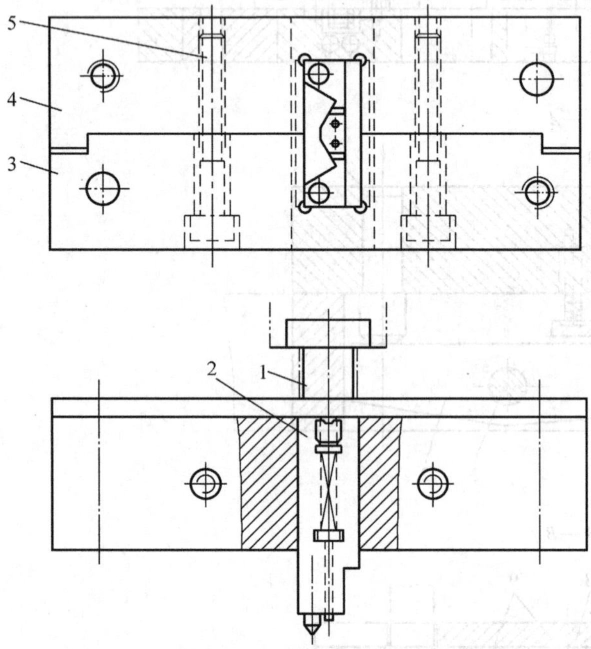

图5-53　工序⑥的上模图

1、5—螺钉　2—凸模　3、4—凸模固定板拼块

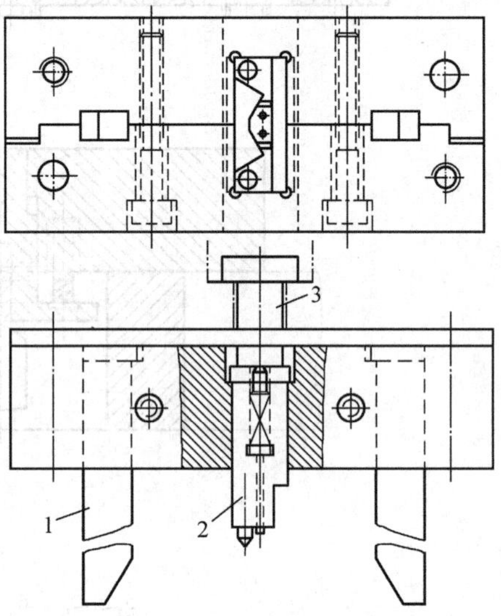

图5-54　工序⑦的上模图

1—斜楔　2—凸模　3—螺钉

5）模具各工序的上模与主模架均独立固定，并且凸模固定板多采用组合式，如图5-53和图5-54所示。这种结构有利于加工凸模固定孔，试模调整和零件互换方便。

二、冲裁—拉深级进模

双筒焊片的制件简图和工序排样如图5-55所示。制件材料H62黄铜，该制件级进拉深的实现，主要是采用了储料毛坯的双筒制件拉深方法。首次拉深时将条料的储料肋拉平，以后各工序均与单个圆制件拉深工序相同。储料肋的尺寸，先按制作侧壁与储料肋储料面积相等计算，试模后确定。

双筒焊片模具结构如图5-56所示。模具特点是凹模做成嵌块式，各拉深工序凹模嵌块的肩角*R*均不相同，但在拉深过程中又很重要，为了保证加工精度和试模过程中便于修正，以及互换要求，采用嵌块凹模结构是合理的。

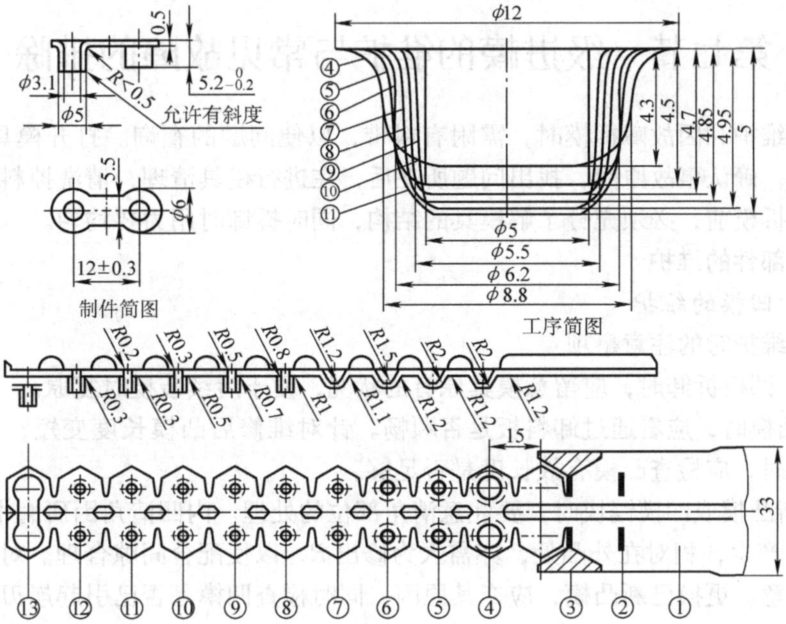

图 5-55 双筒焊片工序排样图

①—压肋 ②—冲槽孔 ③—切边 ④—首次拉深

⑤~⑩—第 n 次拉深 ⑪—整形 ⑫—冲底孔 ⑬—落料

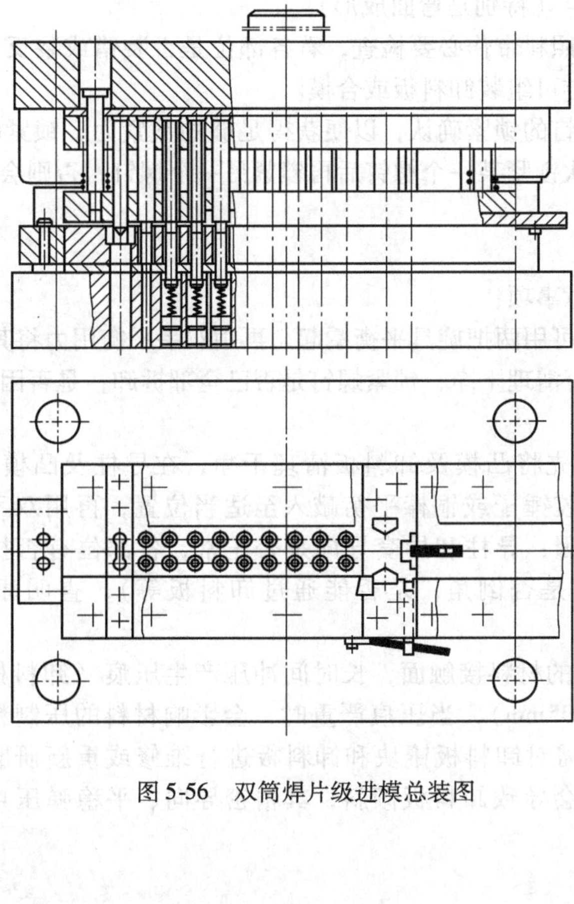

图 5-56 双筒焊片级进模总装图

第七节　级进模的维护与常见故障的排除

级进模的维护和因故障拆模时，需附有料带，以便问题的查询。打开模具，对照料带，检查模具状况，确认事故原因，找出问题所在后，在进行模具清理，清洗掉料屑等之后，方可进行拆模。拆模前，必须充分了解模具的结构，同时拆卸时用力要均匀。

一、主要部件的维护

1. 凸模、凹模的维护

凸、凹模维护时的注意事项：

1）凸模、凹模拆卸时，应留意模具原有的状况，便于后续装模时复原。

2）更换凸模时，应看通过卸料板是否顺畅。针对维修后凸模长度变短，当需加垫片达到需要的长度时，应检查凸模有效长度是否足够。

3）使用新凸模或凹模镶块时，要注意清角部位的处理。内凹清角因研磨中砂轮的磨损，会有较小的 *R* 产生，相对在外凸处，亦需人为修出 *R*，以使配合间隙合理。对形成的细小凸出部位更需注意。更换已断凸模，应查其原因，同时检查凹模是否已引起崩刃，是不是需研磨刃口。

4）组装凹模，应水平置入，再用较平的铁块置于模芯上用铜棒将其轻轻敲到位，切不可斜置而靠 强力敲入（必要时，可在模芯底部倒出 *R* 角以便容易导入)，组装时如受力不均，在凹模下加设垫片应平整，一般不超过两片（且尽可能使用钢垫)，否则容易引发凹模的断裂或成形尺寸不稳定（特别是弯曲成形)。

5）组装完毕，应对照料带作必要检查，看各部位是否装错或装反，检查凹模有无倒装现象发生，确认无误后方可组装卸料板或合模。

6）注意作卸料板螺钉的锁紧确认，以便获得足够的锁紧力。锁紧时应从内到外，平衡用力交叉锁紧，不可一次锁紧某一个螺钉后再锁紧另一个螺钉，否则会造成凸模断裂或降低模具精度。

2. 卸料板的维护

卸料板维护时的注意事项：

1）卸料板的拆卸，可用两把旋具平衡撬起，再用双手平衡用力将其取出。拆卸困难时，应查明原因，如模具是否清理干净，锁紧螺钉是否已全部拆卸，是否因卡料等，再作相应处理，切不可盲目处置。

2）组合卸料板时，先将凸模及卸料板清理干净，在导柱及凸模的导入处加润滑油，将其平稳放入，使用橡胶锤子或铜棒平衡敲入至适当位置，再用双手压到位，并反复几次。如太紧，应查其原因：导柱和导套导向是否正常，各部位有否损伤，新换件是否已作适当的处理（如凸模是否倒角，是否能通过卸料板等)，查明原因后，再作适当处置。

3）卸料板与凹模间的材料接触面，长时间冲压产生压痕（卸料板与凹模间容料间隙一般为料厚减 0.03～0.05mm)，当压痕严重时，会影响材料的压制精度，造成产品尺寸异常、不稳定等，因此需对卸料板镶块和卸料板进行维修或重新研磨。等高套筒应作精度检查。因为不等高时会导致卸料板倾斜，其精密导向、平稳弹压功能将遭到破坏，需加以维护。

3. 导向部位的检查

导柱、导套配合间隙大小是否合适，是否有烧伤或磨损痕迹，模具导向的给油状态是否正常，都应作检查。导向件的磨损及精度的破坏，使模具的精度降低，模具的各个部位就会出现问题，故必须作适当保养以及定期的更换。检查弹簧状况（卸料弹簧和顶料弹簧等），视其是否断裂，或长时间使用虽未断裂，但已疲劳失去原有的力度，必须作出定期的维护、更换，否则会对模具造成伤害或导致生产不顺畅。

4. 模具间隙的调整

镶块定位孔因为镶块频繁多次的组合而产生磨损，造成组装后间隙偏大（组装后产生松动）或间隙不均（产生定位偏差），均会造成冲切后断面形状变差、凸模易断、产生毛刺等，可通过对冲切后断面状况检查，作适当的间隙调整。间隙小时，断面较少；间隙大时，断面较多且毛边较大。以移位的方式来获得合理的间隙，调整好后，应作记录，也可在孔位作记号等，以方便后续的维护作业。日常生产应注意收集保存原始的模具较好状况时的料带，当后续生产不顺畅或模具产生变异时，可作为模具检修的参考。

另外，辅助系统如顶料销是否磨损、是否能顶料、导正销及衬套是否已磨损等，都应注意检查并维护。

二、常见故障的排除

1. 冲压面出现毛刺

冲压面出现毛刺，可能是刃口磨损或崩刃的结果，这时应重新研磨。下料刃口的研磨量应以开出新的刃口（磨损部分已全部去除）为准。成形件因采用不同的加工方式，其寿命亦不同，研磨时需注意，并兼顾加设垫片的方便性。每次刃口的研磨应针对所有的凸、凹模刃口，否则会导致维修及刃口研磨频繁，反而使生产不顺畅。模具间隙不合理，即使重新研磨刃口后，效果亦不佳，很快又会出现毛刺等，因此需检查冲切断面形状，确认后作适当的模具间隙调整。针对一些下料的清角或细小凸出部位间隙作适当的放大。

2. 跳屑产生压伤

模具间隙较大，在研磨凹模刃口后，跳屑现象会加重，需提高模芯加工精度或修改模具设计间隙。冲压速度提高时，跳屑问题更严重，应考虑降速或使用吸尘器。改善凸模形状，将凸模刃口面修成不易跳屑的形状，如加大凸模刃口面斜度或改变斜度方向等。凸模磨损后料屑附着于凸模上引发跳屑，需研磨凸模刃口。凸模较短，产生跳屑，应将其加长，即增加进入凹模的凸模长度。另外，材质的影响（硬性、脆性），冲压油过粘或油滴太快造成的附着作用，冲压振动产生料屑发散，真空吸附及模芯未充分消磁等，均可造成废屑上升。针对以上各方面的因素，应作相应的处理。

3. 废料阻塞

漏料孔尺寸偏小，特别是细小凸出部位，可作适当的放大。漏料孔较大时，造成料屑翻滚而形成堵塞，需缩小料孔尺寸或使用吸尘器。料面油滴太多，油的粘度过高时，可控制油滴量或更换油的种类（降低粘度）。刃口磨损，废料毛刺互相勾挂，落料时发生挤屑，有可能胀裂凹模，需及时研磨刃口。凹模刃部表面不良，如表面粗糙或模具过热时，粉屑烧结于直刃部表面，使料屑排除时摩擦阻力加大，需对凹模直刃部表面进行处置。凸模形状及凸模刃口面斜度研磨不利于排屑时，应作相应改善。性质粘、软的材料也会造成排屑困难。

4. 卡料

严重的卡料会导致模具损坏、断裂、崩刃，使模具失去平衡，精度严重受损。卡料产生的原因及处理措施如下：

1）送料方式、送料距离和材料放松位置未调整好，需重新作准确的调整。

2）生产过程中送料距离发生变异，需重新调整。材料的宽度尺寸超差或材料的弧形及毛刺过大，应更换材料。

3）模具安装不当，与送料机构垂直度偏差较大，需重新安装模具。

4）模具与送料机构相距较长，材料较薄，或是材料在送进中翘曲，使送距不准，可在空当位置加设上、下压板，或在材料上、下加设挤料安全检测开关，使送料异常时能及时停止冲压。

5）模具卸料不佳，如上模拉料折弯处卡料等，检查是否顶出弹力不足，顶出过长，顶块（销）处理不佳，仔细观察后再采取相应的对策。

5. 凸模断裂

各种因素引起的跳屑（模具内有异物）、废料阻塞及卡料均可导致凸模断裂。另外，开始送料时（冲半料），若模具导向不准，卸料镶块导向部位磨损，则需作定期维护。成形件所选用的材质不恰当时，针对细小凸模作结构设计方面的改进，加大尺寸，而在冲切刃端则去除加出部分。大小凸模相距较近，受材料牵引引发凸模断裂，需加强引导保护，或加大凸模尺寸，小凸模磨断一个料厚。冲压间隙偏小时需加大。冲压油选用不当（挥发性强）或无冲压油进行冲压，导致刃口磨损加剧或凸模崩刃、断裂时，需更换油的种类并控制冲压油滴油量。

6. 加工零件变形

加工零件变形的原因及处理措施如下：

刃口磨损，使下料尺寸变化；毛刺太大时可能引发后续折弯发生变异，需研磨或更换；送料及导料不准，料带未及时放松，或导正销直径不足（磨损）无法准确导正，需重新调整送料长度及放松时间，或更换导正销；模具成形定位尺寸不准，精度较差或磨损，造成冲压件尺寸变化，需重新研磨或更换；材料的滑移，造成折弯或冲裁时尺寸变化（翻料、偏心、形状不对称等），需注意调整压料，且前段下料毛边不可大，否则对后续成形产生不利影响；卸料板与材料的接触面，以及折弯模芯等冲压中产生压损、磨损，导致成形尺寸变化及形状不良，需重新研磨或更换模芯；材料力学性能的变异，宽度、厚度尺寸误差，引发成形尺寸的变化，需控制进料状况；折弯部位垫片加设较多时，会导致折弯尺寸成形不稳定，可改用整体垫块；模具让位孔过小，顶出不佳等，均会导致成形的变异，应视具体状况加以克服。

对级进模在冲压生产中出现的故障，需作具体分析。模具维修中常被忽视的地方，如模具的导向精度、导料精度及模内弹簧使用状况，会影响到模具的其他各个部位，必须作定期的检查及维护，从而达到延长模具寿命、降低生产成本的目的。

实训课题七 级进模模具设计实例

图 5-57 所示零件为嵌入式插销，外形尺寸精度为 IT12 级，尺寸 29mm 的部位用来限制插销的移动位置，两个 ϕ5mm 孔需要与其他零件上的尺寸相配合，故要求保证它们的位置精度。材料为不锈钢 1Cr13，具备很高的强度和耐磨性，板材厚度为 1.4mm。

1. 零件工艺性分析及工艺方案确定

(1) 零件工艺性分析 制件中 ϕ5mm 孔与边缘的距离为 3.5mm，符合冲裁件的要求；制件中三处圆角半径分别为 *R*1、*R*2（图 5-57），均大于弯曲件的最小弯曲半径；弯曲部分的弯曲边长度均符合要求；两弯曲部分的弯曲系数较小，角度回弹值在 2° ~ 3° 之间，Z 形弯曲可通过采用校正弯曲方式来减小回弹值。

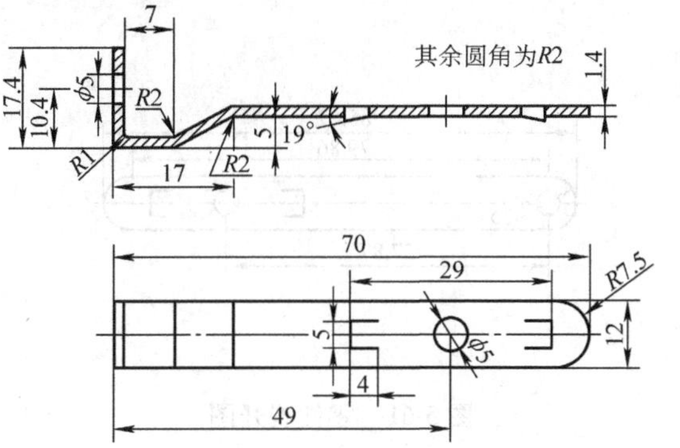

图 5-57 零件图

(2) 工艺方案确定 完成此制件需要冲孔、落料、切舌、弯曲等工序成形。若采用单工序模，生产效率低，制件精度无法保证；采用复合模虽然可以提高生产效率和产品质量，但模具制造精度要求高，制造难度大，增加了生产成本。故选用级进模，其模具结构简单，加工成本低，而且生产效率较高，制件质量稳定。

针对制件的形状特点，制定出如下三种冲压工艺方案：

方案一：如图 5-58 所示，第一步冲孔落料复合，冲出两个 ϕ5mm 的孔及上轮廓，第二步切舌，第三步 Z 形弯曲，第四步 L 形弯曲，第五步冲出下轮廓，这样提高了冲件的位置精度和生产效率。但第一步的模具结构复杂，制造难度大，增加了生产成本。

方案二：如图 5-59 所示，第一步冲部分外形，第二步冲孔，第三步切舌，第四步 Z 形弯曲，第五步 L 形弯曲，第六步冲连接带，这样模具制造简单，制造成本低。没有第一方案中第一步所用复合模存在的最小壁厚问题，因而模具强度较高，寿命长。另外，工序间可自动送料，工人操作安全。但是级进模精度差，而且由于本制件结构是不对称的，弯曲部分离中心较近，余留的连接带较短，可能造成送料困难。

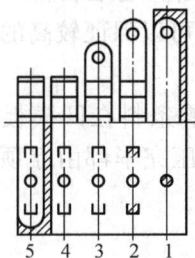

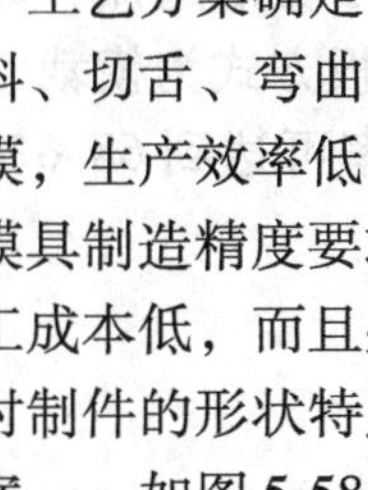

图 5-58 方案一

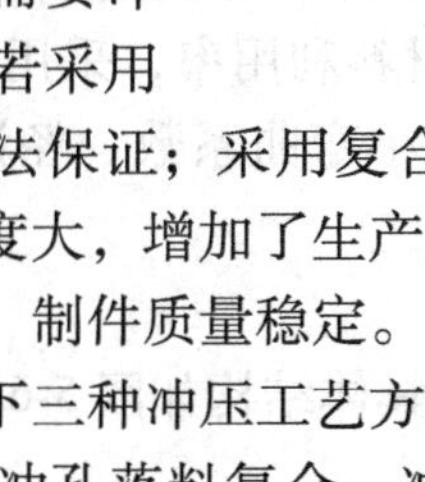

图 5-59 方案二

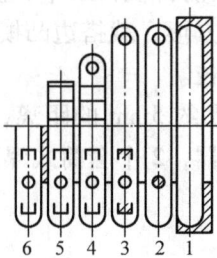

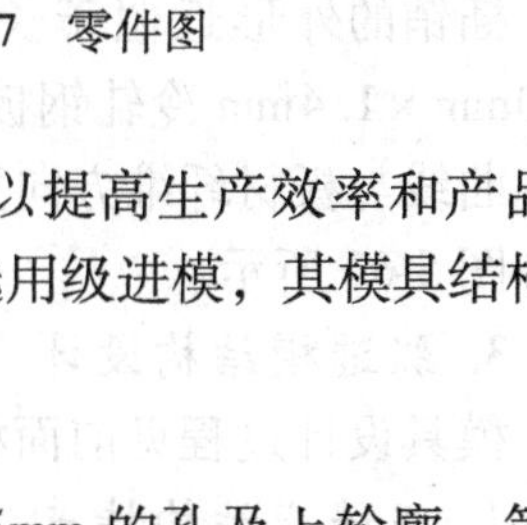

图 5-60 方案三

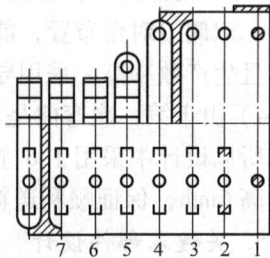

方案三：如图 5-60 所示，第一步冲孔，第二步切舌，第三步切槽，第四步空位，第五

步Z形弯曲，第六步L形弯曲，第七步使用裁搭边凸模冲出下轮廓。此方案具备方案二的所有优点，也存在制件位置精度低的缺点，但是它是以制件的一半来作为连接部分，先将需要弯曲部分的轮廓冲出，很好地解决了连接带较窄、送料困难的问题。

以上三个方案分析比较结果表明，采用方案三最为适宜。

2. 排样设计

根据图5-57计算出毛坯总长度 $L=85.87$mm（零件展开图如图5-61所示）。

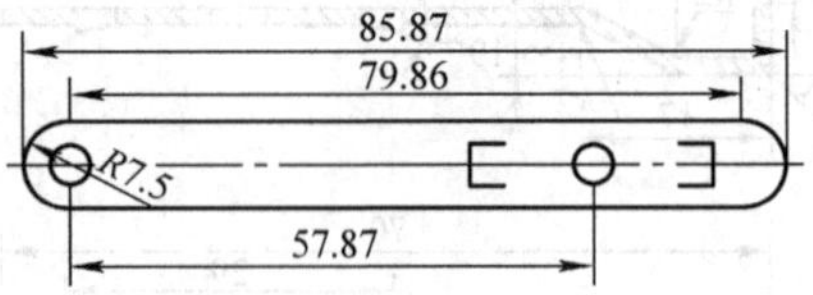

图5-61　零件展开图

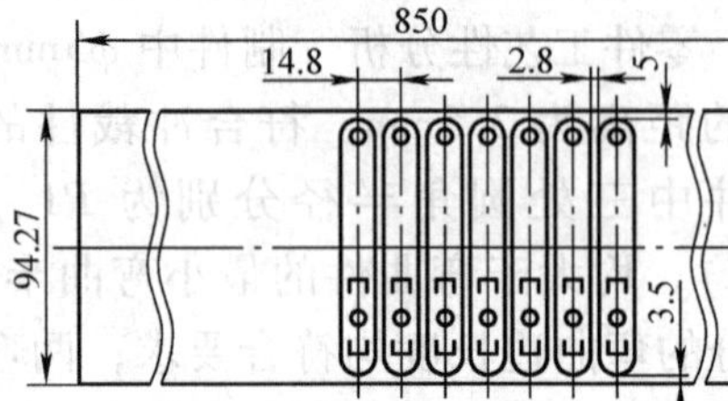

图5-62　排样图

插销的外形近似于长方形，考虑到已经确定的冲压方案，板材规格选用：850mm×1800mm×1.4mm冷轧钢板。为提高材料利用率，采用直排方式，裁板方式为横裁，这样使得弯曲线与板材纤维方向垂直，可减小弯曲系数。经计算材料利用率可达到68.6%。排样图如图5-62所示。

3. 级进模结构设计

模具设计过程见前面相关内容。具体结构如图5-63所示。

4. 级进模结构特点

1）该模具采用对角导柱模架，上下模座采用HT200。选用压入式模柄，与上模座为过渡配合H7/m6，并采用防转销防止转动，材料为Q235，使其中心线与上模座上表面垂直度误差在全长范围内不大于0.05mm。

2）凸模固定板采用45钢，凸模、凹模、侧刃采用T10A钢，其热处理硬度为56～60HRC。凸模与固定板为过盈配合H7/n6，压入固定后将其底面与固定板一起磨平。凸模与卸料板采用双面间隙配合，间隙值为0.1～0.3mm。导正销与固定板、浮顶器与凹模均为H7/n6间隙配合。

3）采用弹压卸料装置，可在冲裁前将板料压平，防止冲裁件翘曲。定距装置采用侧刃定距，双侧刃对角布置，前侧刃为长方形，裁搭边凸模兼作后侧刃，可以保证较高的送料精度而且生产效率高，采用导正销精定位。

4）由于第一次弯曲是向下弯曲大约5mm的距离，弯曲后会影响条料在凹模板上的运动，所以设计中采用了6个弹性浮顶器，2个套筒式浮顶器，每次冲压完毕都由浮顶器将条料抬高6mm，保证顺利送料。

5. 关键零部件设计

（1）凸模　圆凸模比较细小，结构形式选用阶梯式，可以改善强度，且经过校核该凸模在冲裁力作用下不会发生抗压失稳。裁搭边凸模由于断面宽度较窄，故应对刃口接触应力进行校核，符合强度要求。Z形和L形弯曲部分结构图如图5-64所示。

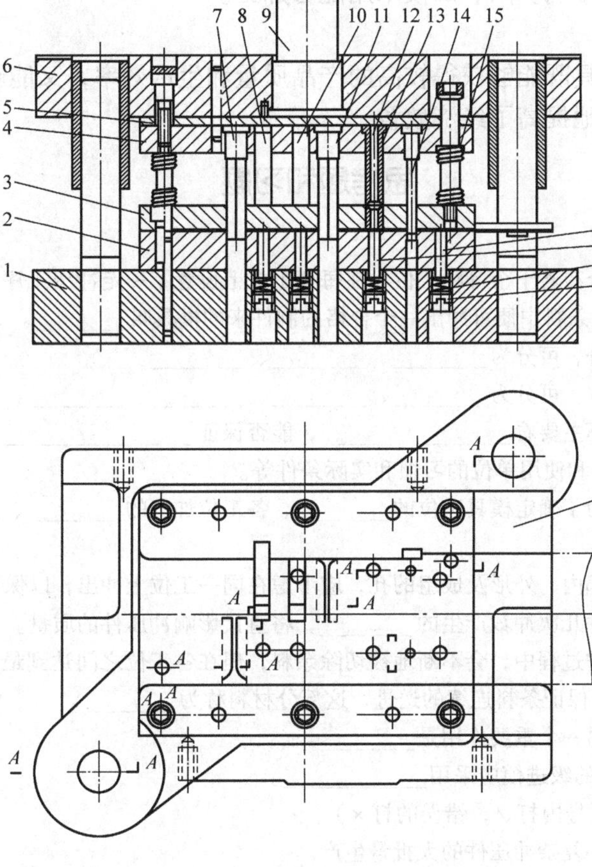

图 5-63 插销级进模结构图

1—下模座 2—凹模 3—卸料板 4—凸模固定板 5—垫板 6—上模座 7、11—裁搭边凸模 8、10—弯曲凸模 9—模柄 12—顶杆 13—衬套 14—冲孔凸模 15、18—圆柱螺旋压缩弹簧 16—浮顶器 17—套筒式浮顶器 19—螺塞 20—导料板

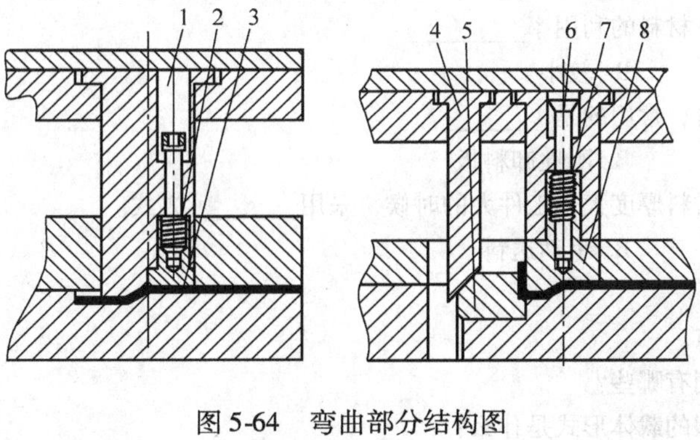

图 5-64 弯曲部分结构图

1—带螺纹推杆 2—圆柱螺旋压缩弹簧 3、8—压料块 4—斜楔 5—滑块 6—带螺纹推杆 7—圆柱螺旋压缩弹簧

（2）凹模　选用圆柱形形孔凹模，这种形孔刃口强度高，制造容易，刃磨后形孔尺寸不变，对冲裁间隙无明显影响。凸、凹模采用配合加工。

6. 结论

经实践证明，该模具既能够获得较高的产品质量和生产效率，又能够减少设备投资，降低产品成本，从而有效地提高了经济效益。

思考题和习题

一、填空

1. 在模具的工作部分分布若干个等距工位，在每个工位上设置了一定冲压工序，条料沿模具逐工位依次冲压后，在最后工位上从条料中便可冲出一个合格的制件来的模具叫________。

2. 级进模按主要工序分，可分为________、________、________。

3. 级进模按组合方式分，可分为________、________、________、________。

4. 衡量排样设计的好坏主要看________________，能否保证________________，模具结构是否________________，是否符合制造和使用单位的习惯和实际条件等。

5. 进行工位设计就是为了确定模具工位的________、各工位加工的________、及各工位冲压工序的________。

6. 对于严格要求的局部内、外形及成组的孔，应考虑在同一工位上冲出，以保证________。

7. 如何处理好相关部件几次冲裁产生的________，将直接影响冲压件的质量。

8. 在级进模内条料送进过程中，会不断地被切除余料，但在各工位之间达到最后工位以前，总要保留一些材料将其连接起来，以保证条料连续的送进，这部分材料称为________。

9. 级进模中卸料板的另一个重要作用是________。

10. 对于自动送料装置的级进模应采用____________。

二、判断（正确的在括号内打✓，错误的打×）

1. 级进模主要用于中小复杂冲压件的大批量生产。（　）

2. 在模具中常用的自动检测方式是用接触销对导正孔检测条料是否已送到位。（　）

3. 级进模拉深成形时，和单工序拉深模拉深形式一样采用单个送进坯料。（　）

4. 级进模中采用双侧载体的形式，送料平稳，材料不易变形，精度高。（　）

三、选择

1. 使用级进模通常是连续冲压，故要求冲床具有足够的精度和________。

A. 韧性　　B. 刚性

2. 使用级进模生产，材料的利用率________。

A. 较大　　B. 较小

3. 级进模中卸料装置，常用的是________。

A. 弹压卸料板　　B. 刚性卸料板

4. 在生产批量大、材料厚度大、工件大的时候，采用________方式。

A. 自动送料　　B. 手动送料

四、问答题

1. 简述级进模的特点。

2. 级进模的排样原则有哪些？

3. 级进模中几种典型的载体形式是什么？

4. 级进模中工位布置的特点是什么？

5. 画出图 5-65 所示形件在级进弯曲模中的分解工序图。

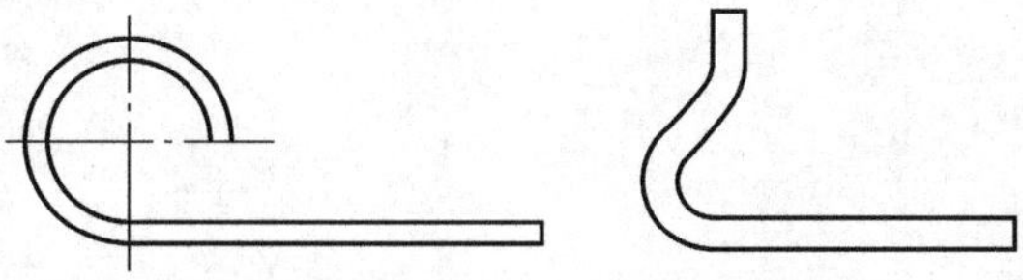

图 5-65 问答题 5 图

6. 简述级进模中卸料装置的作用。
7. 级进模常见的故障有哪些?
8. 级进模排样设计应考虑的其他因素是什么?

单元六 其他冲压工艺与模具结构

本单元学习目的：

1. 翻边工艺及翻边模具结构。
2. 冷挤压工艺及模具结构。
3. 胀形原理、特点及应用。
4. 缩口原理及应用。
5. 校形原理及应用。
6. 覆盖件的成形工艺及模具设计。

在冲压生产中，有一些冲压工序是通过板料的局部变形来改变毛坯的形状和尺寸的，如胀形、翻边、缩口和校形等，一般将这类冲压工序统称为其他冲压成形工序。它们既有其各自的变形特点，可以是独立的冲压工序，如球体无模胀形、钢管缩口、封头旋压等；但往往更多地是和其他冲压工序组合在一起，用来成形某些复杂形状的工件。本单元将介绍翻边、胀形、缩口和校形等工序的变形特点、工艺计算和模具设计要点，冷挤压工序的变形特点和性质，汽车覆盖件的成形工艺、模具设计及汽车覆盖件模具设计实例。

第一节　胀　　形

胀形与其他冲压成形工序的主要不同之处是，胀形时变形区在板面方向呈双向拉应力状态，在板厚方向上是减薄，即厚度减薄表面积增加。胀形主要用于加强肋、花纹图案、标记等平板毛坯的局部成形，波纹管、高压气瓶、球形容器等空心毛坯的胀形，飞机和汽车蒙皮等薄板的拉胀成形。汽车覆盖件等曲面复杂形状零件成形时也常常包含胀形成分。

一、胀形变形特点

图 6-1 所示为胀形时坯料的变形情况，涂黑部分表示坯料的变形区。

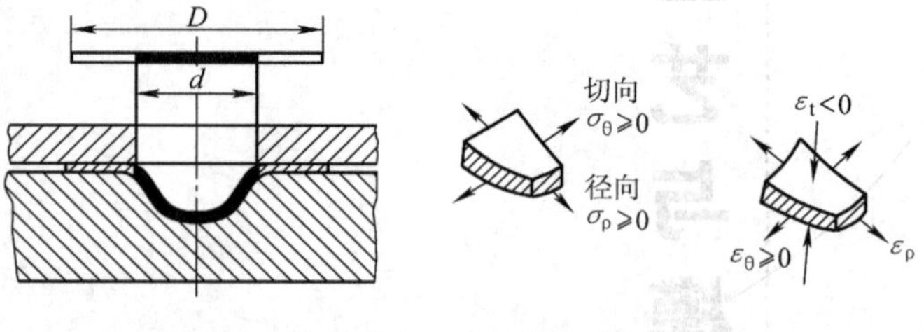

图 6-1　胀形变形区及其应力应变示意图

当坯料外径与成形直径的比值 $D/d>3$ 时，d 与 D 之间环形部分金属发生切向收缩所必需的径向拉应力很大，属于变形的强区，以至于环形部分金属根本不可能向凹模内流动，其成形完全依赖于直径为 d 的圆周以内金属厚度的变薄实现表面积的增大而成形。很显然，胀形变形区内金属处于切向和径向两个方向受拉的应力状态，其成形极限将受到拉裂的限制。材料的塑性愈好，硬化指数 n 值愈大，可能达到的极限变形程度就愈大。由于胀形时坯料处于双向受拉的应力状态，变形区的材料不会产生失稳起皱现象，因此成形后零件的表面光滑，质量好。同时，由于变形区材料截面上拉应力沿厚度方向的分布比较均匀，所以卸载时的弹复很小，容易得到尺寸精度较高的零件。

二、平板毛坯的起伏成形

平板毛坯在模具的作用下发生局部胀形而形成各种形状的凸起或凹下的冲压方法称为起伏成形。起伏成形主要用于加工加强肋、局部凹槽、文字、花纹等（图 6-2）。该成形方法的极限变形程度通常有两种确定方法，即试验法和计算法。起伏成形的极限变形程度，主要受到材料的性能、零件的几何形状、模具结构、胀形的方法以及润滑等因素的影响。特别是复杂形状的零件，应力应变的分布比较复杂，其危险部位和极限变形程度，一般通过试验的方法确定。对于比较简单的起伏成形零件，则可以按下式近似地确定其极限变形程度

$$\varepsilon_{极}=\frac{l_1-l_0}{l_0}\times 100\% \leqslant K\delta \tag{6-1}$$

式中　$\varepsilon_{极}$——起伏成形的极限变形程度；

δ——材料单向拉伸的伸长率；

l_1、l_0——胀形变形区变形前后截面的长度（mm）；

K——形状系数，加强肋 $K=0.7\sim0.75$（半圆肋取大值，梯形肋取小值）。

要提高胀形极限变形程度，可以采用图 6-3 所示的两次胀形法：第一次用大直径的球凸模使变形区达到在较大范围内聚料和均化变形的目的，得到最终所需的表面积材料；第二次成形到所要求的尺寸。如果制件圆角半径超过了极限范围，还可以采用先加大胀形凸模圆角半径和凹模圆角半径，胀形后再整形的方法成形。另外，降低凸模表面粗糙度值、改善模具表面的润滑条件也能取得一定的效果。

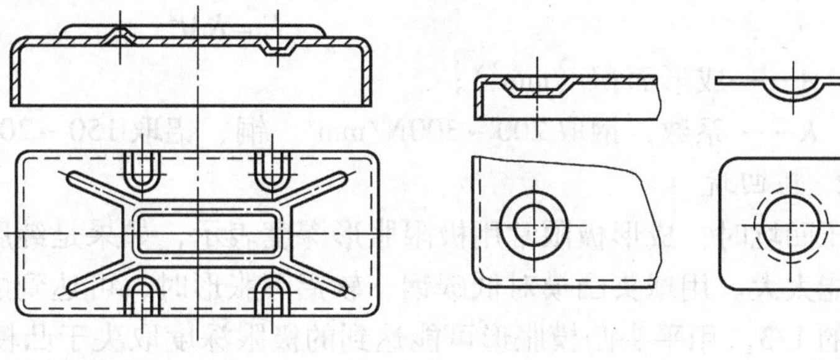

a)　　b)

图 6-2　起伏成形

a）加强肋　b）局部凹坑

1. 压加强肋

常见的加强肋形式和尺寸如表 6-1 所示。加强肋结构比较复杂，所以成形极限多用总体尺寸表示。当加强肋与边框距离小于（3～3.5）t 时，由于在成形过程中边缘材料要向内收缩，成形后需增加切边工序，因此应预留切边余量。多凹坑胀形时，还要考虑到凹坑之间的影响。用刚性凸模压制加强肋的变形力按下式计算

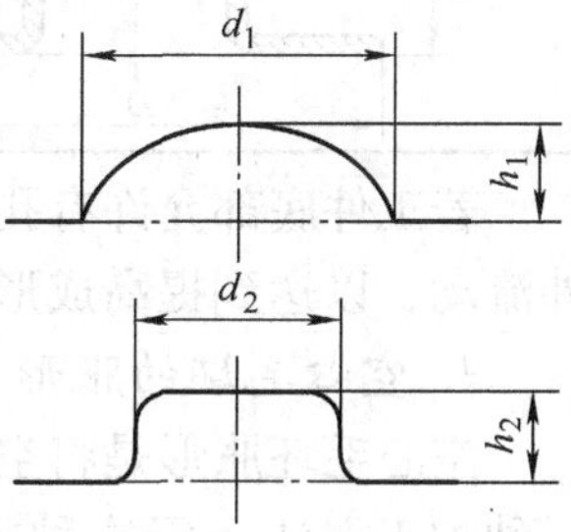

图 6-3　两次胀形示意图

$$F=KLt\sigma_b \qquad (6\text{-}2)$$

式中　F——变形力（N）；

K——系数，$K=0.7\sim1$，加强肋形状窄而深时取大值，宽而浅时取小值；

L——加强肋的周长（mm）；

T——料厚（mm）；

σ_b——材料的抗拉强度（MPa）。

表 6-1　加强肋形式和尺寸　（mm）

简　图	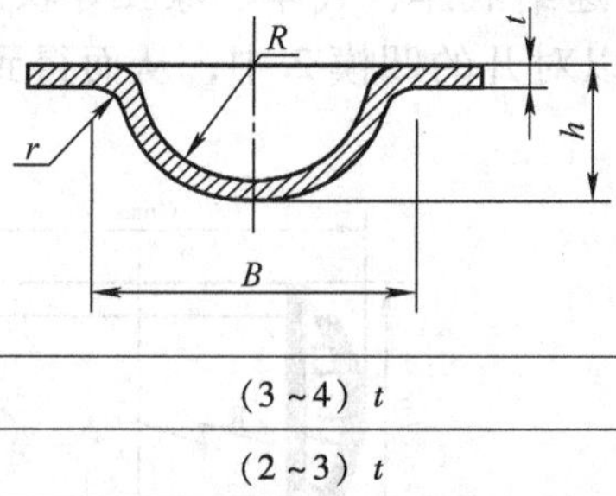	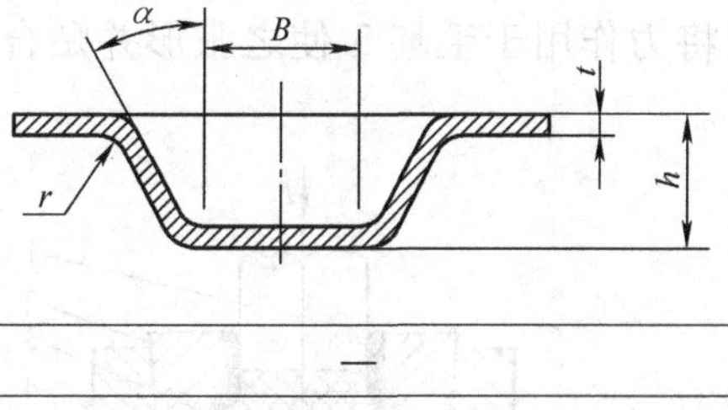
R	（3～4）t	—
h	（2～3）t	（1.5～2）t
r	（1～2）t	（0～1.5）t
B	（7～10）t	$\geqslant h$
α	—	15°～30°

对在曲柄压力机上用薄料（$t<1.5$mm）对小工件（面积 $<2000\text{mm}^2$）压肋或压肋兼有

校形工序时的变形力按下式计算

$$F = KAt^2 \tag{6-3}$$

式中　A——成形面积（mm^2）；

K——系数，钢取 200 ~ 300N/mm^4，铜、铝取 150 ~ 200N/mm^4。

2. 压凹坑

压凹坑时，成形极限常用极限胀形深度表示，如果是纯胀形，凹坑深度因受材料塑性限制不能太大。用球头凸模对低碳钢、软铝等胀形时，可达到的极限胀形深度 h 约等于球头直径 d 的 1/3。用平头凸模胀形可能达到的极限深度取决于凸模的圆角半径，其取值范围如表 6-2 所示。

表 6-2　平板毛坯压凹坑的极限深度　（mm）

简　图	材　料	极限深度 h
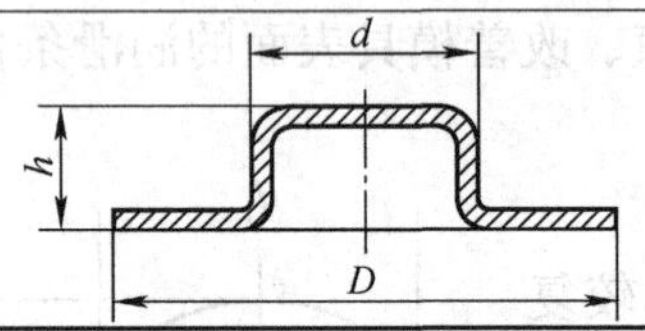	软钢	≤（0.150.20）d
	铝	≤（0.100.15）d
	黄铜	≤（0.150.22）d

若工件底部允许有孔，可以预先冲出小孔，使其底部中心部分材料在胀形过程中易于向外流动，以达到提高成形极限的目的，有利于达到胀形要求。

3. 空心毛坯的胀形

空心毛坯胀形是将空心件或管状坯料胀出所需曲面的一种加工方法。用这种方法可以成形高压气瓶、球形容器、波纹管、自行车三通接头等产品或零件。

图 6-4 所示刚模胀形中，分瓣凸模 1 在向下移动时因锥形芯轴 2 的作用向外胀开，使毛坯 3 胀形成所需形状尺寸的工件。胀形结束后，分瓣凸模在顶杆 4 的作用下复位，便可取出工件。刚性凸模分瓣越多，所得到的工件精度越高。但模具结构复杂，成本较高。因此用分瓣凸模刚模胀形不宜加工形状复杂的零件。

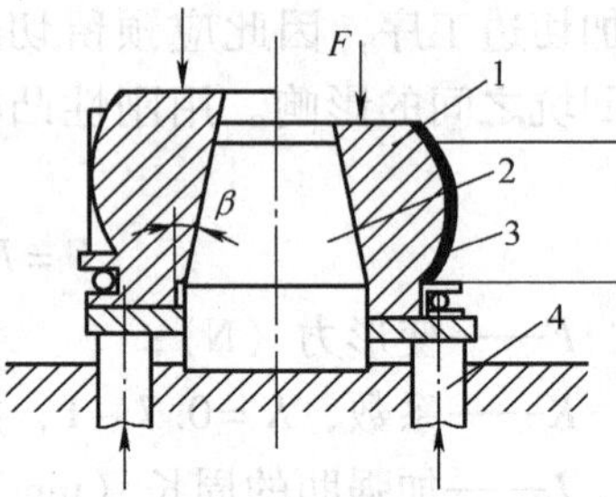

图 6-4　刚模胀形

1—分瓣凸模　2—芯轴

3—毛坯　4—顶杆

图 6-5 所示软模胀形中，凸模 1 将力传递给液体、气体、橡胶等软体介质 4，软体介质再将力作用于毛坯 3 使之胀形并贴合于可以对开的凹模 2 中，从而得到所需形状尺寸的工件。

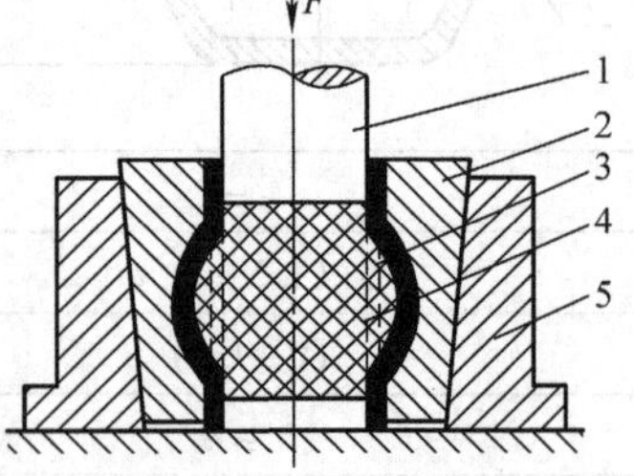

图 6-5　软模胀形

1—凸模　2—凹模　3—毛坯　4—软体介质　5—外套

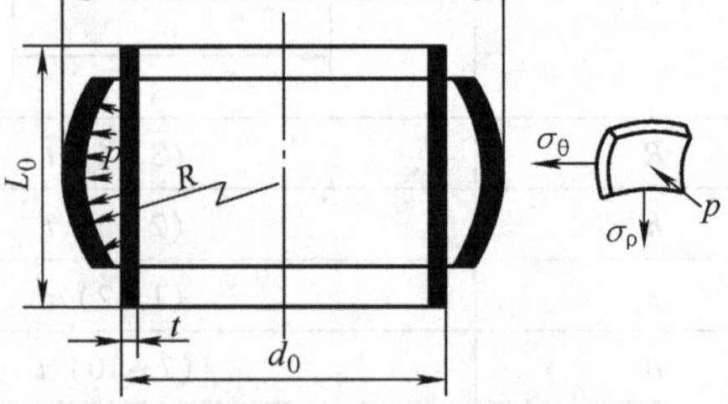

图 6-6　圆柱形空心毛坯胀形时的应力

圆柱形空心毛坯胀形时的应力状态如图 6-6 所示，其变形特点仍然是厚度减薄，表面积增加。

（1）胀形系数　空心毛坯胀形的变形程度用胀形系数表示。即

$$K = \frac{d_{max}}{d_0} \tag{6-4}$$

式中　K——胀形系数，极限胀形系数（d_{max} 达到胀破时的极限值 d'_{max} ）用 K_{max} 表示；

d_0——毛坯直径（mm）；

d_{max}——胀形后工件的最大直径（mm）。

极限胀形系数与工件切向伸长率的关系式为

$$\delta = \frac{\pi d'_{max} - \pi d_0}{\pi d_0} = K_{max} - 1 \tag{6-5}$$

$$K_{max} = 1 + \delta \tag{6-6}$$

表 6-3 所示为一些材料的极限胀形系数和切向许用伸长率 δ_w 的试验值。如采取轴向加压或对变形区局部加热等辅助措施，还可以提高极限变形程度。

表 6-3　极限胀形系数和切向许用伸长率

材　　料	牌　　号	厚度/mm	极限胀形系数	切向许用伸长率 $\delta_w \times 100$
纯铝	1070、1060	1.0	1.28	28
	1050、1035	1.5	1.32	32
	1200、8A06	2.0	1.32	32
铝合金	3A21-M	0.5	1.25	25
黄铜	H62	0.5~1.0	1.35	35
	H68	1.5~2.0	1.40	40
低碳钢	08F	0.5	1.20	20
	10，20	1.0	1.24	24
不锈钢	1Cr18Ni9T	0.5	1.26	26
		1.0	1.28	28

（2）胀形力　刚模胀形所需压力的计算公式可以根据力的平衡方程式推导得到，其表达式为

$$F = 2\pi Ht\sigma_b \frac{\mu + \tan\beta}{1 - \mu^2 - 2\mu\tan\beta} \tag{6-7}$$

式中　F——所需胀形压力（N）；

H——胀形后高度（mm）；

t——材料厚度（mm）；

μ——摩擦因数，一般 $\mu = 0.15 \sim 0.20$；

β——芯轴锥角，一般 $\beta = 8°$、$10°$、$12°$、$15°$；

σ_b——材料的抗拉强度（MPa）。

软模胀形圆柱形空心毛坯时，所需胀形压力 $F = Ap$，A 为成形面积，单位压力 p 可按下式计算

$$p = 2\sigma_b\left(\frac{t}{d_{max}} + m\frac{t}{2R}\right) \tag{6-8}$$

式中　σ_b——材料的抗拉强度（MPa）；

m——约束系数，当毛坯两端不固定且轴向可以自由收缩时，$m=0$；当毛坯两端固定且轴向不可以自由收缩时，$m=1$；

其他符号的意义见图 6-6 所示。

（3）胀形毛坯尺寸的计算　圆柱形空心毛坯胀形时，为增加材料在周围方向的变形程度和减小材料的变薄，毛坯两端一般不固定，使其自由收缩。因此，毛坯长度 L_0 应比工件长度增加一定的收缩量。毛坯长度可按下式近似计算

$$L_0 = L[1 + (0.3 \sim 0.6)\delta] + \Delta h \tag{6-9}$$

式中　L——工件的母线长度（mm）；

δ——工件切向伸长率（见式 6-5）；

Δh——修边余量，约 5～20mm。

（4）模具结构设计　罩盖胀形模如图 6-7 所示。侧壁靠聚氨脂橡胶 7 的胀压成形，底部靠压包凸模 3 和压包凹模 4 成形，将模具型腔侧壁设计成胀形下模 5 和胀形上模 6 便于取件。

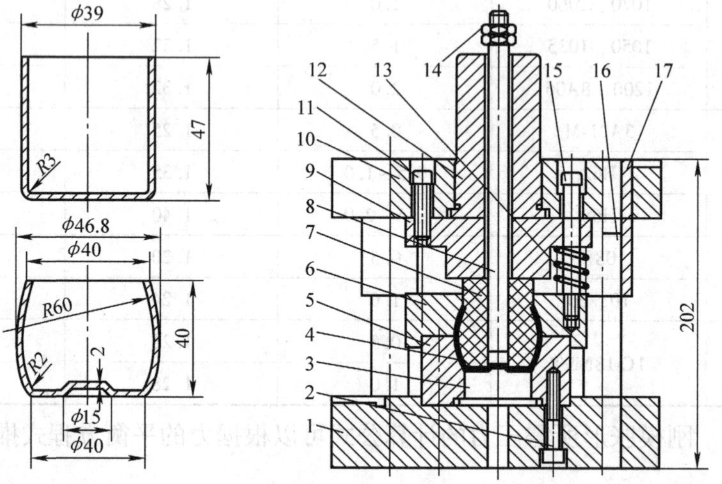

图 6-7　罩盖胀形模

1—下模板　2、11—螺栓　3—压包凸模　4—压包凹模　5—胀形下模　6—胀形上模　7—聚氨脂橡胶　8—拉杆　9—上固定板　10—上模板　12—模柄　13—弹簧　14—螺母　15—拉杆螺栓　16—导柱　17—导套

第二节　缩　口

缩口是将管坯或预先拉深好的圆筒形件通过缩口模将其口部直径缩小的一种成形方法，可用于子弹壳、炮弹壳、钢制气瓶、自行车车架立管、自行车坐垫鞍管、钢管拉拔等的缩口加工。对细长的管状类零件，有时用缩口代替拉深可取得更好的效果。与缩口相对应的是扩

口工序。

一、缩口成形特点与变形程度

1. 缩口成形特点

常见的缩口形式如图 6-8 所示，有斜口式、直口式和球面式。

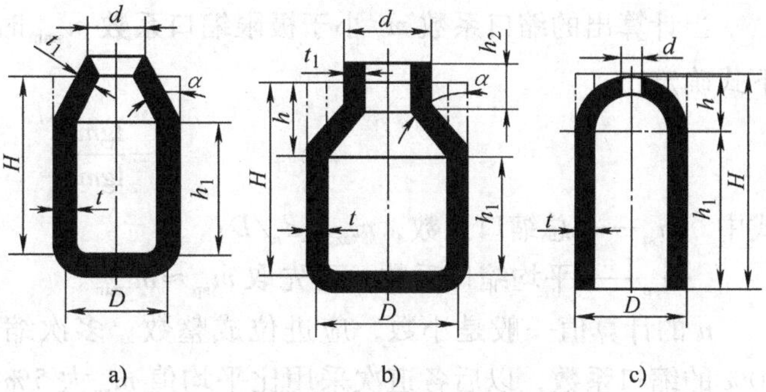

图 6-8　缩口形式

a）斜口式　b）直口式　c）球面式

缩口属于压缩类成形工序，其变形区的应力应变特点如图 6-9 所示。在缩口变形过程中，坯料变形区受两向压应力的作用，而切向压应力是最大主应力，使坯料直径减小，壁厚和高度增加，因而切向可能产生失稳起皱。同时，在非变形区的筒壁，在缩口压力 F 的作用下，轴向可能产生失稳变形。故缩口的极限变形程度主要受失稳条件限制，防止失稳是缩口工艺要解决的主要问题。

2. 变形程度

缩口变形程度用缩口系数 m_s 表示，其表达式为

$$m_s = d/D \tag{6-10}$$

式中　d——缩口后直径，(mm)；

D——缩口前直径，(mm)。

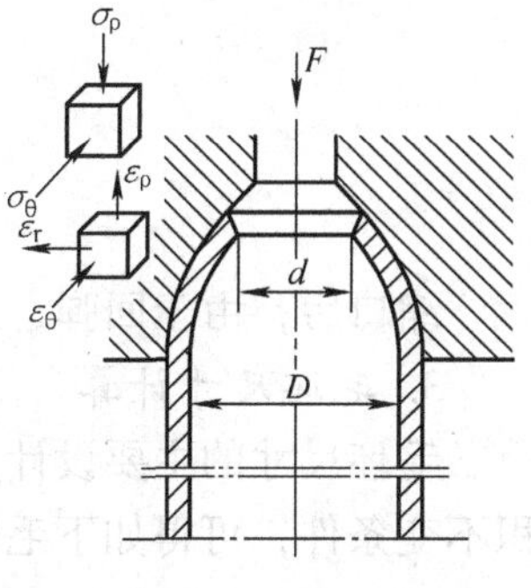

图 6-9　缩口变形应力、应变

缩口极限变形程度用极限缩口系数 m_{smin} 表示。m_{smin} 取决于对失稳条件的限制，其值大小主要与材料的力学性能、坯料厚度、模具的结构形式和坯料表面质量有关。材料的塑性好、屈强比值大，允许的缩口变形程度大（极限缩口系数 m_{smin} 小）；坯料越厚，抗失稳起皱的能力就越强，有利于缩口成形；采用内支承（模芯）模具结构，口部不易起皱；合理模角、小的锥面粗糙度值和好的润滑条件，可以降低缩口力，对缩口成形有利。当缩口变形所需压力大于筒壁材料失稳临界压力时，此时非变形区筒壁将先失稳，也将限制一次缩口的极限变形程度。

表 6-4 所示为一些材料在不同模具结构形式下的极限缩口系数。当计算出的缩口系数 m_s 小于表中值时，要进行多次缩口。

表 6-4　不同模具结构的极限缩口系数 m_{smin}

材　料	模具结构形式		
	无支承	外支承	内外支承
软钢	0.70～0.75	0.55～0.60	0.30～0.35
黄铜	0.65～0.70	0.50～0.55	0.27～0.32
铝	0.68～0.72	0.53～0.57	0.27～0.32
硬铝（退火）	0.73～0.80	0.60～0.63	0.35～0.40
硬铝（淬火）	0.75～0.80	0.68～0.72	0.40～0.43

二、缩口工艺计算

1. 缩口次数及其缩口系数确定

当计算出的缩口系数 m_s 小于极限缩口系数 m_{smin} 时，要进行多次缩口，其缩口次数 n 由下式确定：

$$n = \frac{\lg m_{sz}}{\lg m_{sp}} \tag{6-11}$$

式中 m_{sz}——总缩口系数，$m_{sz} = d_n/D$；

m_{sp}——平均缩口系数，可先取 $m_{sp} \approx m_{smin}$。

n 的计算值一般是小数，应进位成整数。多次缩口工序中第一次采用比平均值 m_{sp} 小 10% 的缩口系数，以后各道次采用比平均值 m_{sp} 大 5% ~10% 的缩口系数。考虑材料的加工硬化以及道次增加可能增加的生产成本等因素，缩口次数不宜过多。

2. 缩口直径计算

多次缩口时，最好每道缩口工序之后进行中间退火。各次缩口直径可参考下式确定

$$\begin{aligned} d_1 &= m_1 D \\ d_2 &= m_n d_1 = m_1 m_n D \\ d_3 &= m_n d_2 = m_1 m_n^2 D \\ &\vdots \\ d_n &= m_n d_{n-1} = m_1 m_n^{n-1} D \end{aligned} \tag{6-12}$$

缩口后，由于回弹，工件直径要比模具尺寸增大 0.5% ~0.8%。

3. 毛坯尺寸计算

毛坯尺寸的主要设计参数是缩口毛坯高度 H。按照图 6-8 所示不同的缩口形式，根据体积不变条件，可得如下毛坯高度计算式

斜口形式 $$H = 1 \sim 1.05\left[h_1 + \frac{D^2 - d^2}{8D\sin\alpha}\left(1 + \sqrt{\frac{D}{d}}\right)\right] \tag{6-13}$$

直口形式 $$H = 1 \sim 1.05\left[h_1 + h_2\sqrt{\frac{d}{D}} + \frac{D^2 - d^2}{8D\sin\alpha}\left(1 + \sqrt{\frac{D}{d}}\right)\right] \tag{6-14}$$

球面形式 $$H = h_1 + \frac{1}{4}\left(1 + \sqrt{\frac{D}{d}}\right)\sqrt{D^2 - d^2} \tag{6-15}$$

4. 缩口力

只有外支承的缩口压力，可按下式估算

$$F = k\left[1.1\pi D t_0 \sigma_b \left(1 - \frac{d}{D}\right)(1 + \mu\cot\alpha)\frac{1}{\cos\alpha}\right] \tag{6-16}$$

式中 F——缩口力（N）；

k——速度系数，用曲柄压力机时 $k = 1.15$；

σ_b——材料的抗拉强度（MPa）；

μ——工件与凹模接触面的摩擦因数；

其他符号意义见图 6-8。

值得注意的是，当缩口变形所需压力大于筒壁材料失稳临界压力时，此时筒壁将先失

稳，缩口就无法进行。此时，要对有关工艺参数进行调整。

三、缩口模的结构

1. 缩口模的结构形式及选择

缩口模结构根据支承情况分为无支承、外支承和内外支承三种形式，如图6-10a、b、c所示。

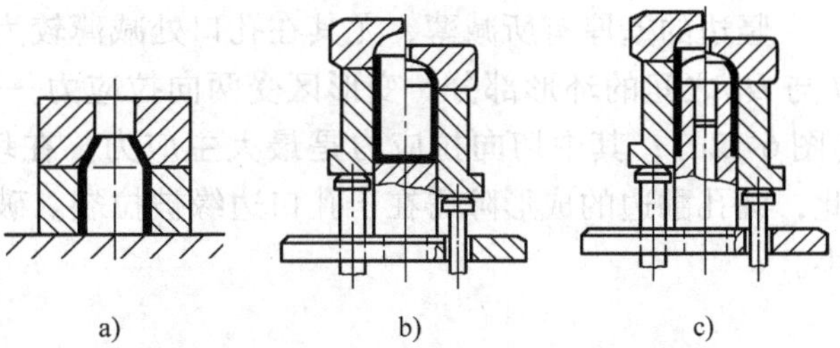

图6-10　不同支承方法的缩口模

a）无支承形式　b）外支承形式　c）内外支承形式

图6-10a所示为无支承形式，其模具结构简单，但缩口过程中坯料稳定性差。

图6-10b所示为外支承形式，缩口时坯料的稳定性较前者好。

图6-10c所示为内外支承形式，其模具结构较前两种复杂，但缩口时坯料的稳定性最好。

可根据缩口变形情况和缩口件的尺寸精度要求选取相应的支承结构。

2. 缩口凹模锥角的确定

缩口凹模锥角的正确选用很关键。在相同缩口系数和摩擦因数条件下，锥角越小缩口变形力在轴向的分力越小，但同时变形区范围增大使摩擦阻力增加，所以理论上应存在合理锥角$\alpha_{合}$，在此合理锥角缩口时缩口力最小，变形程度得到提高。通常可取$\alpha_{合}\approx 52.5°/2$，一般使$\alpha<45°$，最好使$\alpha<30°$。

由于缩口变形后的回弹，使缩口工件的尺寸往往比凹模内径的实际尺寸稍大。因此，对有配合要求的缩口件，在模具设计时应进行修正。

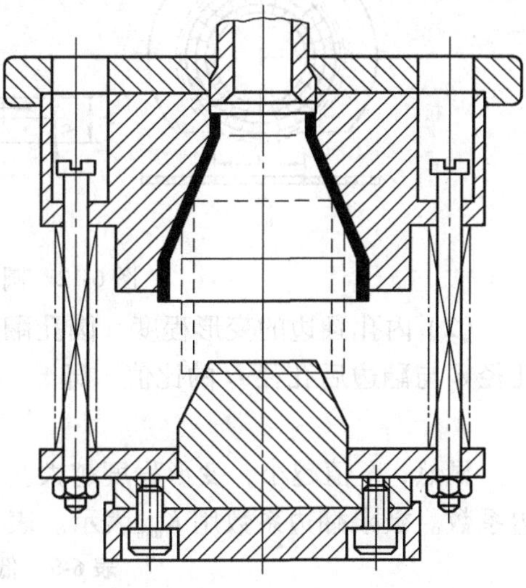

图6-11　缩口与扩口复合模

图6-11所示为缩口与扩口复合模，可以得到特别大的直径差。

第三节　翻　　边

翻边是将毛坯或半成品的外边缘或孔边缘沿一定的曲线翻成竖立的边缘的冲压方法。当翻边的沿线是一条直线时，翻边变形就转变成为弯曲，所以也可以说弯曲是翻边的一种特殊形式。但弯曲时毛坯的变形仅局限于弯曲线的圆角部分，而翻边时毛坯的圆角部分和边缘部分都是变形区，所以翻边变形比弯曲变形复杂得多。根据坯料的边缘状态和应力、应变状态的不同，翻边可以分为内孔翻边和外缘翻边，也可分为伸长类翻边和压缩类翻边。

一、内孔翻边

1. 圆孔翻边

（1）内孔翻边的变形特点　将画有等距离的坐标网格（图6-12a）的坯料，放入翻边模内进行翻边（图6-12b）。翻边后从图6-12b所示的冲件坐标网格的变化可以看出：坐标网格由扇形变成了矩形，说明金属沿切向伸长，越靠近孔口伸长越大。同心圆之间的距离变化不明显，即金属在径向变形很小。

竖边的壁厚有所减薄，尤其在孔口处减薄较为显著。由此不难分析，翻边是坯料变形区 d 与 D_1 之间的环形部分。变形区受两向拉应力——切向拉应力 σ_1 和径向拉应力 σ_2 的作用（图 6-12c）；其中切向拉应力是最大主应力。在坯料孔口处，切向拉应力达到最大值。因此，圆孔翻边的成形障碍在于孔口边缘被拉裂。破坏的条件取决于翻边时材料变形程度的大小。

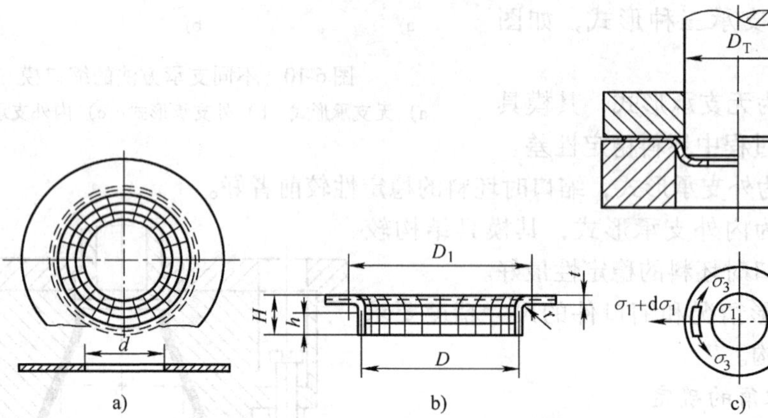

图 6-12　圆孔翻边时的应力与变形情况

（2）内孔翻边的变形程度　圆孔翻边的变形程度用翻边系数 K 表示。翻边系数为翻边前孔径 d 与翻边后孔径 D 的比值。即

$$K = d/D \tag{6-17}$$

显然，K 值越小，变形程度越大。当翻边孔边不破裂所能达到的最小翻边系数为极限翻边系数。极限翻边系数用 K_{min} 表示。表 6-5 给出了低碳钢的一组极限翻边系数值。

表 6-5　低碳钢的极限翻边系数 K_{min}

凸模形状	预制孔形状	预制孔相对直径 d/t									
		100	50	35	20	15	10	8	5	3	1
球形凸模	钻孔	0.70	0.60	0.52	0.45	0.40	0.36	0.33	0.30	0.25	0.20
	冲孔	0.75	0.65	0.57	0.52	0.48	0.45	0.44	0.42	0.42	—
平底凸模	钻孔	0.80	0.70	0.60	0.50	0.45	0.42	0.40	0.30	0.30	0.25
	冲孔	0.85	0.75	0.65	0.60	0.55	0.52	0.50	0.47	0.47	—

注：采用表中 K_{min} 值，实际翻边时，为预防口部裂纹，须将翻边系数加大 10% ~15%。

（3）内孔翻边时极限翻边系数的影响因素　极限翻边系数与许多因素有关，主要有：

1）材料的塑性。材料的延伸率 δ、应变硬化指数 n 和各向异性系数 r 越大，极限翻边系数就越小，越有利于翻边。

2）孔的加工方法。预制孔的加工方法决定了孔的边缘状况。孔的边缘无毛刺、撕裂、硬化层等缺陷时，极限翻边系数就越小，有利于翻边。目前，预制孔主要用冲孔或钻孔方法加工。数据显示，钻孔比一般冲孔的 K_{min} 小。采用常规冲孔方法生产效率高，特别适宜加工较大的孔。但会形成孔口表面的硬化层、毛刺、撕裂等缺陷，导致极限翻边系数变大。采取冲孔后进行热处理退火、修孔或沿与冲孔方向相反的方向进行翻孔使毛刺位于翻孔内侧等方法，能获得较低的极限翻边系数。用钻孔后去毛刺的方法，也能获得较低的极限翻边系数，

但生产效率要低一些。

3）预制孔的相对直径。如表6-5所示，预制孔的相对直径 d/t 越小，极限翻边系数越小，越有利于翻边。

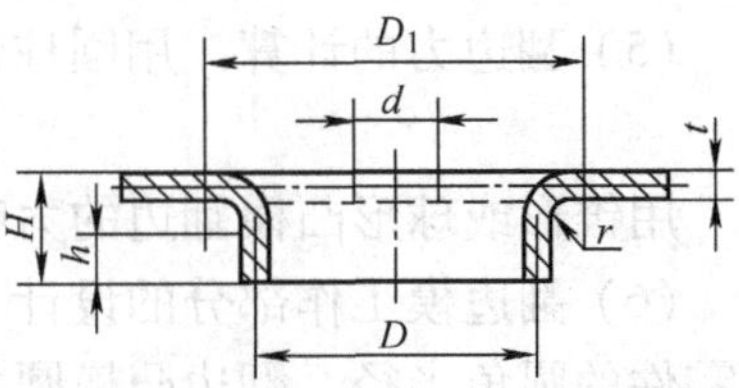

图6-13 平板冲孔、翻边尺寸计算

4）凸模的形状。如表6-5所示，球形凸模的极限翻边系数比平底凸模的小。此外，抛物面、锥形面和较大圆角半径的凸模也比平底凸模的极限翻边系数小。因为在翻边变形时，球形或锥形凸模是凸模前端最先与预制孔口接触，在凹模口区产生的弯曲变形比平底凸模的小，更容易使孔口部产生塑变形。所以相同翻边孔径 D 和材料厚度 t 时，可以翻边的预制孔径更小，因而极限翻边系数就越小。

（4）内孔翻边的工艺设计计算

1）平板坯料翻边的工艺计算。当翻边系数 K 大于极限翻边系数 K_{min} 时，可采用平板坯料冲孔、翻边成形工艺。图6-13所示是平板毛坯上一次翻孔示意图，d 与 H 按下式计算

$$d = D - 2(H - 0.43r - 0.72t) \tag{6-18}$$

竖边高度为

$$H = \frac{D}{2}\left(1 - \frac{d}{D}\right) + 0.43r + 0.72t \tag{6-19}$$

或

$$H = \frac{D}{2}(1 - K) + 0.43r + 0.72t$$

如果以极限翻边系数 K_{min} 代入，则可求出一次翻可达到的最大极限高度 H_{max}

$$H_{max} = \frac{D}{2}(1 - K_{min}) + 0.43r + 0.72t \tag{6-20}$$

式（6-20）是按中性层长度不变的原则推导的，是近似公式，生产实际中往往通过试冲来检验和修正计算值。当 $K \leqslant K_{min}$ 时，可采用多次翻边。但由于在第二次翻边前往往要将中间毛坯进行软化退火，故该方法较少采用。对于一些较薄料的小孔翻边，可以不先加工预制孔，而是使用带尖的锥形凸模在翻边时先完成刺孔继而进行翻边的方法。

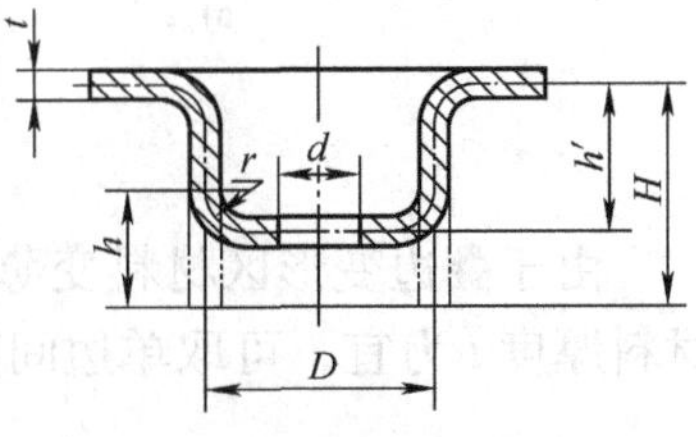

图6-14 预先拉深的翻边

2）先拉深后冲底孔再翻边的工艺计算。当 $K \leqslant K_{min}$ 时，可采用预先拉深，在底部冲孔然后再翻边的方法。在这种情况下，应先决定预拉深后翻边所能达到的最大高度，然后根据翻边高度及零件高度来确定拉深高度及预冲孔直径，如图6-14所示。先拉深后翻边的高度 h 为

$$h = \frac{D-d}{2} + 0.57r = \frac{D}{2}(1 - K) + 0.57r \tag{6-21}$$

用 K_{min} 代替 K，则可求得翻边的极限高度 h_{max} 为

$$h_{max} = \frac{D}{2}(1 - K_{min}) + 0.57r \tag{6-22}$$

此时，预先冲孔的直径 d 为

$$d = K_{min}D \quad 或 \quad d = D + 1.14r - 2h_{max} \tag{6-23}$$

拉深高度 h' 为

$$h' = H - h_{max} + r \tag{6-24}$$

先拉深后翻边的方法是一种很有效的方法。但若是先加工预制孔后拉深，则孔径有可能在拉深过程中变大，使翻边后达不到要求的高度，这一点应加以考虑。

（5）翻边力的计算　用圆柱形平底凸模翻边时，可按下式计算

$$F = 1.1\pi(D - d)t\sigma_s \tag{6-25}$$

用锥形或球形凸模翻边的力略小于式（6-25）计算的值。

（6）翻边模工作部分的设计　翻边凹模圆角半径一般对翻边成形影响不大，可取该值等于零件的圆角半径。翻边凸模圆角半径应尽量取大些，以便有利于翻边变形。翻边凸模的形状有平底形、曲面形（球形、抛物线形等）和锥形。图6-15所示为几种常见的翻边凸模的结构形状。图中凸模直径 D_0 段为凸模工作部分，凸模直径 d_0 段为导正部分。其中：图6-15a所示为带导正销的锥形凸模，当竖边高度不高、竖边直径大于10mm时，可设计整形台阶，相反可不设整形台阶。当翻边模采用压边圈时也可不设整形台阶。图6-15b所示为一种双圆弧形无导正销的曲面形凸模，当竖边直径大于6mm时用平底，竖边直径小于或等于6mm时用圆底。图6-15c所示为带导正销的竖边直径小于4mm时可同时冲孔和翻边的凸模。此外，还有用于无预制孔的带尖锥形凸模。

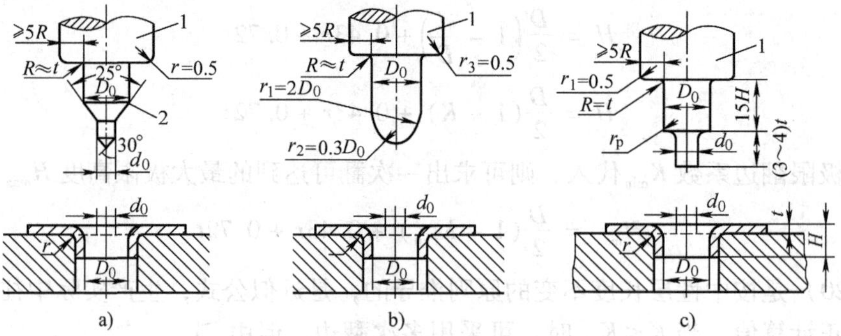

图6-15　翻边凸、凹模形状及尺寸

1—整形台阶　2—锥形过渡部分

由于翻边变形区材料变薄，为了保证竖边的尺寸及其精度，翻边凸、凹模间隙以稍小于材料厚度 t 为宜，可取单边间隙 Z 为

$$Z = (0.75 \sim 0.85)t \tag{6-26}$$

式（6-26）中0.75用于拉深后冲孔翻边，0.85用于平坯冲孔翻边。若翻边成螺纹底孔或需与轴配合的小孔，则取 $Z = 0.7t$ 左右。

2. 非圆孔翻边

图6-16所示为非圆孔翻边。从变形情况看，可以沿孔边分成Ⅰ、Ⅱ、Ⅲ三种性质不同的变形区，其中只有Ⅰ区属于圆孔翻边变形，Ⅱ区为直边，属于弯曲变形，而Ⅲ区和拉深变形相似。由于Ⅱ和Ⅲ区两部分的变形性质可以减轻Ⅰ部分的变形程度，因此非圆孔翻边系数可以小于圆孔翻边系数。非圆孔翻边较圆孔翻边的极限翻边系数要小一些，其值可按下式近似计算

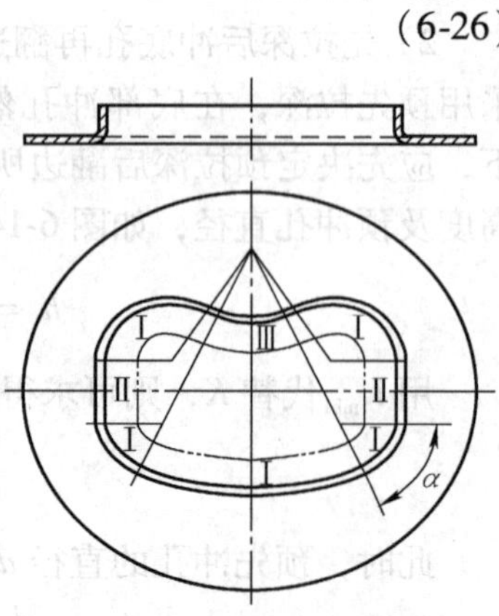

图6-16　非圆孔翻孔

$$K'_{min} = K_{min}\alpha/180 \tag{6-27}$$

式中　K'_{min}——非圆孔翻边的极限翻边系数；

K_{min}——圆孔翻边的极限翻边系数；

α——曲率部位中心角。

式（6-27）只适用于中心角 $\alpha \leqslant 180°$。当 $\alpha > 180°$或直边部分很短时，直边部分的影响已不明显，极限翻边系数的数值按圆孔翻边计算。

二、平面外缘翻边

平面外缘翻边可分为内凹外缘翻边和外凸缘翻边。由于不是封闭轮廓，故变形区内沿翻边线上的应力和变形是不均匀的，如图 6-17 所示。各自特点如下：

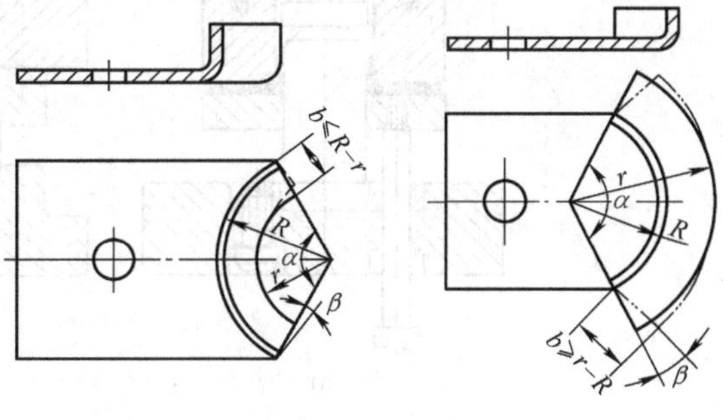

图 6-17　外缘翻边

a）内凹外缘翻边　b）外凸缘翻边

图 6-17a 所示为内凹外缘翻边，其应力应变特点与内孔翻边近似，变形区主要受切向拉应力作用，于伸长类平面翻边，材料变形区外缘边所受拉伸变形最大，容易开裂。

图 6-17b 所示为外凸缘翻边，有的书上也称为折边，其应力应变特点类似于浅拉深，变形区主要受切向压应力作用，属于压缩类平面翻边，材料变形区受压缩变形容易失稳起皱。

内凹外缘翻边的变形程度用翻边系数 $\varepsilon_{伸}$ 表示

$$\varepsilon_{伸} = \frac{b}{R-b} \tag{6-28}$$

式中 R、b 的含义见图 6-17a，内凹外缘翻边时 $b \leqslant R-r$，外凸缘翻边时 $b \geqslant r-R$。

外凸缘翻边的变形程度用翻边系数 $\varepsilon_{压}$ 表示：

$$\varepsilon_{压} = \frac{b}{R+b} \tag{6-29}$$

式中 R、b 的含义见图 6-17b。外凸缘翻边时 $b \geqslant r-R$。

内凹外缘翻边的极限变形程度主要受材料变形区外缘边开裂的限制，外凸缘翻边的极限变形程度主要受材料变形区失稳起皱的限制。假如在相同翻边高度的情况下，曲率半径 R 越小，$\varepsilon_{伸}$ 和 $\varepsilon_{压}$ 越大，变形区的切向应力和切向应变的绝对值越大；相反，当 R 趋向于无穷大时，$\varepsilon_{伸}$ 和 $\varepsilon_{压}$ 为零，此时变形区的切向应力和切向应变值为零，翻边变成弯曲。

三、翻边模结构

翻边模的结构与一般拉深模相似，所不同的是翻边模的凸模圆角半径一般较大，甚至做成曲面形状。图 6-18a 所示为内孔翻边模。图 6-18b 所示为内、外缘同时翻边的模具。

图 6-19 所示为落料、拉深、冲孔、翻边复合模。凸凹模 8 与落料凹模 4 均固定在固定板 7 上，以保证同轴度。冲孔凸模 2 压入凸凹模 1 内，并以垫片 10 调整它们的高度差，以此控制冲孔前的拉深高度，确保翻出合格的零件高度。该模的工作顺序是：上模下行，首先在凸凹模 1 和落料凹模 4 的作用下落料。上模继续下行，在凸凹模 1 和凸凹模 8 相互作用下将坯料拉深，冲床缓冲器的力通过顶杆 6 传递给顶件块 5 并对坯料施加压料力。当拉深到一定深度后由冲孔凸模 2 和凸凹模 8 进行冲孔并翻边。当上模回升时，在顶件块 5 和推件块 3

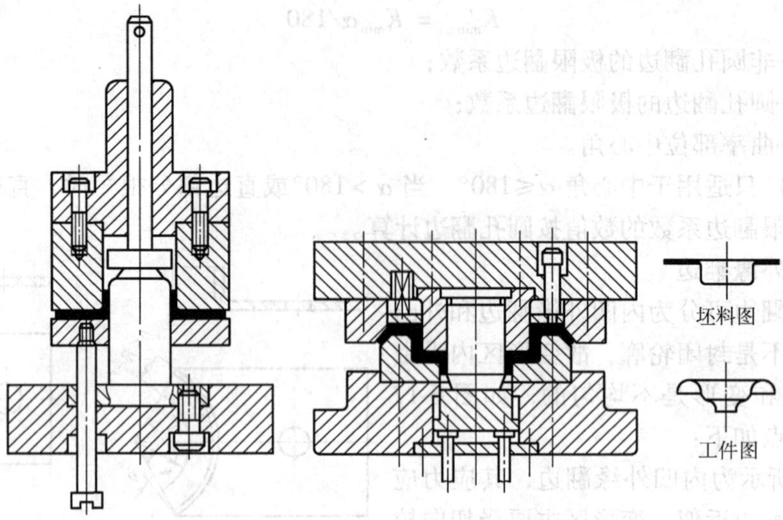

a)　　b)

图 6-18　翻边模结构

a）内孔翻边模　b）内、外缘同时翻边的模具

的作用下将工件顶出，条料由卸料板 9 卸下。

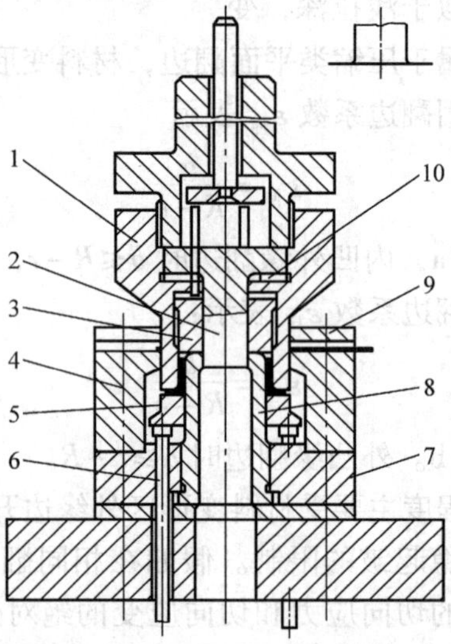

图 6-19　落料、拉深、冲孔、翻孔复合模

1、8—凸凹模　2—冲孔凸模　3—推件块　4—落料凹模

5—顶件块　6—顶杆　7—固定板　9—卸料板　10—垫片

第四节　冷　挤　压

冷挤压是指在室温下对金属坯料施加压力，使其产生塑性变形，并从模具凹模孔或凸、凹模间隙之间挤出，从而获得所需工件的加工方法。

一、冷挤压分类

根据冷挤压时金属流动方向和凸模运动方向的关系，可以将冷挤压分为正挤压、反挤压、复合挤压和径向挤压。

1. 正挤压

正挤压的金属流动方向与凸模的运动方向相同，如图6-20所示。

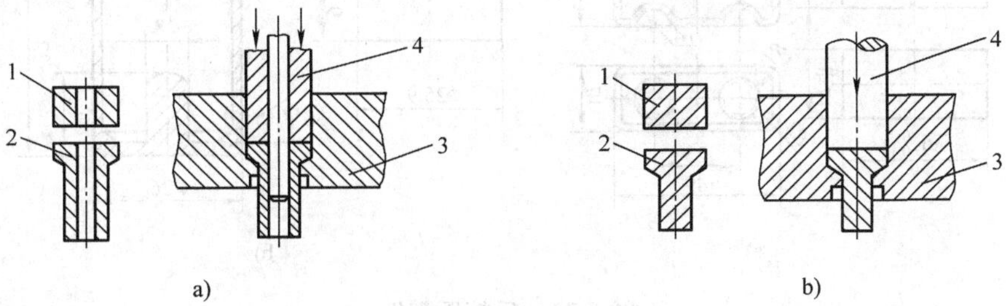

图6-20　正挤压

1—坯料　2—挤压件　3—凹模　4—凸模

正挤压可以利用空心毛坯或实心毛坯制造各种形状的空心或实心零件，如图6-21a和b所示。

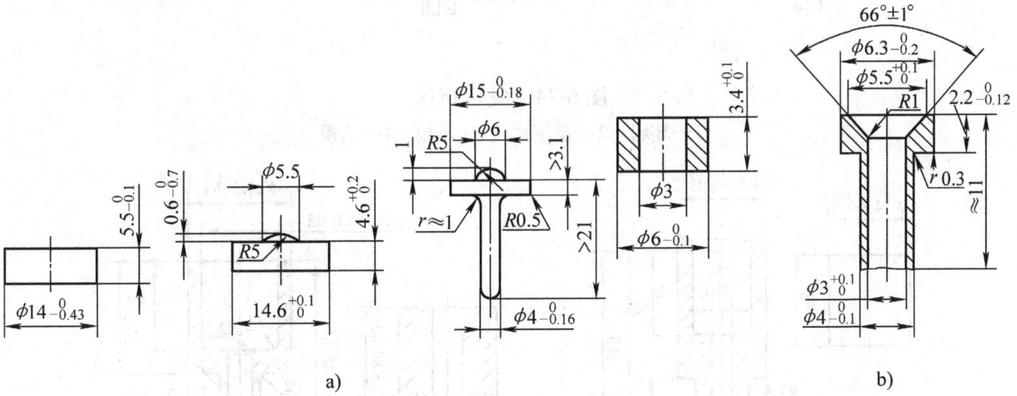

图6-21　正挤压零件

2. 反挤压

反挤压的金属流动方向与凸模的运动方向相反，如图6-22所示。

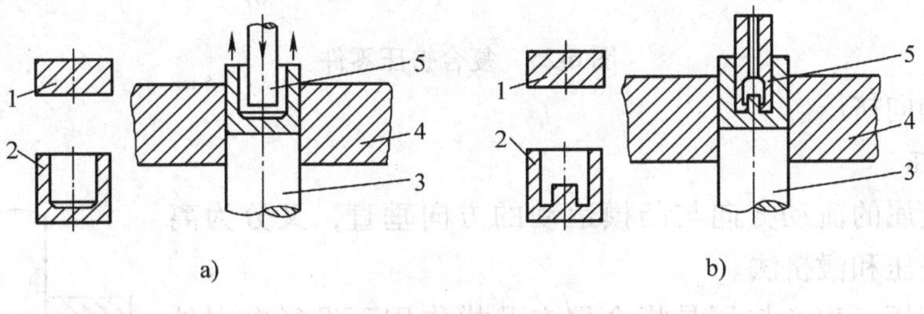

图6-22　反挤压

1—坯料　2—挤压件　3—顶杆　4—凹模　5—凸模

反挤压可以用来制造各种形状的杯形零件和空心零件，如图6-23所示。

3. 复合挤压

挤压时金属朝凸模运动方向和相反方向同时运动，如图6-24所示。

复合挤压可以用来制造各种形状的零件，如图6-25所示。

以上正挤压、反挤压、复合挤压三种挤压方式中金属的流动方向都与凸模运动的方向平

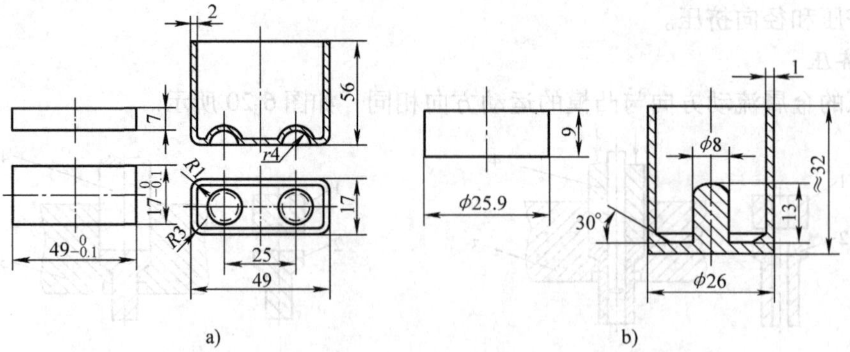

图 6-23　反挤压零件

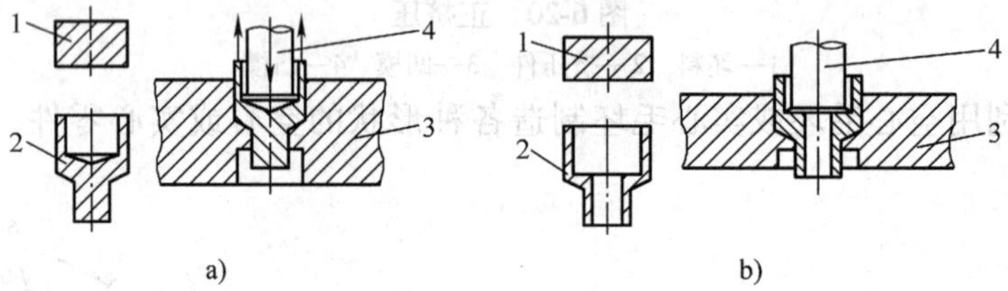

图 6-24　复合挤压

1—坯料　2—挤压件　3—凹模　4—凸模

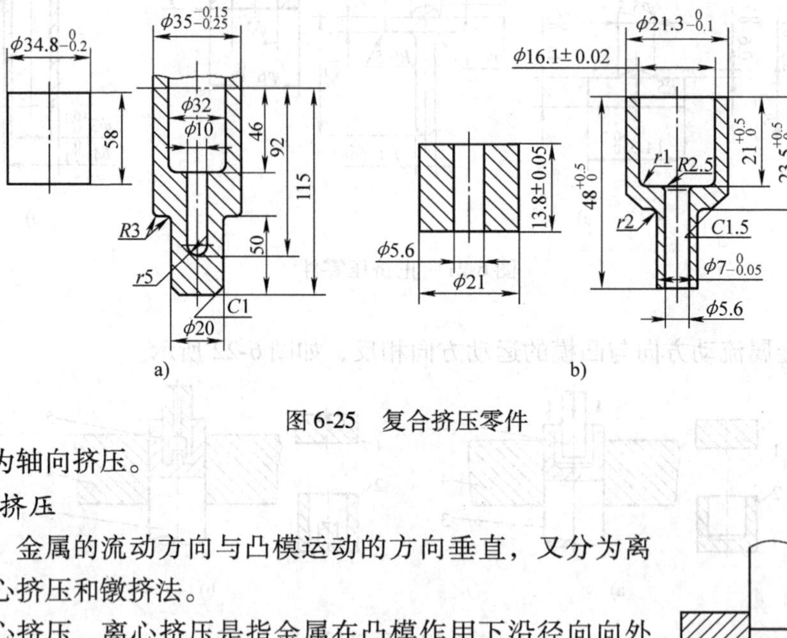

图 6-25　复合挤压零件

行，也统称为轴向挤压。

4. 径向挤压

挤压时，金属的流动方向与凸模运动的方向垂直，又分为离心挤压、向心挤压和镦挤法。

（1）离心挤压　离心挤压是指金属在凸模作用下沿径向向外流动，如图 6-26 所示。

（2）向心挤压　向心挤压是指金属在凸模作用下沿径向向内流动，冷镦工艺实际上就是离心径向挤压。径向挤压主要用于制造带凸缘的零件，如图 6-27 所示。

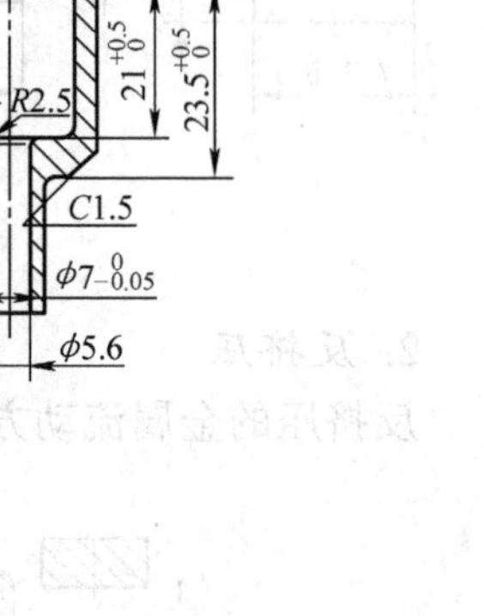

图 6-26　离心挤压零件

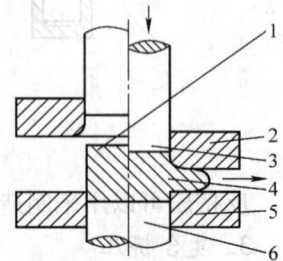

1—坯料　2—上模　3—凸模　4—挤压件　5—下模　6—顶杆

（3）镦挤法　镦挤法是将上述轴向挤压和径向挤压联合起来的加工方法，能够成形较为复杂的零件，可以挤压出单独采用轴

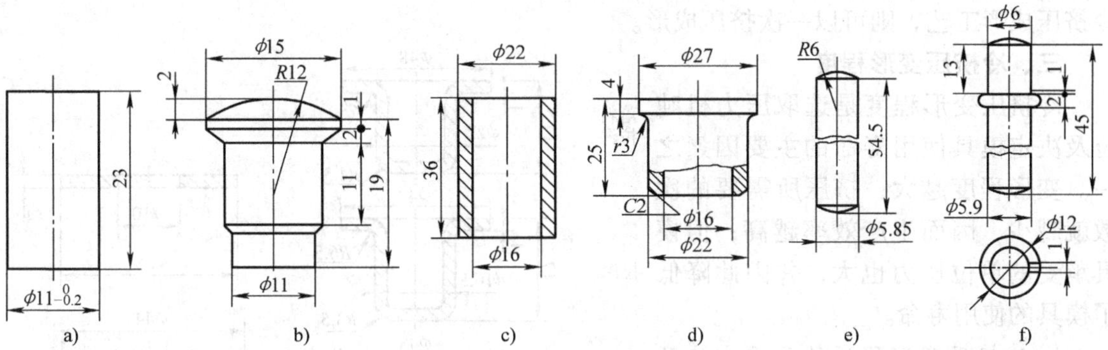

图 6-27　向心挤压零件

向或径向冷挤压难以成形的零件。图 6-28 所示为镦挤法成形的支承杆。

二、冷挤压特点及应用

1. 冷挤压的特点

1）坯料变形区塑性好，变形抗力大，对模具强度、刚度要求高。

2）冷挤压零件质量高。冷挤压可以直接获得尺寸精确、表面粗糙度值小的零件。其尺寸公差一般可以达到 IT7 级，表面粗糙度 R_a 可以达到 1.6 ~ 0.2μm。同时在挤压过程中，材料内部组织致密，强度、刚度高，疲劳强度较高；挤压时材料产生冷作硬化，零件表面硬度高，耐磨性、抗腐蚀性和抗疲劳性较好。

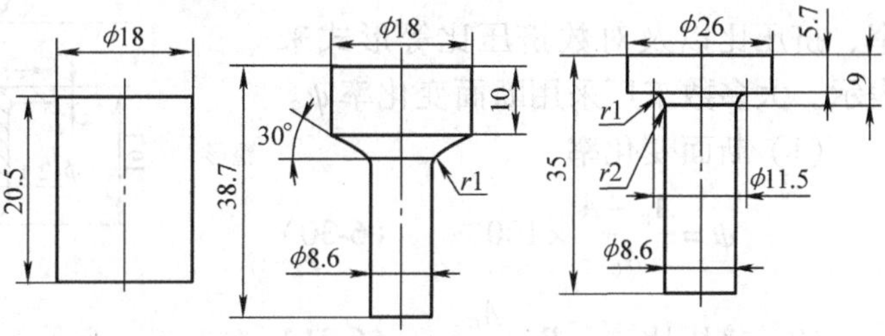

图 6-28　镦挤法成形零件

3）生产效率高。冷挤压是利用挤压模具在压力机上一次冲程完成一道工序或一个工件。如图 6-29 所示冷挤压零件，由于采用了冷挤压成形方式代替切削加工，其生产效率成倍提高。

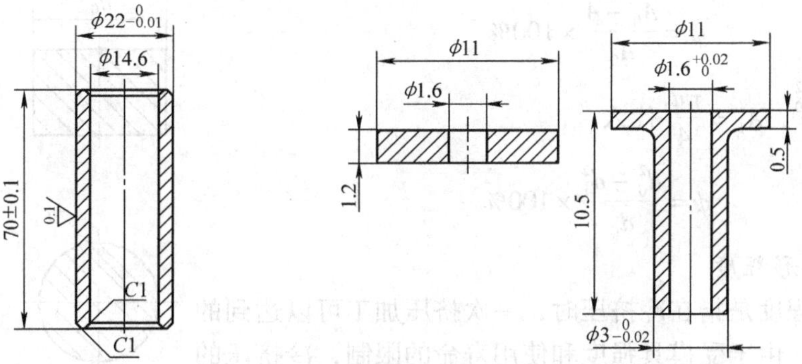

图 6-29　冷挤压零件

4）节约原材料，降低成本。冷挤压属于少无切削加工，材料利用率可达 70% ~95%。与传统加工方法相比，减少了零件的加工工序，提高了生产效率，使制件成本大大降低。

5）可挤压形状复杂的零件。在挤压过程中，坯料处于较强的压力作用，有利于金属的塑性变形，能产生较大的变形程度，因此可以加工形状较复杂的零件。

2. 冷挤压的应用

如图 6-30 所示的纯铝仪表零件，过去采用拉深、整形、冲底孔等共五道工序，而改用冷挤压成形工艺，则可以一次挤压成形。

三、冷挤压变形程度

冷挤压变形程度是选取压力机吨位及决定模具使用寿命的主要因素之一。变形程度越大，挤压所需要的次数就越少，因而生产效率越高；但模具承受的单位压力也大，并因此降低了模具的使用寿命。

1. 冷挤压变形程度的表示方法及计算

冷挤压变形程度可以用断面变化率、挤压比以及对数挤压比等形式来表示。大多数工厂采用断面变化率 ψ。

(1) 断面变化率

$$\psi = \frac{A_0 - A}{A_0} \times 100\% \qquad (6\text{-}30)$$

(2) 挤压比　　$R = \dfrac{A_0}{A}$　　(6-31)

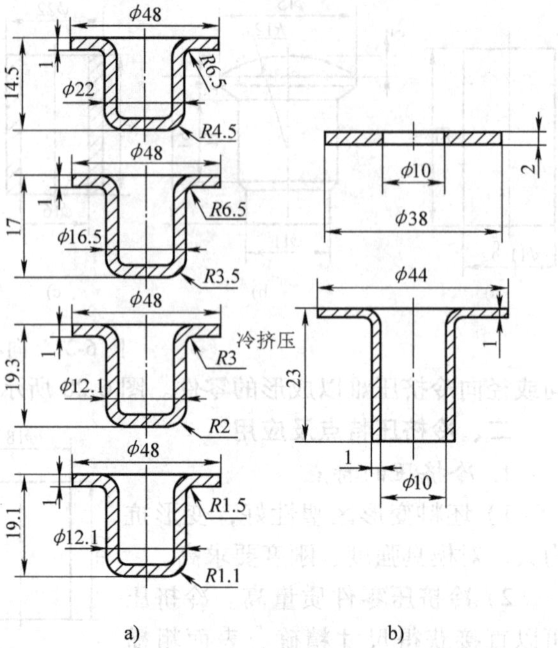

图 6-30　纯铝仪表零件

(3) 对数挤压比

$$\phi = \ln \frac{A_0}{A} \qquad (6\text{-}32)$$

式中　A_0——坯料横截面积（mm^2）；

A——挤压件横截面积（mm^2）。

例 6-1　如图 6-31 所示，该零件断面变化率为

$$\psi = \frac{A_0 - A}{A_0} \times 100\%$$

将 $A_0 = \dfrac{\pi d_0^2}{4}$，$A_1 = \dfrac{\pi d_1^2}{4}$ 代入

$$\psi = \frac{d_0^2 - d_1^2}{d_0^2} \times 100\%$$

图 6-31　断面变化率

2. 极限变形程度

极限变形程度是指在冷挤压时，一次挤压加工可以达到的最大变形程度。由于受模具强度和使用寿命的限制，冷挤压的极限变形程度，实际上是指在模具强度允许的条件下保证模具一定使用寿命的一次挤压变形程度。

影响极限变形程度的因素主要有：

1）模具本身的许用单位压力（模具钢的单位压力一般不宜超过 2500～3000MPa）。

2）挤压金属产生塑性变形所需要的单位挤压力。

3）挤压变形方式，一般采用正挤压时极限变形程度大于反挤压的极限变形程度。

4）挤压模具的几何形状越合理，单位挤压力越低，可以采用较大的极限变形程度。

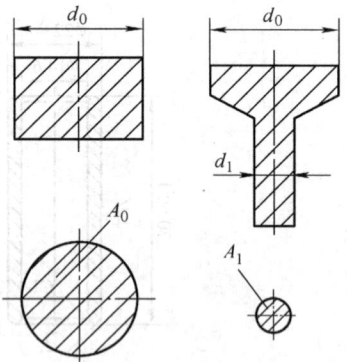

5）毛坯表面处理与润滑，即毛坯表面处理与润滑越好，则极限变形程度越大。

对于一定的模具钢，在一定几何形状的模具上冷挤，极限变形程度决定于被挤压材料的种类和挤压方式。表6-6所示为部分有色金属的极限变形程度。而对于碳钢，各种挤压方式的极限变形程度取决于被挤压材料的硬度和含碳量。

表6-6　有色金属一次挤压时的极限变形程度

金属名称	断面变化率 ψ（%）		备　注
铝、锡、铅、锌、防锈铝、无氧铜等软金属	正挤	95～99	低强度金属取上限，高强度金属取下限
	反挤	90～99	
硬铝、纯铜、黄铜、镁	正挤	90～95	
	反挤	75～90	

图6-32、图6-33及图6-34所示分别为碳钢正挤压实心件、正挤压空心件及反挤压杯形件的冷挤极限变形程度。图中斜线以下是许用区域，斜线以上为待发展区域，斜线本身的宽度为过渡区域。过渡区域的上限适用于模具钢质量好、润滑好的条件；过渡区域的下限适用于模具钢质量和润滑一般的情况。该图表是按模具许用单位压力2500MPa，坯料经过退火、磷化、润滑处理后进行挤压实验而得到的。

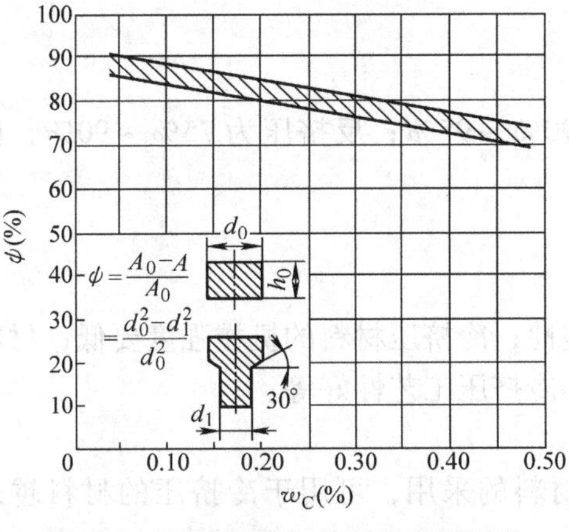

图6-32　正挤压实心件极限变形程度

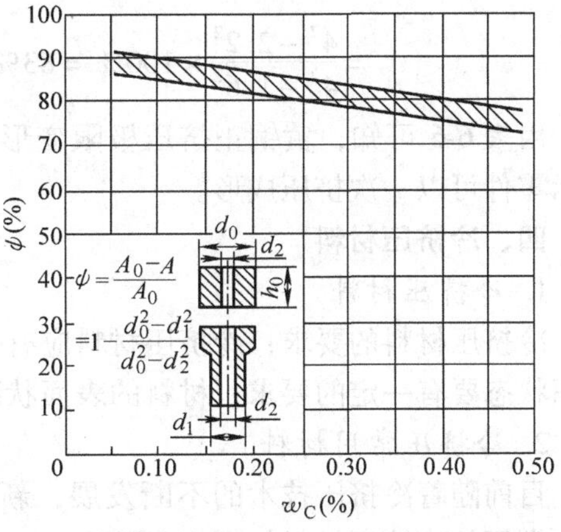

图6-33　正挤压空心件极限变形程度

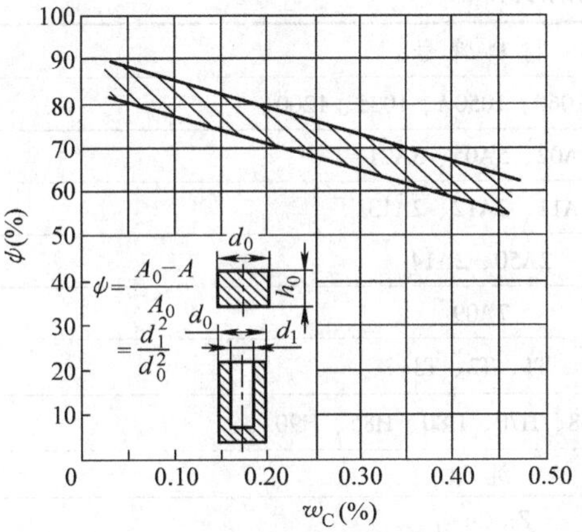

图6-34　反挤压杯形件极限变形程度

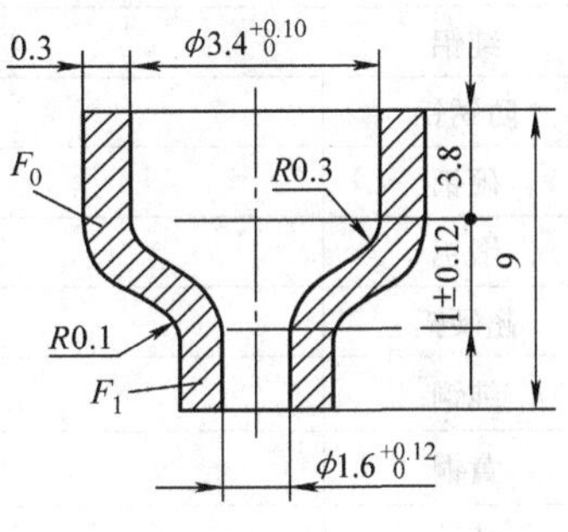

图6-35　复合挤压件

挤压件毛坯尺寸确定以后，必须校核其变形程度。当计算变形程度小于极限变形程度时，可以一次挤压成形，否则，需要两道或两道以上的挤压工序。

对于复合挤压零件变形程度的校核，应分别进行，只有正、反挤压的变形程度均在许用的变形程度范围内时，零件才有可能一次挤压成形。

复合挤压的变形力略小于单纯的单向挤压力，因此变形程度可以取比单向挤压力略大的许用值。

例 6-2　如图 6-35 所示挤压件，材料 H62，试校核其变形程度。

$$\psi_{正}=\frac{A_0-A}{A_0}\times100\%=\frac{\left(\frac{\pi\times4^2}{4}-\frac{\pi\times1.6^2}{4}\right)-\left(\frac{\pi\times4^2}{4}-\frac{\pi\times3.4^2}{4}\right)}{\frac{\pi\times4^2}{4}-\frac{\pi\times1.6^2}{4}}\times100\%$$

$$=\frac{3.4^2-1.6^2}{4^2-1.6^2}\times100\%=67\%$$

$$\psi_{反}=\frac{A_0-A}{A_0}\times100\%=\frac{\left(\frac{\pi\times4^2}{4}-\frac{\pi\times1.6^2}{4}\right)-\left(\frac{\pi\times2.2^2}{4}-\frac{\pi\times1.6^2}{4}\right)}{\frac{\pi\times4^2}{4}-\frac{\pi\times1.6^2}{4}}\times100\%$$

$$=\frac{4^2-2.2^2}{4^2-1.6^2}\times100\%=83\%$$

由表 6-6 可知，黄铜正挤压极限变形程度为 90%～95%；反挤压为 75%～90%，因此图示零件可以一次挤压成形。

四、冷挤压材料

1. 冷挤压材料

冷挤压材料的要求：冷挤压材料应有一定的塑性；冷挤压材料的机械强度要低；材料的组织状态要有一定的要求；材料的表面状况良好；冷挤压工艺性好等。

2. 冷挤压常用材料

目前随着冷挤压技术的不断发展，新型模具材料的采用，可用于冷挤压的材料越来越多。常用的冷挤压材料如表 6-7 所示。

表 6-7　冷挤压常用的材料

材料名称		材料牌号
铝及铝合金	纯铝	1070A、1060、1050A、1035、1200
	防锈铝	5A02、5A05、3A21
	硬铝	2A11、2A12、2A13
	锻铝	2A50、2A14
	超硬铝	7A09
铜及铜合金	纯铜	T1、T2、T3
	黄铜	H62、H68、H70、H80、H85、H90
锌及锌合金	纯锌	纯 Zn
	锌铜	Zn-Cu 合
	锌铝镁	Zn-Al-Mg 合

（续）

材料名称		材料牌号
铁	纯铁	DT1
钢	优质碳钢	08F、15F、10、15、20、25、35、40、45、50、15Mn、16Mn、20Mn
	深冲钢	S10A、S15A、S20A
	合金结构钢	15Cr、20Cr、30Cr、40Cr、15CrMo、20CrMo、30CrMo、35CrMo、42CrMo、12CrNi2
	不锈钢	1Cr13、2Cr13、3Cr13、Cr17Ni2、0Cr18Ni9、1Cr18Ni9
	轴承钢	GCr6、GCr9、GCr15
	碳素工具钢	T8、T9

五、坯料尺寸计算

1. 冷挤压对毛坯的要求

（1）冷挤压毛坯的质量　冷挤压用毛坯表面应保持光洁，不能有裂纹、折叠等缺陷。否则，经挤压后将使上述缺陷进一步扩大而导致挤压件报废。一般要求毛坯表面粗糙度在 $R_a6.3\mu m$ 以下。

（2）冷挤压毛坯的几何形状　毛坯的形状在生产实际中，常采用图 6-36 所示的四种。图 6-36a、b 所示形状可由原材料直接制成，可用于正挤压、反挤压；图 6-36c、d 所示两种毛坯是经反挤压预成形制成的，主要用于空心件正挤压。

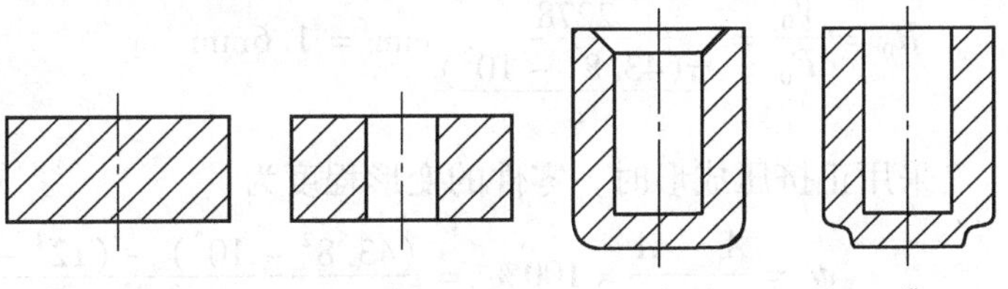

a)　b)　c)　d)

图 6-36　毛坯的基本形状

2. 毛坯尺寸计算

毛坯尺寸是根据体积不变条件计算的。如果冷挤压后还要进行切削加工，则计算毛坯体积时还应加上修边量。即

$$V_0 = V_p + V_s \tag{6-33}$$

式中　V_0——坯料体积（mm^3）；

V_p——挤压件体积（mm^3）；

V_s——修边余量体积（mm^3），不同挤压件的修边余量可以按照表 6-8 及表 6-9 选取。

表 6-8　旋转体冷挤压件高度修边余量　（mm）

挤压件高度 h	10	10～20	20～30	30～40	40～60	60～80	80～100
修边余量 Δh	2	2.5	3	3.5	4	4.5	5

注：1. 当挤压件高度大于 100mm 时，修边余量为高度的 5%。

2. 复合挤压件的修边余量应适当增加。

3. 矩形挤压件的修边余量，按表列数据加倍。

表 6-9　大量生产铝质外壳所用的修边余量　（mm）

挤压件高度 h	15～20	20～50	50～100
修边余量 Δh	8～10	10～15	15～20

注：表列数值适用于大量生产壁厚为 0.3～0.4mm 的铝制反挤杯形件。

毛坯内外径可根据凸、凹模相应尺寸确定。毛坯外径一般取比凹模尺寸小 0.1 ~ 0.2mm，以便毛坯放入凹模；毛坯内径一般取比挤压件内孔（或芯轴直径）小 0.01 ~ 0.05mm。当工件内孔表面粗糙度要求不高时，毛坯内径也可以比零件内孔大 0.1 ~ 0.2mm。径向尺寸确定后就可以计算出毛坯的截面积，再由求得的毛坯体积来算出毛坯高度 H_0

$$H_0 = \frac{V_0}{F_0} \tag{6-34}$$

式中　F_0——毛坯的横断面积（mm^2）。

例 6-3　确定如图 6-37 所示冷挤压件的坯料形状及尺寸。

解：按表 6-8 选取修边余量 $\Delta h = 3mm$。

按图计算得出坯料体积 $V_0 = 2278mm^3$；坯料外径选取 $d_0 =（44 - 0.2）mm = 43.8mm$；坯料内径取 $d_2 = 10mm$；坯料高度为

$$H_0 = \frac{V_0}{F_0} = \frac{2278}{\frac{\pi(43.8^2 - 10^2)}{4}} mm = 1.6mm$$

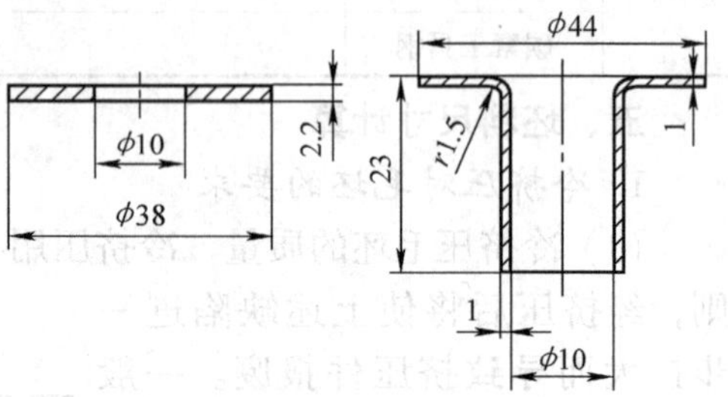

图 6-37　冷挤压零件

采用正挤压成形时，零件的变形程度为

$$\psi = \frac{A_0 - A}{A_0} \times 100\% = \frac{(43.8^2 - 10^2) - (12^2 - 10^2)}{(43.8^2 - 10^2)} \times 100\% = 97.5\%$$

查表 6-6 得纯铝正挤压件的极限变形程度为 95% ~ 99%。为减小变形程度，减小单位挤压力，将坯料外径减小到 ϕ38mm，采用正挤压和径向挤压复合成形。坯料高度为

$$H_0 = \frac{V_0}{F_0} = \frac{2278}{\frac{\pi(38^2 - 10^2)}{4}} mm = 2.2mm$$

3. 冷挤压毛坯制备常用的方法

冷挤压毛坯可由棒料、管料、板料制备。毛坯的下料方法有很多种，应该根据坯料形状、精度要求、材料利用率及生产现场的实际条件等因素进行选择。在批量不大对毛坯质量要求严格时常用车削、砂轮切割、锯切法加工挤压毛坯。大批量生产时棒料和管料用剪切法下料，板料用冲裁法下料。

六、挤压力计算

1. 冷挤压变形阶段

在挤压过程中，变形力随挤压的进行而变化，有着明显的阶段性：第一阶段，挤压变形力急剧增长。在这个阶段，凸模挤压毛坯，使毛坯镦粗并充满凹模，直至金属开始流出凹模出口或凸凹模间隙为止。第二阶段，凸模继续下移，迫使金属继续流动。在这个阶段中，只改变毛坯的高度，变形区稳定不变。此时，正挤压的挤压力由于毛坯侧壁与模具接触面减小、摩擦力降低而略有下降，反挤压的挤压力几乎不变。第三阶段，当毛坯的厚度小于稳定变形时塑性变形区的高度以后，凸模继续下移，挤压力又急剧上升。

图 6-38 所示曲线 1、2、3 分别为正挤压、反挤压、薄料反挤压的挤压力随行程变化的曲线。曲线 3 毛坯厚度较薄，挤压一开始，变形就遍及整个毛坯体积，没有稳定变形区，只有第一、第三阶段，因此挤压力随行程的变化急剧上升。

由上述分析得出，挤压最好在第二阶段结束之前进行。如果第二阶段结束后仍需继续挤压，挤压力就将急剧增加，模具或压力机就容易损坏。一般情况下，计算冷挤压力时以第二阶段，即稳定变形阶段为依据。

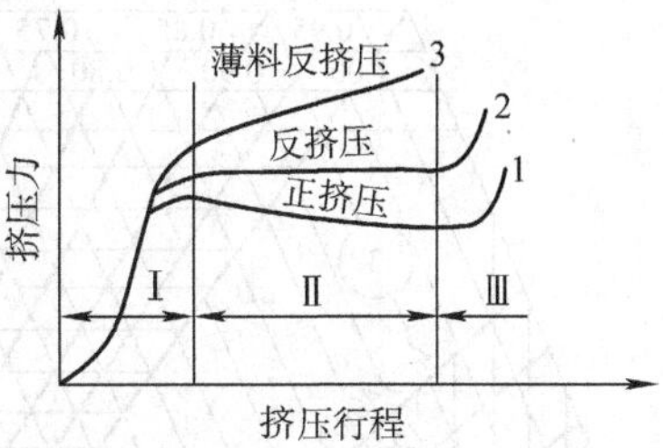

图6-38　挤压过程变形力变化曲线

2. 冷挤压力计算

单位挤压力用理论计算法精确求解比较困难，目前实际应用中常采用由实验结果整理出来的经验公式或图解法来求得。实际生产中一般采用图解法。

（1）经验公式计算法　单位挤压力的经验公式为

$$p = xn\sigma_b \tag{6-35}$$

式中　n——各种因素对单位挤压力影响系数的平均值，$n = a\ln\frac{F_0}{F_1} + b$。

式中 a、b 是与材料有关的系数。对低碳钢，$a = 2.8$，$b = 0.75$；对有色金属（除铝在平底凹模内正挤外），$a = 3.14$，$b = 0.8$。F_0、F_1 为坯料挤压前后的截面积。x 为模具形状系数，由图6-39查得。σ_b 为材料的抗拉强度。

挤压力是设计模具、拟订变形工序、选择挤压设备的重要依据。设备压力可由下述经验公式计算

$$P = CFp \tag{6-36}$$

式中　P——所需设备的压力（N）；

p——单位挤压力（N/mm^2）或（MPa）；

F——凸模工作部分的投影面积（mm^2）；

C——安全系数，一般取1.3。

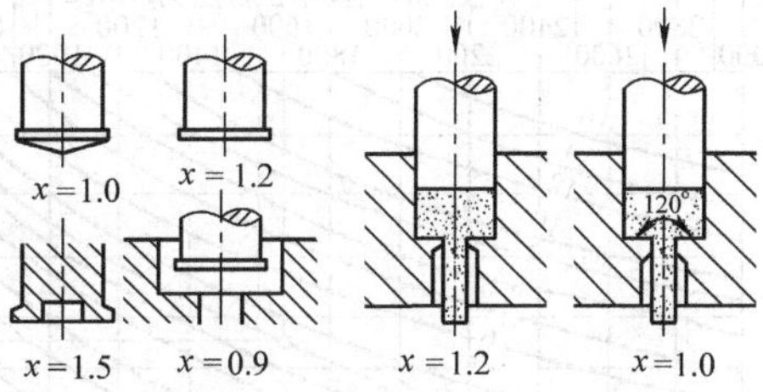

图6-39　模具形状系数

（2）图解法　图6-40所示为黑色金属反挤压时确定挤压力的计算图表，由①、②、③、④四个区组成，分别考虑零件的形状、尺寸、材料种类、变形程度、坯料相对高度等主要因素的影响。

例6-4　已知反挤压空心件，材料为纯铁，坯料直径 $d_0 = 70mm$，高度 $h_0 = 35mm$，凸模直径 $d_1 = 58mm$。试计算单位挤压力和总挤压力。

解：从图6-40①区查凸模直径 $d_1 = 58mm$，作水平线与坯料直径 $d_0 = 70mm$ 相交，从交点向上作垂线求得 $\psi = 69\%$。再向上进入②区与坯料相对高度 $h_0/d_0 = 0.5$ 的曲线相交，由交点的横坐标得到修正系数 $K = 0.94$，由交点再向上与纯铁材料曲线相交，得到未经修正的单位挤压力 $p = 1860MPa$，再向左进入③区进行修正，经坯料修正系数 $K = 0.94$ 和坯料外径 $d_0 = 70mm$ 的曲线修正后，得到修正后的单位挤压力 $p = 1660MPa$，最后垂直向下进入④区，与凸模直径 $d_1 = 58mm$ 在④的投影相交，即可得到挤压力 $F = 4.5 \times 10^3 kN$。

有关其他的计算图表，如黑色金属正挤压实心件、正挤压空心件以及有色金属挤压力的计算图表，可以在相关的冲压手册和有关冲压资料中查取，本文中不再一一叙述。

七、冷挤压件实例

例6-5　图6-41所示的壳体零件，材料为10钢。零件的结构以及尺寸基本符合冷挤压工艺性要求，对其冷挤压工艺进行设计计算。

（1）坯料形状和尺寸确定　采用空心坯料，外径取 $d_0 = 24mm$，内径取 $d_2 = 5mm$。坯料

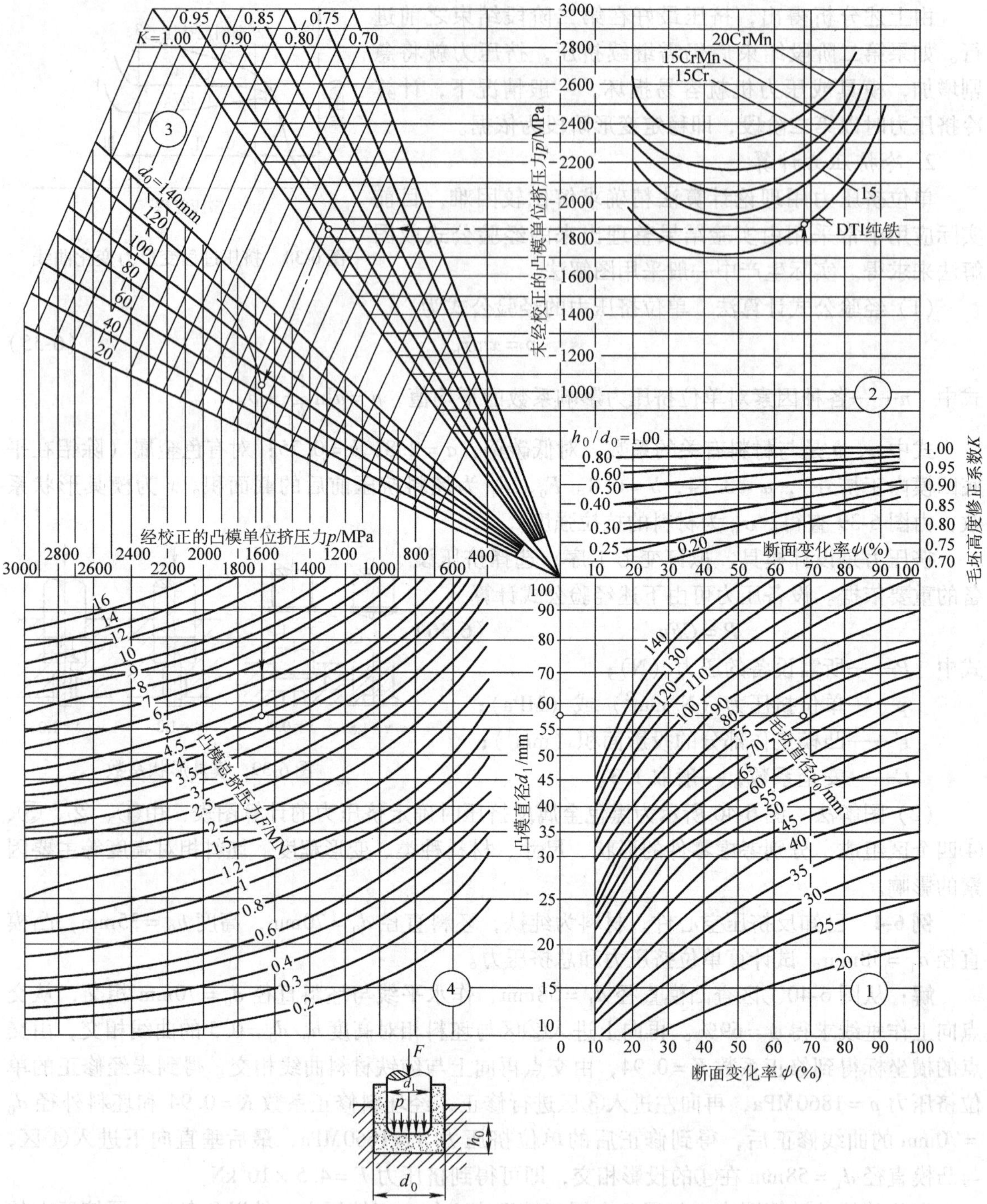

图 6-40　黑色金属反挤压空心件挤压力计算图表

尺寸如图 6-41b 所示。

（2）冷挤压工艺过程　根据零件的形状特点确定采用复合挤压，工序数目根据总的变形程度确定。

1）正挤压最小直径的变形程度

$$\psi = \frac{A_0 - A_1}{A_0} \times 100\% = \frac{(24^2 - 5^2) - (7.8^2 - 2^2)}{24^2 - 5^2} \times 100\% = 90\%$$

2）反挤压上端薄壁部分的变形程度

$$\psi = \frac{A_0 - A_1}{A_0} \times 100\% = \frac{(24^2 - 5^2) - (24.3^2 - 22.3^2)}{24^2 - 5^2} \times 100\% = 83\%$$

查相关冷挤压资料，单纯的正挤压与反挤压部分变形程度接近极限变形程度，因此为改善零件的成形条件，采用两道挤压工序。第一道复合挤压如图 6-41c 所示，第二道复合挤压如图 6-41a 所示。

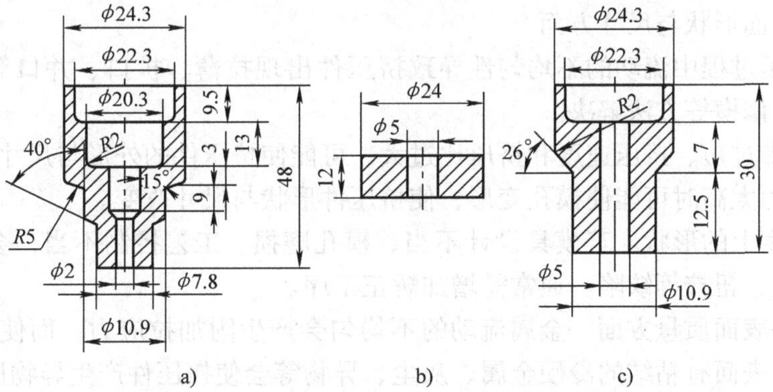

图 6-41　典型冷挤压件

八、坯料润滑

冷挤压的摩擦条件非常苛刻，润滑的好坏决定着挤压的成败，所以要采用良好且可靠的润滑方法。

润滑剂的作用主要有：降低材料和模具之间的摩擦因数；防止材料和模具热胶着，若两者间产生热胶着，摩擦就会强烈化，降低模具寿命，还可能挤裂或划伤挤压件表面。

有色金属冷挤压时常用的润滑剂有液态的（如动物油、植物油、矿物油等），也有固态的（如硬脂酸锌、硬脂酸钠、二硫化钼、石墨等），它们可以单独使用，也可以混合使用。

九、坯料的表面处理

对于钢的冷挤压，其单位挤压力很大（可高达 2000MPa 以上），一般所涂刷的润滑剂极易被挤掉，起不到润滑的作用。因此，在冷挤压钢以前必须对钢坯料进行表面处理，取得表面支承层，以便在后面润滑处理时起到储存润滑剂的作用。毛坯的表面处理是冷挤压工艺中的一个重要环节。冷挤压的毛坯进行表面处理可获得下列效果：降低毛坯与模具间的外摩擦阻力；避免毛坯表面与模具直接摩擦而引起的粘结现象；提高挤压件的表面质量，提高模具的寿命；减低挤压时的变形力及变形功的消耗。表面处理主要包括：去除表面缺陷；清洁、去脂、洗涤；去除表面氧化层；在毛坯表面形成特殊的支承层；润滑处理。前三项是为了改善毛坯表面质量，并为后两项作好准备。

关于毛坯的表面处理，不同材料需用不同的处理方法：

（1）碳钢和低合金钢用磷化处理　磷化处理是将毛坯浸在磷酸盐溶液中，使其表面生成一层不溶性磷酸盐薄膜。在钢表面化合的磷酸盐比较软，但由于牢固地附着在表面上，即便是对剧烈摩擦的接触面来说也不能轻易受到破坏，而且磷酸盐层由细小片状结晶组织构成，呈多孔状态，对润滑剂有吸附、贮存作用，因而滑动阻力较低。

（2）奥氏体不锈钢的表面处理与润滑　奥氏体不锈钢与磷酸盐溶液不发生作用。这是因为它的抗腐性较强的缘故。因此必须采用草酸盐进行表面处理。虽然磷皂化方法是有效的，但是工序多，周期长，很费事。专门研制的高分子涂剂及专用配方的润滑液可以满足冷挤压工艺的要求。

十、冷挤压件质量分析

当挤压工艺、模具与挤压机的各参数控制不当时，挤压件常会出现种种缺陷。挤压件的质量包括：断面上和长度上的形状与尺寸、表面质量、组织与性能等。

（1）零件断面形状与尺寸方面

1）材料挤压过程中流动的不均匀性导致挤压件出现拉薄、扩口、并口等缺陷。可通过优化模孔设计、修模等方法解决。

2）若工作带过短、挤压速度和挤压比过大，可能使挤压件的外形与尺寸均不均匀。

3）当挤压力太高时可能使模孔变形，使挤压件形状与尺寸改变。

4）制品长度上的形状。若模具设计不当、模孔磨损、工艺控制不当，会导致金属流动不均，出现弯曲、扭拧等缺陷。通常需增加矫正工序。

（2）挤压件表面质量方面　金属流动的不均匀会产生附加拉应力，而使制品产生裂纹；挤压毛坯或模具表面有粘结的冷硬金属、灰尘、异物等会使挤压件产生异物压入缺陷；残留在模具表面的冷硬金属会使挤压件表面留下肉眼可见的缺陷。

（3）挤压件组织与性能方面　挤压件内部组织不得存在偏析、缩尾、裂纹、气孔、夹杂等缺陷，否则会影响结构件的使用性能。

十一、冷挤压模具结构

1. 正挤压模具

图6-42所示为用于黑色金属空心零件正挤压的模具简图。

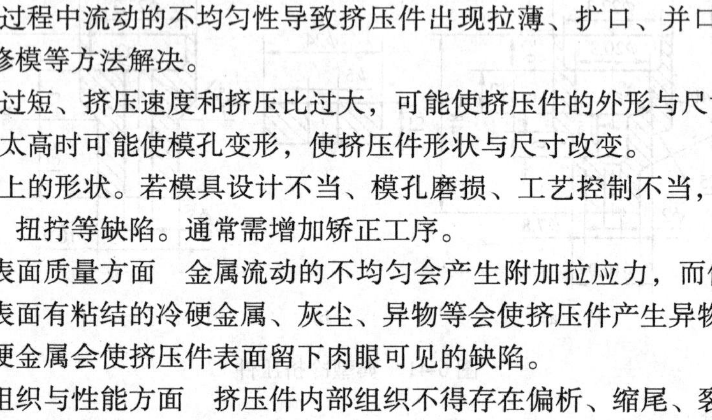

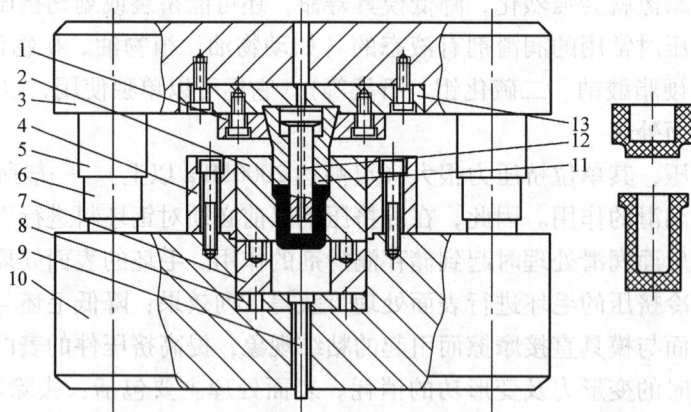

图6-42　黑色金属正挤压模具

1—凸模固定圈　2—凹模　3—上模板　4—凹模固定板　5—导套　6—导柱
7—垫块　8、13—垫板　9—顶出杆　10—下模板　11—凸模　12—凸模芯轴

凸模11的心部装有凸模芯轴12，芯轴12的心部设有通气孔与模具外部相通。凸模11的上顶面与淬硬的垫板13接触，以便扩大上模板3的承压面积。凹模2经垫块7与垫板8固定于下模板10上。由图可看出，凸模与凹模的中心位置是不能调整的，凸、凹模之间的

对中精度完全靠导柱6与导套5以及各个固定零件之间的配合精度来保证；凸模回程时，挤压件将留在凹模内，因此需在模具下模板上设置顶出杆9。

2. 反挤压模具

图6-43所示为在小型（无顶出装置）冲床上使用的具有导向装置的反挤压模具。

由于挤压力大，所以将凸模3的上端做成锥形，用以扩大支承面积，并加垫板2（淬硬）。黑色金属反挤压后，制件可能箍在凸模上，故设有卸料板5。但更容易卡在凹模内，因此更需要设置顶出装置。由于挤压力完全由顶出器9（反顶凸模）承受，所以把顶出器下端直径加大，以扩大承压面积，这样做虽增大了模架高度，但可提高顶出器和下模座13的抗碎能力。该模具采用了多层组合模6、7、8，保证了凹模强度。根据需要，将凸模3，组合凹模6、7、8及顶出器9加以更换，即可挤压不同尺寸的制件。该模具也可作正挤压、复合挤压模具使用。为了提高导向精度，采用了双导柱导套并增大了其直径和导向长度。

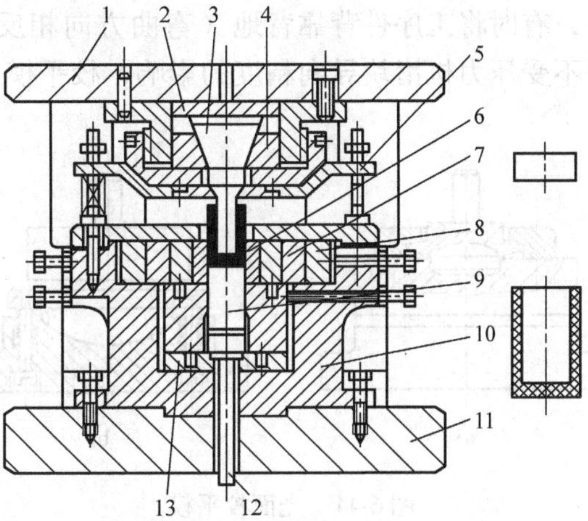

图6-43　反挤压模

1—模座　2、10、13—垫板　3—凸模　4—凸模紧固圈　5—卸料板　6—凹模　7—中圈　8—外圈　9—反顶凸模　11—下模座　12—顶杆

第五节　校　　形

一、校形的特点及应用

校形通常是指平板工序件的校平和立体形状工序件的整形。校形工序大都在冲裁、弯曲、拉深等工序之后进行，以便使冲压件获得高精度的平面度、圆角半径和形状尺寸，所以它在冲压生产中具有相当重要的意义，而且应用也比较广泛。校平和整形工序的共同特点是：

1）只在工序件局部位置使其产生不大的塑性变形，以达到提高零件形状和尺寸精度的目的。

2）由于校形后工件的精度比较高，因而模具的精度相应地也要求比较高。

3）校形时需要在压力机下止点对工序件施加校正力，因此所用设备最好为精压机。若用机械压力机时，机床应有较好的刚度，并需要装有过载保护装置，以防材料厚度波动等原因损坏设备。

二、平板零件的校平

由于条料不平或者由于冲裁过程中材料的穹弯（尤其是无压料的级进模冲裁和斜刃冲裁），都会使冲裁件产生不平整的缺陷，当对零件的平面度有要求时，必须在冲裁后加校平工序。

1. 校平的类型及特点

校平的方式通常有三种：模具校平、手工校平和在专门校平设备上校平。

平板零件的校平模有光面校平模和齿形校平模两种。

光面校平模适用于软材料、薄料或表面不允许有压痕的制件。光面模改变材料内应力状态的作用不大，仍有较大回弹，特别是对于高强度材料的零件校平效果比较差。在生产实际中，有时将工序件背靠背地（弯曲方向相反）叠起来校平，能收到一定的效果。为了使校平不受压力机滑块导向精度的影响，校平模最好采用浮动式结构（图6-44）。

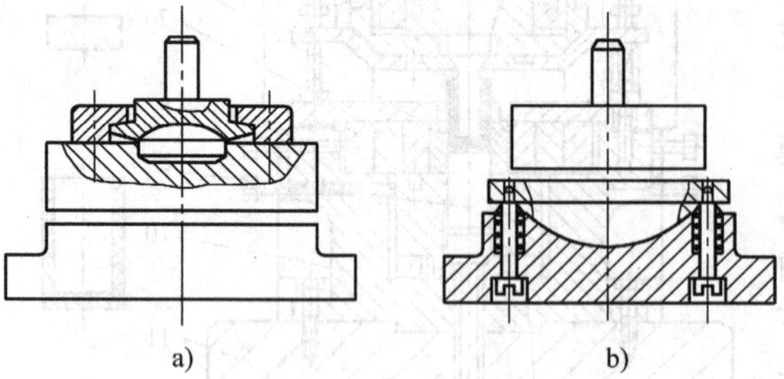

图6-44　光面校平模

a）上模浮动式　b）下模浮动式

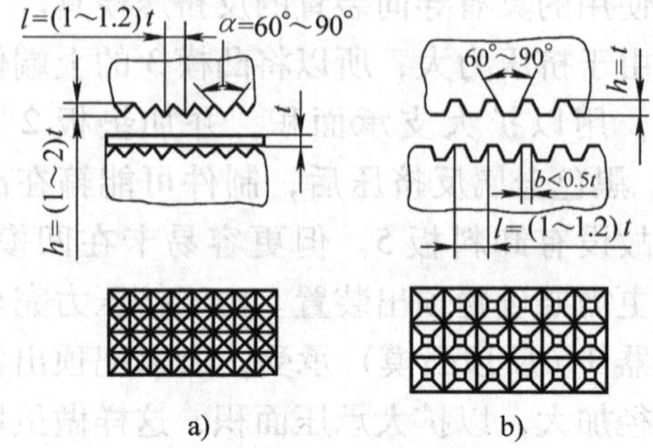

图6-45　齿形校平模

a）尖齿齿形　b）平齿齿形

齿形校平模适用于平直度要求较高或抗拉强度高的较硬材料零件的校平。齿形模有尖齿和平齿两种。图6-45a所示为尖齿齿形，图6-45b所示为平齿齿形，齿互相交错。采用尖齿校平模时，模具的尖齿挤压进入材料表面层内一定的深度，形成塑性变形的小网点，改变了材料原有应力状态，故能减少回弹，校平效果较好。但在校平零件的表面上留有较深的压痕，而且工件也容易粘在模具上不易脱模，所以在生产中多用平齿校平模。

如果零件的表面不允许有压痕，或零件的尺寸较大，而又要求具有较高的平直度时，还可以采用加热校平法。将需要校平的零件叠成一定的高度，由夹具压紧成平直状态，然后放进加热炉内加热到一定温度。由于温度升高以后材料的屈服强度降低，材料的内应力数值也相应降低，所以回弹变形减小，达到校平的目的。

2. 校平力的计算

校平力可按下式计算

$$F = Ap \tag{6-37}$$

式中　F——校平力（N）；

A——校平零件的面积（mm^2）；

p——校平单位面积压力可查表6-10。

表6-10　校平和整形单位面积压力

方法	p/MPa	方法	p/MPa
光面校平模校平	50～80	敞开形制件整形	50～100
细齿校平模校平	80～120	拉深件整形	150～200
粗齿校平模校平	100～150		

三、立体形状零件的整形

立体形状零件的整形是指在弯曲、拉深或其他成形工序之后对工序件的整形。在整形前，工件已基本成形，但可能圆角半径还太大，或是某些形状和尺寸还未达到产品的要求，这样可以借助于整形模使工序件产生局部的塑性变形，以达到提高精度的目的。整形模和前工序的成形模相似，但对模具工作部分的精度、表面粗糙度要求更高，圆角半径和间隙较小。

1. 弯曲件的整形

弯曲件的整形方法有图6-46a所示的压校和图6-46b、图6-46c所示的镦校两种形式。

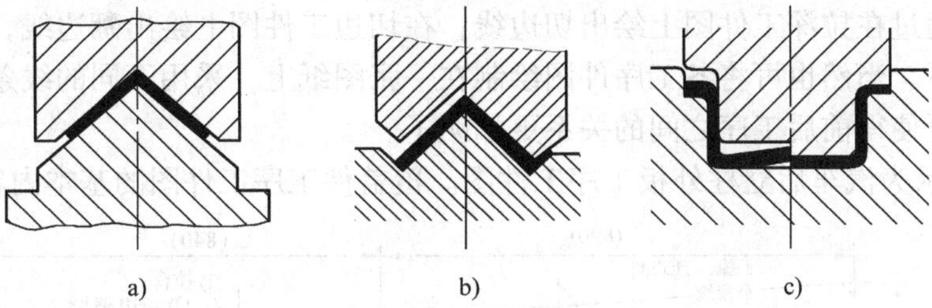

图6-46　弯曲件的整形

镦校时使整个工序件处于三向受压的应力状态，改变了工序件的应力状态，故能得到较好的整形效果。但带大孔的或宽度不等的弯曲件不能采用镦校。

2. 拉深件的整形

无凸缘拉深件的整形，通常取整形模间隙等于$(0.9\sim0.95)t$，即采用变薄拉深的方法进行整形。这种整形也可以和最后一次拉深合并，但应取稍大一些的拉深系数。

带凸缘拉深件的整形部位常常有：凸缘平面、侧壁、底平面和凸模、凹模圆角半径（图6-47）。整形时由于工序件圆角半径变小，要求从邻近区域补充材料，如果邻近区域的材料不能流动过来（例如凸缘直径大于筒壁直径的2.5倍时，凸缘的外径已不可能产生收缩变形），则只有靠变形区本身的材料变薄来实现。这时，变形部位材料的伸长变形以2%～5%左右为宜，变形过大则工件会破裂。

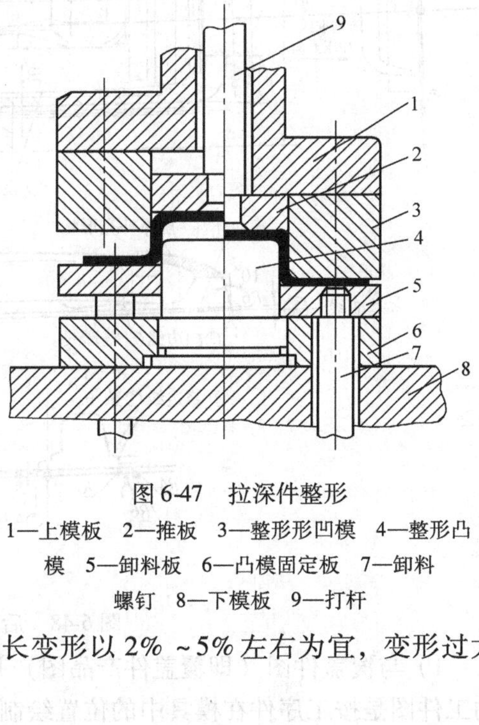

图6-47　拉深件整形

1—上模板　2—推板　3—整形形凹模　4—整形凸模　5—卸料板　6—凸模固定板　7—卸料螺钉　8—下模板　9—打杆

第六节　覆盖件的成形工艺及模具设计

一、概述

覆盖件主要是指覆盖汽车发动机和底盘、构成驾驶室和车身的薄钢板异形体的表面零件和内部零件。凸头商用车的车前板和驾驶室、乘用车的车前板和车身等都是由覆盖件和一般冲压件构成。按照作用和要求不同，可以将覆盖件分为三类：外覆盖件、内覆盖件和骨架件。和一般冲压件相比，覆盖件具有材料薄、形状复杂、多为空间曲面、结构尺寸大以及表面质量要求高等特点，因此覆盖件在冲压工艺、冲模设计和制造上具有其独自的特点。对覆盖件一般有如下要求：应具有良好的表面质量；应具有符合要求的几何尺寸和曲面形状；应具有良好的工艺性；应具有足够的刚性。

二、覆盖件的工序工件图

覆盖件的工序工件图是指拉深工件图、切边工件图及翻边工件图等工序件图，是模具设计过程中贯彻工艺设计意图、确定模具结构及尺寸的重要依据之一。各工序件图一般按工序分开绘制，并通过在拉深工件图上绘出切边线，在切边工件图上绘出翻边线，来表示出前后工序之间的联系。当然也可将各工序件图绘制在一张图纸上，采用不同的线条表示不同的工序内容，这样可使得前后工序之间的关系更加明了。

图 6-48 所示为汽车后立柱外板工序工件图。覆盖件工序工件图的基本内容要求为：

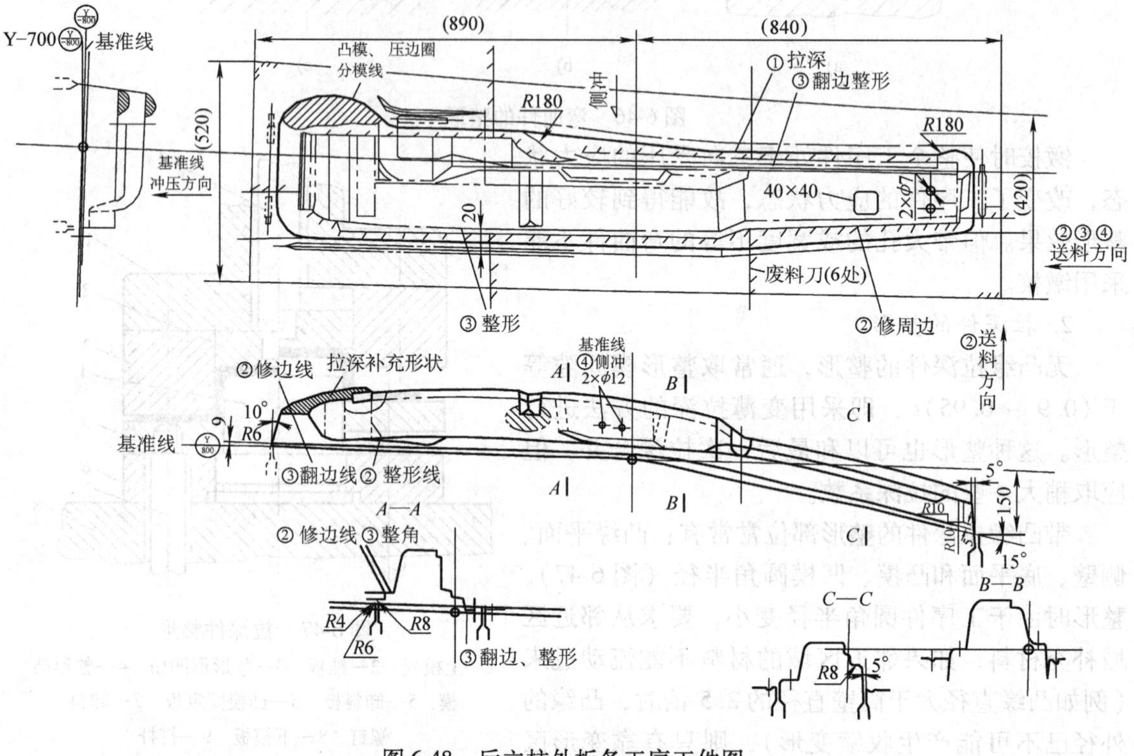

图 6-48　后立柱外板各工序工件图

1）与覆盖件图（即覆盖件产品图）是按覆盖件在汽车中的位置绘制不同，覆盖件工序的工件图是按工序件在模具中的位置绘制的，而且各工序的工序件图必须按本工序的冲压方向绘制，只有最后一道工序可用覆盖件图代替，但也必须用箭头表示出冲压方向。

2）覆盖件工序工件图必须将本工序的形状改变部分的尺寸表达清楚，如拉深件的工艺补充部分尺寸、翻边的展开尺寸等，难以用几何尺寸表达清楚的，可用实型（工艺主模型）来表示。对于覆盖件图原有尺寸则不必标注。

3）覆盖件工序工件图必须将基准线和基准点的位置标注清楚。这些基准对于模具设计、制造及使用都非常重要，在模具设计时是设计基准，在模具制造时是各工序模具的工艺基准，在模具使用时是安装定位基准，是提高模具制造精度、方便模具安装使用的有力保证。

4）覆盖件工序工件图应将工序件的送进方向和取出方向标注清楚。

5）覆盖件切边工序工件图应标注废料切刀的位置和刃口方向，并用文字说明废料的排除方式。

三、覆盖件切边工艺

覆盖件的切边轮廓多数是立体不规则的，有时中间还带孔，尺寸变化比较大，切边线也比较长。切边形状的工艺性不仅直接关系到切边质量和切边模具设计，而且影响到以后翻边的稳定性。切边工艺设计需考虑的主要问题是切边方向、切边形式、定位方式以及废料的分块与排除等。

1. *确定切边方向*

（1）定位要方便可靠　拉深件在切边时一般用拉深件侧壁形状或拉深槛形状定位。用拉深件侧壁形状定位时拉深件是趴着放的，如图6-49a所示；用拉深件的拉深槛形状定位时，拉深件是仰着放的，如图6-49b所示。这两种定位方式方便可靠，并有自动导正作用，只是切边方向相反。

（2）要有良好的刃口强度　由于拉深件是凸出形状的，为了使拉深件凸出形状不影响刃口强度，拉深件最好趴着放。图6-49a所示的凸模刃口强度较好，图6-49b所示的凸模刃口强度较差。

2. *确定切边形式*

如图6-50所示，覆盖件的切边有以下三种形式：

（1）垂直切边　如图6-50a所示，刃口沿上下垂直方向运动。主要适用于当切边线上任意点切线与水平面的夹角<30°时（最大可达到45°）。

（2）水平切边　如图6-50b所示，刃口沿水平方向运动。主要适用于当侧壁与水平面夹角等于或接近直角时。

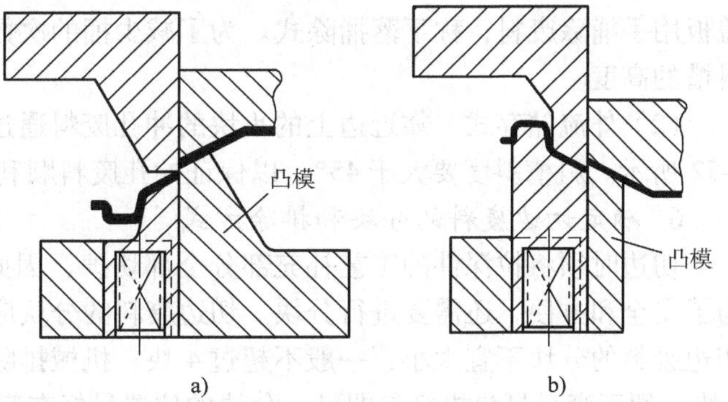

图6-49　按拉深件形状定位

（3）倾斜切边　如图6-50c所示，刃口沿倾斜方向运动。主要适用于当侧壁与水平面不垂直，但夹角>30°时。

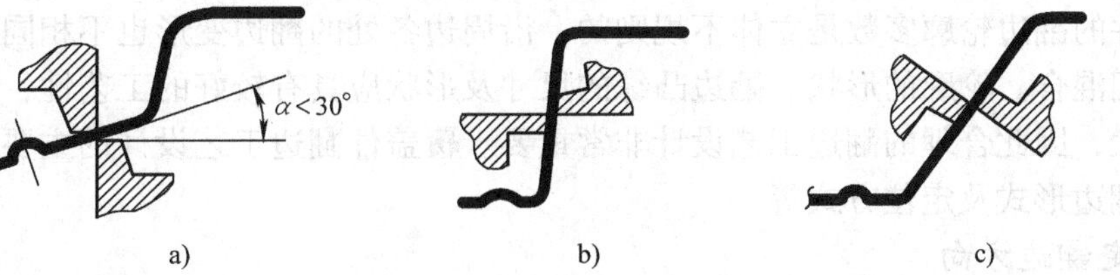

图6-50　切边形式示意图

3. *板料冲裁条件要合理*

板料冲裁时刃口的运动方向最好与切边表面垂直。若刃口运动方向与切边表面交成一个角度时，则应避免平行。因为在此种情况下材料不是被切断而是被撕开的，不仅影响切边质量，而且造成刃口切割的实际厚度大大增加，致使刃口不可能切割或局部受力大而过早损坏。一般两者相交的角度不宜小于10°。

4. *确定定位方式*

1）一般采用按拉深件形状定位的方式。有按拉深件侧壁形状、按拉深槛形状进行定位两种形式。前者适于空间曲面变化较大的覆盖件，后者适于空间曲面变化较小的浅拉深件，如图 6-49 所示。

2）当无法采用上述方式定位时，可采用工艺孔定位方式，如图 6-51 所示。

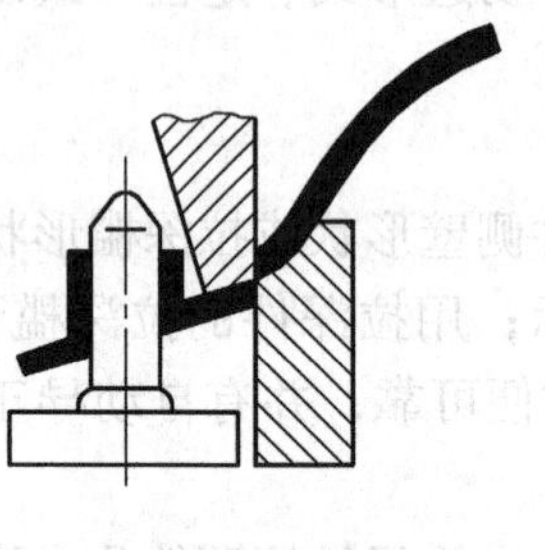

图 6-51　工艺孔定位

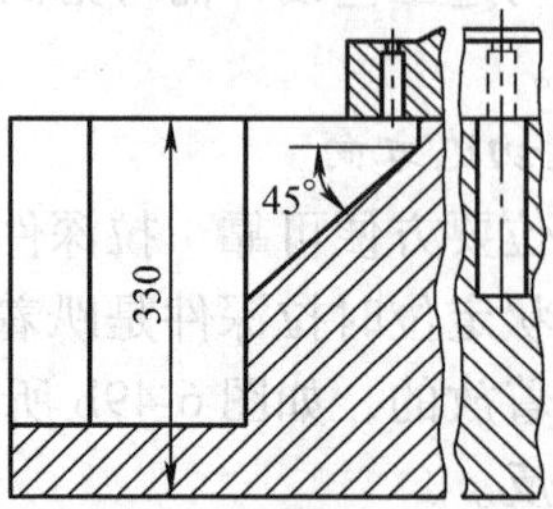

图 6-52　废料外流储存式

5. *确定冲孔废料的排除方式*

（1）下落捅除式　大块的冲孔废料和中间的冲孔废料，只能在下底板上开废料槽，再加盖板用手捅除废料，称下落捅除式。为了减少捅的次数，多储存一些废料，可以适当加大废料槽的高度。

（2）外流储存式　靠近边上的小块的冲孔废料通过斜槽往外流出，称外流储存式，如图 6-52 所示。斜槽斜度要大于 45°，以保证冲孔废料顺利流出。

6. *确定切边废料的分块和排除方式*

切边时须将拉深件的工艺补充部分全部切掉，因此废料较多，对于较长和圈状的废料，为了安全和方便，还需要进行分块。切边废料的分块应根据废料的排除方法而定。手工排除切边废料的分块不宜太小，一般不超过 4 块；机械排除废料的分块要小一些，但一般不多于 8 块，便于废料打包机打包即可。分块的位置最好在废料较窄的地方。

四、覆盖件翻边工艺

对于一般的覆盖件来说，翻边通常是冲压工艺的最后成形工序，其作用主要是最后加工覆盖件之间的配合及焊接连接部位尺寸、提高覆盖件的刚度、对覆盖件进行最终整形，因此，翻边质量的好坏和翻边位置的准确度，将直接影响整个汽车车身的装配精度和质量。

覆盖件的翻边轮廓多数是立体不规则的，沿周边各处的翻边变形也不相同，而且多是成形和压弯相混合。轮廓的形状、翻边凸缘的尺寸及形状应具有较好的工艺性，这对翻边质量的影响很大，因此合理的翻边工艺设计非常重要。覆盖件翻边工艺设计的主要内容是确定翻边方向、翻边形式及定位方式等。

1. *确定翻边方向*

确定覆盖件的翻边方向必须注意以下几点：

1）定位要方便可靠。由于切边后工序件的刚性比较差，变形也比较大，而翻边工序又是有关尺寸和形状的最后加工，因此对定位的准确性要求相应地更高了。一般都是采用形状定位，而且工序件通常是趴着放的。

2）翻边条件要合理。合理的翻边条件是：① 凹模刃口运动方向和翻边凸缘、立边方向必须一致。② 凹模刃口运动方向和翻边轮廓表面（翻边基面）垂直，或与各翻边基面的夹角相等。

此时凹模刃口的翻边状态和受力状态较好，受侧压力及工序件窜动比较少，因此翻边方向应尽量满足这两个条件。但实际情况是运动方向往往和翻边轮廓表面并不垂直，而是相交成一个角度，考虑到翻边的可能性，该角度不宜小于10°。

3）对于平面翻边，只要翻边方向能满足条件②，就能满足条件①，其翻边方向较易确定。

4）对于类似成形孔的封闭式翻边，其翻边方向只能满足条件①，没有其他选择。

5）对于曲面翻边，要同时满足以上两个条件，理论上也是不可能的。欲确定较为合理的翻边方向，应考虑下列两个问题：

第一，翻边线上任意点的切线应与翻边方向尽量垂直（使之趋近于满足条件②）。

第二，翻边线两端连线上的翻边分力应平衡，这样翻边才能平稳（使之趋近于满足条件①）。

因此，曲面翻边的翻边方向，一般取翻边线两端点切线夹角平分线，而不取翻边线两端点连线的垂直方向，如图6-53所示。

2. 确定翻边形式

有以下三种形式：

1）垂直翻边。凹模刃口沿上下垂直方向运动。

2）水平翻边。凹模刃口沿水平方向运动。

3）倾斜翻边。凹模刃口沿倾斜方向运动。

3. 确定定位方式

为了定位准确和可靠，可以同时采用几种方法定位：

1）形状定位。形状定位方便可靠。

2）孔定位。孔定位准确。

3）边轮廓定位。结构简单。

定位元件一般有定位块和挡料销两种。

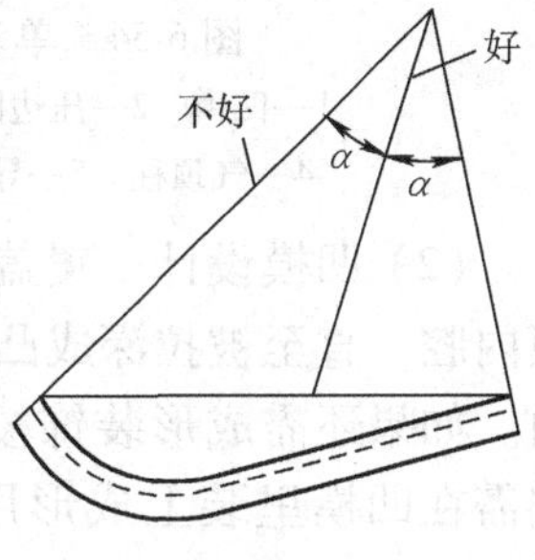

图6-53 曲面翻边示意图

五、覆盖件拉深模设计与实例分析

覆盖件拉深模结构与拉深使用的压力机有着密切关系，可以将其分为单动拉深模和双动拉深模，而多为双动拉深模。现在国外覆盖件生产已有采用多工位压力机的趋势。在设计拉深模时，应考虑模具结构紧凑、轻巧、导向可靠、人工送料和取件操作方便、安全等问题。

1. 覆盖件拉深模的典型结构

图6-54所示为单动压力机用拉深模。模具主要由三大件构成：凸模6、凹模1、压边圈2。压边圈由通过顶杆孔的气顶杆4和限位块支承。图6-55示为双动拉深压力机用拉深模。当拉深形状复杂、深度较大的覆盖件时，必须采用双动压力机进行拉深。拉深模的凸模、凹模、压边圈一般都采用铸件（用聚苯乙烯泡沫塑料作模型的实型铸造），要求既要尽量减轻质量，又要有足够的强度，因此铸件上非重要部位应挖空，影响到强度的部位应加添立肋。铸件材料常用镍铬铸铁、铬钼钒铸铁、铜钼钒铸铁和钼钒铸铁四种，其中镍铬铸铁应用最多，其结构尺寸可参考有关设计手册。

2. 拉深模工作零件的设计

（1）凸模设计　凸模是覆盖件拉深模的主要成形部分，其轮廓尺寸和深度即为产品尺寸。工作部分铸件壁厚应为70～90mm，如图6-55所示。凸模上沿压料面有一段40～80mm的直壁必须加工，该直壁向上用45°斜面过渡缩小，其缩小值为15～40mm，为不加工面，如图6-56所示，材料一般为HT250。

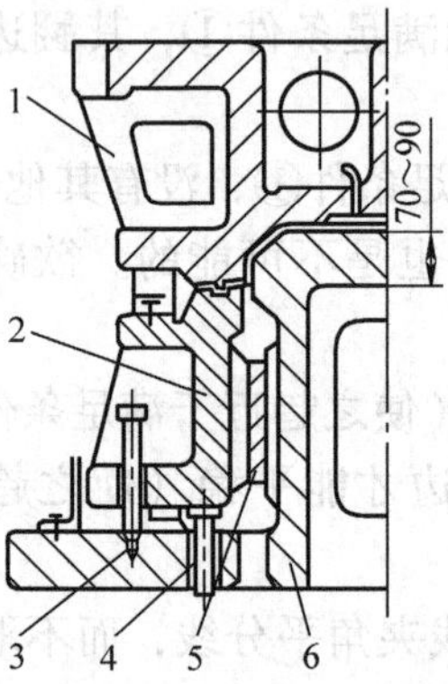

图 6-54　单动拉深模

1—凹模　2—压边圈　3—调整块
4—气顶柱　5—导板　6—凸模

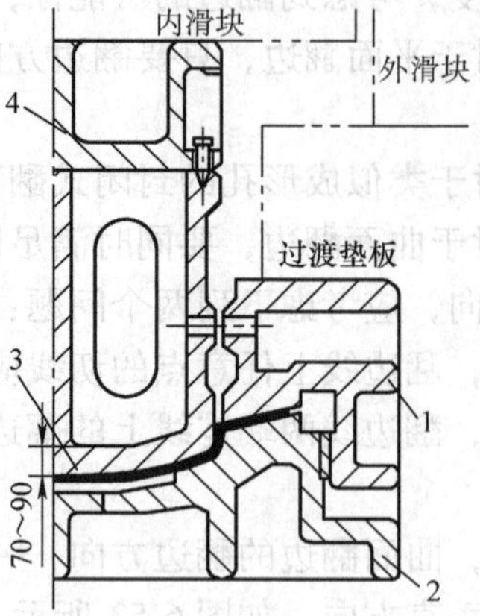

图 6-55　双动拉深模

1—压边圈　2—凹模
3—凸模　4—固定座

（2）凹模设计　覆盖件在拉深过程中，被压边圈压紧的毛坯是通过凹模圆角逐步进入凹模内腔，直至被拉深成凸模形状的。因此凹模的主要作用是形成凹模压料面和凹模拉深圆角。如果还需成形装饰棱线、装饰肋条、凸包及凹坑等，则需在凹模里装上成形用凸模或凹模。凹模的结构形式有：

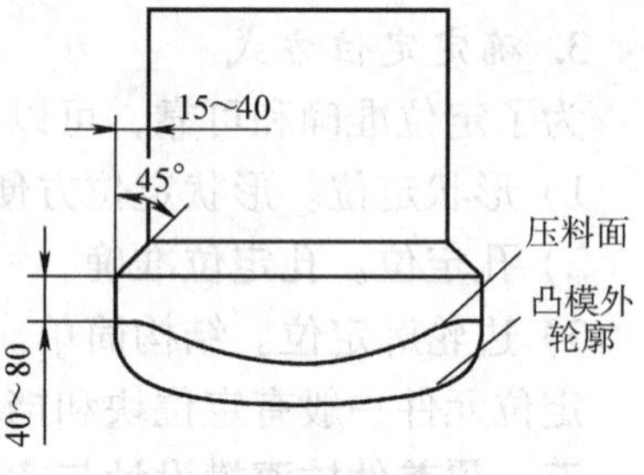

图 6-56　凸模外轮廓

1）闭口式凹模。凹模底部是封闭的。在覆盖件拉深模中，绝大多数都是闭口式凹模。图 6-57 所示为顶盖拉深模，它的凹模就是闭口式的，形成封闭式凹模型腔，用于加强肋成形的凹槽可直接在型面上加工出来（也可采用镶件）。

当拉深件形状圆滑、拉深深度较浅、没有直壁或直壁很短时，可采用顶件板或手工撬开方式将拉深件顶出；当拉深件拉深深度较大、直壁较长时，则需要采用活动顶出器或压料板将拉深件顶出。

这种结构适用于拉深件形状不太复杂，坑包、肋棱不多，镶件或顶出器安装孔轮廓简单，能够直接在凹模型腔立体曲面上划线加工的情况。

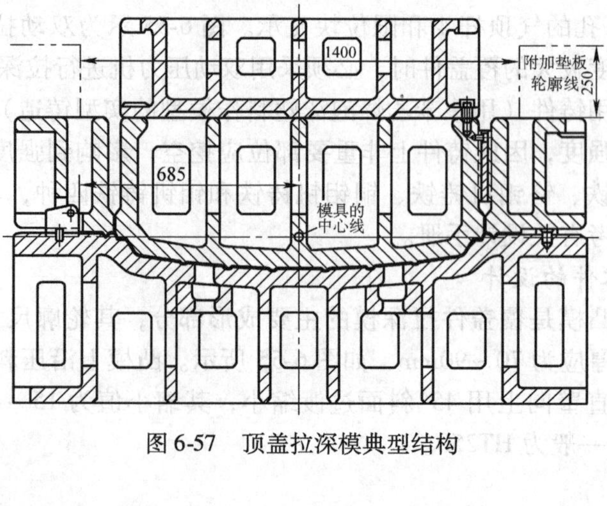

图 6-57　顶盖拉深模典型结构

2）通口式凹模。凹模底部的凹模口是通的，下面加模座，反拉深凸模紧固在模座上，形成凹模芯。图 6-58 所示为带有凹模芯的通口式凹模结构，适用于拉深件拉深深度较浅，没有直壁或直壁很短，不需要顶出器而用顶件板或手工撬顶将拉深件顶出的拉深模。

这种结构适用于拉深件形状比较复杂，坑包、肋棱较多，棱线要求清晰的情况。由于成形凹模芯或顶出器的轮廓形状复杂，而且与凹模上安装孔配合精度较高，故无法直接在凹模型腔立体表面上划线加工，因此须采用通口式凹模结构，在模座凹模支持平面上按图样或投影样板划线加工，以便使加工后的凹模、凹模芯和顶出器安装固定在模座上，再一起进行仿形铣、数控铣或加工中心加工。

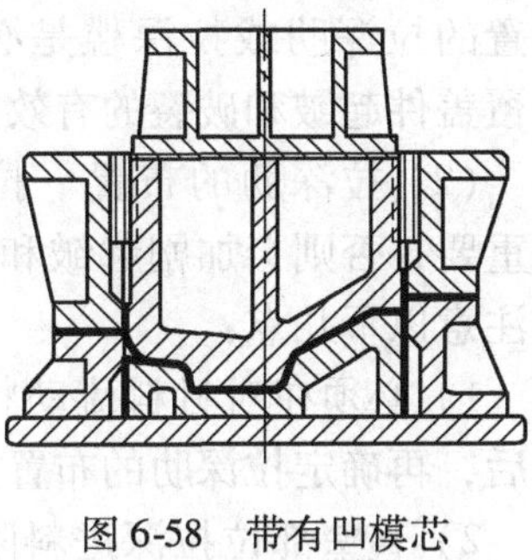

图 6-58　带有凹模芯的通口式凹模结构图

凹模压料面宽度尺寸如图 6-59 所示，压料面尺寸 K 值应按拉深前毛坯的展开料宽再加大 40 ~ 60mm，K 值一般在 130 ~ 240mm 范围内。

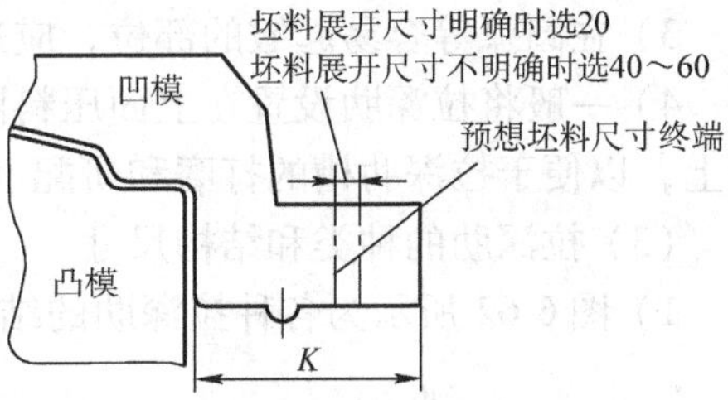

图 6-59　凹模压料面的确定

3. 拉深模的导向机构

（1）单动压力机上用拉深模的导向　单动压力机用拉深模，其凸模通常装在工作台上，凹模装在滑块上。其导向机构的结构形式如图 6-60 所示。图 6-60a 表示凸模与压料圈间用滑板导向；而凹模与压料圈间用导板导向。凹模与压料圈间还可用箱式背靠块导向，如图 6-60b 所示；或者用导块式导向，如图 6-60c 所示。导向机构应对称布置。

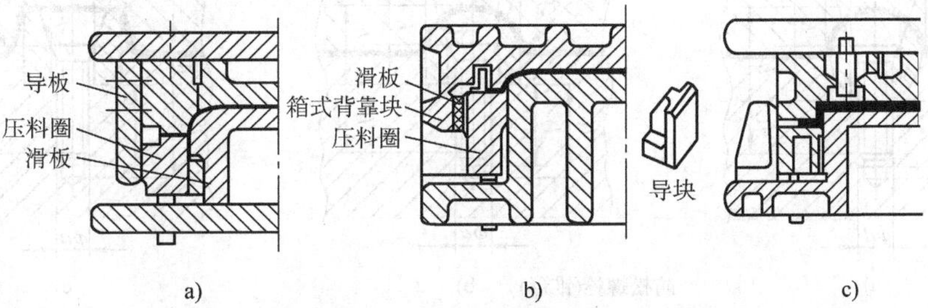

图 6-60　单动压力机上用拉深模的导向

（2）双动压力机上用拉深模的导向　双动拉深压力机用拉深模，其凹模通常装在工作台上，凸模装在内滑块上，压料圈装在外滑块上。导向机构的结构形式如图 6-61 所示。图 6-61a 所示为压料圈与凹模用背靠式导向，图 6-61b 所示为凸模与压料圈之间采用滑板导向。

滑板等导向零件材料采用 T10A，热处理硬度为 60HRC，或 QT600-3A，正火处理。新型自润滑导板（滑块）是在板面上钻孔并填满石墨，在供油困难的地方特别适用。在实际生产中，导板是装在凸模上还是装在压边圈上，应根据机床的加工条件确定。压边圈导板的加工深度不宜大于 250mm。为了降低加工深度，可以将导板尺寸加长装在凸模上，相应的压边圈凸台长度就可以缩短。

4. 拉深肋和拉深槛设计

（1）拉深肋的作用　拉深肋的作用是增大或调节拉深时坯料各部位的变形阻力，控制材料流入，提高拉深稳定性，增加制件刚度，避免起皱和破裂现象发生。在汽车覆盖件拉深时，拉深方向、工艺补充部分和压料面形状，是获得满意拉深件的先决条件；合理布置的拉深肋或拉深槛是必要条件，是防止覆盖件起皱和破裂的有效方法。

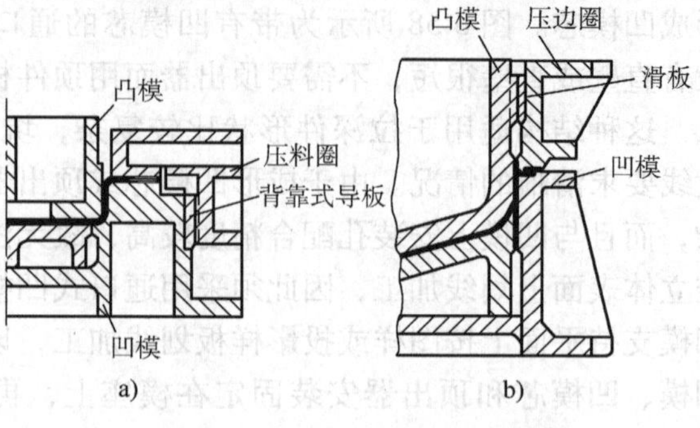

图 6-61　双动压力机用拉深模

（2）拉深肋的布置　拉深肋的布置非常重要，否则会加剧起皱和破裂现象产生。应注意以下几点：

1）必须在对材料流动状况进行仔细分析后，再确定拉深肋的布置方案。

2）直壁部位拉深进料阻力较小，可放1～2条拉深肋；圆角部位拉深进料阻力较大，可不放拉深肋。当两处拉深深度相差较大时，其相邻部位，在拉深深度浅的一边可放一条拉深肋，深的一边则不放。

3）在圆弧等容易起皱的部位，应适当放拉深肋。

4）一般将拉深肋设置在上面压料圈的压料面上，而将拉深肋槽设置在下面凹模的压料面上，以便于拉深肋槽的打磨和研配（在压力机上调整模具时，一般不打磨拉深肋）。

（3）拉深肋的种类和结构尺寸

1）图 6-62 所示为各种拉深肋的结构图。

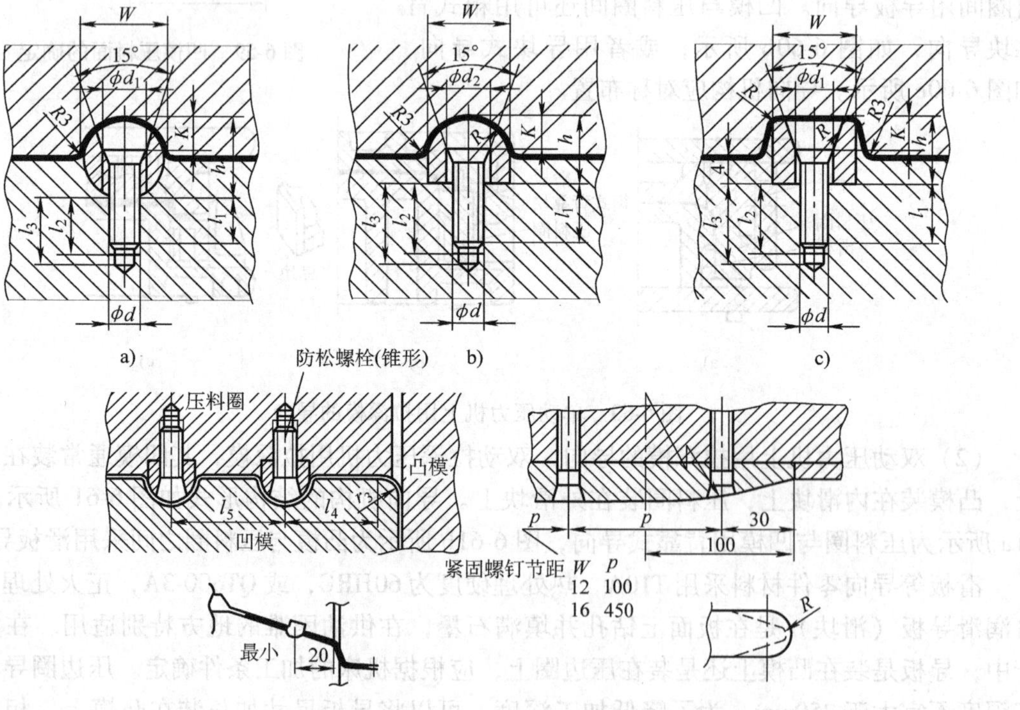

图 6-62　拉深肋结构图

a）圆形嵌入肋　b）半圆形嵌入肋　c）方形嵌入肋　d）双肋结构　e）双肋纵向结构

2）拉深肋的宽度 W 根据拉深件的大小常取 12mm 或 16mm；拉深肋的长度 L 在图样上不标注，制作时一般取 500mm 左右，直线部分取长些，曲线部分取短些。当 $W=12$mm 时，紧固螺钉中心距取 $W=100$mm；当 $W=16$mm 时，紧固螺钉中心距取 $p=150$mm；螺钉紧固后，其头部须打磨成拉深肋一致形状，如图 6-62e 所示。

3）拉深肋的结构尺寸，如表 6-11 所示。

表 6-11　拉深肋的结构尺寸　（mm）

名称	肋宽 W	$\phi d\times p$	ϕd_1	l_1	l_2	l_3	h	K	R	l_4	l_5
圆形嵌入肋	12	M6×1.0	6.4	10	15	18	12	6	6	15	25
	16	M8×1.25	8.4	12	17	20	16	8	8	17	30
半圆形嵌入肋	12	M6×1.0	6.4	10	15	18	11	5	6	15	25
	16	M8×1.25	8.4	12	17	20	13	6.5	8	17	30
方形嵌入肋	12	M6×1.0	6.4	10	15	18	11	5	3	15	25
	16	M8×1.25	8.4	12	17	20	13	6.5	4	17	30

4）拉深槛的结构与尺寸，如图 6-63 所示。

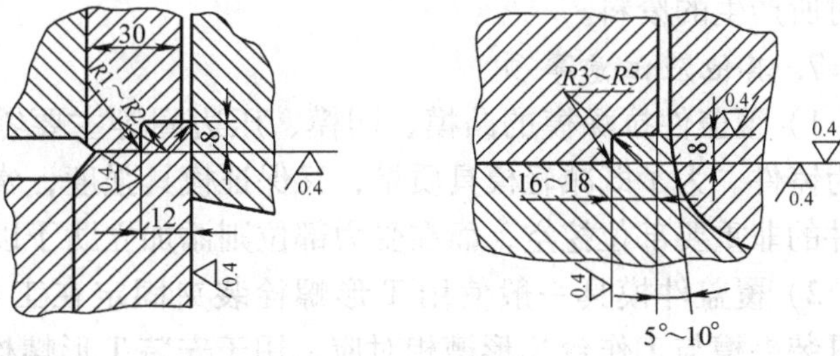

图 6-63　拉深槛

5. 通气孔设计

覆盖件拉深模的凸、凹模都必须考虑设置通气孔，如图 6-64 所示。图 6-64a 所示为凹模铸孔，图 6-64b 所示为上模加管，图 6-64c 所示为上模加盖。

（1）通气孔的形式　通常在凹模底面相应位置铸孔、钻孔或铣槽，在凸模上相应位置钻孔，如图 6-64a 所示。通气孔的数量一般为 2～6 个，孔的大小、位置视覆盖件形状、尺寸及模具的结构特点而定。一般铸孔的直径为 $\phi60\sim\phi120$mm，直接钻孔的直径为 $\phi3\sim\phi10$ mm。

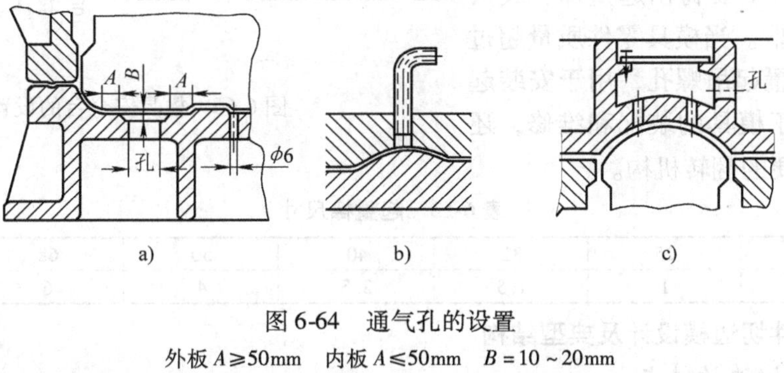

图 6-64　通气孔的设置

外板 $A\geqslant50$mm　内板 $A\leqslant50$mm　$B=10\sim20$mm

（2）通气孔的设置原则　通气孔的设置原则主要有：凸、凹模上、下成形处一般不设通气孔；曲率半径小、材料流动大处不设通气孔；外板的凹模，通气孔面斜度在 5/1000 以下时可设通气孔；通气孔的面积约为凸模面积的 1.5%；当通气孔位于上模时，需采取加气管或盖板等措施，防止灰、沙等杂物进入，如图 6-64b、c 所示。

6. 工艺孔设计

工艺孔就是为了生产和制造过程的需要，在工艺上增设的孔，而非产品制件上有的孔。通常工艺孔有以下两种形式：

（1）定位用工艺孔　有些覆盖件形状比较平缓，或受冲压方向的限制，无法利用拉深件侧壁及拉深肋、槛作为后续工序的定位，而必须利用工艺孔来定位。工艺孔的位置应设在以后要切掉的工艺补充部分上，一般都设在压料面上，并且在拉深完成以后冲出。其数量一般在两个或两个以上。

（2）研磨用工艺孔　覆盖件往往需要经过拉深、切边、冲孔、翻边等多道工序才能完成。在模具制造时，为使后工序模具的研磨更加快速准确，减小孔与形状的位置公差，常采用在全工序中设置两处研磨用工艺孔的方法。当拉深模调试合格后，一般在合格的拉深件形状面比较平缓且突出的地方冲出 ϕ10mm 的研磨用工艺孔，并在后续各工序模具相应位置装上 ϕ10mm 销钉进行定位，如图 6-65 所示。当研磨完成后，再将销钉拔掉。研磨工艺孔的孔位公差为 ±0.01mm。

另外需注意的是，在拉深模结构上应考虑易于排出冲工艺孔时所产生的废料。

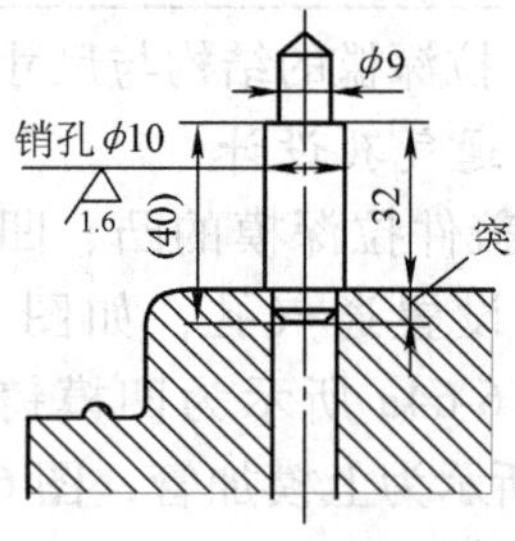

图 6-65　研磨销结构尺寸

7. 其他应注意事项

1）覆盖件拉深模的凸模、凹模、压边圈等主要零件一般都为铸件。为了既减轻模具质量，又保证模具强度，常将这些铸件的非重要部位挖空，而在受力部位则添加立肋予以增强。

2）覆盖件模具一般使用 T 形螺栓装夹固定在工作台上，模具装夹槽与工作台 T 形槽相对应，用于安装 T 形螺栓。

3）安全台位于上、下模接合面之间，用于安装限位块、导柱、导套等部件，模具越大，要求安全台的尺寸越大，数量越多。其尺寸如图 6-66 所示。

4）为便于覆盖件模具的吊运和安装，一般在铸件上要铸出起重棒，其尺寸按表 6-12 选取。当模具零件质量超过 20kg 时，应设置起吊螺孔，用于安装起吊螺钉。为便于模具的装配和维修，还应设置灵巧方便的翻转机构。

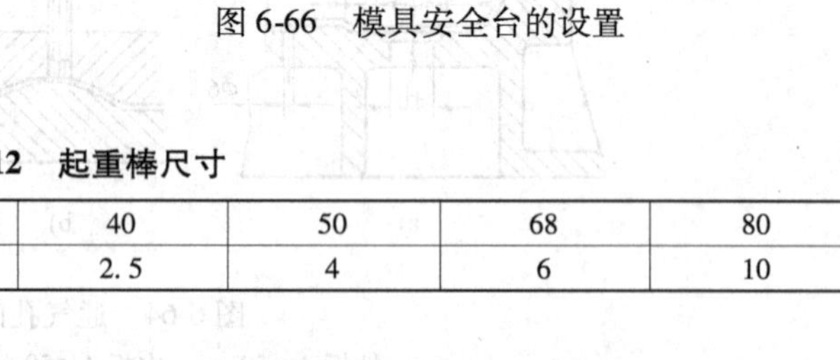

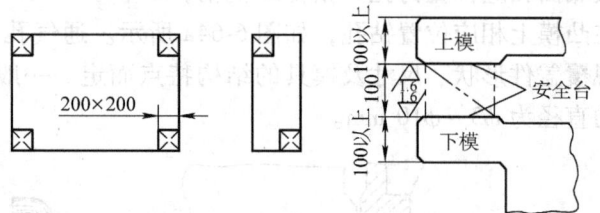

图 6-66　模具安全台的设置

表 6-12　起重棒尺寸

直径 d/mm	25	32	40	50	68	80
允许负荷/t	1	1.5	2.5	4	6	10

六、覆盖件切边模设计及典型结构

1. 覆盖件切边的特点

覆盖件的切边通常在拉深成形后进行，是覆盖件冲压加工中非常重要的一道工序，一般是不可缺少的。覆盖件切边模是用于将经拉深、成形、弯曲后工件的边缘及中间部分实现分离的冲裁模。这类模具与普通落料模、冲孔模的不同点主要体现在覆盖件的切边线多为较长的不规则轮廓，工件经拉深变形后形状复杂，模具刃口冲切的部位，可能是任意的空间曲面，而且冲压件往往有不同程度的弹性变形，冲裁分离过程通常存在较大的侧向力等等，使得对覆盖件切边模的设计制造提出了更高的要求。因此，切边模有如下特点：

1）凸、凹模工作部分一般采用拼块结构。为了节约模具钢，有的还采用堆焊刃口结构。图 6-67 所示为拼块的结构形式。

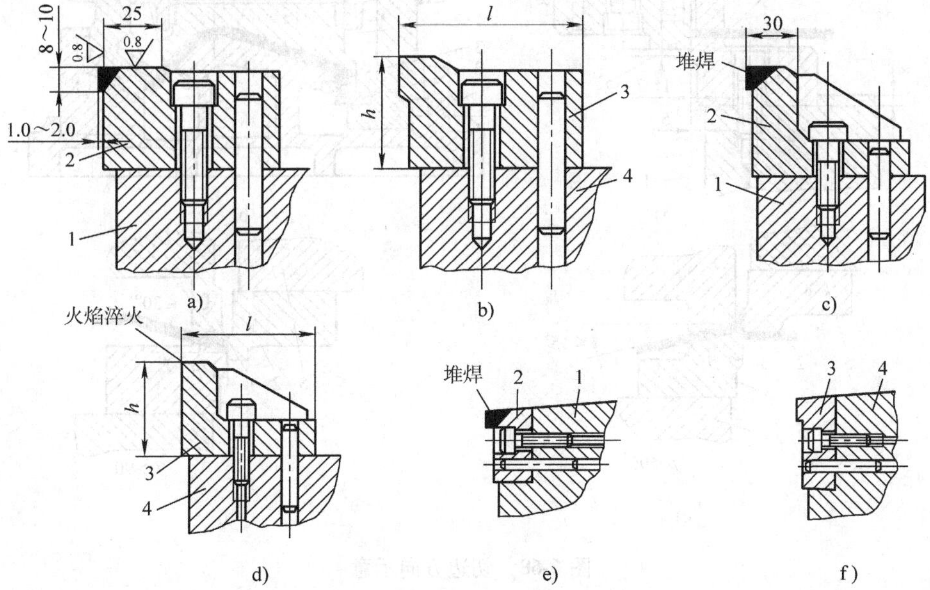

图 6-67 拼块的结构形式

a) Q235 板块式拼块（堆焊刃口） b) 工具钢板块拼块 c) 角式拼块（堆焊刃口）

d) 工具钢角式拼块 e) 刀片式拼块（堆焊刃口） f) 工具钢刀片式拼块

1、4—模体 2、3—拼块

2）冲压往往是多方向的。根据切边拼块运动的方向有三种切边，即垂直切边、水平切边、倾斜切边，如图 6-68 所示。

依据零件的形状，有的只要一个方向的切边，有的则需要两个方向或两个以上方向的切边，如图 6-68b 所示。水平切边和倾斜切边需要斜楔滑块机构。

为此，必须正确设计计算斜楔滑块角度和行程关系、斜楔滑块角度和力的关系，以及斜楔滑块结构和滑块复位机构的设计。

3）采用废料切刀装置。覆盖件的废料切刀结构不同于前面所述的标准结构，而是采用拼块式废料刀。其上模利用凹模拼块的接合面（该面高出凹模面）作为废料刀一个刃口，如图 6-69a 所示。下模在凸模拼块之外相应处装一个废料切刀，如图 6-69b 所示。而且上下模刃口配合，如图 6-69c 所示。

废料切刀沿工件周围布置一圈，其布置的位置及角度应有利于废料滑落而离开模具工作部位。为了便于清除废料，一般采用倒装式模具。

2. 切边模典型结构

图 6-70 所示为垂直切边冲孔复合模，该模具属于斜面（钝角）、平面垂直切边，水平面上垂直冲孔。切边或切边冲孔模一般以导柱、导套导向。

七、覆盖件翻边模设计及典型结构

汽车覆盖件的翻边一般是其冲压成形的最后工序，翻边质量的好坏将直接影响汽车整车

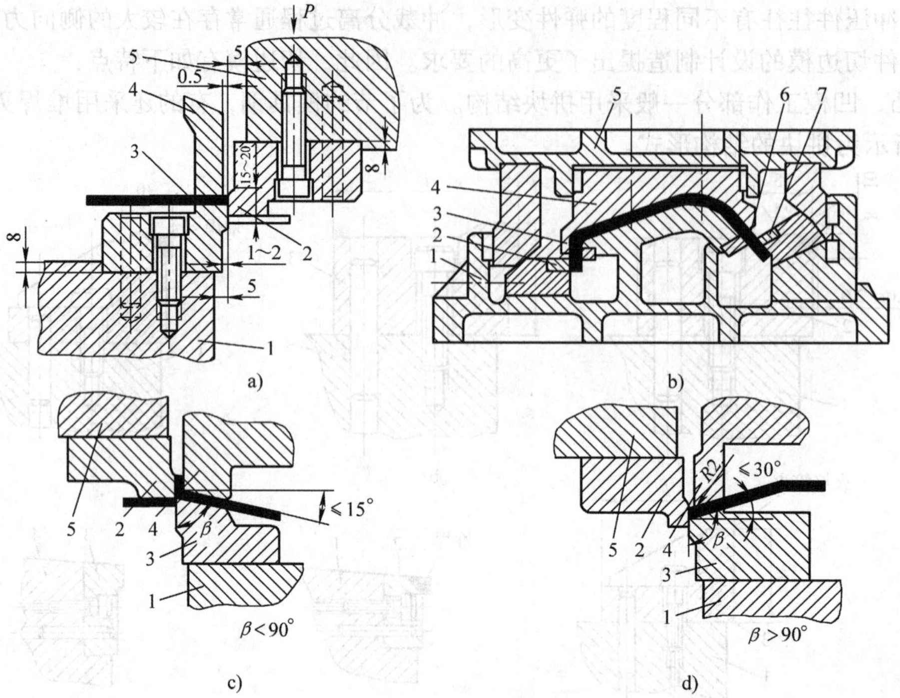

图 6-68　切边方向示意

a）垂直切边　b）水平切边与倾斜切边　c）斜面垂直切边（锐角）　d）斜面垂直切边（钝角）

1—下模　2、7—凹模拼块　3、6—凸模拼块　4—推件器　5—上模

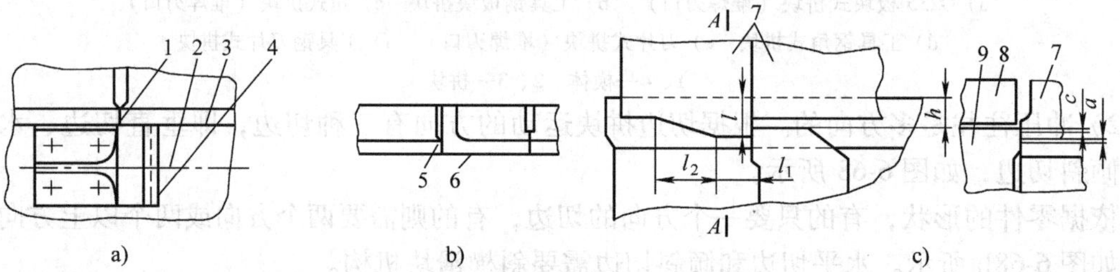

图 6-69　废料切刀

1—拼块接合面　2—工件外形　3—凸模刃口　4—废料刀刃口

5—凹模拼块接　6—凹模刃口　7—凹模拼块　8—推件器　9—凸模拼块

的装配精度和质量。翻边工序除了要满足覆盖件的装配尺寸要求外，还要改善切边工序造成的变形，提高覆盖件的刚性。覆盖件的翻边轮廓多是立体不规则的形状，材料的变形过程复杂多变，这给翻边模的设计制造提出了较高的要求。进行翻边模设计时应充分考虑翻边方向，制件定位方式，模具刃口分块，模具的结构形式，模具的制造、使用及维修等多方面的因素。

1. *覆盖件翻边模的分类*

（1）垂直翻边模　翻边凹模刃口沿上下方向垂直运动。

（2）斜楔翻边模　翻边凹模刃口沿水平或倾斜方向运动。需要斜楔机构将压力机滑块的垂直方向运动，转变为凹模刃口沿翻边方向运动。

（3）垂直斜楔翻边模　凹模刃口既有上下垂直方向运动，又有水平或倾斜方向运动。

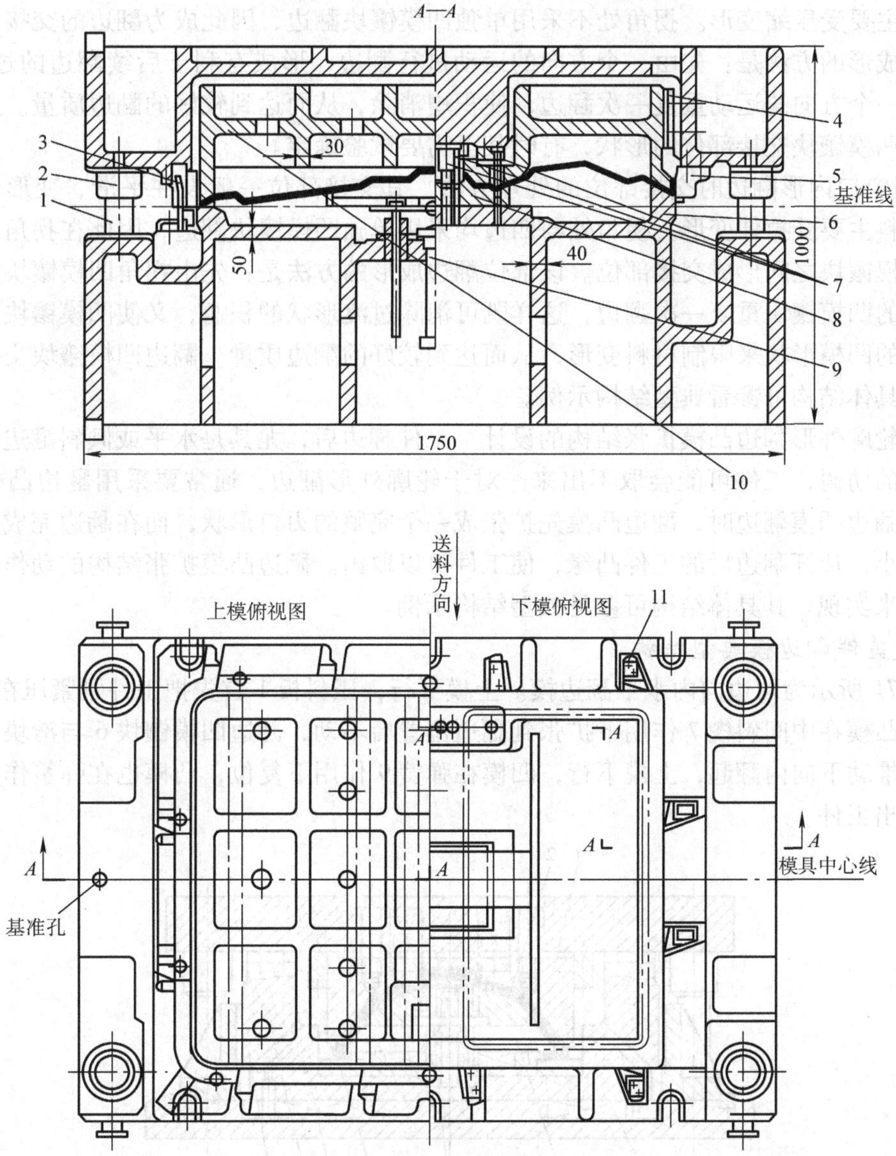

图 6-70　切边冲孔模

1—导柱　2—导套　3—定位杆　4—内滑板　5—凹模镶块　6—凸模　7—冲孔凸模　8—冲孔凹模　9—气动顶件器　10—推件器　11—废料切刀

2. 覆盖件翻边模结构设计要点

（1）翻边凹模镶块交接部位的设计　覆盖件翻边通常包括轮廓外形的翻边和窗口封闭内形的翻边。翻边位置沿制件外形或内形的边缘呈立体不规则分布，一般由一个方向的运动来完成翻边是不可能的，而必须由两个或两个以上不同的运动方向的翻边凹模共同完成翻边，因此覆盖件翻边模的凹模通常是由几组沿不同方向运动的凹模组成。各组凹模的局部结构形式，一般也如切边模那样采用镶块式结构，其设计方法可参照前节所述。覆盖件翻边凹模设计的关键是如何对沿不同方向运动的各组凹模镶块的交接部位进行处理。

1）对轮廓外形翻边时交接部位的处理方法。其交接部位多数是设在变形较大的拐角区域，材料主要受压缩变形。拐角处不采用单独凹模镶块翻边，因此成为翻边的交接部位。该部位翻边成形的方法是：先由一个方向的运动进行翻边，形成有利于后续翻边的过渡形状，接着由另一个方向的运动重复一次翻边，使积瘤消除，从而达到较好的翻边质量。必须仔细考虑两组凹模镶块交接部位的形状，有时甚至需要试验确定。

2）对窗口内形翻边时交接部位的处理方法。其交接部位一般设在平滑、变形较小的四边上，材料主要受拉伸变形。拐角处与四边均采用单独凹模镶块翻边，因此在拐角凹模镶块与四边凹模镶块之间形成交接部位。该部位翻边成形的方法是：先由拐角凹模镶块翻边，接着由四边的凹模镶块重复一次翻边，这样既可消除过渡形状的积瘤，又使凹模镶块最后形成一个完整的凹模形状来限制材料变形，从而达到较好的翻边质量。翻边凹模镶块交接部位的设计，其具体结构可参看典型结构示例。

（2）轮廓外形翻边凸模扩张结构的设计　工件翻边后，尤其是水平或倾斜翻边后，由于翻边凸缘的妨碍，工件可能会取不出来。对于轮廓外形翻边，通常要采用翻边凸模扩张结构，即在翻边凹模翻边时，翻边凸模先扩张成一个完整的刃口形状，而在翻边完成后，翻边凸模再缩小，让开翻边后的工件凸缘，使工件可以取出。翻边凸模扩张结构的动作一般通过斜楔机构来实现。其具体结构可参见典型结构示例。

3. 覆盖件翻边模典型结构

图6-71所示为两边向内水平翻边模。上模下行，压料板1首先把工件紧紧压在凸模座2上，接着凸模在中间斜楔7作用下扩张到翻边位置后不动，翻边凹模镶块6与滑块5一起在斜楔3的推动下向内翻起，上模下行，凹模在弹簧9作用下复位，凸模也在弹簧作用下向内收缩，取出工件。

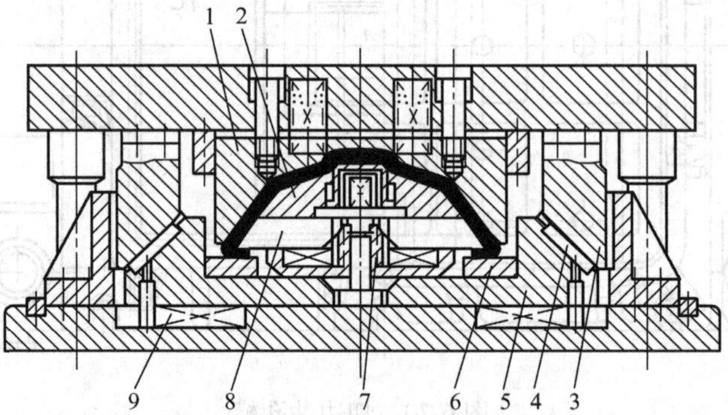

图6-71　双边向内水平翻边模

1—压料板　2—凸模座　3—斜楔　4—滑板　5—滑块　6—凹模镶块　7—中间斜楔　8—活动翻边凸模　9—弹簧

思考题和习题

一、填空

1. 在毛坯上预先加工好预制孔，再沿孔边将材料竖立凸缘的冲压工艺叫________。
2. 翻边按变形性质可分为________和________。
3. 在冲压过程中，胀形分________的局部凸起胀形和________的胀形。
4. 压制加强肋时，所需冲压力计算公式为：________。
5. 把不平整的工件放入模具内压平的工序叫________。

6. 冷挤压的尺寸公差一般可达到__________。

7. ________________是将空心工序件或管状毛坯沿径向往外扩张的冲压工序。

8. 径向挤压又称横向挤压，即挤压时，金属流动方向与凸缘运动方向__________。

9. 为了降低冷冲压模具与坯料的摩擦力，应对坯料进行__________和__________。

10. 冷挤压模具一般采用__________和__________。

11. __________是指覆盖汽车发动机、底盘、驾驶室和车身的薄板异形类表面零件和内部零件。

12. 为了实现覆盖件拉深，需要制件以外增加部分材料，而在后续工序中又将其切除，这部分增补的材料称为________________。

13. 利用__________，控制材料各方向流入凹模的阻力，防止拉深时因材料流动不均匀而发生起皱和破裂，是覆盖件工艺设计和模具设计的特点和重要内容。

14. 确定覆盖件的切边方向必须注意__________和__________这两点。

15. 覆盖件翻边质量的好坏和翻边位置的准确度，将直接影响汽车车身的__________和__________。

16. ________________是指拉深工件图、切边工件图及翻边工件图等工序件图，是模具设计过程中贯彻工艺设计图、确定模具结构及尺寸的重要依据。

17. 覆盖件拉深模结构与拉深使用的压力机有很大的关系，可分为______、______和______。

18. 拉深肋的作用是增大或调节拉深时坯料各部分的变形阻力，控制材料流入，提高稳定性，增大制件的刚度，避免__________和__________现象。

19. __________是为了生产和制造过程的需要，在工艺上增设的孔，而非产品制件上需要的孔。

20. 覆盖件的翻边包括两个方面：一是__________，二是__________。

二、判断（正确的在括号内打√，错误的打×）

1. 非圆孔又称异形孔。（　）

2. 压缩类曲面的主要问题是变形区的失稳起皱。（　）

3. 缩口模结构中无支撑形式，其模具结构简单，但缩口过程中坯料的稳定性差，允许缩口系数较小。（　）

4. 冷挤压坯料的截面应尽量与挤压轮廓形状相同。（　）

5. 整形工序一般安排在拉伸弯曲或其他工序之前。（　）

6. 覆盖件与一般冲压件相比，其材料都比较厚。（　）

7. 覆盖件一般都采用一次成形，以保证质量和经济性要求。（　）

8. 拉深肋的设置、分布和数量要根据制件的结构和尺寸决定。（　）

9. 覆盖件一般的浅拉深都不是在单动机上拉深。（　）

10. 覆盖件拉深模的凸模、凹模、压边圈等主要零件不能是铸件。（　）

三、选择

1. 空心坯料胀形方式一般可分为__________。

A. 两种　　B. 三种

2. 缩口系数 m 越小，变形程度越__________。

A. 小　　B. 大

3. 预制孔的加工方法，如钻出的孔比冲出的孔有更小的值；翻孔的方向与冲孔的方向__________时，有利于减小孔口开裂。

A. 不同　　B. 相同

4. 空心坯料胀形时所需的胀形力 $F = PA$,式中 A 代表的是__________。

A. 面积　　B. 体积

5. 在覆盖件最深或认为最危险的部分，取间距__________的纵向截面，计算各成形截面的成形度。

A. 50 ~ 100mm　　B. 20 ~ 100mm。

6. 覆盖件翻边模刃口沿上下方向垂直运动叫做＿＿＿＿＿。

A. 垂直翻边模　　B. 斜楔翻边模

7. 覆盖件拉深模非常重要的铸件部分应挖空，影响到强度的部分应设置＿＿＿＿＿。

A. 拉深肋　　B. 加强肋

8. 覆盖件局部有反拉深或局部膨胀时，若制件结构不容许大圆角和斜壁，则可在拉深后增加整形工序，将圆角半径和侧壁斜度＿＿＿＿＿。

A. 整小　　B. 整大

四、问答题

1. 如图 6-72 所示零件，材料为 10 钢。判断该零件能否冲底孔翻边成形，计算底孔的冲孔直径以及翻边凸、凹模工作部分的尺寸。

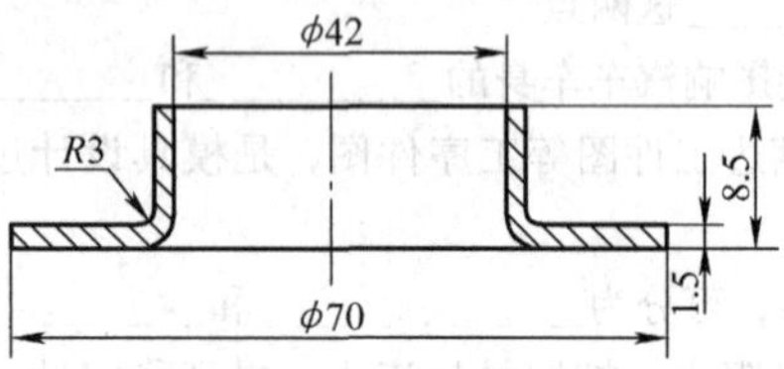

图 6-72　问答题 1 图

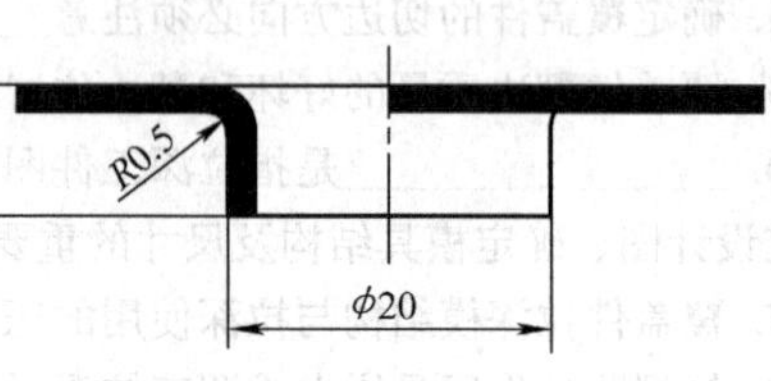

图 6-73　问答题 2 图

2. 如图 6-73 所示零件，材料 2A12，厚度 1mm，计算翻边凸、凹模工作部分的尺寸，并设计翻边模具结构。

3. 有两个形状相似的零件如表 6-13 中的图所示。尺寸 D、h 如表 6-13 所示，材料 08 钢。判断能否一次翻边成形。如果能，计算翻边力并设计凸模及确定凸、凹模间隙。如果不能，则说明应采用什么方法成形。

表 6-13　零件参数表

	件号	尺寸/mm	
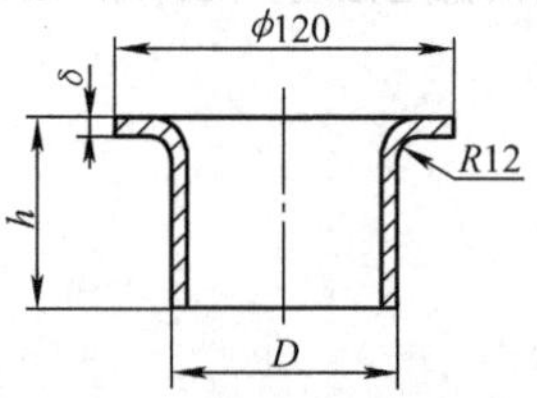		D	h
	零件 1	40	8
	零件 2	35	2

4. 冷挤压有何特点？试述冷挤压的应用。

5. 试列举正挤压、反挤压、复合挤压和径向挤压的具体应用实例。

6. 冷挤压工艺计算的内容有那些？具体步骤如何？

7. 试分析冷挤压件常见的质量缺陷及应采取的预防措施。

8. 冷挤压件常用表面处理方法有哪些？使用哪些表面处理剂？

9. 如图 6-74 所示的冷挤压件，试确定其坯料的形状和尺寸。

10. 覆盖件的主要成形障碍是什么？如何防止？

11. 覆盖件工序工件图的基本内容是什么？。

12. 拉深肋的布置要注意哪几点？

13. 单动压力机与双动压力机各有哪些优点？

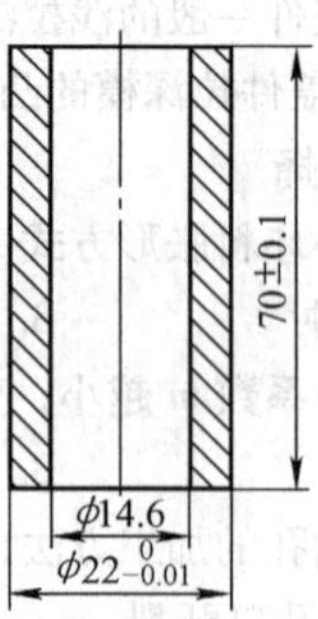

图 6-74　问答题 9 图

单元七

冲压模具零件制造与装配

本单元学习目的：

1. 掌握冲裁模零件制造、装配与调试方法和基本要点。
2. 掌握成形模零件制造、装配与调试方法和基本要点。
3. 掌握级进模零件制造、装配与调试方法和基本要点。

第一节　概　　述

冲模制造是模具设计过程的延续，它以冲模设计图样为依据，通过原材料的加工和装配，转变为具有使用功能的成形工具的过程，如图 7-1 所示。其主要内容有：工作零件（凸、凹模等）的加工；配购通用、标准件及进行补充加工；模具的装配与试模。

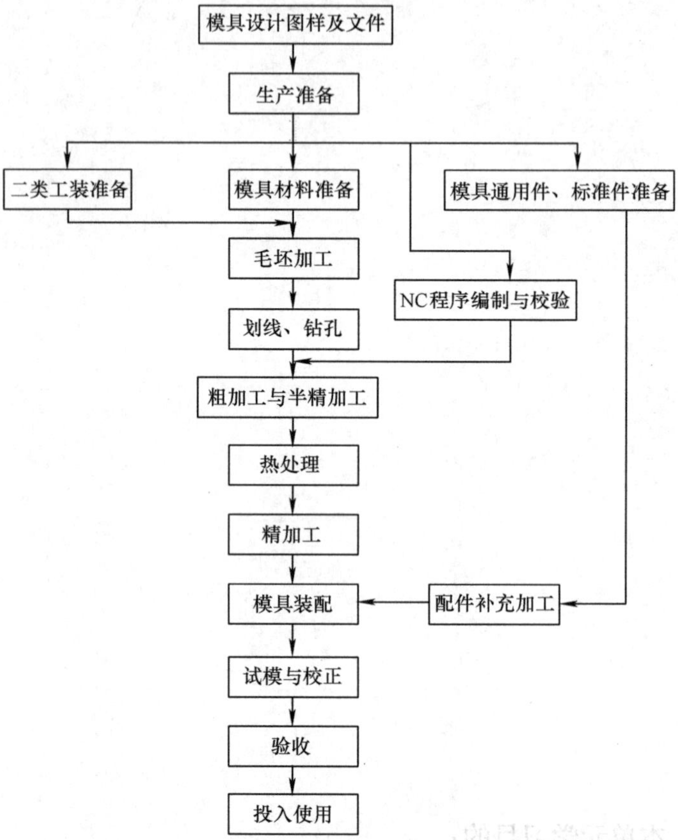

图 7-1　冲模的制造过程

模具零件的制造是按照模具零件结构和加工工艺过程的相似性，可将各种模具零件大致分为工作型面零件、板类零件、轴类零件、套类零件等，其加工特点如表 1-12 所示。

在制定模具零件加工工艺方案时，必须根据具体加工对象，结合企业实际生产条件进行，以保证技术上先进性和经济上合理性。

模具的装配就是根据模具的结构特点和技术条件，以一定的装配顺序和方法，将符合图样技术要求的零件，经协调加工，组装成满足使用要求的模具。在装配过程中，既要保证配合零件的配合精度，又要保证零件之间的位置精度。对于具有相对运动的零（部）件，还必须保证它们之间的运动精度。因此，模具装配是最后实现冲模设计和冲压工艺意图的过程，是模具制造过程中的关键工序。模具装配的质量直接影响制件的冲压质量、模具的使用和模具寿命。

第二节　冲裁模零件制造与装配

一、冲裁模凸、凹模技术要求及加工特点

冲裁属于分离工序，其加工具有如下特点：凸、凹模材质一般为工具钢或合金工具钢，热处理后的硬度为58～62HRC，凹模比凸模稍硬一些；凸、凹模精度主要根据冲裁件精度而定，一般尺寸精度在IT6～IT9，工作表面粗糙度在 $R_a = 1.6 \sim 0.4\mu m$；凸、凹模工作端带有锋利刃口，刃口平直（斜刃除外），安装固定部分要符合配合要求；凸、凹模装配后应保证均匀的合理间隙。

二、冲裁模凸、凹模加工

1. 凸、凹模的加工特点及适用范围

凸模和凹模常用的加工方案、加工特点及适用范围如表7-1所示。

表7-1　凸、凹模两种加工方案的特点和适用范围

加工方案		加工特点	适用范围
分开加工	方案一	凸、凹模分别按图样加工至尺寸要求，凸、凹模间隙由凸、凹模实际尺寸之差来保证	凸、凹模形状简单 凸、凹模具有互换性 成批量生产时 加工手段先进时
配合加工	方案二	先加工凸模，然后按此凸模配作凹模，并保证凸、凹模制件的规定间隙值大小	刃口形状复杂 非圆形冲孔模采用方案三 非圆形落料模采用方案二 凸、凹模间隙值较小时
	方案三	先加工凹模，然后按此凹模配作凸模，并保证凸、凹模制件的规定间隙值大小	

2. 凸、凹模常用的加工方法

凸模和凹模的加工方法主要根据凸、凹模的形状和结构特点，常用加工方法如表7-2、表7-3所示。

表7-2　冲裁凸模常用的加工方法

凸模形式		常用加工方法及加工过程		适用范围
圆形凸模		车削加工毛坯，淬火后精磨，最后工件表面抛光及刃磨		各种圆形模具
非圆形凸模	带安装台肩式	凹模压印修锉法	车、铣或刨削加工毛坯—磨削安装面和基准面—划线铣轮廓，留0.2～0.3mm单边余量—凹模（已加工）压印后修锉轮廓—淬硬后抛光—磨刃口	无间隙模或设备条件较差工厂
		仿形刨削加工	粗加工轮廓，留0.2～0.3mm单边余量—用凹模（已加工）压印后仿形精刨—淬火—抛光—磨刃口	一般要求的凸模
	直通式	线切割	粗加工轮廓，磨安装面和基准面—划线加工安装孔、穿丝孔—淬硬后磨安装面和基准面—切割成形—抛光—磨刃口	形状较复杂或较小、精度较高的凸模
		成形磨削	粗加工毛坯—磨安装面和基准面—划线加工安装孔—加工轮廓，留0.2～0.3mm单边余量—淬硬后磨安装面—成形磨削轮廓	形状不复杂、精度较高的凸模或镶块

表 7-3　冲裁凹模常用的加工方法

凹模形孔	常用加工方法及加工过程		适用范围
圆形孔	钻铰法	车削加工毛坯上下面及外圆—钻铰形孔—淬硬后磨上下面和形孔—抛光	孔径小于5mm的凹模形孔
	磨削法	车削加工毛坯上下面—钻镗形孔—划线加工安装孔—淬硬后磨上下面和工作形孔—抛光	孔较大的凹模
圆形孔系	坐标镗削	粗精加工毛坯上下面和凹模外形—磨上下面及定位基面—划线—坐标镗削形孔系列—加工固定孔—淬火—研磨抛光形孔	位置精度较高的凹模
	立铣加工	与坐标镗削不同之处为孔系加工用坐标法在立铣床上加工	一般精度要求的凹模
非圆孔系	锉削法	毛坯粗加工后按样板轮廓线，切除中心余料—按样板修锉—淬火—研磨抛光形孔	设备简单、形状简单的凹模
	仿形铣	凹模形孔在机床上精加工—钳工锉斜度—淬火—研磨抛光形孔	形状不复杂、尺寸不太大、过渡圆角较大
	压印加工	毛坯粗加工—用加工好的凸模或样冲压印后修锉—淬火研磨抛光形孔	尺寸不大、形状不复杂的凹模
	线切割	毛坯粗加工—划线加工安装孔—淬火—磨安装基面—割形孔	各种形状、精度高的凹模
	成形磨削	毛坯按镶拼结构加工—划线粗加工轮廓—淬火后磨安装面—成形磨削轮廓—研磨抛光	镶拼凹模
	电火花加工	毛坯外形加工—划线加工安装孔—淬火—磨安装面加工凹模形孔—研磨抛光	形状复杂、精度高的整体凹模

注：表中加工方法应根据工厂设备情况和模具要求具体选用。

3. 凸、凹模加工的典型工艺路线

凸、凹模加工的典型工艺路线主要有以下几种形式：

1）下料—锻造—退火—毛坯外形加工（包括外形粗加工、精加工、基面磨削）—划线—刃口轮廓粗加工—刃口轮廓精加工—螺孔、销孔加工—淬火与回火—研磨或抛光。

此工艺路线工作量大，技术要求高，适用于形状简单、热处理变形小的零件。

2）下料—锻造—退火—毛坯外形加工（包括外形粗加工、精加工、基面磨削）—划线—刃口轮廓粗加工—螺孔、销孔加工—淬火与回火—采用成形磨削进行刃口轮廓精加工—研磨或抛光。

此工艺路线能消除热处理变形对模具精度的影响，使凸、凹模的加工精度容易保证，可用于热处理变形大的零件。

3）下料—锻造—退火—毛坯外形加工—螺孔、销孔、穿丝孔加工—淬火与回火—磨削加工上下面及基准面—线切割加工—钳工修整。

此工艺路线主要用于以线切割加工为主要工艺的凸、凹模加工，尤其适用于形状复杂、热处理变形大的直通式凸模、凹模零件。

三、其他模具零件的加工

模具零件除工作型面零件外，还有模座、导柱、导套、固定板、卸料板等其他模具零件，它们主要是板类零件、轴类零件和套类零件等。其他模具零件的加工相对于工作型面零件加工要容易些。其他模具零件加工特点如表1-12所示。

四、冲裁模的装配

1. 模具装配特点

模具属单件生产。组成模具实体的零件，有些在制造过程中是按照图样标注的尺寸和公差独立地进行加工的（如落料凹模、冲孔凸模、导柱和导套、模柄等），这类零件一般都可直接进入装配；有些在制造过程中只有部分尺寸可以按照图样标注尺寸进行加工，需协调相关尺寸；有的在进入装配前需采用配制或合体加工，有的需在装配过程中通过配制取得协调，图样上标注的这部分尺寸只作为参考（如模座的导套或导柱固装孔，多凸模固定板上的凸模固装孔，需连接固定在一起的板件螺栓孔、销钉孔等）。

因此，模具装配适合于采用集中装配，在装配工艺上多采用修配法和调整装配法来保证装配精度，从而实现能用精度不高的组成零件，达到较高的装配精度，降低零件加工要求。

2. 装配技术要求

冲裁模装配后，应达到下述主要技术要求：

1）模架精度应符合国家标准规定。模具的闭合高度应符合图样的规定要求。

2）装配好的冲模，上模沿导柱上、下滑动应平稳、可靠。

3）凸、凹模间的间隙应符合设计要求，均匀分布。凸模或凹模的工作行程符合技术条件的规定。

4）定位和挡料装置的相对位置应符合图样要求。冲裁模导料板间距离需与图样规定一致；导料面应与凹模进料方向的中心线平行；带侧压装置的导料板，其侧压板应滑动灵活，工作可靠。

5）卸料和顶件装置的相对位置应符合设计要求，超高量在许用规定范围内，工作面不允许有倾斜或单边偏摆，以保证制件或废料能及时卸下和顺利顶出。

6）紧固件装配应可靠，螺栓螺纹旋入长度在钢件连接时应不小于螺栓的直径，铸件连接时应不小于1.5倍螺栓直径；销钉与每个零件的配合长度应大于1.5倍销钉直径；螺栓和销钉的端面不应露出上、下模座等零件的表面。

7）落料孔或出料槽应畅通无阻，以保证制件或废料能自由排出。

8）标准件应能互换。紧固螺钉和定位销钉与其孔的配合应正常、良好。

9）模具在压力机上的安装尺寸需符合选用设备的要求；起吊零件应安全可靠。

10）模具应在生产条件下进行试验，冲出的制件应符合设计要求。

3. 冲模装配的工艺过程

在模具装配之前，要认真研究模具图样，根据其结构特点和技术条件，制定合理的装配方案，并对提交的零件进行检查，除了必须符合设计图样要求外，还应满足装配工序对各类零件提出的要求，检查无误后才能按规定步骤进行装配。装配过程中，要合理选择检测方法及测量工具。

（1）冲模装配工艺过程　选择装配基准件—组件装配—总体装配—调整凸、凹模间隙—检验、调试。

（2）冲模装配具体内容

1）选择装配基准件。装配时，先要选择基准件。选择基准件的原则是按照模具主要零件加工时的依赖关系来确定。可以作为装配基准件的主要有凸模、凹模、凸凹模、导向板及固定板等。

2）组件装配。组件装配是指模具在总装前，将两个以上的零件按照规定的技术要求连接成一个组件的装配工作。如模架的组装，凸模和凹模与固定板的组装，卸料与推件机构各零件的组装等。这些组件，应按照各零件所具有的功能进行组装，这将会对整副模具的装配精度起到一定的保证作用。

3）总体装配。总装是将零件和组件结合成一副完整模具的过程。在总装前，应选好装配的基准件和安排好上、下模的装配顺序。

4）调整凸、凹模间隙。在装配模具时，必须严格控制及调整凸、凹模间隙的均匀性。间隙调整后，才能紧固螺钉、装入销钉。调整凸、凹模间隙的方法主要有透光法、测量法、垫片法、涂层法、镀铜法等。

5）检验、调试。模具装配完毕后，必须保证装配精度，满足规定的各项技术要求，并要按照模具验收技术条件，检验模具各部分的功能。在实际生产条件下进行试模，并按试模生产制件情况调整、修正模具，当试模合格后，模具加工、装配才算基本完成。

4. 冲模装配顺序确定

为了保证模具的装配精度，模具总装前应合理确定上、下模的装配顺序，以防出现调整不便的情况。

不同结构的模具装配顺序说明如下：

（1）无导向装置的冲模　无导向装置冲模的上、下模，其相对位置是在压力机上安装时调整的，工作过程中由压力机的导轨精度保证，因此，上、下模可以独立进行装配。

（2）有导柱的单工序模　这类模具装配相对简单。如果模具结构为倒装式，其装配路线为：模柄装配—装配下模部分—装配上模部分—试模装入定位销。

（3）有导柱的连续模　通常导柱导向的连续模都以凹模作装配基准件（如果凹模是镶拼式结构，应先组装镶拼式凹模），先将凹模装配在下模座上，凸模与凸模固定板装在一起，再以凹模为基准，调整好间隙，将凸模固定板安装在上模座上，经试冲合格后，钻铰定位销孔。

（4）有导柱的复合模　复合模结构紧凑，模具零件加工精度较高，模具装配的难度较大，特别是装配对内、外形有同轴度要求的模具。复合模的装配是在同一工位上先装配冲孔模，然后以冲孔模为基准，再装配落料模。装配复合模应遵循如下原则：

1）先将装有凸凹模的固定板用螺栓和销钉安装、固定在指定模座的相应位置上；再按凸凹模的内形装配、调整冲孔凸模固定板的相对位置，使冲孔凸、凹模间的间隙趋于均匀，用螺栓固定；然后再以凸凹模的外形为基准，装配、调整落料凹模相对凸凹模的位置，调整间隙，用螺栓固定。

2）试冲无误后，将冲孔凸模固定板和落料凹模分别用定位销在同一模座经钻铰和配钻、配铰销孔后，装入定位。

五、冲裁模的调试

模具按图样技术要求加工与装配后，必须在符合实际生产条件的环境中进行试冲压生产，通过试冲压可以发现模具设计与制造的缺陷，找出其产生的原因，对模具进行适当的调整和修理后再进行试冲压，直到能正常工作，才能将模具正式交付生产使用。

1. 模具调试的目的

模具试冲、调整简称调试。模具调试的目的：

1）鉴定模具的质量，验证该模具生产的产品质量是否符合要求，确定该模具能否交付生产使用。

2）帮助确定产品的成形条件和工艺规程。模具通过试冲与调整，生产出合格产品后，在试冲过程中，掌握和了解模具使用性能，产品成形条件、方法和规律，从而对产品批量生产时的工艺规程制定提供帮助。

3）帮助确定成形零件毛坯形状、尺寸及用料标准。在冷冲模设计中，有些形状复杂或精度要求较高的冲压成形零件，很难在设计时精确地计算出变形前毛坯的尺寸和形状。为了得到较准确的毛坯形状、尺寸及用料标准，只有通过反复试冲才能确定。

4）帮助确定工艺和模具设计中的某些尺寸。对于形状复杂或精度要求较高的冲压成形零件，在工艺和模具设计中，有个别难以用计算方法确定的尺寸，如拉深模的凸、凹模圆角半径等，必须经过试冲，才能准确确定。

5）通过调试，发现问题，解决问题，积累经验，有助于进一步提高模具设计和制造水平。

由此可见，模具调试过程十分重要，是必不可少的。但调试的时间和试冲次数应尽可能少，这就要求模具设计与制造质量过硬，最好一次调试成功。在调试过程中，合格冲压件数的取样一般应在 20～1000 件之间。

2. 冲裁模的调试内容

模具的调试，因模具类型不同、结构不同，其内容也随之变化。

冲裁模调试主要包括以下几个方面内容：

(1) 模具闭合高度调试　要求模具应与冲压设备配合好，保证模具应有的闭合高度和开启高度。

(2) 导向机构的调试　要求导柱、导套要有好的配合精度，保证模具运动平稳、可靠。

(3) 凸、凹模刃口及间隙调试　要求刃口锋利，间隙要均匀。

(4) 定位装置的调试　要求保证定位准确、可靠。

(5) 卸料及出件装置的调试　要求保证卸料及出件通畅，不能出现卡住现象。

3. 冲裁模试冲时出现的问题和调整方法

冲裁模试冲时出现的问题和调整方法如表 7-4 所示。

表 7-4　冲裁模试冲时出现的问题和调整方法

出现的问题	产生的原因	调整方法
制件有毛刺	刃口不锋利 配合间隙过大或过小，间隙不均匀 刃口淬火硬度低	刃磨刃口 调整间隙符合要求 重新对凸凹模淬火，保证刃口淬火硬度
制件不平整	凹模有倒锥 顶料杆与工件接触面小 导正销与定位孔过紧，将冲压件压出凹陷	修整凹模 更换顶料杆，增大接触面 修整导正销

（续）

出现的问题	产生的原因	调整方法
送料不顺畅	导料板的间隙过小或有斜度 凸模与卸料板间隙过大	锉修或重装导料板 减小凸模与卸料板的间隙
内孔与外形偏位	挡料销不正 导正销尺寸过小 导料板与凹模送料中心线偏斜 侧刃定距不准	修正挡料销 更换合格导正销 修正导料板 修磨或更换侧刃
刃口相咬	模具安装面不平行 导柱导套安装不垂直或间隙过大 凸凹模位置不对正	修磨各零件安装面 重装或更换导柱导套 调整凸凹模位置使其对正
卸料不正常	卸料装置弹力不够 凹模与漏料孔未对正 装配错误导致卸料装置无法工作	更换卸料装置弹性元件 修正漏料孔 修整或重装卸料装置
凹模胀裂	凹模有倒锥 凹模深度过大	修整凹模，减少倒锥或深度

第三节　成形模零件制造与装配特点

一、凸、凹模技术要求及加工特点

成形模制造过程与冲裁模类似，差别主要体现在凸、凹模上。成形模不同于冲裁模，凸、凹模不带有锋利刃口，而带有圆角半径和型面，表面质量要求更加高，凸、凹模之间的间隙也要大些（单边间隙略大于坯料厚度）。

成形模属于塑性变形工序，主要有弯曲模和拉深模两大类。其凸、凹模常用的材料要求具有高硬度、高耐磨性、高淬透性、热处理变形小等特点，常用的材料有 T10A、Cr12、Cr12MoV 等，热处理后硬度为 58～62HRC；凸凹模的加工精度主要决定于制件，一般尺寸精度为 IT6～IT9，表面质量要求较高，一般表面粗糙度为 R_a0.2～0.8μm；凸凹模的试模常常在淬火之前进行，便于修磨；由于成形过程中回弹等因素的存在，设计时需留出修磨余量，同时先设计成形模后设计冲裁模；凸凹模的圆角半径和间隙大小要符合成形规律。

成形模与冲裁模零件制造的最大区别是凸凹模的加工不同，弯曲模的凸凹模主要是外形加工，拉深模的加工根据制件的形状而定。

二、凸凹模的加工

成形模凸、凹模加工与冲裁模凸、凹模加工不同之处主要在于前者有圆角半径和型面的加工，而且表面质量要求高。

弯曲模凸、凹模工作面一般是敞开面，其加工一般属于外形加工。对于圆形凸、凹模加工，一般采用车削和磨削即可，比较简单。

表 7-5 所示为非圆形弯曲模凸、凹模常用的加工方法。

表 7-5　非圆形弯曲模凸凹模常用的加工方法

加工方法	加 工 过 程	适 用 范 围
刨削	毛坯粗加工—磨安装面、基准面—划线—粗、精刨型面—精修—淬火—研磨—抛光	大中型弯曲模型面
铣削	毛坯粗加工—磨安装面、基准面—划线—粗、精铣型面—精修—淬火—研磨—抛光	中小型弯曲模
成形磨削	毛坯粗加工—磨基准面—划线—粗加工型面—加工安装孔—淬火—磨削型面—抛光	精度高、形状不太复杂的弯曲模
线切割	毛坯粗加工—淬火—磨安装面和基准面—线切割加工型面—抛光	小型弯曲模

拉深模凸模的加工一般是外形加工，而凹模的加工则主要是形孔或型腔的加工。表 7-6 和表 7-7 所示为拉深模凸、凹模常用的加工方法。

表 7-6　拉深凸模常用的加工方法

类型	加 工 方 法		使 用 范 围
回转体	毛坯锻造—退火—粗精车外形—淬火—磨型面—修磨成形端面、圆角—抛光		所有筒形零件的拉深凸模
曲线旋转体	成形车	毛坯—粗车型面—淬火—研磨抛光	精度较低，设备条件差
	成形磨	毛坯—粗车成形面—淬火—磨安装面—成形磨型面和圆角—抛光	精度要求较高
盒形件	修锉法	毛坯—修锉方形和圆角—淬火—研磨抛光	精度低，型件小
	铣削法	毛坯—划线—铣型面—修锉圆角—淬火—研磨抛光	精度一般的通用加工法
	成形刨	毛坯—划线—粗精刨成形面—淬火—研磨抛光	精度稍高的制件凸模
	成形磨	毛坯—划线—粗加工型面—淬火—成形磨削型面—抛光	精度较高的制件凸模
非回转体	铣削	毛坯—划线—粗加工型面（仿形刨）—淬火—研磨抛光	精度低，型面不太复杂
	仿形刨	毛坯—划线—粗加工型面—淬火—研磨抛光	精度较高，型面较复杂
	成形磨	毛坯—划线—粗加工型面—淬火—成形磨削型面—抛光	结构简单，精度较高

表 7-7　拉深凹模常用的加工方法

制件类型	加 工 方 法		使 用 范 围
筒形和锥形	毛坯—粗精车形孔—划线—加工安装孔—淬火—磨型面或形孔—抛光		各种凹模
曲线旋转体	无底模	与筒形件凹模加工方法相同	无底中间拉深凹模
	有底模	毛坯—粗精车形孔—淬火—抛光	需整形凹模
盒形件	铣削	毛坯—划线—铣形孔—钳工修圆角—淬火—研磨抛光	精度要求一般的无底凹模
	插削	毛坯—划线—插形孔—钳工修圆角—淬火—研磨抛光	

（续）

制件类型	加工方法		使用范围
盒形件	线切割	毛坯—划线—加工安装孔—淬火—磨安装面—线切割形孔—研磨抛光	精度较高的无底凹模
	电火花	毛坯—划线—加工安装孔—淬火—磨基准面—电火花加工型腔—研磨抛光	精度较高、需整形的无底凹模
非回转体	铣削或插削	毛坯—划线—铣（插）形孔—钳工修圆角—淬火—抛光	精度要求一般的无底凹模
	线切割	毛坯—划线—加工安装孔—淬火—磨安装面—线切割形孔—研磨抛光	精度要求较高的无底凹模
	电火花	毛坯—划线—加工安装孔—淬火—磨基准面—电火花加工型腔—研磨抛光	精度要求一般的无底凹模

三、成形模的装配与调试

成形模的装配与调试过程和冲裁模基本类似。只是由于塑性成形工序比分离工序复杂，难以准确控制的因素多，所以其调试过程要复杂些，试模、修模反复次数多。弯曲模、拉深模在试冲过程中常见问题及调整方法如表 7-8 和表 7-9 所示。

表 7-8　弯曲模试冲时常见的问题和调整方法

现象	可能原因	调整方法
回弹	弹性变形	改变凸模的形状或角度，增加凹槽深度，较小凸凹模间隙值，增加校正力
制件不平	压料力不足或顶件作用点分布不均	增加压料力或合理分布顶件作用点
制件左右高度不一致	定位不准或压料不牢而偏移 凹模左右圆角半径不一致 凸、凹模左右间隙不均	调整定位或增加压料力 修正圆角半径 调整凸、凹模间隙值
制件表面划伤	凹模内壁或圆角不光滑 板料被粘附	修磨凹模内壁或圆角 凸凹模表面镀铬或凹模表面化学处理
弯角出有裂纹	弯曲半径过小 材料纹路不对或塑性差 板料毛刺方向不对	加大弯曲半径 材料退火处理或改变排样方式 改变板料毛刺方向
制件尺寸不对	间隙过小或压料力过大 毛坯尺寸计算错误	加大间隙或减小压料力 落料尺寸试冲后再确定

表 7-9　拉深模试冲时常见的问题和调整方法

现　　象	可　　能	调整方法
制件起皱	无压边圈或压边力小；凸凹模间隙太大或不均匀；凹模圆角过大或板料太薄	增加压边圈或加大压料力；减小拉深间隙值；采用小圆角凹模或更换材料
有裂纹或破裂	材料塑性差；压边力过大；凸凹模圆角半径过小或表面不光滑；凸凹模间隙不均匀，局部过小；拉深系数太小和拉深次数太少；凸模安装不垂直	更换材料；减小压边力；加大圆角半径或修光圆角表面；调整间隙大小，使其均匀；加大拉深系数和增加拉深次数；重装凸模，保持垂直

（续）

现　　象	可　　能	调整方法
高度不准	毛坯尺寸过大或过小；拉深间隙过大或过小；凸模圆角半径过大或过小	重新计算毛坯尺寸；更换凸模或凹模，使间隙合理；调整圆角半径，使其合理
壁厚和高度不均	凸、凹模不同轴，间隙偏斜；挡料销或定位板位置不准；压料力不均匀；凹模几何形状不正确	重装凸、凹模，使间隙均匀一致；调整挡料销或定位板；调整弹簧或顶杆长度；修整凹模
表面拉毛	间隙过小或不均匀；凹模圆角表面不光滑；润滑液使用不合理；凹模硬度不够，有粘板现象；模具或板料表面不清洁	修整拉深间隙；修光圆角半径；合理使用润滑液；提高凹模表面硬度，修光表面；清洁模具和板料表面

第四节　级进模零件制造与装配特点

一、级进模加工特点

级进模主要用于细小复杂冲压零件的批量生产，其工位数多、精度高、寿命要求长，模具细小零件和镶块多，板类零件孔位精度高、尺寸协调多，因此，级进模与常规冲模相比，虽然加工和装配方法相似，但要求提高了，需要协调的地方多了，因而加工和装配更加复杂和困难。在模具设计合理的前提下，要制造出合格的级进模，必须具备先进的模具加工设备和测量手段以及合理的模具制造工艺规范。与其他冲模相比，级进模加工具有以下特点：

1）工作零件、镶块件和三大板（凸模固定板、凹模固定板和卸料镶块固定板，简称三板）是级进模加工难点和重点控制零件，其加工难点是工作零件型面尺寸和精度、三大板的形孔尺寸和位置精度。

2）细小凸模和凹模镶块由于其形状复杂、尺寸小、精度高，采用传统的机械加工难以完成，必须辅以高精度数控线切割、成形磨削、曲线磨等先进加工方法方能完成（常常采用数控线切割＋成形磨削）。

由于细小凸模和凹模镶块是易损件，需要更换，要有一定的互换性，所以细小凸模、凹模镶块的生产不能采用配作加工，而是有互换性的分开加工，要求图样中不论是凸模还是凹模，必须标明保证间隙的具体尺寸和公差，以便于备件生产。加工者应注意控制加工到其中心值附近，必须改变为怕出废品而孔按小尺寸加工、轴按大尺寸加工的现象，以利于互换装配和保证精度。

镶块常见加工路线一般是：锻—热处理—粗铣（刨）—基面加工—型面粗加工、半精加工—最终热处理—线切割—成形磨削—抛光等精加工。

3）级进模中的凸模固定板、凹模固定板和卸料镶块固定板孔位精度高、尺寸协调多，是制造难度最大、耗费工时最多、周期最长的三大关键零件，是模具精度的集中体现件。装在其上的凸模或镶块间的位置精度、垂直度等都依靠这三块板来给予保证。所以这三块板必须正确选材、确定加工方法和热处理方法，以确保加工质量。三板的加工除使用传统的机械加工方法外，还必须使用高精度数控线切割、坐标镗、坐标磨等先进加工方法，必要时采用组合加工。

为了避免基准误差的产生和积累，凸模固定板、凹模固定板和卸料镶块固定板的设计基准、工艺基准、测量基准三者应重合，一般采用板的两个成直角的侧面作为形孔位置尺寸的基准，重要形孔位置尺寸一般采用并联标注。三板常见加工路线一般是：锻—热处理—铣（刨）—平磨—中间热处理—平磨—坐标镗—最终热处理—平磨—电加工—坐标磨—精修。

4）级进模精度要求高、寿命要求长、尺寸稳定性要求高，所以模具零件的选材除了要求高耐磨、高强度和高硬度外，还要求热处理变形量小，尺寸稳定性好。

二、级进模装配特点

级进模装配的关键是凸模固定板、凹模固定板和卸料镶块固定板上形孔尺寸和位置精度的协调，要同时保证多个凸模、凹模或镶块的间隙和位置符合要求。级进模装配一般采取局部分装、总装组合的方法，即首先化整为零，先装配凹模固定板、凸模固定板和卸料镶块固定板等重要部件，然后再进行模具总装；先装下模部分，后装上模部分，最后调整好模具间隙和进距精度。

第五节　冲裁模设计与制造实例

手柄工件如图 7-2 所示。

1. 冲压件工艺性分析

此工件只有落料和冲孔两个工序。材料为 Q235-A 钢，具有良好的冲压性能，适合冲裁。工件结构相对简单，有一个 ϕ8mm 的孔和 5 个 ϕ5mm 的孔；孔与孔、孔与边缘之间的距离也满足要求，最小壁厚为 3.5mm（大端 4 个 ϕ5mm 的孔与 ϕ8mm 孔、ϕ5mm 的孔与 R16mm 外圆之间的壁厚）。工件的尺寸全部为自由公差，可看作 IT14 级，尺寸精度较低，普通冲裁完全能满足要求。

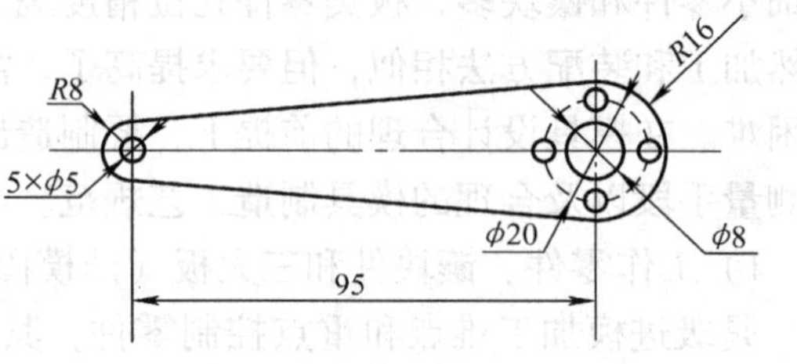

图 7-2　手柄工件图

生产批量：中批量　材料：Q235-A 钢　材料厚度：1.2mm

2. 冲压工艺方案的确定

该工件包括落料、冲孔两个基本工序，可有以下三种工艺方案：

方案一：先落料，后冲孔。采用单工序模生产。

方案二：落料—冲孔复合冲压。采用复合模生产。

方案三：冲孔—落料级进冲压。采用级进模生产。

方案一模具结构简单，但需两道工序两副模具，成本高而生产效率低，难以满足中批量生产要求。方案二只需一副模具，工件的精度及生产效率都较高，但工件最小壁厚 3.5mm 接近凸凹模许用最小壁厚 3.2mm，模具强度较差，制造难度大，并且冲压后成品件留在模具上，在清理模具上的物料时会影响冲压速度，操作不方便。方案三也只需一副模具，生产效率高，操作方便，工件精度也能满足要求。通过对上述三种方案的分析比较，该件的冲压生产采用方案三为佳。

3. 主要设计计算

（1）排样方式的确定及其计算　设计级进模，首先要设计条料排样图。手柄的形状具有一头大一头小的特点，直排时材料利用率低，应采用图 7-3 所示的排样方法，设计成隔位冲压，可显著地减少废料。隔位冲压就是将第一遍冲压以后的条料水平方向旋转180°，再冲第二遍，在第一次冲裁的间隔中冲裁出第二部分工件。搭边值取2.5mm和3.5mm，条料宽度为135mm，步距为53mm，一个步距的材料利用率为78%（计算见表7-10）。查板材标准，宜选950mm×1500mm的钢板，每张钢板可剪裁为7张条料（135mm×1500mm），每张条料可冲56个工件，故每张钢板的材料利用率为76%。

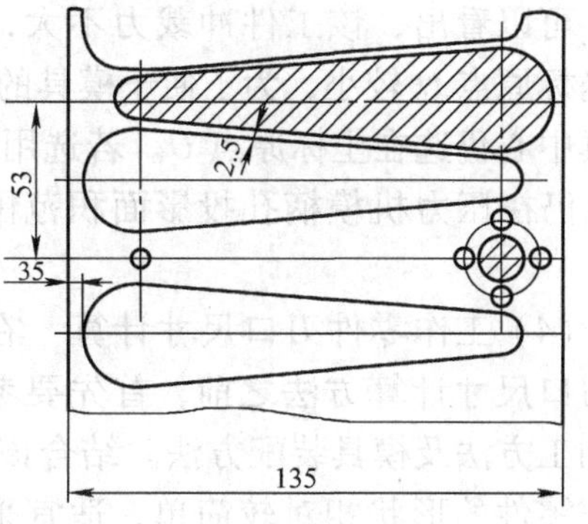

图7-3　手柄排样图

（2）冲压力的计算　该模具采用级进模，拟选择弹性卸料、下出件。冲压力的相关计算见表7-10。根据计算结果，冲压设备初选J23-25。

表7-10　条料和冲压力的计算

项目分数	项　目	公　式	结　果	备　注
排样	冲裁件面积 A	$A=[(162+82)\pi+95\times(16+32)]\div2$	2663.3mm^2	查表2-10得：最小搭边值 $a=3.5mm$，$a_1=2.5mm$；采用无侧压装置，条料与导料板间间隙 $Z_{min}=1mm$
	条料宽度 B	$B=95+2\times16+2\times3.5+1$	135mm	
	步距 S	$S=32+16+2\times2.5$	53mm	
	一个步距的材料利用率 η	$\eta=\frac{nA}{BS}\times100\%=\frac{2\times2663.3}{135\times53}\times100\%$	74.4%	
冲压力	冲裁力 F	$F=KLt\tau_b=1.3\times370\times1.2\times300$	173160N	$L=370mm$，$\tau_b=300MPa$
	卸料力 F_Q	$F_Q=KF=0.04\times173160$	6926.4N	K取0.04
	推件力 F_{Q1}	$nK_1F=7\times0.055\times173160$	66666.6N	K_1取0.055 $n=h/t=8/1.2=7$
	冲压工艺总力 F_Z	$F_Z=F+F_Q+F_{Q1}=173160+6926.4+66666.6$	246753N	弹性卸料，下出件

（3）压力中心的确定及相关计算　计算压力中心时，先画出凹模型口图，如图7-4所示。

在图中，将 xOy 坐标系建立在图示的对称中心线上，将冲裁轮廓线按几何图形分解成 $L_1\sim L_6$ 共6组基本线段，用解析法求得该模具的压力中心 C 点的坐标（13.57，11.64）。有关计算如表7-11所示。

表7-11　压力中心数据表

各基本要素压力中心坐标值	x	−52.592	0	0	57.856	−47.5	47.5	13.57
	y	26.5	38.5	14.5	26.5	−26.5	−26.6	11.64
基本要素长度 L/mm		$L_1=25.132$	$L_2=95.34$	$L_3=95.34$	$L_4=50.265$	$L_5=15.708$	$L_6=87.965$	合计369.75

可以看出，该工件冲裁力不大，压力中心偏移坐标原点 O 较小，为了便于模具的加工和装配，模具中心仍选在坐标原点 O。若选用 J23-25 冲床，C 点仍在压力机模柄孔投影面积范围内，满足要求。

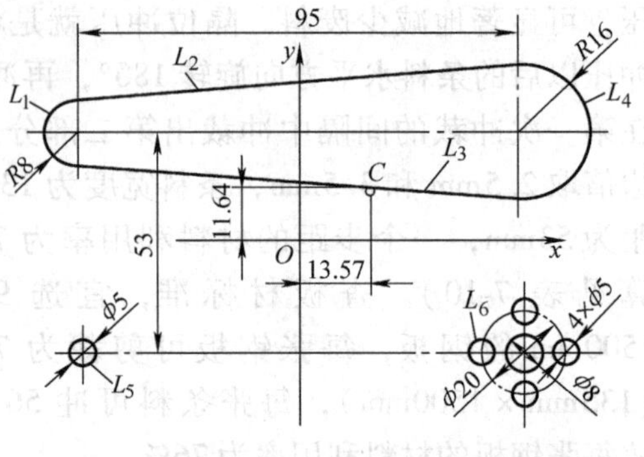

图 7-4　凹模型口图

（4）工作零件刃口尺寸计算　在确定工作零件刃口尺寸计算方法之前，首先要考虑工作零件的加工方法及模具装配方法。结合该模具的特点，工作零件的形状相对较简单，适宜采用线切割机床分别加工落料凸模、凹模、凸模固定板以及卸料板，这种加工方法可以保证这些零件各个孔的同轴度，使装配工作简化。因此工作零件刃口尺寸计算就按分开加工的方法来计算，具体计算见单元二内容。

（5）卸料橡胶的设计　卸料橡胶的设计计算省略。选用的四块橡胶板的厚度务必一致，不然会造成受力不均匀，运动产生歪斜，影响模具的正常工作。

4. 模具总体设计

（1）模具类型的选择　由冲压工艺分析可知，采用级进冲压，故模具类型为级进模。

（2）定位方式的选择　因为该模具采用的是条料，控制条料的送进方向采用导料板，无侧压装置。控制条料的送进步距采用挡料销初定距，导正销精定距。而第一件的冲压位置因为条料长度有一定余量，可以靠操作工目测来定。

（3）卸料、出件方式的选择　因工件料厚为 1.2mm，相对较薄，卸料力也比较小，故可采用弹性卸料。又因为是级进模生产，所以采用下出件比较便于操作与提高生产效率。

（4）导向方式的选择　为了提高模具寿命和工件质量，方便安装调整，该级进模采用中间导柱的导向方式。

5. 主要零部件设计

（1）工作零件的结构设计

1）落料凸模。结合工件外形并考虑加工，将落料凸模设计成直通式，采用线切割机床加工，2 个 M8 螺钉固定在垫板上，与凸模固定板的配合按 H6/m5。其总长 L 可按公式计算：$L=(20+14+1.2+28.8)\ \mathrm{mm}=64\mathrm{mm}$，具体结构如图 7-5a 所示。

2）冲孔凸模。因为所冲的孔均为圆形，而且都不属于需要特别保护的小凸模，所以冲孔凸模采用台阶式，一方面加工简单，另一方面又便于装配与更换。其中冲 5 个 $\phi5$ 的圆形凸模可选用标准件 BⅡ形式（尺寸为 5.15×64）。冲 $\phi8$mm 孔的凸模结构如图 7-5b 所示。

3）凹模。凹模采用整体凹模，各冲裁的凹模孔均采用线切割机床加工，安排凹模在模架上的位置时，要依据计算压力中心的数据，将压力中心与模柄中心重合。结构如图 7-6 所示。

（2）定位零件的设计　落料凸模下部设置两个导正销，分别与工件上 $\phi5$mm 和 $\phi8$mm 两个孔作导正孔。$\phi8$mm 导正孔的导正销结构如图 7-7 所示。导正在卸料板压紧板料之前完成。考虑料厚和装配后卸料板下平面超出凸模端面 1mm，所以导正销直线部分的长度为 1.8mm。导正销采用 H7/r6 安装在落料凸模端面，导正销导正部分与导正孔采用 H7/h6 配合。

起粗定距的活动挡料销、弹簧和螺塞选用标准件。

（3）导料板的设计　导料板的内侧与条料接触，外侧与凹模齐平，导料板与条料之间的

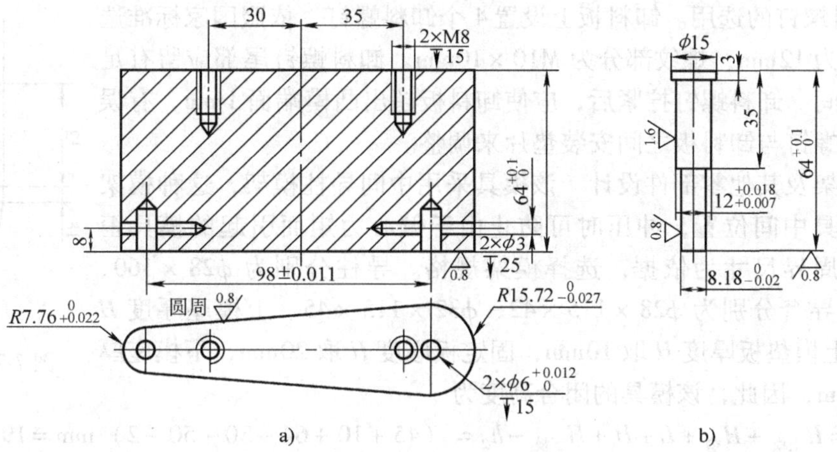

图 7-5　工作零件——落料凸模和冲孔凸模

a）落料凸模　b）冲孔凸模

材料：Cr12MoV　热处理：58～62HRC　技术要求：尾部与固定板按 H6/m5 配合

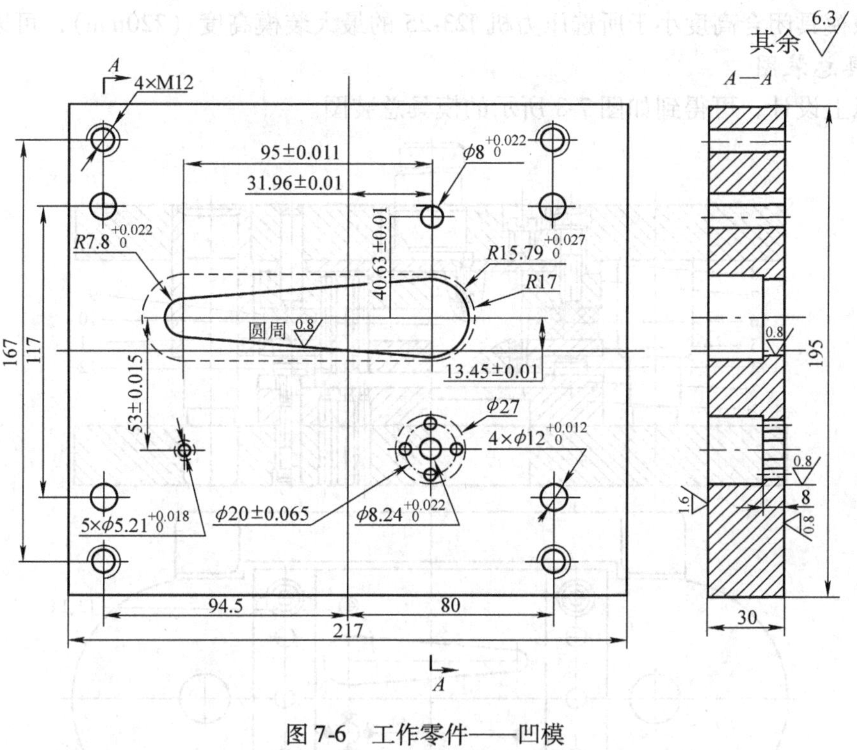

图 7-6　工作零件——凹模

材料：Cr12MoV　热处理：60～64HRC

间隙取 0.5mm，这样就可以确定导料板的宽度。导料板的厚度依据前面部分选择。导料板采用 45 钢制作，热处理硬度为 40～45HRC，用螺钉和销钉固定在凹模上。导料板的进料端安装有承料板。

（4）卸料部件的设计

1）卸料板的设计。卸料板的周界尺寸与凹模的周界尺寸相同，厚度为 14mm。卸料板采用 45 钢制造，淬火硬度为 40～45HRC。

2）卸料螺钉的选用。卸料板上设置4个卸料螺钉，依照国家标准选择公称直径为12mm，螺纹部分为M10×10mm。卸料螺钉尾部应留有足够的行程空间。卸料螺钉拧紧后，应使卸料板超出凸模端面1mm，有误差时通过在螺钉与卸料板之间安装垫片来调整。

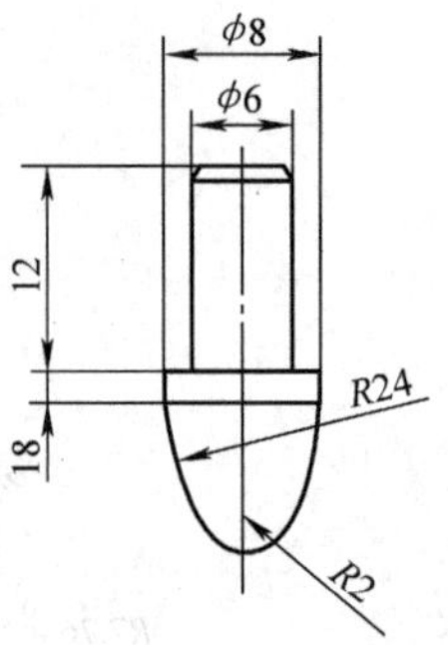

图7-7　导正销

（5）模架及其他零部件设计　该模具采用中间导柱模架，这种模架的导柱在模具中间位置，冲压时可防止由于偏心力矩而引起的模具歪斜。以凹模周界尺寸为依据，选择模架规格。导柱分别为$\phi28\times160$、$\phi32\times160$；导套分别为$\phi28\times115\times42$、$\phi32\times115\times45$。上模座厚度H取45mm，上模垫板厚度H取10mm，固定板厚度H取20mm，下模座厚度H取50mm，因此，该模具的闭合高度为

$$H_{闭}=H_{上模}+H_{垫}+L+H+H_{下模}-h_2=(45+10+64+30+50-2)\text{mm}=197\text{mm}$$

式中　L——凸模长度，$L=64$mm；

H——凹模厚度，$H=30$mm；

h_2——凸模冲裁后进入凹模的深度，$h_2=2$mm。

可见该模具闭合高度小于所选压力机J23-25的最大装模高度（220mm），可以使用。

6. 模具总装图

通过以上设计，可得到如图7-8所示的模具总装图。

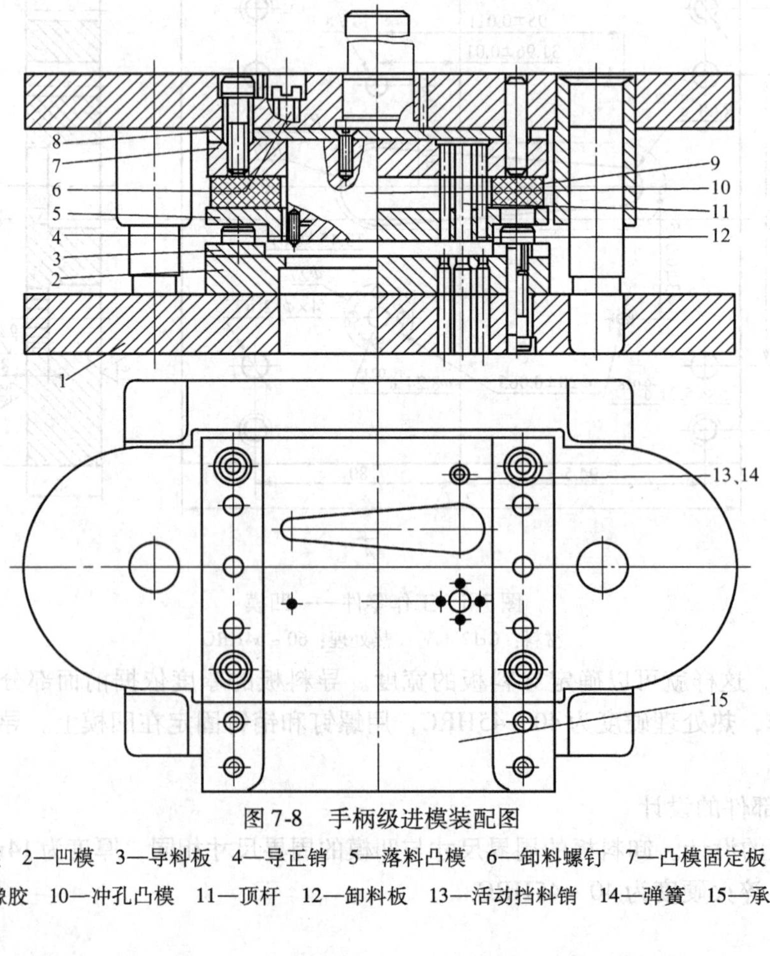

图7-8　手柄级进模装配图

1—下模座　2—凹模　3—导料板　4—导正销　5—落料凸模　6—卸料螺钉　7—凸模固定板　8—垫板　9—橡胶　10—冲孔凸模　11—顶杆　12—卸料板　13—活动挡料销　14—弹簧　15—承料板

模具上模部分主要由上模板、垫板、凸模（7 个）、凸模固定板及卸料板等组成。卸料方式采用橡胶弹性元件的弹性卸料。下模部分由下模座、凹模板、导料板等组成。冲孔废料和成品件均由漏料孔漏出。

条料送进时采用活动挡料销 13 作为粗定距，在落料凸模上安装两个导正销 4，利用条料上 ϕ5mm 和 ϕ8mm 孔作导正销孔进行导正，以此作为条料送进的精确定距。操作时完成第一步冲压后，把条料抬起向前移动，用落料孔套在活动挡料销 13 上，并向前推紧，冲压时凸模上的导正销 4 再作精确定距。因为活动挡料销位置的设定比理想的几何位置向前偏移 0.2mm，冲压过程中粗定位完成以后，当用导正销作精确定位时，由导正销上圆锥形斜面再将条料向后拉回约 0.2mm 而完成精确定距。用这种方法定距，精度可达到 0.02mm。

7. 冲压设备的校核

通过校核，选择开式双柱可倾压力机 J23-25 能满足使用要求。

8. 模具零件加工工艺

该副冲裁模，模具零件加工的关键在工作零件、固定板以及卸料板，若采用线切割加工技术，这些零件的加工就变得相对简单了。

凹模、固定板以及卸料板都属于板类零件，其加工工艺比较规范。图 7-6 所示凹模的加工过程与表 1-21 所示落料凹模的加工过程完全类似，在此不再重复。

9. 模具的装配

根据级进模装配要点，选凹模作为装配基准件，先装下模，再装上模，并调整间隙、试冲、返修。具体装配如表 7-12 所示。

表 7-12　手柄级进模的装配

序号	工序	工 艺 说 明
1	检查各零件	装配前检查各凸模形状尺寸以及凹模形孔尺寸是否符合图样设计要求
2	凸凹模预配	将各凸模分别与相应凹模形孔相配，检查其间隙是否符合要求和均匀。否则应重新修磨或更换
3	凸模装配	以凹模形孔定位，将各凸模分别压入凸模固定板 7 的形孔中，挤紧牢固
4	装配下模	在下模座 1 上划中心线，按中心预装凹模 2、导料板 3
		在下模座 1、导料板 3 上，用已加工好的凹模分别确定其螺钉位置，钻孔、攻螺纹
		将下模座 1、导料板 3、凹模 2、活动挡料销 13、弹簧 14 装在一起，用螺钉紧固，打入销钉
5	装配上模	在已装好的下模上放等高垫铁，再在凹模中放入 0.12mm 的纸片，然后将凸模与固定板组合装入凹模
		预装上模座，划出与凸模固定板相应的螺钉孔、销孔，并钻铰螺钉孔、销孔
		用螺钉将固定板组合、垫板 8、上模座连接在一起（注意：不要完全拧紧）
		将卸料板 12 套装在已装入固定板的凸模上，装上橡胶 9 和卸料螺钉 6，调节橡胶的预压量，使卸料板高出凸模下端约 1mm
		再次检查凸、凹模间隙，调整合适后紧固螺钉
		安装导正销 4、承料板 15
		切纸检验，合适后打入销钉
6	试冲和调整	装机试冲，根据试冲结果进行相应调整

第六节 拉深模设计与制造实例

零件简图：如图 7-9 所示。

生产批量：大批量。

材料：镀锌铁皮。

材料厚度：1mm。

1. 冲压件工艺性分析

该工件属于较典型的圆筒形件，形状简单对称，所有尺寸均为自由公差，对工件厚度变化也没有要求，只是该工件作为另一零件的盖，口部尺寸 $\phi69$ 可稍做小些。而工件总高度尺寸 14mm 可在拉深后采用修边达要求。

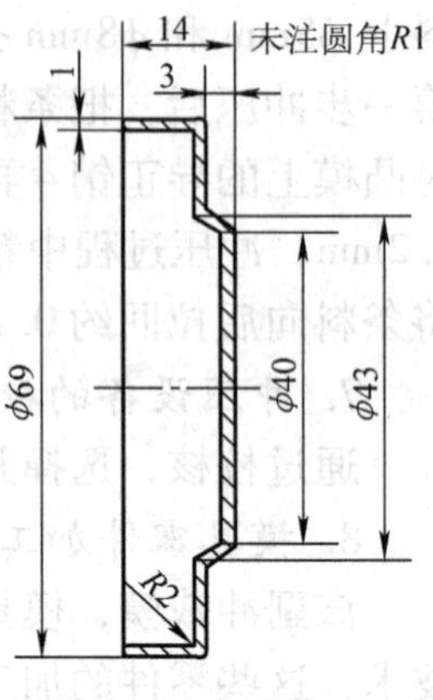

图 7-9 制件图

2. 冲压工艺方案的确定

该工件包括落料、拉深两个基本工序，有以下三种工艺方案。

方案一：先落料，后拉深。采用单工序模生产。

方案二：落料—拉深复合冲压。采用复合模生产。

方案三：拉深级进冲压。采用级进模生产。

方案一模具结构简单，但需两道工序两副模具，生产效率低，难以满足该工件大批量生产的要求。方案二只需一副模具，生产效率较高，尽管模具结构较方案一复杂，但由于零件的几何形状简单对称，模具制造并不困难。方案三也只需一副模具，生产效率高，但模具结构比较复杂，送进操作不方便，加之工件尺寸偏大。通过对上述三种方案的分析比较，该件若能一次拉深，则其冲压生产采用方案二为佳。

3. 主要设计计算

（1）毛坯尺寸计算　根据表面积相等原则，用解析法求该零件的毛坯直径 D，具体计算略。

（2）排样及相关计算　采用有废料直排的排样方式，相关计算略。查板材标准，宜选 750mm×1000mm 的冷轧钢板，每张钢板可剪裁为 8 张条料（93mm×1000mm），每张条料可冲 10 个工件，故每张钢板的材料利用率为 68%。

（3）成形次数的确定　该工件底部有一台阶，按阶梯形件的拉深来计算，求出 $h/d_{min} = 15.2/40 = 0.38$，根据毛坯相对厚度 $t/D = 1/90.5 = 1.1$，查表发现 h/d_{min} 小于表中数值，能一次拉深成形，所以能采用落料——拉深复合冲压。

（4）冲压工序压力计算　该模具拟采用正装复合模，固定卸料与推件，根据计算得知，冲压工艺总力为 154168N。根据冲压工艺总力计算结果并结合工件高度，初选开式双柱可倾压力机 J23-25。

（5）工作部分尺寸计算　落料和拉深的凸、凹模的工作尺寸计算如表 7-13 所示。因为该工件口部尺寸要求与另一件配合，所以在设计时可将其尺寸做小些，即拉深凹模尺寸取 $\phi68.1^{+0.08}$mm，相应拉深凸模尺寸取 $\phi66.1_{-0.05}$mm。工件底部尺寸 $\phi43$mm、$\phi40$mm、3mm 与 $R2$mm 因为属于过渡尺寸，要求不高，为简单方便，实际生产中直接按工件尺寸作拉深凸、凹模该处尺寸。

表 7-13　工作部分尺寸计算

尺寸与分类		凸凹模间双面间隙	尺寸偏差与磨损系数	结　果
落料	$\phi90.5$	$Z_{max}=0.18mm$	$\Delta=0.87$	$\phi90.07^{+0.035}_{0}$
		$Z_{min}=0.12mm$	$X=0.5$	$\phi89.95^{0}_{-0.025}$
拉深	$\phi60$	$Z=2mm$	$\Delta=0.74$	$\phi68.4^{+0.08}_{0}$
				$\phi66.4^{0}_{-0.05}$

4. 模具的总体设计

（1）模具类型的选择　由冲压工艺分析可知，采用复合冲压，所以模具类型为落料—拉深复合模。

（2）定位方式的选择　因为该模具使用的是条料，所以导料采用导料板（该模具固定卸料板与导料板一体），送进步距控制采用挡料销。

（3）卸料、出件方式的选择　模具采用固定卸料，刚性打件，并利用装在压力机工作台下的标准缓冲器提供压边力。

（4）导向方式的选择　该复合模采用中间导柱的导向方式来提高模具寿命、保证工件质量、方便安装调整。

5. 主要零部件设计

模具的工作零件均采用整体结构，具体结构、材料要求等如图 7-10、图 7-11、图 7-12 所示。

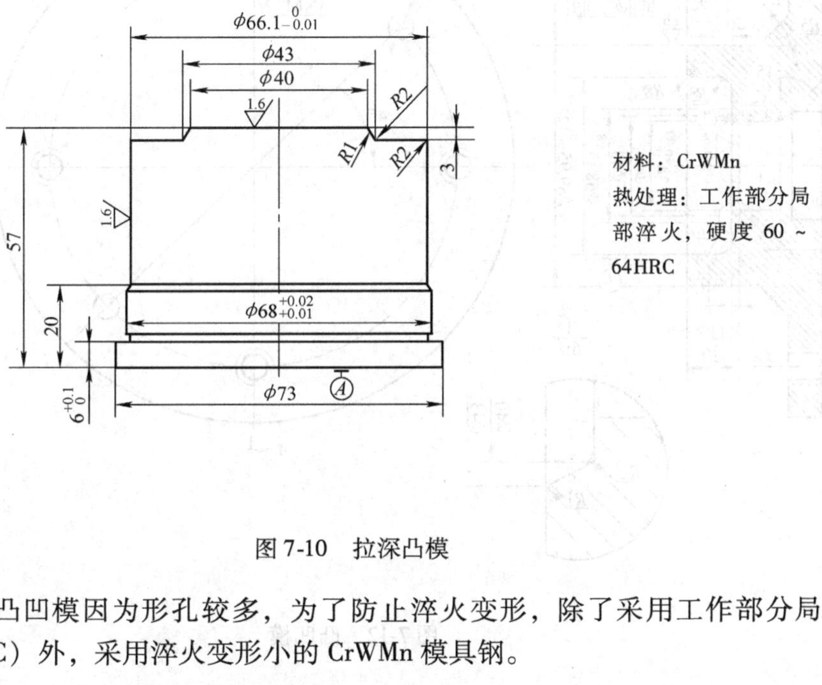

图 7-10　拉深凸模

图 7-12 所示凸凹模因为形孔较多，为了防止淬火变形，除了采用工作部分局部淬火（硬度 60 ~ 64HRC）外，采用淬火变形小的 CrWMn 模具钢。

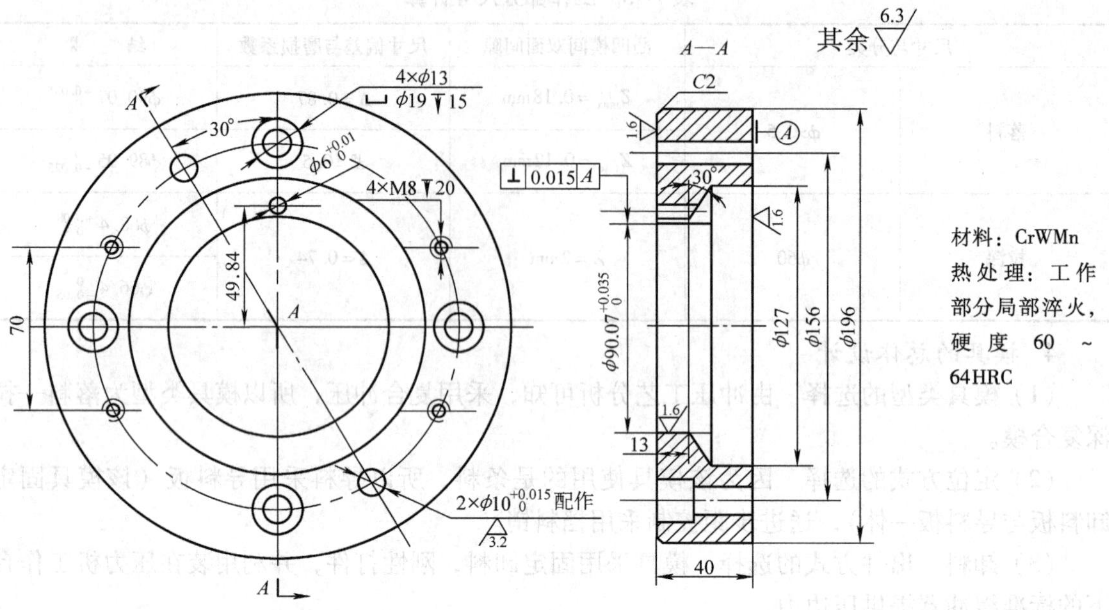

图 7-11　落料凹模

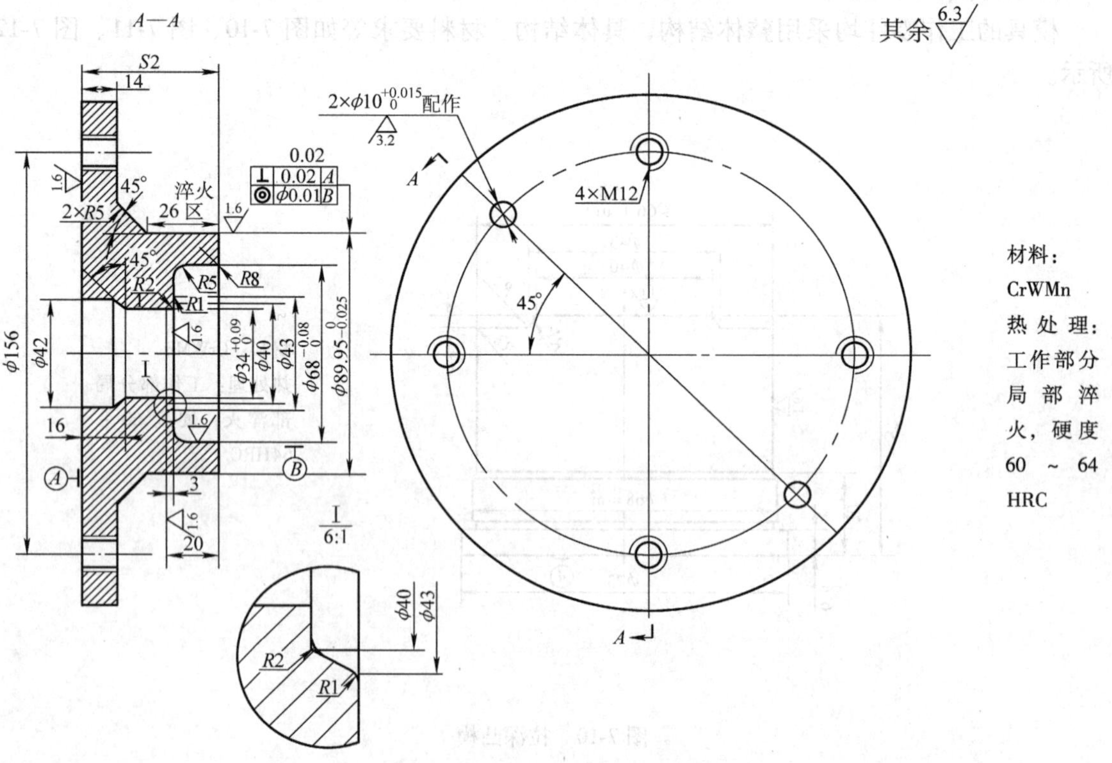

图 7-12　凸凹模

6. 模具总装图如图 7-13 所示

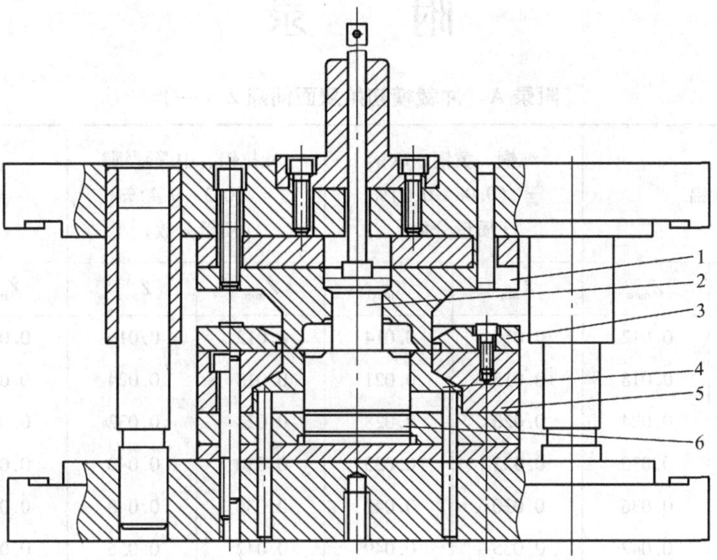

图 7-13　盖落料—拉深复合模

1—凸凹模　2—推件块　3—固定卸料板　4—顶件块　5—落料凹模　6—拉深凸模

7. 冲压设备的校核

通过校核，选择开式双柱可倾压力机 J23-25 能满足使用要求。

8. 工作零件的加工工艺

该模具工作零件都为旋转体，形状比较简单，加工主要采用车削。

思考题和习题

1. 冲裁模的技术要求是什么？
2. 简述冲裁模凸凹模的技术要求。
3. 简述冲裁模凸凹模典型的加工工艺路线。
4. 简述冲裁模的装配技术要求及工艺路线。
5. 简述冲裁模的调试目的及调试内容。
6. 简述冲裁模试冲时常见的故障及解决方法。
7. 简述弯曲模试冲时常见的故障及解决方法。
8. 简述拉深模试冲时常见的故障及解决方法。
9. 简述级进模的装配特点。

附　录

附录 A　冲裁模初始双面间隙 Z（一）

材料厚度 t/mm	软铝		纯铜、黄铜、软钢 =（0.08～0.2）%（质量分数）		杜拉铝、中等硬钢 =（0.3～0.4）%（质量分数）		硬钢 =（0.5～0.6）%（质量分数）	
	Z_{min}	Z_{max}	Z_{min}	Z_{max}	Z_{min}	Z_{max}	Z_{min}	Z_{max}
0.2	0.008	0.012	0.010	0.014	0.012	0.016	0.014	0.018
0.3	0.012	0.018	0.015	0.021	0.018	0.024	0.021	0.027
0.4	0.016	0.024	0.020	0.028	0.024	0.032	0.028	0.036
0.5	0.020	0.030	0.025	0.035	0.030	0.040	0.035	0.045
0.6	0.024	0.036	0.030	0.042	0.036	0.048	0.042	0.054
0.7	0.028	0.042	0.035	0.049	0.042	0.056	0.049	0.063
0.8	0.032	0.048	0.040	0.056	0.048	0.064	0.056	0.072
0.9	0.036	0.054	0.045	0.063	0.054	0.072	0.063	0.081
1.0	0.040	0.060	0.050	0.070	0.060	0.080	0.070	0.090
1.2	0.050	0.084	0.072	0.096	0.084	0.108	0.096	0.120
1.5	0.075	0.105	0.090	0.120	0.105	0.135	0.120	0.150
1.8	0.090	0.126	0.108	0.144	0.126	0.162	0.144	0.180
2.0	0.100	0.140	0.120	0.160	0.140	0.180	0.160	0.200
2.2	0.132	0.176	0.154	0.198	0.176	0.220	0.198	0.242
2.5	0.150	0.200	0.175	0.225	0.200	0.250	0.225	0.275
2.8	0.168	0.225	0.196	0.252	0.224	0.280	0.252	0.308
3.0	0.180	0.240	0.210	0.270	0.240	0.300	0.270	0.330
3.5	0.245	0.315	0.280	0.350	0.315	0.385	0.350	0.420
4.0	0.280	0.360	0.320	0.400	0.360	0.440	0.400	0.480
4.5	0.315	0.405	0.360	0.450	0.405	0.490	0.450	0.540
5.0	0.350	0.450	0.400	0.500	0.450	0.550	0.500	0.600
6.0	0.480	0.600	0.540	0.660	0.600	0.720	0.660	0.780
7.0	0.560	0.700	0.630	0.770	0.700	0.840	0.770	0.910
8.0	0.720	0.880	0.800	0.960	0.880	1.040	0.960	1.120
9.0	0.870	0.990	0.900	1.080	0.990	1.170	1.080	1.260
10.0	0.900	1.100	1.000	1.200	1.100	1.300	1.200	1.400

注：1. 初始间隙的最小值相当于间隙的公称数值。

2. 初始间隙的最大值是考虑到凸模和凹模的制造公差所增加的数值。

3. 表中所列最小值、最大值是指制造模具时初始间隙的变动范围，并非磨损极限。

4. 在使用过程中，由于模具工作部分的磨损，间隙将有所增加，因而间隙的使用最大数值会超过表列数值。

附录 B　冲裁模初始双面间隙 Z（二）

材料 厚度 t/mm	08、10、35、 Q295、Q235A		Q345		40、50		65Mn	
	Z_{min}	Z_{max}	Z_{min}	Z_{max}	Z_{min}	Z_{max}	Z_{min}	Z_{max}
小于 0.5	极小间隙							
0.5	0.040	0.060	0.040	0.060	0.040	0.060	0.040	0.060
0.6	0.048	0.720	0.048	0.072	0.048	0.072	0.048	0.072
0.7	0.064	0.092	0.064	0.092	0.064	0.092	0.064	0.092
0.8	0.072	0.104	0.072	0.104	0.072	0.104	0.064	0.092
0.9	0.090	0.126	0.090	0.126	0.090	0.126	0.090	0.126
1.0	0.100	0.140	0.100	0.140	0.100	0.140	0.090	0.126
1.2	0.126	0.180	0.132	0.180	0.132	0.180		
1.5	0.132	0.240	0.170	0.240	0.170	0.240		
1.75	0.220	0.320	0.220	0.320	0.220	0.320		
2.0	0.246	0.360	0.260	0.380	0.260	0.380		
2.1	0.260	0.380	0.280	0.400	0.280	0.400		
2.5	0.360	0.500	0.380	0.540	0.380	0.540		
2.75	0.400	0.560	0.420	0.600	0.420	0.600		
3.0	0.460	0.640	0.480	0.660	0.480	0.660		
3.5	0.540	0.740	0.580	0.780	0.580	0.780		
4.0	0.640	0.880	0.680	0.920	0.680	0.920		
4.5	0.720	1.000	0.680	0.960	0.780	1.040		
5.5	0.940	1.280	0.780	1.100	0.980	1.320		
6.0	1.080	1.440	0.840	1.200	1.140	1.500		
6.5			0.940	1.300				
8.0			1.200	1.680				

注：冲裁皮革、石棉和纸板时，间隙取 08 钢的 25%。

附录 C　滑动导向标准模架的技术参数

凹　模　周　界			模座厚度 H		凹　模　周　界			模座厚度 H	
L	B	D_0	上模座	下模座	L	B	D_0	上模座	下模座
63	50	—	20	25	100	100	100	25	30
			25	30				30	40
63	63	63	20	25	125		—	30	35
			25	30				35	40
80		—	25	30	160			35	40
			30	40				40	50
100	63	—	25	30	200			35	45
			30	40				40	50
80	80	80	25	30	125	125	125	30	35
			30	40				35	45
100		—	25	30	160		—	35	40
			30	40				40	50
125			25	30	200			35	40
			30	40				40	50

（续）

凹模周界			模座厚度 *H*		凹模周界			模座厚度 *H*	
L	*B*	D_0	上模座	下模座	*L*	*B*	D_0	上模座	下模座
250	125	—	40	45	315	250	315	55	70
			45	55	400			50	60
160	160	160	40	45				55	70
			45	55	315	315		50	60
200		—	40	45				55	70
			45	50	400		—	55	65
250			45	50				60	75
			50	60	500			55	65
200	200	200	45	50				60	75
			50	60	400	400	400	55	65
250		—	45	50				60	75
			50	60	630			55	65
315			45	55				60	80
			50	65	500	500	500	55	65
250	250	250	45	55				65	80
			50	65	—	—	630	60	70
315			50	60				75	90

附录 D　滚动导向标准模架的技术参数

凹模周界		最大行程	最小闭合高度	上模座厚度	下模座厚度	备　注
L	*B*	*S*	H_1			
80	63	80	165	35	40	最大行程是指该模架许可的最大冲压行程
100	80					
125	100				45	
160	125	100	200	40		
200	160	120	220	45	55	
250	200	100	200	50	60	
		120	230			

附录 E　开式固定压力机（部分）主要技术规格

型　号	JA21-35	JH21-80	JD21-100	JA21-160	J21-400A
公称压力/kN	350	800	1000	1600	4000
滑块行程/mm	130	160	可调 10～120	160	200
滑块行程次数/（次 · min^{-1}）	50	40～75	75	40	25
最大闭合高度/mm	280	320	400	450	550
封闭高度调节量/mm	60	80	85	130	150
喉深/mm	205	310	325	380	480
立柱间距/mm	428		480	530	896

（续）

型　　号		JA21-35	JH21-80	JD21-100	JA21-160	J21-400A
工作台尺寸/mm	前后	380	600	600	710	900
	左右	610	950	1000	1120	1400
工作孔尺寸/mm	前后	200		300		480
	左右	290		420		750
	直径	260			460	600
垫板尺寸/mm	厚度	60		100	130	170
	直径	22.5		200		300
模柄孔尺寸/mm	直径	50	50	60	70	100
	深度	70	60	80	80	120
滑块底面尺寸/mm	前后	210		380	460	
	深度	270		500	650	

附录 F　开式双柱可倾式压力机（部分）主要技术规格

型　　号		J23-6.3	J23-10	J23-16	J23-25	JC23-35	JG23-40	JB23-63	J23-80	J23-100	J23-125
公称压力/kN		63	100	160	250	350	400	630	800	1000	1250
滑块行程/mm		35	45	55	65	80	100	100	130	130	145
滑块行程次数/（次·min^{-1}）		170	145	120	55	50	80	40	45	38	38
最大闭合高度/mm		150	180	220	270	280	300	400	380	480	480
封闭高度调节量/mm		35	35	45	55	60	80	80	90	100	110
喉深/mm		110	130	160	200	205	220	310	290	380	380
立柱间距/mm		150	180	220	270	300	300	420	380	530	530
工作台尺寸/mm	前后	200	240	300	370	380	420	570	540	710	710
	左右	310	370	450	560	610	630	860	800	1080	1080
工作孔尺寸/mm	前后	110	130	160	200	200	150	310	230	380	340
	左右	160	200	240	290	290	300	450	360	560	500
	直径	140	170	210	260	260	200	400	280	500	450
垫板尺寸/mm	厚度	30	35	40	50	60	80	80	100	100	100
	直径					150			200		250
模柄孔尺寸/mm	直径	30	30	40	40	50	50	50	60	60	60
	深度	55	55	60	60	70	70	70	80	75	80
滑块底面尺寸/mm	前后					190	230	360	350	360	
	深度					210	300	400	370	430	

附录 G　闭式单点压力机（部分）主要技术规格

型　　号	J31-100	J31-160A	J31-250	J31-315	J31-400A	J31-630
公称压力/kN	1000	1600	2500	3150	4000	6300
滑块行程/mm	165	160	316	315	400	400

（续）

型　号		J31-100	J31-160A	J31-250	J31-315	J31-400A	J31-630
滑块行程次数/（次·min^{-1}）		35	32	20	25	20	12
最大封闭高度/mm		280	480	630	630	710	850
最大装模高度/mm		155	375	490	490	550	550
连杆调节长度/mm		100	120	200	200	250	200
立柱间距/mm		660	750	1020	1130	1270	1230
工作台尺寸/mm	前后	635	790	950	1100	1200	1500
	左右	635	710	1000	1100	1250	1200
垫板尺寸/mm	厚度	125	105	140	140	160	200
	直径	250	430	—	—	—	—
气垫工作压力/kN		—	—	400	250	630	100
气垫行程/mm		—	—	150	160	200	200
主电动机功率/kW		7.5	10	30	30	40	55

附录H　双动拉深压力机（部分）主要技术规格

型　号			J44-55C	J44-80	JA45-100	JA45-200	J45-315	JB46-315
公称压力/kN					1630	3250	6300	6300
行程次数/mm			9	8	15	8	5.5	10
低速行程次数/（次·min^{-1}）								1
最大拉深高度/mm			280	400		315	400	390
立柱间距/mm			800	1120	950	1620	1930	3150
内滑块	公称压力/kN		550	800	1000	2000	3150	3150
	公称压力行程/mm					25	30	40
	行程/mm		560	640	420	670	850	850
	最大装模高度/mm				480	930	1120	1550
	装模高度调节量/mm				100	165	300	500
	底面尺寸	左右/mm			560	960	1000	2500
		前后/mm			560	900	1000	1300
外滑块	公称压力/kN		550	800	630	1250	3150	3150
	行程/mm			450	250	425	530	530
	最大装模高度/mm				430	825	1070	1250
	装模高度调节量/mm				100		300	500
	底面尺寸/mm	左右			850	1420	1550	3150
		前后			850	1350	1600	1900
垫板尺寸/mm		左右	600	1000	950	1540	1800	3150
		前后	720	1100	900	1400	1600	1900
		厚			100	160	220	250

（续）

型　　号	J44-55C	J44-80	JA45-100	JA45-200	J45-315	JB46-315
气垫压力（压紧力/顶出力）/kN		100	500/800	1000/1200		
气垫行程/mm		210	315	400	440	
主电动机功率/kW	15	22	22	40	75	100

参考文献

[1] 杜东福．冷冲压工艺与模具设计［M］．长沙：湖南科学技术出版社，1996.

[2] 王孝培．冲压设计手册［M］．北京：机械工业出版社，1990.

[3] 虞传宝．冷冲压及塑料成型工艺与模具设计资料［M］．北京：机械工业出版社，1993.

[4] 翁其金．冷冲压技术［M］．北京：机械工业出版社，2000.

[5] 高鸿庭，刘建超．中国机械工业教育协会组编．冷冲模设计及制造［M］．北京：机械工业出版社，2001.

[6] 冲模设计手册编写组．冲模设计手册［M］．北京：机械工业出版社，1988.

[7] 刘建超．冲压模具设计与制造［M］．北京：高等教育出版社，2004.

[8] 成虹．冲压工艺与模具设计［M］．北京：高等教育出版社，2000.

[9] 丁松聚．冷冲压模技术［M］．北京：机械工业出版社，2001.

[10] 杜东福．冷冲压模具技术［M］．长沙：湖南科学技术出版社，1985.

[11] 陈孝康．实用模具技术．手册［M］．北京：中国轻工业出版社，2001.

[12] 杨关全．模具设计与制造基础［M］．北京：北京师范大学出版社，2005.

[13] 段来根．多工位级进模与冲压自动化［M］．北京：机械工业出版社，2001.

[14] 夏巨谌．中国模具设计大典［M］．北京：机械工业出版社，2003.

[15] 韩森和．冷冲压工艺及模具设计与制造［M］．北京：高等教育出版社，2006.

[16] 邱永成．多工位级进模设计［M］．北京：国防工业出版社，1987.

[17] 杨占尧．冲压模具图册［M］．北京：高等教育出版社，2004.

[18] 杨关全．冲压成形工艺与模具设计［M］．大连：大连理工大学出版社，2007.

[19] 杨关全．冷冲模设计资料与指导［M］．大连：大连理工大学出版社，2007.

[20] 劳动和社会保障部教材办公室．模具钳工工艺与技能训练［M］．北京：中国劳动社会保障出版社，2002.

[21] 徐政坤．冲压模具及设备［M］．北京：机械工业出版社，2006.

[22] 冯炳尧，等．模具设计与制造简明手册［M］．上海：上海科学技术出版社，1985.

[23] 赵孟栋．冷冲模设计［M］．北京：机械工业出版社，2004.

[24] 肖景容，姜奎华．冲压工艺学［M］．北京：机械工业出版社，2006.

[25] 任建伟．模具工程技术基础［M］．北京：高等教育出版社，2002.